高等职业教育药学类与食品药品类专业第四轮教材

U0792553

生物药物制剂技术

（供生物制药技术、药品生物技术、药学、药物制剂技术、药品经营与管理专业用）

主　编　李忠文　聂　阳

主　审　刘克玲

副主编　程似锦　解蕙铭　邓亚宁　张云坤

编　者　（以姓氏笔画为序）

王　俊（重庆三峡医药高等专科学校）

王文心（山东省食品药品检验研究院）

计竹娃（浙江医药高等专科学校）

邓亚宁（山西药科职业学院）

刘艺萍（重庆医药高等专科学校）

刘增智（楚雄医药高等专科学校）

李忠文（山东医学高等专科学校）

张云坤（湖南食品药品职业学院）

陈秉梅（福建生物工程职业技术学院）

陈蔚蔚（山东医药技师学院）

周朝桂（山东药品食品职业学院）

聂　阳（广东食品药品职业学院）

黄艳玲（天津现代职业技术学院）

崔娟娟（山东医学高等专科学校）

程似锦（长江职业学院）

解蕙铭（长春医学高等专科学校）

中国健康传媒集团

中国医药科技出版社

内容提要

本教材是“高等职业教育药学类与食品药品类专业第四轮教材”之一，根据生物药物制剂技术教学大纲的基本要求和课程特点编写而成，内容涵盖生物药物制剂技术概论、制剂基本技术、注射给药系统、口服给药系统、黏膜给药系统、经皮给药系统和药物制剂新技术七个模块，20个项目及15个实训项目。内容基于“制剂技术”，侧重于生物药物方向，具有标准新、理论知识与实践技能并重、适用性强等特点。本教材为书网融合教材，配套有教学课件、微课视频、目标检测和试题库等，使教学资源立体化、多样化。

本教材供高职高专院校生物制药技术、药品生物技术、药学、药物制剂技术、药品经营与管理等专业师生使用，也可作为相关从业人员学习参考用书。

图书在版编目（CIP）数据

生物药物制剂技术/李忠文，聂阳主编．—北京：中国医药科技出版社，2021.12

高等职业教育药学类与食品药品类专业第四轮教材

ISBN 978－7－5214－2523－9

Ⅰ.①生…　Ⅱ.①李…②聂…　Ⅲ.①生物制品—药物—制剂—高等职业教育—教材　Ⅳ.①TQ464

中国版本图书馆CIP数据核字（2021）第143443号

美术编辑　陈君杞

版式设计　友全图文

出版　**中国健康传媒集团**｜中国医药科技出版社

地址　北京市海淀区文慧园北路甲22号

邮编　100082

电话　发行：010－62227427　邮购：010－62236938

网址　www.cmstp.com

规格　889×1194mm 1/16

印张　22 1/2

字数　621千字

版次　2021年12月第1版

印次　2021年12月第1次印刷

印刷　三河市航远印刷有限公司

经销　全国各地新华书店

书号　ISBN 978－7－5214－2523－9

定价　59.00元

出版说明

“全国高职高专院校药学类与食品药品类专业‘十三五’规划教材”于2017年初由中国医药科技出版社出版，是针对全国高等职业教育药学类、食品药品类专业教学需求和人才培养目标要求而编写的第三轮教材，自出版以来得到了广大教师和学生的好评。为了贯彻党的十九大精神，落实国务院《国家职业教育改革实施方案》，将“落实立德树人根本任务，发展素质教育”的战略部署要求贯穿教材编写全过程，中国医药科技出版社在院校调研的基础上，广泛征求各有关院校及专家的意见，于2020年9月正式启动第四轮教材的修订编写工作。在教育部、国家药品监督管理局的领导和指导下，在本套教材建设指导委员会专家的指导和顶层设计下，依据教育部《职业教育专业目录（2021年）》要求，中国医药科技出版社组织全国高职高专院校及相关单位和企业具有丰富教学与实践经验的专家、教师进行了精心编撰。

本套教材共计66种，全部配套“医药大学堂”在线学习平台，主要供高职高专院校药学类、药品与医疗器械类、食品类及相关专业（即药学、中药学、中药制药、中药材生产与加工、制药设备应用技术、药品生产技术、化学制药、药品质量与安全、药品经营与管理、生物制药专业等）师生教学使用，也可供医药卫生行业从业人员继续教育和培训使用。

本套教材定位清晰，特点鲜明，主要体现在如下几个方面。

1. 落实立德树人，体现课程思政

教材内容将价值塑造、知识传授和能力培养三者融为一体，在教材专业内容中渗透我国药学事业人才必备的职业素养要求，潜移默化，让学生能够在学习知识同时养成优秀的职业素养。进一步优化“实例分析/岗位情景模拟”内容，同时保持“学习引导”“知识链接”“目标检测”或“思考题”模块的先进性，体现课程思政。

2. 坚持职教精神，明确教材定位

坚持现代职教改革方向，体现高职教育特点，根据《高等职业学校专业教学标准》要求，以岗位需求为目标，以就业为导向，以能力培养为核心，培养满足岗位需求、教学需求和社会需求的高素质技能型人才，做到科学规划、有序衔接、准确定位。

3. 体现行业发展，更新教材内容

紧密结合《中国药典》（2020年版）和我国《药品管理法》（2019年修订）、《疫苗管理法》（2019年）、《药品生产监督管理办法》（2020年版）、《药品注册管理办法》（2020年版）以及现行相关法规与标准，根据行业发展要求调整结构、更新内容。构建教材内容紧密结合当前国家药品监督管理法规、标准要求，体现全国卫生类（药学）专业技术资格考试、国家执业药师职业资格考试的有关新精神、新动向和新要求，保证教育教学适应医药卫生事业发展要求。

4. 体现工学结合，强化技能培养

专业核心课程吸纳具有丰富经验的医疗机构、药品监管部门、药品生产企业、经营企业人员参与编写，保证教材内容能体现行业的新技术、新方法，体现岗位用人的素质要求，与岗位紧密衔接。

5. 建设立体教材，丰富教学资源

搭建与教材配套的“医药大学堂”（包括数字教材、教学课件、图片、视频、动画及习题库等），丰富多样化、立体化教学资源，并提升教学手段，促进师生互动，满足教学管理需要，为提高教育教学水平和质量提供支撑。

6. 体现教材创新，鼓励活页教材

新型活页式、工作手册式教材全流程体现产教融合、校企合作，实现理论知识与企业岗位标准、技能要求的高度融合，为培养技术技能型人才提供支撑。本套教材部分建设为活页式、工作手册式教材。

编写出版本套高质量教材，得到了全国药品职业教育教学指导委员会和全国卫生职业教育教学指导委员会有关专家以及全国各相关院校领导与编者的大力支持，在此一并表示衷心感谢。出版发行本套教材，希望得到广大师生的欢迎，对促进我国高等职业教育药学类与食品药品类相关专业教学改革和人才培养作出积极贡献。希望广大师生在教学中积极使用本套教材并提出宝贵意见，以便修订完善，共同打造精品教材。

建设指导委员会

评审委员会

数字化教材编委会

主　编　崔娟娟　李忠文　聂阳
副主编　程似锦　解蕙铭　邓亚宁　张云坤
编　者　（以姓氏笔画为序）
王　俊（重庆三峡医药高等专科学校）
王文心（山东省食品药品检验研究院）
计竹娃（浙江医药高等专科学校）
邓亚宁（山西药科职业学院）
刘艺萍（重庆医药高等专科学校）
李忠文（山东医学高等专科学校）
张云坤（湖南食品药品职业学院）
陈秉梅（福建生物工程职业技术学院）
陈蔚蔚（山东医药技师学院）
周朝桂（山东药品食品职业学院）
聂　阳（广东食品药品职业学院）
黄艳玲（天津现代职业技术学院）
崔娟娟（山东医学高等专科学校）
程似锦（长江职业学院）
解蕙铭（长春医学高等专科学校）

前言

近年来，生物药市场发展迅猛、潜力巨大，生物药物制剂已成为药物制剂发展的重要组成部分。为贯彻落实国家职业教育改革实施方案，“十四五”时期不断增强职业技术教育适应性，亟待加强生物药物制剂技术课程建设。

生物药物制剂技术是高职高专生物制药技术、药物制剂技术和药学专业的核心课程，是药品经营与管理专业的专业基础课程，还是药品生物技术专业的专业拓展课程。本教材是在药剂学理论指导下，研究药物制剂（突出了生物药方向）的基本理论、制备技术和质量控制的综合性应用技术科学，对学生职业能力培养、职业素养形成和医药行业岗位适应能力提升起着重要的支撑作用。教材充分吸收现代《药物制剂技术》《药剂学》教材及医药行业最新成果，根据《中华人民共和国药典》（2020年版）、《国家执业药师资格考试大纲》（第八版）、《药品生产质量管理规范》（2010年修订）等相关变化，参考高等职业院校生物制药技术专业、药物制剂技术、药学等相关专业国家教学标准和药物制剂生产职业技能等级标准（“1+X”证书），按照本套教材编写总原则和要求编写而成。

本教材分为生物药物制剂技术概论、制剂基本技术、注射给药系统、口服给药系统、黏膜给药系统、经皮给药系统和药物制剂新技术七个模块，包含20个项目、15个实训项目。内容基于“制剂技术”，侧重于生物药物方向，具有标准新、理论知识与实践技能并重、适用性强等特点。设有“学习引导”“学习目标”“实例分析”“即学即练”“知识链接”“知识回顾”“目标检测”等栏目，将课程思政和岗位要求融入其中，提升了教材的思想性、实用性、时代性和趣味性。本教材为书网融合教材，除了每项目设有PPT课件、思维导图、目标检测外，还包含视频、动画、图片、微课、试题库等数字资源，使学习内容更加生动和形象，更好地满足信息化教学的需要。

本教材由李忠文、聂阳担任主编，齐鲁制药集团有限公司刘克玲担任主审，参加教材编写的编者具体分工如下（按章节先后顺序排列）：李忠文负责编写项目一，解蕙铭负责编写项目二，崔娟娟负责编写项目三，周朝桂负责编写项目四、十三，黄艳玲负责编写项目五、六，王俊负责编写项目七，陈蔚蔚、陈秉梅负责编写项目八，张云坤负责编写项目九，邓亚宁负责编写项目十，程似锦负责编写项目十一，刘艺萍负责编写项目十二，崔娟娟、王文心负责编写项目十四，刘增智、李忠文负责编写项目十五、十六，计竹娃负责编写项目十七，陈秉梅、计竹娃负责编写项目十八，聂阳负责编写项目十九、二十。在本教材编写过程中，得到了中国医药科技出版社、齐鲁制药集团有限公司及各位编者所在院校及有关专家的大力支持，在此一并表示衷心感谢。

鉴于编者学识水平所限，书中难免存在不当和疏漏之处，恳请广大读者提出批评意见，以便今后修订完善。

编　者

2021年9月

目录
CONTENTS

模块四 口服给药系统

模块五　黏膜给药系统

模块六　经皮给药系统

模块一
生物药物制剂技术概论

项目一　生物药物制剂工作基础知识
项目二　生物药物制剂的稳定性
项目三　生物药物制剂的有效性

项目一 生物药物制剂工作基础知识

PPT

学习引导

干扰素是一种广谱抗病毒制剂，是人体细胞分泌的天然抗病毒物质，1957 年被英国科学家 Isaacs 等发现，目前广泛应用于抗病毒、抗肿瘤和免疫调节。为何同一种药物如重组人干扰素 α2b 有注射液、冻干粉针、栓剂、乳膏剂、凝胶剂、喷雾剂等多种给药形式？药品应符合的质量标准是什么？

本项目主要介绍生物药物制剂工作所需基础知识：生物药物和药物制剂概述、剂型与给药系统、药用辅料与药品标准。

学习目标

1. 掌握　生物药物、药剂学、药物制剂技术、生物药物制剂技术、剂型、辅料、药典等术语的含义；药物剂型的重要性。

2. 熟悉　生物药物的特性、剂型分类；中华人民共和国药典；药用辅料的分类及其功能。

3. 了解　药物制剂的发展；生物药物的剂型与给药系统。

任务一　生物药物概述

一、生物药物概念

药物是可以影响、改变或查明机体的生理功能及病理状态，用于预防、治疗和诊断疾病，有目的地调节机体生理功能的物质。根据来源和性质不同，药物主要分为化学药物、中药和生物药物三大类。生物药物是指运用生物学、医学、生物化学等研究成果，以生物体或其组织、细胞和体液等为原材料，综合利用微生物学、化学、生物化学、生物技术、药学等学科的原理和方法加工制成的用于人类疾病预防、治疗和诊断的药物总称。生物药物既包括应用基因工程、发酵工程、酶工程、细胞工程、蛋白质工程等现代生物技术制造出来的生物制品，如抗体药物、细胞因子、血液制品、疫苗等，又包括以动物、植物、微生物和海洋生物为原料制取的天然活性物质及人工合成或部分合成的天然物质类似物加工制成的广义的生物药物，如，从红豆杉中提取的紫杉醇、从人体血液提取得到的人血白蛋白、从动物的胃黏膜中提取制得的胃蛋白酶、由链霉菌产生的两性霉素 B、还有以海藻为原料制取的藻酸双酯钠。

生物类似药是指在质量、安全性和有效性方面与已获准注册的参照药具有相似性的治疗用生物制品。

知识链接

生物制品与生化药品

生物制品系指以微生物、细胞、动物或人源组织和体液等为起始原材料，用生物学技术制成，用于预防、治疗和诊断人类疾病的制剂，如疫苗、血液制品、生物技术药物、微生态制剂、免疫调节剂、诊断制品等。

生化药品是指从动物的器官、组织、体液、分泌物中经前处理、提取、分离、纯化等制得的安全、有效、质量可控的药品。主要包括蛋白质、多肽、氨基酸及其衍生物、多糖、核苷酸及其衍生物、脂、酶及辅酶等（不包括《药品生产质量规范》中生物制品附录所列产品）。

2019 年，在全球药品销售额排行榜前 10 位的药品中，生物药占 80%，超过 50 亿美元的 15 个药品中有 11 个生物药。其中阿达木单抗自上市以来连续 8 年位居榜首，生物药领域成为最容易出现重磅产品的领域。特别在新冠肺炎疫情发生后，生物药的重要性更加凸显。近年来，全球生物药产业呈现快速发展的态势，许多重磅级生物药进入临床，单抗药物、细胞治疗、组织工程、基因检测等一些新技术、新药物得到广泛应用，一些生物药临床研究获得新突破，在治疗肿瘤、神经系统疾病、免疫性疾病、罕见病以及传染病预防方面呈现喜人进展。目前，我国生物药行业发展方兴未艾，新的生物医药企业不断涌现，生物药市场增长强劲。随着国际上重磅生物药专利陆续到期，国内生物类似药将迎来难得的发展机遇。目前我国布局生物类似药的企业近 200 家，在研的生物类似药多达 400 个，涉及 50 余款原研药物，未来生物类似药竞争将非常激烈。

二、生物药物的特性

（一）理化特性

1. 原材料有效物质含量低　如胰腺中胰岛素含量仅为 0.002%，还含有多种酶、蛋白质等杂质，因此提取、纯化工艺复杂。

2. 相对分子量大　生物药一般为生物大分子，常以多聚体形式存在，很难透过胃肠黏膜上皮细胞。

3. 结构复杂、稳定性差　作为生物大分子的生物药，一般结构复杂，具有特定的活性部位，该部位有严格的空间构象，一旦结构遭到破坏，就会失去生物活性。生物药物能被自身酶水解；温度、压力、pH、重金属、光照及强烈机械搅拌等理化因素均会造成其空间构象的破坏而失活。

4. 易染菌、腐败　生物药的原材料和产品均是高营养物质，极易染菌腐败使有效物质分解破坏，产生有毒物质、热原、致敏物质或降压物质等。故原材料的选择要新鲜、无污染，及时低温冻存。生产过程要严格控制各操作环节，注意低温和无菌操作。

（二）药理学特性

1. 药理活性高　很多生物药物本身就是存在于体内的生理活性物质，是从大量生物材料中提取精制而成的，低剂量即可发挥作用，因此具有高效的药理活性。如注射三磷酸腺苷（ATP）可直接向机体的组织和细胞提供能量，疗效确切。

2. 治疗针对性强　大多数生物药物在体内参与特定的生理生化过程，作用针对性强。如抗体药物进入机体可与特定的抗原结合发挥靶向治疗作用。

3. 不良反应小　蛋白质、核酸、糖类、脂类等生物药，其化学组成更接近人体的正常生理物质，与机体的相容性好，更易被机体吸收利用并参与人体的正常代谢与调节，对人体不良反应较小而且还有一定的营养价值。

4. 具有免疫原性 因为生物体之间的种属差异或同种生物体之间的个体差异，特别是大分子蛋白质，用药时有可能出现免疫原性反应和变态反应。

5. 生物半衰期短 生物药物进入体内可被相应的酶降解，其生物半衰期短，在体内的作用时间也短。

三、生物药物的分类

（一）按药物的来源和制造方法分类

1. 天然来源的生物药物 从动物、植物、微生物及海洋生物体内发现、提取、生产的药物均属此范畴，如人血液制品、肝素、人参皂苷、抗生素、海葵毒素等。

2. 现代生物技术药物 是以细菌、动物、植物、昆虫等为表达系统，采用细胞培养、基因工程、蛋白质工程等现代生物技术制备而成的药物，如疫苗、细胞因子、多肽与蛋白质类等。

3. 化学合成或半合成生物药物 通过化学合成或半合成方法生产得到的氨基酸、多肽、核酸降解物及其衍生物、维生素和某些激素等许多小分子药物，从广义上讲，也属于生物药物。

（二）按药物的化学本质和特性分类

1. 氨基酸及其衍生物 如蛋氨酸可用于防治肝炎、肝坏死和脂肪肝；复方氨基酸可为患者提供营养；N－乙酰半胱氨酸是黏痰溶解剂，可用于咳痰困难时。

2. 多肽和蛋白质类 多肽类药物如缩宫素、胸腺肽；蛋白质类药物如人血白蛋白、生长素、干扰素等。

3. 酶与辅酶类 如助消化酶类（胃蛋白酶、胰酶等）、消炎酶类（溶菌酶、胰蛋白酶等）、心脑血管疾病治疗酶（链激酶、凝血酶等）、抗肿瘤酶类（L－天冬酰胺酶、谷氨酰胺酶等）、其他治疗用酶类（超氧化歧化酶、细胞色素 C 等）、辅酶类（辅酶 Q10、辅酶 A 等）。

4. 核酸及其降解物和衍生物类 如核酸疫苗、ATP、反义寡核苷酸、5－氟尿嘧啶、阿糖胞苷等。

5. 多糖类 如来源于动物的肝素、硫酸软骨素和透明质酸；来源于真菌的香菇多糖、灵芝多糖等；来源于海洋生物的琼脂多糖硫酸酯、壳聚糖及其衍生物等。

6. 脂类 包括磷酯类（脑磷脂、卵磷脂等）、不饱和脂肪酸类（亚油酸、前列腺素等）、固醇类（胆固醇、麦角固醇等）、胆酸类和胆色素类。

（三）按药物的用途分类

1. 预防药物 常用于预防疾病的生物药物有疫苗、类毒素和冠心病防治药物。疫苗分为灭活疫苗、减毒活疫苗、核酸疫苗、基因重组蛋白疫苗、病毒载体疫苗等，能有效预防感染性疾病的发生和传播。

知识链接

腺病毒载体疫苗

腺病毒载体疫苗是一种将具有抗原性的病毒核酸片段载入经过安全处理的腺病毒身上，携带抗原的腺病毒可迅速进入细胞，激活机体免疫反应获得免疫力的疫苗形式。腺病毒中负责复制的关键基因片段已被剪切掉，故不能复制但仍保留其侵染人体细胞的能力。

2014—2015年西非埃博拉疫情期间，我国军事医学科学院研究员陈薇率队赴非洲疫区完成针对埃博拉病毒的腺病毒载体疫苗临床试验，实现了中国疫苗在境外临床试验“零的突破”，2017年全球首个腺病毒载体埃博拉疫苗获批新药。2020年新冠疫情暴发之初，陈薇院士带领的科研团队即启动了腺病毒载体新冠疫苗的研发，并成为全球首个进入I期临床试验的新冠疫苗。目前该疫苗在我国已附条件批准上市，这必将为筑牢我国健康防疫屏障和全球新冠疫情防控贡献更多中国力量。

2. 治疗药物 生物药物的主要功能是治疗疾病。对很多常见病和多发病，生物药物均有较好疗效。相比较其他药物，生物药物对肿瘤、内分泌障碍、免疫性疾病、乙型肝炎、心脑血管疾病、遗传病和延缓机体衰老等具有诸多优势，将发挥更好作用，如贝伐珠单抗、干扰素、白介素等。

3. 诊断药物 临床上用于诊断疾病的诊断试剂绝大部分来自生物药物。生物诊断试剂具有速度快、灵敏度高、特异性强等特点，如免疫诊断试剂、酶诊断试剂、单克隆抗体诊断试剂、基因诊断试剂、器官功能诊断药物、放射性核素诊断药物等。

4. 其他生物医药用品 生物药物已应用到生化试剂、生物医学材料、保健品、化妆品、食品等各个领域，并涌现出一系列新产品。

任务二 药物制剂概述

一、药剂学与药物制剂技术

原料药物一般不能直接应用于临床，需根据其性质和治疗、预防或诊断疾病需求等，将原料药物加工制成具有适宜形式的安全、有效、稳定和使用方便的药物制剂。

药剂学是研究药物制剂的基本理论、处方设计、制备工艺、质量控制和合理应用等内容的综合性应用技术科学。药剂学研究内容包括制剂学和调剂学。制剂学是研究制剂生产工艺技术及相关理论的科学；调剂学是研究方剂（按医师处方专为某一患者调制的，并明确规定用法用量的药剂）调剂技术、理论和应用的科学。

药物制剂技术是在药剂学理论指导下，研究药物制剂生产和制备技术的综合性应用技术学科。其研究对象是药物剂型和药物制剂，其研究目的是获得安全、有效、稳定和使用方便的药物制剂。

二、生物药物制剂技术

生物药物制剂技术是研究以生物药物为原料制成的生物药物制剂的处方设计、基本理论、制备工艺、质量控制和合理应用的综合性应用技术学科。其基本任务是研究如何根据生物药物的特性、临床需求、生物利用度和稳定性，以及生产、运输、贮藏、携带和使用方便等方面的要求将生物药物制成适宜的剂型，以满足医疗卫生和保健的需求。主要任务是研究生物药物制剂理论、开发新剂型和新辅料、研究生物药物制剂的现代化生产和质量标准体系。

三、常用术语

1. 剂型 药物经加工制成适合于疾病治疗、预防或诊断需要的不同给药形式，称为药物剂型，简称剂型。一般是指药物制剂的类别，如片剂、注射剂、胶囊剂、软膏剂、栓剂、气雾剂等。

2. 制剂 根据药典、药品监督管理部门批准的标准或其他规定的处方，将原料药物按某种剂型制成的具有一定规格的药物制品，称为药物制剂，简称制剂，如乳酶生片、肝素钠注射液、辅酶 Q_{10} 胶囊、红霉素软膏等。

3. 辅料 辅料是指生产药品和调配处方时所用的赋形剂和附加剂。辅料是除活性成分或前体以外包含在药物制剂中的一切附加成分的总称，如蔗糖、玉米淀粉、白凡士林等。

4. 药品 药品是指用于预防、治疗、诊断人的疾病，有目的地调节人的生理功能并规定有适应证或者功能主治、用法和用量的物质，包括中药、化学药和生物制品等。药物和药品都是能够防病治病的物质，药物的含义比药品的含义更为宽泛。药物不一定是药品，但药品一定是药物。

5. 原料、物料与原辅料 原料是指用于制剂制备的活性物质，包括中药、化学药、生物制品原料药物。化学药品制剂的原料是指原料药；生物制品的原料是指原材料；中药制剂的原料是指中药材、中药饮片和外购中药提取物；原料药的原料是指用于原料药生产的除包装材料以外的其他物料。物料是指原料、辅料和包装材料等。原辅料是指除包装材料之外，药品生产中使用的任何物料。

6. 中间产品与成品 中间产品是指完成部分加工步骤的产品，尚需进一步加工方可成为待包装产品。成品是指已完成所有生产操作步骤和最终包装的产品。

7. 中间控制 中间控制也称过程控制，指为确保产品符合有关标准，生产中对工艺过程加以监控，以便在必要时进行调节而做的各项检查。可将对环境或设备控制视作中间控制的一部分。

8. 新药 新药是指未曾在中国境内外上市销售的药品。已上市的药品改变剂型、改变给药途径、增加新的适应证的药品，不属于新药，但药品注册按新药申请的程序申报。

即学即练

答案解析

对于“人干扰素 α2b 栓（10 万 IU/粒）”，应称为

A. 剂型　B. 制剂　C. 辅料　D. 原料　E. 中间品

四、药物制剂的发展

微课

1. 传统制剂 我国夏商时期的医书《五十二病方》《甲乙经》《山海经》记载了将药物制成酒剂、汤剂、洗浴剂、饼剂、曲剂、丸剂、膏剂等剂型的使用。东汉医圣张仲景（142—219 年）的《伤寒论》和《金匮要略》中记载了栓剂、洗剂、软膏剂、糖浆剂等 10 余种剂型的应用。格林（Galen，131 年—201 年）是西方各国公认的药剂学鼻祖，其著作记述了散剂、丸剂、酊剂、流浸膏剂、溶液剂、酒剂等剂型。上述均为传统制剂，现今仍在应用。

2. 近代药物制剂 19 世纪两次工业化革命促进了制药机械的发明，极大地推动了药物制剂的发展和进步，先后有了软胶囊剂、压制片、硬胶囊剂、安瓿剂、气雾剂等剂型，制剂生产从医生诊所和个体生产者的小作坊走出，进入规模化、机械化生产的阶段，进而促使以剂型和药物制剂研究为中心的药剂学成为一门独立的学科。

3. 现代药物制剂 现代药物制剂是为了克服传统和近代药物制剂给药频繁、药物的释放速率、释放部位和释放时间无法调节等缺点，为提高患者依从性，降低药物不良反应，改善治疗效果而发展起来的。20 世纪中叶青霉素缓释制剂的研制成功标志着现代药物制剂的产生。之后，随着科学技术的进步，各学科之间的相互渗透和互相促进，新理论、新辅料、新设备、新技术的不断涌现，极大促进了药物制

剂的发展，在缓释制剂的基础上，又出现了控释制剂、靶向制剂、自调试脉冲式给药系统。特别是进入21世纪，人类迎来生物经济时代，作为现代药物制剂后起之秀的生物药物制剂具有良好的发展前景和广泛的应用领域。

任务三　剂型与给药系统

一、剂型的重要性

剂型是药物的传递体，是药物应用于临床的最终形式。同一种药物制成不同的剂型，会改变药物有效性、安全性、稳定性以及患者的依从性。应根据药物的性质、不同的用药目和用药人群选择合适的剂型，以满足临床的需要。剂型的重要性主要体现在以下几个方面。

1. 剂型可改变药物的作用性质　如硫酸镁口服溶液剂可产生泻下作用；硫酸镁溶液外敷则消肿止痛；硫酸镁注射液静脉滴注后则表现为镇静、解痉作用，临床可用于抗惊厥和子痫。

2. 剂型可以提高生物利用度和疗效　如硝酸甘油，其首关消除明显，口服生物利用度低，疗效差；制成舌下片、吸入气雾剂、注射剂可供临床防治心绞痛使用，生物利用度显著提高。

3. 剂型可改变药物作用速度　注射剂、吸入气雾剂等起效快，常用于急救；普通片剂、胶囊剂因口服后需要崩解、溶解再吸收，故作用缓慢；而贴剂、植入剂等作用更为缓慢，属长效制剂。

4. 剂型可降低或消除药物的不良反应　如将阿司匹林制成肠溶衣片或栓剂就可减轻其胃肠道反应；氨茶碱口服能引起心悸，若制成栓剂可减轻或消除其心跳加快的副作用。

5. 剂型可使药物具有靶向作用　如含有脂质体、微乳、微球、纳米粒等微粒分散体的注射剂，静脉注射后，易被网状内皮系统的巨噬细胞吞噬，从而使药物浓集于肝脏、脾脏等器官，发挥肝、脾被动靶向作用。

6. 剂型可改善患者的依从性　将某些抗生素由注射剂改为水果口味的颗粒或干混悬剂后深受儿童患者的欢迎；将抗高血压药改为缓控释片后，既可克服血药浓度的峰谷现象、减轻患者的不良反应，又可减少服药次数。

7. 剂型可以提高药物的稳定性　固体剂型中药物的稳定性通常高于液体剂型；包衣片的稳定性往往比素片要高；冻干粉针剂的稳定性明显好于注射液。

二、剂型的分类

（一）按形态分类

剂型按形态可分为固体剂型（如片剂、胶囊剂、颗粒剂等）、液体剂型（如口服液、洗剂、注射液等）、半固体剂型（如软膏剂、凝胶剂、糊剂等）和气体剂型（如气雾剂、喷雾剂等）。

此分类法对制备、贮存与运输有一定指导意义，但属于一种形态的剂型又各有其质量要求和给药途径。

（二）按给药途径分类

1. 口服给药剂型　如片剂、胶囊剂、颗粒剂、口服液、丸剂等，因给药方式简单易行，患者依从性好，是品种和数量最多的一类剂型。

2. 注射给药剂型　如注射剂，包括静脉注射、肌内注射、皮下注射、椎管注射等，一般较口服给药显效快，生物利用度高。

3. 黏膜给药剂型 如滴眼剂、滴鼻剂、舌下片、含漱剂、栓剂、气雾剂、喷雾剂等，可供眼、鼻、口腔、直肠等部位黏膜给药。

4. 皮肤给药剂型 如洗剂、搽剂、软膏剂、凝胶剂、贴剂、膏药等，是应用于皮肤的一类剂型。

按此法分类的剂型与临床用药联系密切，可反映该给药途径对所用剂型制备的特殊要求，如注射给药剂型均要求无菌。但此分类法不能反映剂型的内在特性和工艺学的要求，如同样为口服给药的剂型，片剂和口服液的制备工艺和质量控制又各不相同。

（三）按分散系统分类

1. 溶液型 药物以分子或离子状态（质点的直径小于 1nm）分散于分散介质中形成的均匀分散体系，也称为低分子溶液，如溶液剂、甘油剂、酯剂、溶液型注射液等。

2. 胶体溶液型 分散相质点的直径一般在 1 ~ 100nm。一种是由高分子物质以分子状态均匀分散于液体分散介质中形成的高分子溶液，如胶浆剂；另一种是由不溶性纳米粒子分散于液体分散介质中形成的非均匀的分散体系，如溶胶剂。

3. 乳剂型 由两种互不相溶的液体组成，其中一种液体作为分散相（质点的直径在 0.1 ~ 50μm）分散于另一种液体中形成的非均匀分散体系，如口服乳剂、静脉注射乳剂、乳膏剂、乳剂型气雾剂等。

4. 混悬型 固体药物以微粒状态（质点的直径在 0.1 ~ 100μm,）分散于液体分散介质中形成的非均匀分散体系，如混悬剂、含难溶性固体药物的合剂和洗剂、混悬型注射剂等。

5. 气体分散型 液体或固体药物以微粒状态分散于气体分散介质中形成的不均匀分散体系，如气雾剂、喷雾剂。

6. 固体分散型 固体药物以聚集状态存在的分散体系，如片剂、丸剂、颗粒剂等。

按此法分类的剂型，便于应用物理化学的原理阐明其特点和稳定性问题，但不能反映用药部位与用药方法对剂型的要求。

（四）按制法分类

1. 浸出制剂 以中药饮片为原料，采用浸出方法制成的剂型，如酊剂、流浸膏剂、煎膏剂等。

2. 无菌制剂 采用灭菌方法或无菌操作技术制成的剂型，如注射液、注射用冻干制剂、滴眼剂等。

此种分类方法涵盖的剂型不全面，故不常采用。

三、生物药物的剂型与给药系统

随着科学技术的进步，药物剂型的发展已超越其原有的内涵，需要用给药系统或药物传递系统来丰富和完善剂型对药物的载体功能。药物传递系统（drug delivery system，DDS）是指能将药物传递进入机体并通过控制药物在体内的释放速度、释放时间及释放部位来提高药物效能和安全性的载体。目前，口服给药虽是最常用的给药途径，但由于生物药物性质的特殊性，其上市产品主要以注射给药系统为主。如胰岛素在口服后易被消化道的蛋白水解酶破坏而失去降血糖作用，故均需注射给药。随着药用辅料和制药新技术的快速发展，各种微粒载体（如微球、微囊、微乳、纳米粒、脂质体、包合物、聚合物胶束等）在生物药物制剂中逐渐得到广泛应用。目前，生物药物 DDS 的研究已涉及非注射给药系统，如肺部给药、直肠给药、透皮给药、鼻腔给药、口服给药、阴道黏膜与眼部黏膜给药等多种途径，黏膜给药系统、经皮给药系统和口服定位给药系统在生物药物领域中的应用越来越多。

任务四　药用辅料

一、药用辅料的概述

药用辅料是指生产药品和调配处方时使用的赋形剂和附加剂；是除活性成分和前体以外，在安全性方面已进行合理的评估，一般包含在药物制剂中的物质。药用辅料是药物制剂的重要组成，也是影响药品质量、安全性和有效性的重要成分。没有优质的辅料就没有优质的药品。剂型的改进与发展、药品质量的提高、制药新技术与新设备的应用等，均需要各种各样的药用辅料。新型药物传递系统的发展对药用辅料提出了更高、更新的要求。辅料的研发与应用，在药物制剂中的地位越来越重要。

二、药用辅料的分类

药用辅料可根据其来源、应用的剂型、用途和给药途径等进行分类。同一药用辅料可应用于不同给药途径、不同剂型和不同用途。

1. 按来源分类　药用辅料可分为天然物（如淀粉、乳糖、阿拉伯胶等）、半合成物（如氢化蓖麻油、羧甲基纤维素钠等）和全合成物（泊洛沙姆、聚乙二醇等）。

2. 按用于制备的剂型分类　药用辅料可用于制备的药物制剂类型主要包括片剂、注射剂、胶囊剂、颗粒剂、眼用制剂、鼻用制剂、栓剂、丸剂、软膏剂、乳膏剂、吸入制剂、喷雾剂、气雾剂、凝胶剂、散剂、糖浆剂、搽剂、涂剂、涂膜剂、酊剂、贴剂、贴膏剂、口服溶液剂、口服混悬剂、口服乳剂、植入剂、膜剂、耳用制剂、冲洗剂、灌肠剂、合剂等。

3. 按用途分类　药用辅料可用作溶剂、抛射剂、增溶剂、助溶剂、乳化剂、着色剂、黏合剂、崩解剂、填充剂、润滑剂、润湿剂、渗透压调节剂、稳定剂（如蛋白稳定剂）、助流剂、矫味剂、抑菌剂、助悬剂、包衣剂、表面活性剂、抗氧剂、pH 调节剂、保护剂（如冻干保护剂）、释放调节剂、皮肤渗透促进剂、稀释剂、吸收剂、增塑剂、絮凝与反絮凝剂、基质（如栓剂基质和软膏基质）等。

根据用途，生物制品生产用常用辅料包括佐剂（是与一种疫苗抗原结合以增强其特异性免疫反应和疫苗临床效果的一种或多种成分混合的物质）、稳定剂或保护剂（用于稳定或保护生物制品有效成分、防止其降解或失去活性的物质）、抑菌剂、赋形剂、助溶剂、矫味剂、稀释剂、缓冲剂。

4. 按给药途径分类　药用辅料可分为口服给药、注射给药、黏膜给药、经皮或局部给药、经鼻或吸入给药以及眼部给药等辅料。

实例分析

实例　2020 年 12 月 30 日，国家药品监督管理局附条件批准国药集团中国生物北京生物制品研究所有限责任公司的新型冠状病毒灭活疫苗（Vero 细胞）注册申请。该疫苗是我国研制首家获批的国产新冠病毒灭活疫苗，是世界卫生组织认证的安全有效和高质量疫苗，并列入其紧急使用清单。

问题　1. 请问该疫苗有什么用途？

2. 这款新冠病毒灭活疫苗含有的主要成分有哪些？

答案解析

三、药用辅料的功能

1. 赋予剂型特定的形态 如软膏剂、栓剂、滴丸剂中的基质；气雾剂中的抛射剂；注射液中的溶剂；冻干粉针中的冻干保护剂等。

2. 有利于剂型成型 如片剂中的黏合剂、润滑剂与助流剂；滴丸剂中的冷凝剂、乳膏剂与口服乳剂中的乳化剂；液体制剂中的增溶剂、助溶剂与助悬剂。

3. 提高药物制剂的稳定性 制剂中加入的pH调节剂、抗氧剂、防腐剂、保湿剂、螯合剂等均可增加其稳定性。

4. 控制药物的释放速度和释放部位 新型药用辅料可改变药物的理化性质，使药物具有速释性、缓释性、肠溶性、靶向性、热敏性、pH敏感性、体内可生物降解性等，促进了剂型改进和DDS创新工作。

5. 增加患者用药依从性 如片剂、颗粒剂、口服液体制剂中加入的矫味剂、芳香剂和着色剂，控释制剂中的释放调节剂。

6. 提高药物疗效 如片剂中的崩解剂、贴剂中的皮肤渗透促进剂、口服混悬剂中的助悬剂等。

知识链接

预混与共处理药用辅料

预混与共处理药用辅料系将两种或两种以上药用辅料按特定的配比和工艺制成具有一定功能的混合物，作为一个辅料整体在制剂中使用。既保持每种单一辅料的化学性质，又不改变其安全性。根据处理方式的不同，分为预混辅料与共处理辅料。

预混辅料系指两种或两种以上药用辅料通过简单物理混合制成的、具有一定功能且表观均一的混合辅料，如薄膜包衣预混料。

共处理辅料系由两种或两种以上药用辅料经特定的物理加工工艺（如喷雾干燥、制粒等）处理制得，以达到特定功能的混合辅料，如可压性蔗糖。

四、药用辅料的质量要求

生产药品所用的辅料必须符合药用要求。在特定的贮藏条件、期限和使用用途下，药用辅料应化学性质稳定，不易受温湿度、pH、光线、保存时间等的影响。其质量应符合药用辅料标准中与生产工艺及安全性有关项目（如性状、鉴别、检查、含量测定等）和影响制剂性能和功能相关指标（如黏度、粒度等）的各项规定。药用辅料的残留溶剂、微生物限度均应符合要求；用于无除菌工艺的无菌制剂的药用辅料应符合无菌要求；用于静脉用注射剂、冲洗剂等的药用辅料照细菌内毒素检查法或热原检查法，应符合规定。药用辅料在质量合格前提下还应与主药无配伍禁忌，不影响主药的疗效和质量检查，并注意安全用量范围。

任务五　制剂工作依据

一、药品标准

药品标准是根据药品自身的理化与生物学特性，按照批准的处方来源、生产工艺、贮藏运输条件等所制定的、用以检测药品质量是否达到用药要求并衡量其质量是否稳定均一的技术规定。

（一）国家药品标准

国家药品标准是我国法定的药品标准，具有法律效力。它是国家为保证药品质量所制定的关于药品的规格、检验方法以及生产工艺的技术要求，也是药品的生产、经营、检验、使用和监督管理部门共同遵循的法定依据。

《中华人民共和国药品管理法》（2019 年修订）明确规定：药品应当符合国家药品标准。经国务院药品监督管理部门颁布的《中华人民共和国药典》（以下简称"《中国药典》"）和药品标准为国家药品标准。经国务院药品监督管理部门核准的药品质量标准高于国家药品标准的，按照经核准的药品质量标准执行；没有国家药品标准的，应当符合经核准的药品质量标准。

1. 药典　药典是一个国家记载药品规格和标准的法典。一般由国家药典委员会组织编纂、出版，并由政府颁布、执行，具有法律约束力。药典中收载的是疗效确切、副作用小、质量较稳定的常用药物及其制剂，并规定其质量标准、制备要求、鉴别、杂质检查与含量测定等内容。药典是药品生产、检验、供应与应用的重要依据，对提高药品质量，促进药品研究、生产和流通，保证公众用药安全有效具有重要作用。

随着医药科技的进步与发展，新的药物、制剂和检验方法会不断涌现，药典出版后需要不断修订以补充、完善、更新其收载内容。一个国家的药典在一定程度上可以反映该国家药品生产、医疗保健和科学技术发展水平。

（1）中华人民共和国药典　《中国药典》（英文缩写为 Chp）是我国药品标准体系的核心，是药品研制、生产（进口）、经营、使用和监督管理等相关单位均应遵循的法定技术标准。

《中国药典》1953 年版是新中国的第一版药典，其后先后颁布了 1963 年、1977 年、1985 年、1990 年、1995 年、2000 年、2005 年、2010 年、2015 年和 2020 年版，现行版《中国药典》是 2020 年版，为第十一版药典，自 2020 年 12 月 30 日起实施。我国药典从 1985 年后每隔五年进行修订再版一次，为及时补充新的药物及其制剂。在新版药典出版前，还会出版增补本。

《中国药典》2020 年版，系由一部、二部、三部、四部及其增补本组成，总共收载品种 5911 种。一部收载中药 2711 种，包括药材和饮片、植物油脂和提取物、成方制剂和单味制剂三类。二部收载化学药 2712 种，第一部分收载化学药品、抗生素和生化药品，制剂列于原料药之后；第二部分收载放射性药品。三部收载生物制品 153 种，包括预防类、治疗类、体内诊断类和体外诊断类品种，同时还收载有生物制品通则、总论和通则。四部收载通用技术要求 361 个，其中制剂通则 38 个、检测方法及其他通则 281 个、指导原则 42 个；药用辅料收载 335 种。

《中国药典》2020 年版，主要由凡例、通用技术要求（包括通则、指导原则）和品种正文构成。本版药典完善了以凡例为基本要求、通则为总体规定、指导原则为技术引导、品种正文为具体要求的药典架构，健全了以《中国药典》为核心的国家药品标准体系。

凡例：是为正确使用《中国药典》，对品种正文、通用技术要求以及药品质量检验和检定中有关共性问题的统一规定和基本要求。

品种正文：是根据药物自身理化性质与生物学特性，按照批准的处方来源、生产工艺、贮存运输条件等所制定的用以检测药品质量是否达到用药要求并衡量其质量是否稳定均一的技术规定。品种正文内容根据品种和剂型的不同，包括的项目也不完全相同。如二部药典正文按顺序分别列有品名、有机药物的结构式、分子式与分子量、来源或有机药物化学名称、含量或效价规定、处方、制法、性状、鉴别、检查、含量或效价测定、类别、规格、贮藏、制剂、标注、杂质信息等。三部药典正文按顺序分别列有品名、定义、组成及用途、基本要求、制造、检定（原液、半成品、成品）、保存、运输及有效期。

通用技术要求：四部药典收载的通用技术要求包括通则和指导原则。通则主要包括制剂通则、其他通则、通用检测方法。制剂通则系为按照药物剂型分类，针对剂型特点所规定的基本技术要求。通用检测方法系为各品种进行相同项目检验时所应采用的统一规定的设备、程序、方法及限度等。指导原则系为规范药典执行，指导药品标准制定和修订，提高药品质量控制水平所规定的非强制性、推荐性技术要求。三部药典的生物制品通则是对生物制品生产和质量控制的基本要求。

目次与索引：是快速查阅药典有关品种和内容的路径。目次是以中文笔画为序将收载内容排列，索引包括中文索引、汉语拼音索引和外文索引（第一部为拉丁名、拉丁学名索引，第二、三、四部均为英文索引），可根据个人习惯选择查阅路径。

（2）其他国家药典　据不完全统计，世界上有近 40 个国家编制了国家药典，另外还有 3 种地区性药典和世界卫生组织（WHO）组织编制的《国际药典》。国际上比较有影响力的药典主要有《美国药典/国家处方集》（USP－NF）、《英国药典》（BP）、《欧洲药典》（EP）、《日本药典》（别称：日本药局方，英文简称 JP）和《国际药典》。

2. 局（部）颁标准　因药典不能涵盖已上市的全部药品品种，故在药典以外还有其他药品标准作为补充。原卫生部颁布的《中华人民共和国卫生部药品标准》（简称《部颁药品标准》）和国家药品监督管理部门颁布的《局颁药品标准》收载的是国内已生产、疗效较好、需统一标准但尚未载入药典的品种。如复方对乙酰氨基酚片收载于《部颁药品标准》［标准编号：WS1－67（B）－89］。这类标准的性质与《中国药典》相似，也具有法律约束力。

（二）其他药品标准

1. 药品注册标准　经国家药品监督管理局核准的药品质量标准，为药品注册标准，它是国家药品监督管理部门批准给申请人特定药品的标准，生产该药品的生产企业必须执行该注册标准。药品注册标准不得低于国家药品标准的相关规定，应当符合《中国药典》通用技术要求。药品注册标准中收载检验项目多于或者异于药典规定的，或者质量指标严于药典要求的，应在执行药典要求的基础上，同时执行注册标准的相应项目和指标。药品注册标准收载检验项目少于药典规定或质量指标低于药典要求的，应执行药典规定。

2. 企业内控标准　国家药品标准是药品质量应符合的最低标准。为使产品质量达到国家标准的要求，药品生产企业往往自行制定高于法定标准的企业内控质量标准，以确保按内控标准进行生产和控制后的药品能在更大程度上满足国家标准的要求。企业内控标准仅在本企业的药品生产质量管理中发挥作用，属于非法定标准，但必须等于或高于国家法定标准，且企业内部必须严格执行。

二、药品质量管理规范

药品生命周期包括药品研发、生产、经营与使用等环节，而每个环节又有诸多因素会影响药品质量、影响用药的安全性和有效性，必须采取严格措施进行质量控制。因此，国家会颁布一系列法规、规章来保证药品质量，如在药品研发阶段实行 GLP 和 GCP，在药品生产阶段实行 GMP，在药品经营阶段实行 GSP。

（一）药品生产质量管理规范

药品生产质量管理规范（good manufacturing practice，GMP）是药品生产管理和质量控制的基本要求，是对药品生产全过程实施的质量管理，是保证药品质量和用药安全的一整套科学、系统和行之有效的管理制度，旨在最大限度地降低药品生产过程中污染、交叉污染以及混淆、差错等风险，确保持续稳定地生产出符合预定用途和注册要求的药品。我国1988年第一次颁布GMP，期间经历了1992年和1998年两次修订，新版GMP是2011年3月1日起施行的《药品生产质量管理规范（2010年修订）》，内容包括总则、质量管理、机构与人员、厂房与设施、设备、物料与产品、确认与验证、文件管理、生产管理、质量控制与质量保证、委托生产与委托检验、产品发运与召回、自检与附则，共计14章313条。GMP2010年修订后，国家又陆续发布了无菌药品、原料药、生物制品、血液制品及中药制剂、放射性药品、生化药品等12个附录作为GMP（2010年修订）的配套文件。

（二）药品非临床研究质量管理规范

药品非临床研究是在实验室条件下，通过动物试验进行非临床（非人体）的各种试验，如急性、亚急性、慢性毒性试验，生殖毒性试验，致癌、致畸、致突变试验，各种刺激性试验，依赖性试验等，用于评价药品的安全性。药品非临床研究质量管理规范（good laboratory practice，GLP）是药物进行非临床试验从方案设计、实施、质量保证、记录、报告到归档的指南和准则，以保证新药临床前研究安全性试验数据和资料的真实性与可靠性。

（三）药品临床试验质量管理规范

药品临床试验质量管理规范（good clinical practice，GCP）是为保证临床试验数据的质量、保护受试者的安全和权益而制定的进行临床试验的准则。GCP的内容主要涵盖了临床试验方案的设计、实施、组织、监察、记录、分析、统计、总结、报告、审核等全过程。GCP旨在保证药品临床试验过程的规范化，使结果具有科学性、可靠性、准确性、完整性。

（四）药品经营质量管理规范

药品经营质量管理规范（good supplying practice，GSP）是药品经营管理和质量控制的基本准则，旨在对药品流通全过程进行质量控制，保持药品的安全性、有效性和稳定性，防止假劣药品及其他不合格药品进入流通领域。企业应当严格执行GSP，在药品采购、储存、销售、运输等环节采取有效的质量控制措施，确保药品质量，并按照国家有关要求建立药品追溯系统，实现药品可追溯。

实训一　查阅药典练习

一、实训目的

1. 掌握《中国药典》2020年版的结构和内容组成。
2. 能够独立快速查阅到《中国药典》相关内容。
3. 了解《中国药典》的发展历程。

二、实训条件

1. 实训场地　教室、图书馆等。

2. 实训仪器与设备　《中国药典》2020年版一部、二部、三部、四部纸质资源或数字资源。

三、实训操作

按照下列项目，查阅《中国药典》2020年版，记录所在部册、页码、内容等查阅结果。

查阅内容表

序号	查阅项目	所在位置 部　页至　页	查阅结果
1	人胰岛素注射液的规格		
2	冷处的贮藏条件		
3	细粉的含义		
4	乳酶生的制法要求		
5	六号筛网的孔径范围		
6	连花清瘟颗粒的功能与主治		
7	人用疫苗总论		
8	细菌内毒素检查法		
9	灭菌法		
10	水痘减毒活疫苗的稀释剂		
11	蛋黄卵磷脂的贮藏条件		
12	片剂重量差异限度标准		
13	人干扰素 α2b 乳膏的检定		
14	明胶空心胶囊的检查		
15	远志流浸膏的制法		
16	阿奇霉素的制剂		
17	高氯酸滴定液的配制方法		
18	生物测定法		
19	微粒制剂指导原则		
20	蟾酥的性状与鉴别		

四、实训报告及思考

小组完成实训后，对实训过程、结果及收获进行讨论并总结，撰写实训报告。

1. 凡例所规定共性问题不能通过品名目次或索引找到答案。

2. 对于《中国药典》2020 年版中没有收载的药品，其药品标准如何查找？

目标检测

答案解析

一、单项选择题

1. 生物药物的药理学特性是（　　）

A. 原材料有效物质含量低　B. 相对分子量大　C. 生物半衰期短

D. 结构复杂　E. 易染菌、腐败

2. 生产药品和调配处方时所用的赋形剂和附加剂指的是（　　）

A. 中间品　B. 辅料　C. 原料

D. 物料　E. 原辅料

3. 按分散系统分类的剂型是（　　）

A. 混悬剂　　B. 片剂　　C. 洗剂

D. 气雾剂　　E. 乳膏剂

4. 属于口服剂型的是（　　）

A. 凝胶剂　　B. 颗粒剂　　C. 栓剂

D. 气雾剂　　E. 注射剂

5. 属于无菌制剂的是（　　）

A. 流浸膏剂　　B. 胶囊剂　　C. 酊剂

D. 滴眼剂　　E. 丸剂

6. 在生物制品中与一种疫苗抗原结合以增强其特异性免疫反应和疫苗临床效果的一种或多种成分混合的物质称为（　　）

A. 保护剂　　B. 赋形剂　　C. 佐剂

D. 稀释剂　　E. 稳定剂

7. 现行版《中国药典》是（　　）

A. 2010 年版　　B. 2015 年版　　C. 2018 年版

D. 2020 年版　　E. 2021 年版

8. 药用辅料收载于现行版《中国药典》（　　）

A. 一部　　B. 二部　　C. 三部

D. 四部　　E. 增补本

9. 生物制品的原料是指（　　）

A. 原材料　　B. 原料药　　C. 中药提取物

D. 辅料　　E. 中药饮片

10. 目前生物药物主要的给药途径是（　　）

A. 口服给药　　B. 经皮给药　　C. 注射给药

D. 眼部黏膜给药　　E. 直肠黏膜给药

二、多项选择题

1. 下列属于生物药物的是（　　）

A. 抗体药物　　B. 化学药物　　C. 疫苗

D. 血液制品　　E. 细胞因子

2. 生物药物的药理学特性包括（　　）

A. 治疗针对性强　　B. 不良反应小　　C. 结构复杂、稳定性差

D. 具有免疫原性　　E. 原材料有效物质含量低

3. 药剂学围绕药物制剂开展的研究内容包括（　　）

A. 制备工艺　　B. 质量控制　　C. 基本理论

D. 处方设计　　E. 合理应用

4. 皮肤给药的剂型包括（　　）

A. 栓剂　　B. 丸剂　　C. 贴剂

D. 搽剂　　E. 洗剂

三、综合问答题

1. 请举例说明药物剂型的重要性。
2. 何谓辅料？辅料的功能有哪些？

书网融合……

重点回顾　　微课　　习题

（李忠文）

项目二　生物药物制剂的稳定性

PPT

学习引导

我们知道，胰岛素可调节糖代谢，促进肝脏、骨骼和脂肪组织对葡萄糖的摄取和利用，促进葡萄糖转变为糖原贮存于肌肉和肝脏内，并抑制糖原异生，从而降低血糖。人胰岛素注射液属于多肽类激素如果贮藏温度不当会影响胰岛素的稳定性和药效。其他生物药物制剂在保存上也与一般化学药品不同，否则容易失效。

本项目主要介绍影响生物药物制剂稳定性的因素及稳定化方法，生物药物制剂稳定性试验基本要求和方法。

学习目标

1. 掌握　影响生物药物制剂稳定性的因素及稳定化方法。
2. 熟悉　生物药物稳定性试验方法、化学动力学基础知识。
3. 了解　生物药物制剂稳定性研究的目的和研究意义。

任务一　生物药物制剂稳定性的影响因素和稳定化方法

一、生物药物制剂稳定性概述

药物制剂稳定性是指药物制剂从制备到使用期间发生变化的速度和程度，是评价药物制剂质量的重要指标之一。药物制剂的基本要求是保证其安全、有效、稳定。如果药物制剂在临床应用前不具备一定的稳定性，如药物发生降解变质，不仅会使药效降低，有些甚至产生严重不良反应，这样就难以保证用药后体内的安全性和有效性。另一方面在制剂生产中，若因产品不稳定而变质，则可能在经济上造成巨大损失。一个新产品，从制剂的研发、生产、贮存和使用的全过程，稳定性的控制始终贯穿其中。

生物药物多为蛋白质、多肽类物质，其分子量较大，稳定性较差，有效保持其稳定性对其发挥预防、治疗和诊断作用至关重要。生物药物的稳定性研究较化学药物更为复杂。

在制剂的制备过程中，研究稳定性的目的是通过测定药物的降解速率来选择辅料、设计处方、确定工艺和贮藏条件等；预测和确定药物制剂的有效期；了解影响反应速率的因素，采取有效措施，防止和延缓药物制剂的降解。

药物制剂稳定性一般包括化学、物理和生物学三个方面。化学稳定性变化是指药物由于水解、氧化等原因发生化学降解，造成药物含量（或效价）下降、产生有毒或副作用的降解产物、色泽发生变化等。物理稳定性变化是指制剂的物理性质（即外观性状）发生较大改变、化学结构保持不变，影响使用，不适合于临床要求，如混悬剂的结块、结晶生长，乳剂的分层、破裂，片剂的崩解度、溶出速度改变等。生物学稳定性变化是由于微生物污染，引起制剂的霉败分解变质。尤其含有蛋白质、氨基酸、糖类等成分的制剂更容易发生霉败、酸败等问题。

二、化学动力学简介

（一）化学动力学基础

化学动力学是研究化学反应速率及其影响因素的科学。药物降解速度与药物的性质、浓度、温度、pH、离子强度、溶剂等因素有关。运用化学动力学的原理可以研究药物的降解速度，预测药物及其制剂的贮存有效期，也可以研究影响反应速率的因素及防止药物降解的措施。药物制剂最常见的是化学稳定性的变化，因此评价药物制剂的化学稳定性是考察制剂稳定性的重点，而降解反应速率是评价制剂稳定性的重要指标。

反应速率的表达式是对药物浓度与时间关系的描述。药物浓度对反应速率的影响很关键，反应物浓度与反应速率之间的关系可用反应级数来表示，反应级数有零级反应、一级反应（伪一级反应）、二级反应等。在药物制剂的降解反应中，大多数药物降解过程可按零级反应、一级反应（伪一级反应）来处理。常见反应速率的积分式、半衰期及有效期公式列于表 2－1。

表 2－1　反应速率方程式、半衰期和有效期计算公式

反应级数	反应速率积分式	半衰期（$t_{1/2}$）	有效期（$t_{0.9}$）
零级	$c=-kt+c_0$	$t_{1/2}=\frac{c_0}{2k}$	$t_{0.9}=\frac{c_0}{10k}$
一级（伪一级）	$\lg c=-\frac{kt}{2.303}+\lg c_0$	$t_{1/2}=\frac{0.693}{k}$	$t_{0.9}=\frac{0.1054}{k}$
二级	$\frac{1}{c}=kt+\frac{1}{c_0}$	$t_{1/2}=\frac{1}{c_0k}$	$t_{0.9}=\frac{1}{9c_0k}$

表 2－1 中，c_0 是 $t=0$ 时反应物的浓度；c 是 t 时反应物的浓度；k 是速率常数；$t_{1/2}$ 是药物降解 50% 所需要的时间，即半衰期；$t_{0.9}$ 是药物降解 10% 所需要的时间，即有效期。表中公式在预测药物稳定性时经常使用。

（二）化学降解途径

药物由于化学结构不同，其降解反应途径也不尽相同。水解和氧化是药物降解的两个主要途径，还有光解、聚合、脱羧、异构化等降解反应。

1. 水解　水解是药物降解的主要途径之一，属于这类降解的药物主要有酯类、酰胺类等。

（1）酯类药物　含有酯键的药物在水溶液中或吸收水分后很易水解，生成酸和醇。在 H^+、OH^- 或广义酸碱的催化下，水解反应速度很快，特别在碱性溶液中。酯类药物的水解常为伪一级反应。盐酸普鲁卡因和阿司匹林的水解反应可作为这类药物反应的代表。

（2）酰胺类药物　酰胺类药物水解以后生成相应的酸与胺，有内酰胺结构的药物，水解后易开环失效。属于这类的药物有氯霉素、青霉素类、头孢菌素类、巴比妥类等。

2. 氧化 氧化也是药物降解最常见的反应之一。药物的氧化通常为自动氧化过程。即在大气中氧的影响下自动进行的缓慢氧化过程。有些药物可以直接与大气中的氧形成游离基的链反应。氧化过程一般比较复杂，有时一个药物可同时发生氧化、水解、光解等反应。药物的氧化作用与其化学结构有关，酚类、烯醇类、芳胺类、吡唑酮类、噻嗪类药物较易氧化。氧化反应的结果不仅使效价损失，而且可能产生颜色加深、沉淀或不良气味，严重影响药品的质量。

（1）酚类药物 肾上腺素、左旋多巴、吗啡、水杨酸钠等药物分子中都具有酚羟基，极易被氧化。如肾上腺素氧化后先生成肾上腺素红，最后变成棕红色甚至黑色聚合物。

（2）烯醇类药物 维生素C是这类药物的代表，分子中含烯醇式羟基，极易被氧化，且氧化过程较为复杂。

（3）其他类药物 易发生氧化降解反应的药物还有芳胺类如磺胺嘧啶钠，吡唑酮类如氨基比林、安乃近，噻嗪类如盐酸氯丙嗪、盐酸异丙嗪等。

即学即练

答案解析

酚类药物降解的主要途径是（ ）

A. 水解 B. 光学异构化 C. 氧化 D. 聚合 E. 脱羧

三、生物药物制剂稳定性的影响因素

（一）蛋白质、多肽类药物的不稳定变化及其影响因素

由于生物药物制剂多为蛋白质、多肽类物质，与一般小分子药物相比，分子量较大，稳定性较差，维持其稳定性对药物制剂研究、生产、贮存、运输及发挥药效都极为重要。蛋白质、多肽类药物常见的不稳定变化及其影响因素主要有以下几个方面。

1. 蛋白质的水解 酸、碱或蛋白酶可催化水解蛋白质成为分子质量大小不等的肽段和氨基酸。蛋白质的水解反应受溶液pH的影响较大，水解速度在不同pH中是不同的。根据蛋白质的水解程度，可分为完全水解与不完全水解。除此之外，天冬酰胺和谷氨酰胺易发生脱酰胺作用，水解生成天冬氨酸和谷氨酸。

2. 蛋白质的氧化 蛋白质和多肽中一些氨基酸可以发生自动氧化，也可以在一些氧化剂存在时发生氧化。具有强负电性基团侧链的氨基酸残基更易发生氧化，如甲硫氨酸、半胱氨酸、组氨酸、色氨酸和酪氨酸。影响氧化的因素有空气、温度、光照、pH、催化剂的种类、缓冲介质、金属离子等。在碱性pH下，过氧化氢可提高重组人甲状旁腺激素中蛋氨酸的氧化率；在碱性条件下，Cu^{2+}的存在使蛋白质的巯基更容易发生氧化反应。

3. 外消旋作用 除甘氨酸外，其他氨基酸易在碱催化下发生消旋反应，其中天冬氨酸残基最易发生消旋反应。影响氨基酸消旋作用的因素有温度、pH、离子强度和金属离子络合作用等。

4. 二硫键重排及其交换 蛋白质中二硫键之间或二硫键与巯基之间断裂接着重排或发生交换，导致三级结构发生改变和生物活性丧失。二硫键数目越多，结构稳定性和抗拒外界因素能力越强。

5. β-消除 β-消除是指氨基酸残基中β碳原子上基团的消除。半胱氨酸、苏氨酸、丝氨酸、苯丙氨酸和酪氨酸等残基都可通过β-消除降解。在碱性条件下易发生β-消除，另外，温度和金属离子

对其也有影响。

6. 蛋白质的凝集与沉淀 蛋白质溶液是一种亲水胶体，蛋白质分子表面的一些亲水基团能与水分子在分子表面形成一个水化层。而且蛋白质分子表面的可解离基团在适当的 pH 条件下都带有相同的电荷，它们与周围带相反电荷的离子构成稳定的双电层。如果没有外界因素的影响，蛋白质处于胶体稳定体系，但如果条件发生改变，破坏了蛋白质的稳定性，蛋白质就会发生凝集或沉淀。

7. 蛋白质的变性 天然蛋白质在受到一些物理因素或化学因素的影响时会导致蛋白质次级键（如氢键等）破坏，使得蛋白质生物活性丧失，同时还伴随一些物理化学常数的变化，如溶解度降低、不对称性增高、旋光值改变、光吸收系数的增大、黏度改变、凝集、沉淀等，这种现象称为蛋白质的变性。蛋白质的变性不涉及共价键，如肽键的破坏。在某些情况下，当变性因素除去后，变性的蛋白质又可以恢复其天然构象称为蛋白质的复性，此时蛋白质的变性为可逆变性。许多蛋白质变性时被严重破坏，不能恢复原有构象，为不可逆变性。

知识链接

蛋白质的吸附

低浓度的干扰素、白细胞介素及某些生物制剂都有吸附玻璃和塑料的趋势。这种吸附对某些蛋白质多肽具有强烈的破坏作用，能使分子变性，从而丧失疗效。而且一般蛋白质多肽类药物的有效剂量很小，容器中所含有效药物浓度极低，吸附作用的发生会使药物损失很大。如果吸附是由于肽类分子与玻璃表面的硅烷醇基之间发生离子相互作用产生的，可以将玻璃进行甲硅烷基化处理。其他办法包括加入载体蛋白（如明胶）、表面活性剂（如月桂醇硫酸钠）、氨基酸以及氯化钠等，但要注意加入其他电解质可能发生蛋白质沉淀和失活。生产实际中，要从职业素养出发，减少物料损失，提高生产效率。

（二）核酸类药物的不稳定变化及其影响因素

稳定 DNA 分子双螺旋结构的因素主要包括氢键、碱基堆积以及与水分子和金属离子的相互作用等多种。氢键断裂、碱基间的堆积力遭到破坏均会引起 DNA 的变性，即 DNA 分子由稳定的双螺旋结构松解为无规则线性结构的现象。凡能破坏双螺旋稳定性的因素，如加热、极端的 pH 值、酸、碱、有机溶剂、尿素及甲酰胺等，均可引起核酸分子变性，出现其理化及生物学性质的改变，如溶液黏度降低、沉降速率加快、旋光性发生变化、增色效应等。核酸热变性后，温度再缓慢下降，解开的两条链又可重新缔合而形成双螺旋，即为核酸的复性，它是变性的一种逆转过程。不同来源的变性核酸一起复性，有可能发生杂交。

1. 温度 DNA 在室温下相对比较稳定，但随着温度升高，在 AT 碱基对含量较高的区域碱基对将会断开，形成一个或多个单链泡。如果温度继续升高，如超过 80℃，GC 碱基对也会断开，此时单链泡会迅速扩大，最终导致两条链完全分开。

2. pH pH 过高或过低均会导致 DNA 不稳定。当 pH 低于 5.0 时 DNA 易脱嘌呤，更酸的条件将使碱基广泛质子化。当 pH 过高时，碱基将广泛去质子化，失去形成氢键的能力。DNA 保存的合适 pH 值为 7～8。

3. 离子强度 高盐浓度有利于 DNA 的热稳定性。由于 DNA 分子中存在许多带负电荷的磷酸基团，它们之间存在静电排斥作用，在无盐水溶液中会导致 DNA 在室温下变性。盐溶液中的正电荷不仅可以屏蔽负电荷，而且可以与磷酸基团结合中和负电荷，从而稳定 DNA。

4. 变性剂　变性剂如甲醇、乙醇、甲酰胺、脲等，可以通过与核苷酸形成氢键，或者造成碱基对间的堆积，使 DNA 变得不稳定。

5. 核酸酶　核酸酶是一类能够水解 DNA 与 RNA 等核酸分子的酶。根据底物偏好差异，核酸酶分为 RNA 核酸酶与 DNA 核酸酶。DNA 容易受到 DNA 酶的降解。可通过加入金属络合剂来抑制 DNA 酶（多数 DNA 酶的激活需要 Mg^{2+}、Ca^{2+} 等参与）的活性。RNA 酶分布广，耐热，各种实验器皿及试剂容易被 RNA 酶污染，其激活不需要二价金属离子参与，故添加络合剂无法抑制其活性。目前多采用 RNA 酶抑制剂来抑制 RNA 酶活性。

（三）影响生物药物制剂稳定性其他因素

1. 湿度和水分　湿度和水分对固体制剂药物的稳定性影响很大。无论是水解反应还是氧化反应，微量的水分可加速药物的降解。水能影响蛋白质的化学稳定性和物理稳定性。蛋白质药物处在高湿环境中，将产生显著的聚集等不稳定反应。

2. 包装材料　常用的包装材料有玻璃、塑料、橡胶及金属。同样的药物制剂使用不同包装材料受热、光、湿度、空气等因素的影响不同，稳定性也就不相同。选用及设计包装材料要综合考虑上述因素对药物稳定性的问题。另外，包装材料与药物制剂的相互作用，也会影响药物制剂的稳定性。最终包装材料的确定要根据“装样试验”结果。

3. 金属离子　微量金属离子对自动氧化反应有显著的催化作用，对于易氧化药物，其所用原辅料、溶剂、容器以及操作过程中使用的工具等应严格控制金属离子的引入。但一些金属离子如钙离子、镁离子、锌离子可以与蛋白质结合，使整个蛋白质药物的蛋白质结构更加紧密和稳定。实际工作中应通过稳定性试验选择金属离子及其使用浓度。

四、生物药物制剂稳定化方法

（一）提高易水解药物制剂稳定性的方法

1. 调节 pH　为防止水解应确定药物最稳定的 pH 值，再用酸、碱或适当的缓冲剂，使溶液保持在最稳定的 pH 范围内。

2. 调节温度　降低温度可使水解反应减慢。有些产品在保证完全灭菌的前提下，可降低灭菌温度，缩短灭菌时间。针对热特别敏感的药物，如某些抗生素、生物制品，要根据药物性质，设计合适的剂型，生产中采取特殊的工艺，如冷冻干燥、无菌操作等。除另有规定外，生物制品需低温贮藏、冷链运输。

3. 溶剂的选择　水溶液中易水解药物可用适当浓度的乙醇、丙二醇、甘油等极性小的溶剂，全部或部分代替水，避免或延缓水解反应。

4. 制成固体剂型　某些水溶液中易水解药物可考虑物制成固体制剂，如制成粉针剂、片剂、胶囊剂或颗粒剂等固体剂型。但应注意固体化工艺过程中有效成分的稳定性，尽可能采用低温或快速干燥的方法。

5. 添加稳定剂　加入络合剂、表面活性剂等可延缓药物水解能力的物质，通过与易水解药物形成配合物、易水解药物埋藏在胶团内部，水解稳定性得以提高。

6. 密封包装　密封包装对固体制剂中药物具有防潮、隔绝外界水分的作用。

（二）增加易氧化药物制剂稳定性的方法

1. 避光 减少与日光中紫外光接触的机会。紫外光可被大部分普通玻璃吸收，易氧化变色的药物制剂应贮藏在对紫外光有滤光作用的棕色玻璃容器或不透光的塑料瓶之中。对光敏感的药物，在整个生产和贮藏过程中都应避光。

实例分析

实例 硝普钠为强效、速效的降压药，其2%的水溶液经100℃或115℃灭菌20分钟，仍很稳定；但对光却极为敏感，临床上静脉滴注时用5%葡萄糖注射液配成0.05%硝普钠注射液，在阳光下照射10分钟即分解13.5%，颜色也开始变化，同时pH下降。在室内光线条件下，本品半衰期为4小时。

问题 1. 颜色变化的原因是什么？

2. 可以采取什么措施加以控制？

答案解析

2. 减少与空气的接触 水中溶解的氧和容器空间的空气含有的氧，这些氧气直接接触药物制剂，引起易氧化成分的氧化变质。可用煮沸方法驱除注射用水中的氧气，也可将惰性气体直接通入药物溶液或已灌液的容器内，以驱除液中和液面上氧气，保持稳定性。

3. 加入抗氧剂 为防止易氧化药物的自动氧化，需加入抗氧剂（还原性物质），它首先被氧化而使药物制剂受到保护。

4. 加入金属络合剂 防止金属离子的影响除杜绝其来源之外，还可加入金属离子络合剂使之形成稳定水溶性配合物来消除这种影响。常用的有依地酸二钠。

5. 控制温度和装量 对于遇热易氧化的物质，除整个生产过程中要避免加热或采取低温灭菌外，还应低温贮藏和冷链运输。某些极易氧化的液体制剂，若供多次使用时，对于装量也应予以特别规定，其目的是使制剂在可能变色变质前用完。

6. 制成固体制剂 凡易氧化的药物制成液体剂型后，虽经采取多种抗氧化措施，尚无法彻底防止氧化反应时，则需制成干燥固体剂型，并在25℃以下阴凉处保存，以保证药物制剂在一定贮存期内的质量。

7. 熔封或严封包装 熔封或严封对制剂中药物氧化起到隔绝空气的作用。

（三）提高蛋白质、多肽类药物稳定性的方法

1. 定点突变 通过蛋白质工程手段替换引起多肽不稳定的残基或引入能增加多肽稳定性的残基，可提高多肽的稳定性。十七位的半胱氨酸改变为丝氨酸可以增加干扰素β的稳定性。

2. 缓冲系统 pH和离子强度影响蛋白质的稳定性及溶解度。通常在蛋白质药物溶液配制中采用适当的缓冲系统是很必要的。例如，红细胞生成素采用枸橼酸钠－枸橼酸缓冲剂，而干扰素αn3则用磷酸盐缓冲系统。5mmol/L的磷酸盐缓冲液可减少人生长激素的凝集。

3. 添加剂 通过加入适当的添加剂可以增加溶解度、防止凝集，提高多肽和蛋白质的稳定性。这些添加剂包括糖类、某些盐类、多元醇、氨基酸、各种聚合物和大分子化合物。例如，在单克隆抗体药物配方中可加入聚山梨酯20和聚山梨酯80，以减少疏水区的暴露，或者通过竞争吸附位点从而减少蛋白质的表面吸附、聚集和沉淀。某些氨基酸也可抑制蛋白质的化学降解，如甲硫氨酸是一种有效的抗氧

剂。人血清白蛋白是稳定蛋白质常用的大分子物质，在重组人干扰素 α 和促红细胞生成素注射剂配方中均采用人血清白蛋白作为稳定剂。

4. 蛋白质的化学修饰 通过化学修饰，可降低或消除蛋白质、多肽类药物的抗原性，降低其毒副作用；减少酶对药物分子的破坏，延长在体内的半衰期，增强药物的稳定性等。目前应用最多的是聚乙二醇（PEG）修饰，因 PEG 毒性小、无抗原性、溶解性好且具有生物相容性。

5. 冻干 多肽发生的一系列化学反应如脱酰胺、β-消除、水解等都需要水的参与，水还可以作为许多降解反应的溶剂，含水量的降低可使多肽的变性温度升高。因此，冻干处理有利于提高蛋白质、多肽类药物的稳定性。

6. 改进生产工艺 通过改进生物技术药物制剂的生产工艺可增加液体制剂的稳定性。

（1）控制 pH 制备时控制 pH 在适当的范围，使灭菌或储存后 pH 仍在规定范围内，可有效避免析出沉淀增加稳定性。

（2）充填惰性气体 灌封安瓿时充填惰性气体驱除内部的氧气，可有效防止产品的氧化。常用的惰性气体有 CO_2 和 N_2，从溶解度和密度来看，对除去水中和安瓿空间的氧气，CO_2 比 N_2 好，但 CO_2 溶于水后呈酸性，会改变溶液的 pH，并使钙盐沉淀。因此，在实际应用时应根据药物的性质来确定使用何种气体。

（3）制成粉针剂 通过制成临用前调剂的注射用粉末，可有效避免药物降解增加稳定性。

（4）其他 也可将某些易变性和水解的药物制成微球或微囊；对光解反应，可加入抗光解剂，如肌苷、肌苷酸、腺嘌呤、亚甲蓝等；对易水解药物，可在水中加入介电常数比水小而又与水混溶的物质，如甘油、乙醇等。

7. 完善包装 对于水分敏感的药物可采用防潮包装；对于光敏感的药物应采用遮光包装。易氧化的药物除注意选择包装材料外，还应小包装甚至单剂量熔封于充填惰性气体的容器中。同时，还要提高包装材料的质量，以防药物与包装材料的相互作用。

任务二 生物药物制剂稳定性试验

一、生物药物制剂稳定性试验基本要求

药物稳定性试验的目的是考察原料药或制剂在温度、湿度、光线的影响下随时间变化的规律，为药品的生产、包装、贮存、运输条件提供科学依据，同时通过试验确立药品的有效期。生物制品对温度、湿度、光照等环境条件影响更为敏感，为保证其安全有效，避免失活或降解，必须根据产品的特点开展相应的稳定性试验。

稳定性试验的基本要求如下。①稳定性试验包括影响因素试验、加速试验与长期试验。影响因素试验用 1 批原料药物或 1 批制剂进行；如果试验结果不明确，则应加试 2 个批次样品。生物制品应直接使用 3 个批次。加速试验与长期试验要求用 3 批供试品进行。②原料药物供试品应是一定规模生产的，供试品量相当于制剂稳定性试验所要求的批量，原料药物合成工艺路线、方法、步骤应与大生产一致。药物制剂供试品应是放大试验的产品，其处方与工艺应与大生产一致。每批放大试验的规模，至少是中试规模。大体积包装的制剂，如静脉输液等，每批放大规模的数量通常应为各项试验所需总量的 10 倍。特殊品种、特殊剂型所需数量，根据情况另定。③加速试验与长期试验所用供试品的包装应与拟上市产

品一致。其他要求详见《中国药典》2020 版收载的原料药物与制剂稳定性试验指导原则及生物制品稳定性试验指导原则。

二、生物药物制剂稳定性试验方法 微课

稳定性试验应制定产品稳定性评价的详细方案。该方案能支持产品建议的贮存条件和有效期。方案应包含证明产品稳定性的试验类别、试验样品、试验项目、试验条件、试验时间和结果分析等内容。

试验样品可分为上市前和上市后试验样品，通常包括原液、成品及产品自带的稀释液或重悬液等。对需要保存一定时间的中间产品也应进行相应的稳定性研究。原则上，不同规模生产、不同规格、不同包装容器或密闭系统的产品，均应分别开展稳定性试验。

（一）影响因素试验

影响因素试验是考察各种极端因素（如高温、光照、反复冻融、振动、氧化、酸碱等相关条件）对产品的影响。药物制剂进行此项试验的目的是考察制剂处方的合理性与生产工艺及包装条件。生物制品进行此项试验的目的是探讨药物的固有稳定性、了解影响其稳定性的因素及可能的降解途径与降解产物，为制剂生产工艺、包装、贮存条件和建立降解产物分析方法提供科学依据。

供试品用 1 批进行，将供试品置适宜的开口容器中，分散放置，厚度≤3mm（疏松原料可略厚）。如为制剂应除去外包装，并根据试验目的和产品特性考虑是否除去内包装，置适宜的开口容器中，进行试验。

1. 高温试验 供试品开口置适宜的恒温设备中，设置温度一般高于加速试验温度 10℃以上，考察时间点应基于原料药或制剂本身的稳定性及影响因素试验条件下稳定性的变化趋势设置。可设定 0、5、10、30 天等取样，按稳定性重点考察项目（表 2－1）进行检测，若供试品质量有明显变化，则适当降低温度试验。

2. 高湿试验 供试品开口置恒湿密闭容器中，在 25℃分别于相对湿度 90% ±5% 条件下放置 10 天，于第 5 天和第 10 天取样，按稳定性重点考察项目（表 2－1）要求检测，同时准确称量试验前后供试品的重量，以考察供试品的吸湿潮解性能。

3. 强光照射试验 将供试品开口放在光照箱或其他适宜的光照装置内，光源及其光照度应符合《中国药典》2020 版收载的 9001 原料药物与制剂稳定性试验指导原则，于适宜时间取样，按稳定性重点考察项目（表 2－1）进行检测，特别要注意供试品的外观变化。

（二）加速试验

加速试验是在加速条件下（提高温湿度）进行，其目的是通过加速药物制剂的化学或物理变化，探讨药物制剂的稳定性，为制剂设计、工艺改造、质量研究、包装改进、运输、贮存提供必要的资料。

试验方法：取供试品 3 批，按市售包装，在温度 40℃ ±2℃，相对湿度 75% ±5% 的条件下放置 6 个月。在试验期间第 1 个月、第 2 个月、第 3 个月、第 6 个月末取样一次，按稳定性重点考察项目（表 2－1）检测（原则上生物制品应尽可能观察到产品不合格）。如在 25℃ ±2℃、相对湿度 60% ±5% 条件下进行长期试验，当加速试验 6 个月中任何时间点的质量发生了显著变化，则应进行中间条件试验。

对温度特别敏感的药物，预计只能在冰箱中（5℃ ±3℃）保存使用，此类药物的加速试验，可在温度 25℃ ±2℃、相对湿度 60% ±5% 的条件下进行，时间为 6 个月。

对拟冷藏贮存的产品，建议采用的温度为25℃ ±2℃。拟冷冻贮存的产品，建议采用的温度5℃ ±3℃或25℃ ±2℃。以上条件下放置适当时间进行试验，以了解短期偏离标签贮藏条件（如运输或搬运时）对药物的影响。

对于乳剂、混悬剂、软膏剂、乳膏剂、糊剂、凝胶剂、眼膏剂、栓剂、气雾剂、泡腾片及泡腾颗粒的加速试验宜直接在温度30℃ ±2℃、相对湿度65% ±5%的条件下进行。

对于包装在半透性容器（如低密度聚乙烯制备的输液袋、塑料安瓿、眼用制剂容器等）中的药物制剂，则应在温度40℃ ±2℃、相对湿度25% ±5%的条件下进行试验。

（三）长期试验

长期试验是在设定的贮存条件范围内进行，其目的是为制定药品有效期提供依据。

试验方法：供试品要求3批，按市售包装，在温度25℃ ±2℃、相对湿度60% ±5%的条件下放置12个月，或在温度30℃ ±2℃、相对湿度65% ±5%的条件下放置12个月。基于我国南方与北方气候差异考虑，由研究者选择某一种条件。每3个月取样一次，分别于0、3、6、9、12个月取样，按稳定性重点考察项目（表2－2）进行检测。12个月以后，仍需继续考察的，根据产品特性，分别于18、24、36个月取样进行检测。将结果与0个月比较，以确定药品的有效期（原则上生物制品应在GMP规定的存放时限内尽可能做到产品不合格为止）。

表2－2　原料药物及制剂稳定性重点考察项目参考表

剂　型	稳定性重点考察项目	剂　型	稳定性重点考察项目
原料药	性状、熔点、含量、有关物质、吸湿性以及根据品种性质选定的考察项目	眼用制剂	如为溶液，应考察性状、可见异物、含量、pH、有关物质品；如为混悬液，还应考察粒度、再分散性；洗眼剂还应考察无菌；眼丸剂应考察粒度与无菌
片剂	性状、含量、有关物质、崩解时限或溶出度或释放度	丸剂	性状、含量、有关物质、溶散时限
胶囊剂	性状、含量、有关物质、崩解时限或溶出度或释放度、水分，软胶囊要检查内容物有无沉淀	糖浆剂	性状、含量、澄清度、相对密度、有关物质、pH
注射剂	性状、含量、pH、可见异物、不溶性微粒、有关物质、应考察无菌	口服溶液剂	性状、含量、澄清度、有关物质
栓剂	性状、含量、融变时限、有关物质	口服乳剂	性状、含量、分层现象、有关物质
软膏剂	性状、均匀性、含量、粒度、有关物质	口服混悬剂	性状、含量、沉降体积比、有关物质、再分散性
乳膏剂	性状、均匀性、含量、粒度、有关物质、分层现象	散剂	性状、含量、粒度、有关物质、外观均匀度
糊剂	性状、均匀性、含量、粒度、有关物质	气雾剂（非定量）	不同放置方位（正、倒、水平）有关物质、揿射速率、揿出总量、泄漏率
气雾剂（定量）	不同放置方位（正、倒、水平）有关物质、递送剂量均一性、泄漏率	颗粒剂	性状、含量、粒度、有关物质、溶化性或溶出度或释放度
喷雾剂	不同放置方位（正、水平）有关物质、每喷主药含量、递送剂量均一性（混悬型和乳液型定量鼻用喷雾剂）	贴剂（透皮贴剂）	性状、含量、有关物质、释放度、黏附力
吸入气雾剂	不同放置方位（正、倒、水平）有关物质、微细粒子剂量、递送剂量均一性、泄漏率	冲洗剂、洗剂、灌肠剂	性状、含量、有关物质、分层现象（乳状型）、分散性（混悬型）、冲洗剂应考察无菌
吸入喷雾剂	不同放置方位（正、水平）有关物质、微细粒子剂量、递送剂量均一性、pH、应考察无菌	搽剂、涂剂、涂膜剂	性状、含量、有关物质、分层现象（乳状型）、分散性（混悬型）、涂膜剂还应考察成膜性

续表

剂　型	稳定性重点考察项目	剂　型	稳定性重点考察项目
吸入粉雾剂	有关物质、微细粒子剂量、递送剂量均一性、水分	耳用制剂	性状、含量、有关物质、耳用散剂、喷雾剂与半固体制剂分别按相关剂型要求检查
吸入液体制剂	有关物质、微细粒子剂量、递送速率及递送总量、pH、含量、应考察无菌	鼻用制剂	性状、pH 值、含量、有关物质、鼻用散剂、喷雾剂与半固体制剂分别按相关剂型要求检查
凝胶剂	性状、均匀性、含量、有关物质、粒度、乳胶剂应检查分层现象		

对温度特别敏感的药品，长期试验可在温度 5℃ ±3℃的条件下放置 12 个月，按上述时间要求进行检测，12 个月以后，仍需按规定继续考察，制定在低温贮存条件下的有效期。

对拟冷冻贮藏的制剂，长期试验可在温度 −20℃ ±5℃的条件下至少放置 12 个月。

此外，有些药物制剂还应考察临用时配置和使用过程中的稳定性。生物制品还应考虑可能包装容器（如产品为多次使用的包装，应模拟实际使用情况对样品进行稳定性试验，确保多次使用后产品的稳定性仍符合标准）与密闭系统（考虑液体制剂与密闭系统的相互作用，应将样品以倒立放置或水平放置、正立放置两种情况进行稳定性试验，以确保密闭系统对产品的影响，原则上液体制剂与密闭系统应充分接触，不同密闭系统的产品应分别进行稳定性试验）、反复冻融（对于需要冷冻保存的原液、中间产物，应验证其在多次反复冻融条件下产品质量的变化情况）、运输条件（生物制品通常要求冷链保存和运输，应对产品的运输条件进行相应的模拟试验）及其他试验条件（如某些情况下根据产品特点设计对于光照、振动和氧化等条件的试验）的影响。

（四）生物制品稳定性试验项目

生物制品稳定性评价指标较为复杂，应根据不同品种的成分特性开展稳定性试验工作。

1. 生物学活性/效价　是生物制品稳定性试验中的关键评价指标。它是通过与参比物质比较而获得的生物学活性单位。某些生物制品的活性成分需要与另一种物质结合之后才能产生生物学活性，效价测定时，应测定其活性成分与结合物的解离程度。

2. 纯度　应采用多种原理的分析方法综合评估生物制品的纯度。在生物制品的稳定性试验中，纯度检测应侧重于检测产品的降解/聚合情况。长期稳定性试验中，发现有该降解产物出现或已知降解产物含量变化超出限度时，如可行，应对新的降解产物进行鉴定，同时开展安全性与有效性的评估。

3. 其他　如含量、外观、可见异物、不溶性微粒、pH、注射用无菌粉的水分、无菌检查等。

添加剂（如稳定剂、防腐剂）或赋形剂在制剂的有效期内也可能降解，如有迹象表明这些物质的降解对药品质量有不良影响时，应在稳定性试验中加以监测。

稳定性试验中还应考虑到包装容器和密闭系统可能对样品具有潜在的不良影响，在试验设计过程中应关注此方面。

实训二　药物制剂稳定性试验

一、实训目的

熟悉温度和 pH 对药物制剂稳定性的影响。

二、实训条件

1. 实训场地　实训室。

2. 实训仪器与设备　天平、恒温水浴箱、紫外分光光度计、锥形瓶、试管等。

3. 药品　人免疫球蛋白、胰蛋白酶、福林试剂、三氯醋酸、碳酸钠、磷酸缓冲液、酪蛋白等。

三、实训操作

（一）人免疫球蛋白的温度稳定性（定性考察）试验

取对人免疫球蛋白0.5g置于50ml锥形瓶中，加纯化水30ml振摇，使其溶解，将其分别量取10ml置于3个50ml锥形瓶中（分别标为1号、2号、3号）。1号锥形瓶在空气中置于日光下直射，观察并记录颜色的变化。2号锥形瓶同时放入57℃ ±0.5℃水浴中，观察并记录各自在5、30、90分钟时的颜色变化。3号锥形瓶同时放入沸水浴上加热，观察并记录各自在5、30、90分钟时的颜色变化。

（二）胰蛋白酶的pH稳定性试验

1. 标准曲线的绘制　取九支试管，按下表将标准酪氨酸溶液进行稀释。

编号	0	1	2	3	4	5	6	7	8
标准酪氨酸溶液（ml）100μg/ml	0	1	2	3	4	5	6	7	8
水（ml）	10	9	8	7	6	5	4	3	2

在上述各管中各取1ml，分别加入5ml 0.4mol/L碳酸钠溶液，1ml福林试剂，于40℃水浴显色20分钟，在680nm光波下测光密度，绘制标准曲线，在标准曲线上求得光密度为1时相当的酪氨酸微克数。

2. 酶液的制备　取胰蛋白酶1g，分别用pH 5.0、7.0、9.0、11.0磷酸盐缓冲液定容至100ml，置于40℃水浴半小时，稀释一定倍数。

3. 测定　取4支10ml离心管，分别加入1ml稀释酶液，其中一支为空白管，三支为平行实验管。置入40℃水浴中预热3~5分钟，在3支平行试验管中分别加入1ml 2%酪蛋白溶液，准确计时保温10分钟。立即加入2ml 0.4mol/L三氯醋酸溶液，15分钟后离心分离或用滤纸过滤。分别吸取1ml清夜，加5ml 0.4mol/L碳酸钠溶液，最后加入1ml福林－酚试剂，于40℃水浴中显色20分钟。

空白管中先加入2ml 0.4mol/L三氯醋酸溶液，再加1ml 2%酪蛋白溶液，15分钟后离心分离或用滤纸过滤。以下操作与平行试验管相同。以空白管为对照，在680nm波长下测光密度，取其平均值。蛋白酶活力单位定义为1g酶粉，在40℃，pH 7.2下，每分钟水解酪蛋白为酪氨酸的微克数。

4. 记录、结果分析　记录pH 5.0、7.0、9.0、11.0条件下胰蛋白酶活力的变化。

$$\text{蛋白酶活力} = K \times E \times \left(\frac{4}{10}\right) \times N \times \left(\frac{1}{W}\right)$$

式中，K为标准曲线上求得光密度为1时相当的酪氨酸微克数；E为平行试验管的平均光密度；4为离心管中反应液总体积（毫升）；10为反应10分钟；N为稀释倍数；W为称取胰蛋白酶克数。

实验pH	5.0	7.0	9.0	11.0
胰蛋白酶活力				

四、实训报告及思考

小组完成实训后，对实训过程、结果及收获进行讨论并总结，撰写实训报告。

1. 防止药物受温度影响的方法有哪些？

2. 防止药物受 pH 影响的方法有哪些？

答案解析

目标检测

一、单项选择题

1. 关于药物制剂稳定性的说法，正确的是（　　）
   A. 药物制剂稳定性就是药物制剂在生产过程中发生变化的程度
   B. 药物制剂在放置过程中的稳定性主要指生物学稳定性
   C. 药物制剂基本的要求就是安全、有效、稳定
   D. 药物制剂的稳定性研究可以预测药物的安全性
   E. 药物制剂稳定性研究包括物理稳定性和化学稳定性两个方面
2. 下列关于药物稳定性的叙述中，错误的是（　　）
   A. 大多数药物的降解反应可用零级、一级反应进行处理
   B. 通常将反应物消耗一半所需的时间称为半衰期
   C. 若药物的降解反应是一级反应，则药物的有效期与反应浓度有关
   D. 若药物的降解反应时零级反应，则药物的有效期与反应浓度有关
   E. 对于大多数反应来说，温度对反应速率的影响比浓度更为显著
3. 在制剂稳定性研究中，药物含量降低 10% 所需要的时间称为（　　）
   A. 半衰期　　B. 反应速率常数　　C. 反应时间
   D. 反应变化时间　　E. 有效期
4. 对于药物降解，常用降解（　　）所需的时间为药物的半衰期
   A. 5%　　B. 10%　　C. 30%
   D. 50%　　E. 90%
5. 维生素 C 降解的主要途径是（　　）
   A. 脱羧　　B. 氧化　　C. 光学异构化
   D. 聚合　　E. 水解
6. 肾上腺素变成棕红色物质原因是（　　）
   A. 水解　　B. 氧化　　C. 聚合
   D. 霉变　　E. 异构化
7. 关于稳定性试验的基本要求，叙述错误的是（　　）
   A. 稳定性试验包括影响因素试验、加速试验与长期试验
   B. 影响因素试验适用原料药和制剂处方筛选时稳定性考察，用 1 批原料药进行
   C. 加速试验与长期试验适用于原料药与药物制剂，要求用 1 批供试品进行
   D. 供试品的质量标准应与各项基础研究及临床验证所使用的供试品质量标准一致
   E. 加速试验与长期试验所用供试品的容器和包装材料及包装应与上市产品一致
8. 影响因素试验中的高温试验要求在（　　）下放置 10 天
   A. 40℃　　B. 50℃　　C. 60℃

D. 70℃　　E. 80℃

9. 下列关于药物稳定性加速试验的叙述中，正确的是（　　）

A. 试验温度为40℃ ±2℃

B. 进行加速试验的供试品要求三批，且为市售包装

C. 试验时间为1、2、3、6个月

D. 试验相对湿度为75% ±5%

E. 以上均是

10. 下列关于长期稳定性试验的叙述中，错误的是（　　）

A. 符合实际情况

B. 一般在25℃下进行

C. 相对湿度为75% ±10%

D. 在通常包装贮存条件下观察

E. 不能及时发现药物的变化及原因

二、多项选择题

1. 药物降解主要途径是水解的药物主要有（　　）

A. 酯类　　B. 酚类　　C. 烯醇类

D. 芳胺类　　E. 酰胺类

2. 药物降解主要途径是氧化的药物主要有（　　）

A. 酯类　　B. 酚类　　C. 烯醇类

D. 芳胺类　　E. 酰胺类

3. 影响蛋白质、多肽类药物稳定性的因素有（　　）

A. 氧化　　B. 水解　　C. 外消旋作用

D. β – 消除　　E. 沉淀

4. 影响核酸类药物稳定性的因素有（　　）

A. 温度　　B. pH　　C. 离子强度

D. 变性剂　　E. 核酸酶

5. 为了增加易氧化药物液体制剂的稳定性，通常可采取（　　）

A. 调节pH　　B. 容器中充入惰性气体　　C. 加抗氧剂

D. 加入金属离子络合剂　　E. 控制水分

6. 凡是在水溶液中证明不稳定的药物，一般可制成（　　）

A. 固体制剂　　B. 微囊　　C. 包合物

D. 乳剂　　E. 难溶性盐

7. 根据研究目的和条件的不同，稳定性研究内容可分为（　　）

A. 影响因素试验　　B. 加速试验　　C. 长期试验

D. 平行试验　　E. 交叉试验

8. 影响因素试验包括（　　）

A. 高温试验

B. 高湿度试验

C. 强光照射试验

D. 在40℃相对湿度5%条件下试验

E. 长期试验

9. 在药物稳定性试验中，有关加速试验叙述正确的是（　　）

A. 为新药申报临床与生产提供必要的资料

B. 原料药需要此项试验，制剂不需此项试验

C. 供试品可以用一批原料进行试验

D. 供试品按市售包装进行试验

E. 在温度40℃±2℃、相对湿度75%±5%的条件下放置三个月

三、综合问答题

1. 简述研究药物制剂稳定性的目的。
2. 延缓药物制剂中水解的方法有哪些？
3. 延缓药物制剂中氧化的方法有哪些？
4. 药物制剂稳定性试验的基本要求是什么？
5. 药物制剂稳定性试验内容有哪些？

四、实例解析题

氢化可的松乳膏的有效期为24个月，若以水溶性基质聚乙二醇（PEG）为基质制备氢化可的松软膏，其有效期只有6个月。聚乙二醇为何能降低氢化可的松的有效期？

书网融合……

重点回顾　　微课　　习题

（解蕙铭）

项目三　生物药物制剂的有效性

PPT

学习引导

我们以前在使用药物时，可能会发现不同厂家生产的同一药名，同一剂型的药品效果不一样。为什么同一药品，剂量相同，仅生产厂家不同，治疗效果就存在差异？2016 年 3 月，国家颁发了《关于开展仿制药质量和疗效一致性评价的意见》，标志着我国仿制药质量和疗效一致性评价工作全面展开，迫使仿制药需在质量与疗效上达到与原研药一致的水平。仿制药一致性评价业已成为国家推进医药行业供给侧结构性改革的重大举措，也必将推动整个医药行业技术水平的升级。

本项目主要介绍影响药物制剂有效性的因素，药物经胃肠道吸收的影响因素，药物的体内过程，药物动力学和生物等效性。

学习目标

1. **掌握**　影响药物制剂有效性的因素；药物经胃肠道吸收的影响因素；生物利用度的概念和意义。

2. **熟悉**　药物在体内的吸收、分布、代谢和排泄过程。

3. **了解**　各种药物动力学参数及药物的等效性的含义。

任务一　生物药物制剂有效性基础知识

微课

20 世纪 50 年代初，人们普遍认为“化学结构是决定药效的唯一因素”，然而，随着科学技术的发展和制剂生产的工业化，人们在经过大量的临床实践，逐渐认识到即使是同一药物，由于处方组成、制备工艺或剂型等不同，其疗效也不相同。因此，影响制剂产生疗效的因素除了与药物本身的化学结构关系密切外，还与剂型因素和生物因素有关。

（一）药物的剂型因素

此处的剂型因素不仅是指注射剂、片剂等狭义的药剂学中的剂型概念，而且泛指与剂型有关的以下各种因素。

1. 药物的结构与理化性质，如晶型、粒度、溶解度、化学稳定性等。

2. 药物剂型的处方组成，如处方中所用辅料的性质、用量及其生物效应等。

3. 药物的剂型与给药方法。

4. 药物制剂的制备工艺过程、操作条件和储存条件等。

（二）机体的生物因素

1. 种族差异 兔、鼠、犬、猫等实验动物与人的差异以及同一生物在不同的地理区域和生活条件下形成的差异（如人种的差异）。

2. 性别差异 动物的雌雄和人的男女差异。

3. 年龄差异 新生儿、婴儿、青壮年和老年人的生理功能可能存在差异，导致药物在不同年龄个体中的分布与对药物的反应可能不同。

4. 遗传差异 体内参与药物代谢的各种酶的活性可能存在很大的个体差异，这些差异往往是由遗传因素引起的。

5. 生理与病理条件的差异 妊娠时期或肝肾功能衰竭等各种疾病引起的病理因素导致的药物体内过程的差异。

即学即练

答案解析

影响生物技术药物有效性的生物因素为（　　）

A. 药物的化学形式　B. 粒子大小　C. 药物的处方组成

D. 制剂处方中所用的辅料的性质与用量　E. 年龄差异

任务二　生物药物的体内过程

一、药物的吸收

吸收是指药物由给药部位进入血液循环的过程。除了血管内给药不存在吸收过程外，非血管内给药（如胃肠道给药、肌内注射、腹腔注射、透皮给药和黏膜给药等）都需经吸收过程。对于发挥全身作用的药物，其吸收是药物发挥体内药效的重要前提，药物只有在体内达到一定的浓度，并且维持一段时间才能产生效应。

（一）药物经胃肠道吸收

口服制剂主要经由胃肠道吸收而发挥药效。胃肠道各部分环境复杂，胃内为酸性，小肠为碱性，且存在大量分泌物，同时受食物、循环系统等生理因素影响。此外药物的性质、剂型以及药物在胃肠道中的稳定性均影响着口服药物的吸收。

1. 影响药物胃肠道吸收的因素

（1）生理因素

1）胃肠液的成分与性质　胃液的主要成分是胃酸，空腹时胃液 pH 为 0.9～1.5，饮水或进食后，pH 可上升至 3.0～5.0，疾病、药物等能改变胃液的 pH。胃肠道中的不同 pH 会影响弱酸性或弱碱性药物的解离状态，而胃肠道上皮细胞膜是一种类脂膜，分子型药物比解离型药物易吸收，但对于在特定部位由载体或酶促系统吸收的药物，pH 对其影响较小。

胃肠液中含有的胃蛋白酶、胰酶等可消化食物，也可分解多肽和蛋白质物质，因此蛋白质和多肽类药物口服易失效；胆汁中含有的胆酸盐为表面活性剂，能增加难溶性药物的溶解度，提高其生物利用度；胃肠黏膜表面覆盖的黏性多糖－蛋白质复合物，具有保护黏膜的作用，有可能与药物结合，影响药物的吸收。

2）胃排空速率 胃内容物从胃幽门排入十二指肠的过程称为胃排空。胃排空的快慢用胃空速率来描述。胃排空速率慢，药物在胃中停留时间延长，与胃黏膜接触机会和面积增大，主要在胃中吸收的弱酸性药物吸收会增加。但是，大多数药物的主要吸收部位在小肠，因此，胃排空速率决定了药物到达肠道的速度，对药物的起效快慢、药效强弱及持续时间有显著的影响。

影响胃排空速率有如下因素。①食物的物理性状和化学组成：稀的软体食物比稠的或固体食物的胃排空快，在各类食物中，胃排空时间长短为糖类＜蛋白质类＜脂肪类，混合食物胃排空时间通常为4～6小时；②胃内容物的黏度和渗透压：随着内容物黏度和渗透压升高，胃排空速率减小；③药物：一些药物可影响胃排空速率，如抗胆碱药、镇痛药、麻醉药等都可使胃排空速率减小；④其他：如身体姿势、精神因素等也会影响胃排空速率。

3）小肠的运动 小肠的固有运动方式包括节律性分节运动、蠕动运动和黏膜与绒毛的运动三种。肠的固有运动可促进固体制剂进一步崩解、分散，使之与肠液充分混合，增加了药物与肠表面上皮的接触面积，有利于药物的吸收。

4）食物的影响 食物对药物吸收的影响是多种多样的，可延缓或减少药物的吸收，也可促进药物的吸收。包括以下几个方面：①食物能消耗胃肠内水分，使胃肠黏液减少，固体制剂的崩解、药物的溶出变慢，从而延缓药物的吸收；②脂肪类食物具有促进胆汁分泌的作用，由于胆汁中的胆酸盐离子具有表面活性作用，可增加难溶性药物的溶解度而促进其吸收；③食物影响胃排空速率；④某些食物可改变胃肠道pH或与药物产生物理或化学反应，影响药物的吸收。

5）胃肠代谢的作用 胃肠道黏膜内存在着各种消化酶和肠道菌群产生的酶，对药物会产生代谢作用，使部分药物失去活性。肠道代谢可在肠腔内进行，也可在肠壁发生，通常药物在胃肠道滞留时间越长，这种代谢反应就越容易发生。

6）胃肠血流速率 血流速率对难吸收药物的影响较小，但对易吸收药物影响较大，如高脂溶性药物和自由通过膜孔的小分子药物的吸收即属血流限速过程。此外，血流变化对胃和小肠中药物吸收的影响不同。据报道，饮酒能促进胃的血流增加，进而增加巴比妥酸等药物的吸收。这种现象在充足血流量的小肠中无显著作用。

7）其他 疾病可造成生理功能紊乱而影响药物的吸收。另外，孕妇、儿童、老年人等特殊人群存在如胃酸分泌改变、甲状腺功能改变等，从而影响药物的吸收。

（2）剂型因素 广义的剂型因素应包括药物的理化性质（如溶解度、溶解速度、粒径、晶型等）、制剂处方（如辅料、附加剂、配伍等）、制备工艺、稳定性、剂型等。

1）影响药物吸收的理化性质

①解离度 胃肠道上皮细胞膜的结构主体为脂质的双分子层，对于以被动扩散方式吸收的药物，非离子型的药物易吸收，离子型药物难以吸收。大多数治疗药物为有机弱酸或弱碱，在胃肠液中离子型和未解离型药物的比例与吸收部位的pH和药物的解离常数pK_a有关。其关系可用亨得森－哈斯巴曲缓冲方程式表示如下。

对于弱酸性药物：

$$pK_a - pH = \lg\frac{[HA]}{[A^-]} = \lg\frac{C_u}{C_i} \qquad 式（3-1）$$

对于弱碱性药物：

$$pK_a - pH = \lg \frac{[HB^+]}{[B]} = \lg \frac{C_i}{C_u} \quad \text{式 (3-2)}$$

式中，C_u 和 C_i 分别表示非离子型和离子型药物的浓度。由此可见，弱酸性药物在胃中主要以未解离形式存在，故吸收较好。而弱碱性药物在 pH 较高的小肠中更有利于吸收。

②脂溶性　胃肠道上皮细胞膜是药物被动转运吸收的屏障，通常脂溶性大的未解离的药物易于透过生物膜。药物的脂溶性可用油/水分配系数 $K_{o/w}$ 表示，通常药物 $K_{o/w}$ 大，说明药物的脂溶性好，吸收好。但 $K_{o/w}$ 与吸收程度并不成简单的线性关系，当 $K_{o/w}$ 过大时，药物的脂溶性太强，进入生物膜后可与磷脂强烈结合，不易转运至水性体液中，而使药物的吸收下降。另外，对于主动转运吸收的药物，其吸收转运是由载体或酶作用实现的，故其脂溶性大小与吸收没有直接相关性。

③溶出速率　口服固体制剂（如片剂、胶囊剂、丸剂等）经口服后在胃肠道中首先要经崩解、溶解后，药物才能透过生物膜而吸收。因此，难溶性药物或溶解缓慢的药物从固体制剂中的溶出将直接影响药物的吸收速度和程度。药物的溶出速率可用诺叶斯－威特尼方程表示：

$$\frac{dc}{dt} = \frac{SD}{V \cdot h}(Cs - C) \quad \text{式 (3-3)}$$

式中，dc/dt 是溶出速率；S 是固体药物的表面积；D 是扩散系数，与介质温度成正比，与介质黏度成反比；V 是溶出介质体积；h 是扩散层厚度；Cs 是固体药物的溶解度；C 是 t 时刻溶出介质中药物浓度。

由上式可知，影响药物溶出速率的因素主要有如下。a. 粒径：粒径越小，表面积越大，溶出速率越快。b. 溶解度：药物的溶解度与溶出速度直接相关，当药物在扩散层的溶解度增大，扩散层与总体液体介质可形成较大的浓度差，促进药物的扩散，则药物溶出速度加快。c. 多晶型：有机化合物普遍存在多晶型现象，即化学结构相同的药物，可因结晶条件不同而得到晶格排列不同的晶型。多晶型中有的是稳定型，其熵值最小，熔点最高，溶解度最小，化学稳定性好，生物活性差；其他晶型为亚稳定型，其熵值较高，熔点低，溶解度大，溶出速率也较快。不同晶型在一定条件下可以互相转化。一般亚稳定型的生物利用度高，而稳定型药物的生物利用度较低，甚至无效，因此在保证药物稳定性的前提下，对于一些难溶性药物，可选用亚稳定型为原料，以获得较高的溶出速率和较好的疗效。d. 溶剂化物：药物结晶含有溶剂者称为溶剂化物，若溶剂为水时则为水合物，无水时称无水物，若溶剂为有机溶剂时则称为有机溶剂化物。通常情况下，溶剂化物的溶出速度：有机溶剂化物 > 无水物 > 水合物。

④药物在胃肠道中的稳定性　受胃肠道的 pH 或者消化道中的细菌和上皮细胞产生的酶的影响，会使某些药物降解或失去活性。为防止药物在胃肠道中的不稳定，可采用包衣技术、制成药物的衍生物或前体药物、与酶抑制剂合用，提高其稳定性。

2）影响药物吸收的剂型与制剂因素

①剂型　不同的剂型具有不同的释放特性，从而可能影响药物在体内的吸收和药效发挥，包括药物的起效时间、作用强度、持续时间、不良反应等。一般认为口服剂型吸收情况的顺序是：溶液剂 > 混悬剂 > 散剂 > 胶囊剂 > 片剂 > 包衣片。

液体制剂：溶液剂、混悬剂和乳剂等液体制剂属速效制剂，而水溶液或乳剂要比混悬剂吸收更快。药物以水溶液剂口服在胃肠道中吸收最快，此时药物以分子或离子状态分散。

胶囊剂：胶囊剂的囊壳在胃内破裂，药物可迅速地分散，以较大面积暴露于胃液中。影响胶囊剂吸收的因素有粒子大小、空胶囊的质量及贮藏条件等。

片剂：片剂是使用最广泛、生物利用度影响因素最多的一种剂型，主要原因在于制备过程中加入大量辅料，并经加压成型，使有效表面积大大减小，从而减小药物的溶出速率。影响片剂崩解和溶出的因素很多，主要有粒度、压力、辅料种类与用量、工艺、储存条件等。

②制剂处方　制剂处方对于药物吸收的影响因素较多，主要有主药和辅料的理化性质及其相互作用等，如减小药物粒径可加快溶出速率和吸收；某些稀释剂可增加药物与体液的接触面积，加快药物的吸收，但有些稀释剂吸附药物后，延缓药物的释放和吸收；疏水性润滑剂的加入，可阻止药物与体液的接触，妨碍药物的润湿，延缓药物的吸收等。

③制备工艺对吸收的影响　制剂在制备过程中的许多操作都有可能影响到最终药物的吸收，包括混合、制粒、压片、包衣、干燥方法等。

2. 生物技术药物口服的问题　由于多肽与蛋白质药物的体内外不稳定性，临床主要剂型是溶液型注射剂和冻干粉针。为解决长期用药问题，克服注射剂的不便和缺点，发展适宜的非注射给药系统是现代药剂学面临的极大挑战和机遇。其中口服给药途径是生物技术药物最热门的研究开发方向之一，但由于胃肠道酶的降解作用及肝脏的首过效应，以及生物技术药物的结构特殊性，使得口服给药成为难度最大的给药途径。

正常情况下，多数肽类药物很少或不能经胃肠道吸收，原因主要是：①多肽分子量大，脂溶性差，难以通过生物膜屏障；②胃肠道中存在着大量肽水解酶和蛋白水解酶可降解多肽；③吸收后易被肝脏消除；④存在化学和构象不稳定问题。

从提高蛋白质药物生物利用度入手，采用结构修饰、吸收促进剂、酶抑制剂、结肠定位释药、脉冲式药物给药系统和受体介导靶向载体系统等方式，均可大大提高蛋白质药物的口服生物利用度和在胃肠道中的稳定性。

（二）药物胃肠道外的吸收

1. 口腔黏膜给药　药物经口腔黏膜给药可发挥局部或全身治疗作用。口腔黏膜给药的主要优点：避开肝脏首过效应、避开胃肠道的降解作用、给药方便、起效迅速、无痛无刺激、患者耐受性好。

2. 肺部给药　肺部给药又称吸入给药，主要是通过口腔吸入，经过咽喉进入呼吸道，到达呼吸道深处或肺部，起到局部作用或吸收后产生全身治疗作用。与其他给药途径相比，肺部给药的吸收面积大、肺泡上皮细胞膜薄、渗透性高；吸收部位的血流丰富，酶的活性相对较低，能够避免肝脏首过效应，因此肺部给药的生物利用度高。对于口服给药在胃肠道易被破坏或具有较强肝首过效应的药物，如蛋白和多肽类药物，肺部给药可显著提高生物利用度。用于肺部给药的剂型包括气雾剂、喷雾剂和粉雾剂。

3. 眼部给药　眼部给药主要用于眼局部疾病的治疗，如抗眼部细菌性或病毒性感染、降低眼压、缩瞳或扩瞳等。药物在眼的吸收主要通过经角膜渗透和不经角膜渗透两种途径吸收：①药物与角膜表面积接触并渗入角膜，进一步进入房水，经前房到达虹膜和睫状肌，药物主要被局部血管网摄取，发挥局部作用；②药物经结膜吸收，并经巩膜转运至眼球后部。脂溶性药物一般经角膜渗透吸收，亲水性药物及多肽蛋白质类药物不易通过角膜，主要通过结膜、巩膜途径吸收。

4. 直肠给药　直肠给药可用于局部治疗或发挥全身作用，常用的剂型是栓剂或灌肠剂。直肠位于消化道末端，直肠黏膜表面无绒毛，皱褶少，比表面积比小肠要小得多，但近肛门端血管丰富，药物的直肠吸收属于被动扩散，药物的脂溶性、解离度、溶解度、粒径和所用基质、所处位置等因素均能影响直肠给药时药物的吸收。直肠中粪便影响药物的扩散，阻碍药物与直肠黏膜接触，从而影响药物的吸收。

5. 皮肤给药 皮肤给药可以用于局部皮肤病的治疗，也可以经皮肤吸收后治疗全身性疾病，用于皮肤给药的剂型包括乳膏、凝胶、涂剂、透皮贴剂等。药物透过皮肤吸收有两种途径：一是通过角质层进入真皮组织，属于被动扩散，它是药物经皮吸收的主要途径；另一途径是通过汗腺、毛孔和皮脂腺等进入真皮和皮下组织，是离子型药物通过皮肤的主要通道。影响药物经皮吸收的因素主要有如下。①生理因素：皮肤的渗透性存在着个体差异，年龄、性别、用药部位和皮肤的状态等都可能引起皮肤渗透性的差异。身体各部位皮肤渗透性大小：阴囊 > 耳后 > 腋窝 > 头皮 > 手臂 > 腿部 > 胸部。皮肤的水合作用能够改变皮肤的渗透性，并与药物的性质有关。另外，皮肤表面寄生的微生物、皮肤的代谢作用及温度对药物的渗透吸收都有一定的影响。②剂型因素：药物的脂溶性大，易分配进入角质层，透皮速率大；药物分子体积大，通过角质层的扩散系数小；低熔点、分子型药物易渗透通过皮肤，离子型药物难以透皮吸收。不同剂型，透皮吸收速率不同；同一剂型不同处方组成，透皮吸收速率也不同。另外，透皮吸收促进剂对促进药物吸收也起着很重要的作用。

6. 注射给药 注射给药是最主要的非口服给药方法之一。注射剂有多种给药途径，其中除了血管内给药没有吸收过程外，其他途径如皮下注射、肌内注射、腹腔注射等都存在吸收过程。影响注射剂给药吸收的因素主要有注射部位的生理因素、药物的理化性质、制剂处方等。①注射部位的生理因素：注射部位的血流状态是影响血管外注射给药吸收的主要生理因素。血管外注射时，血流越丰富、血流速度越快，药物的吸收越快。皮下或肌内注射后，注射部位的按摩与热敷也能促进药物的吸收。②药物的理化性质：分子量相当大的药物，难以通过毛细血管壁细孔或实质部分，只能以淋巴系统作为主要吸收途径；脂溶性药物向附近组织的扩散和分配很慢，相反，亲水性药物可能对血管上皮组织的透过较慢，因此药物的亲水亲油平衡是影响其吸收的一个重要因素。③制剂处方：各种注射剂中药物的释放速度按以下顺序排列：水溶液 > 水混悬液 > 油溶液 > O/W 型乳剂 > W/O 型乳剂 > 油混悬液。油为溶剂的注射剂注射后，溶剂与组织液不相溶，易在注射部位形成储库，药物的溶解度和 $K_{o/w}$ 也影响药物从油相向组织液的分配过程，从而影响药物的吸收。

7. 阴道给药 阴道给药是指将药物纳入阴道内，发挥局部作用，或通过吸收进入人体循环，产生全身的治疗作用。常用的剂型有阴道栓、泡腾片、凝胶剂和泡沫气雾剂等。阴道黏膜的表面存在许多微小隆起，从而增大药物吸收的有效表面积，有利于药物的吸收。阴道血管分布丰富，血流经会阴静脉丛流向会阴静脉，最终进入腔静脉，可避免肝脏的首过作用。阴道上皮具有多层细胞，形成了吸收屏障。一般药物很难从阴道吸收发挥全身作用。

8. 鼻腔给药 鼻腔给药不仅适用于鼻腔局部疾病的治疗，也是全身疾病治疗的给药途径之一，目前已有甾体激素类、多肽类和疫苗类等药物的鼻黏膜吸收制剂上市或进入临床研究，如鲑鱼降钙素喷雾剂、去氨加压素鼻腔喷雾剂和胰岛素鼻用制剂。鼻腔给药的主要优点：①鼻黏膜薄、有效表面积大、渗透性高、血管丰富，有利于吸收，吸收程度和速度有时可与静脉注射相当；②可避开药物在胃肠液中的降解和肝首过作用；③能够增加一些药物向脑内传递，有利于脑部疾病的治疗；④鼻腔内给药方便易行。但鼻腔给药也存在不足，如单次用剂量有限，某些药物生物利用相对较低，吸收剂量不够准确，药物与吸收部位的接触时间相对较短等。

二、药物的分布、代谢与排泄

（一）药物的分布

药物吸收进入血液循环后，随着血液向脏器和组织转运的过程称为分布。药物分布不仅与药物效应有关，而且与药物毒性关系密切，因此，掌握药物在体内的分布规律，对于评价药物安全性和有效性具有十分重要的意义。影响药物分布的主要因素如下。

1. 药物与血浆蛋白的结合作用　血浆蛋白是体内有效的药物传送载体，药物进入血液后都可不同程度地通过离子键、氢键及范德华力与血浆蛋白结合。结合型药物分子量增大，不易通过生物膜，故不能发挥药理作用，起着临时贮库的作用；非结合型的游离药物才能透过生物膜转运到各组织器官发挥药理作用。这种结合具有可逆性、饱和性和竞争性，也就是说这种结合是一种动态平衡。通过结合型药物与游离型药物间的动态平衡可使游离型药物不断地透过生物膜转运至各组织器官。故药物与血浆蛋白的结合能力对药物的组织分布有很大影响，并可进一步影响药物的疗效和药物的代谢、排泄过程。

2. 药物的理化性质和体液的 pH　大多数药物以被动转运的方式通过细胞膜微孔或膜的类脂双分子层透过细胞膜。这种转运方式与药物的理化性质密切相关，脂溶性高的药物或分子量小的水溶性药物易于进入细胞内，而脂溶性差的大分子或离子型则不易转运。主动转运是通过转运体的转运作用、受体介导的内化作用将药物从低浓度向高浓度转运，由于转运体和受体具有特异性识别药物分子的能力。因此药物的转运速率受其化学结构、立体构象等因素的影响。

在生理情况下，细胞内液 pH 为 7.0，细胞外液 pH 为 7.4，由于弱酸性药物在弱碱性环境下解离型多，故细胞外液的弱酸性药物不易进入细胞内。因此，弱酸性药物在细胞外液浓度高于细胞内液，弱碱性药物则相反。

3. 药物与组织亲和力　体内与药物结合的物质除血浆蛋白外，其他组织细胞内存在的蛋白、脂肪、DNA、酶以及黏多糖等高分子物质亦能与药物发生非特异性结合。组织结合一般亦是可逆的，药物在组织与血液间保持动态平衡。组织结合程度的大小，对药物在体内的分布有很大影响。

当药物与组织有特殊亲和性时，分布过程中药物进入组织的速度大于从组织中解脱进入血液的速度，连续给药时，组织中的药物浓度逐渐上升的现象称为蓄积。药物若蓄积在靶器官，则可达到满意的疗效；如蓄积在脂肪等组织，则起储库作用，可延长作用时间；若蓄积的药物毒性较大，可对机体造成伤害。

知识链接

四环素牙齿

自 1956 年四环素应用于临床以来，引起牙齿变色已有陆续报道。在牙齿发育过程中，患者服用四环素类药物通过血液循环到达牙齿硬组织，与钙离子螯合，形成四环素正磷酸钙盐复合物，沉积于牙体组织尤其是牙本质中，导致牙齿颜色改变。四环素类药物属于广谱抗生素，包括四环素、金霉素、地美环素和土霉素。该类药物对机体的钙化组织如牙齿、骨骼有很强的亲和力，与钙结合形成稳定的螯合物沉积于钙化组织中。

4. 血液循环及血管通透性　药物的分布是通过血液循环进行的，因此血液循环情况会影响药物的分布速度。不同脏器组织的血流量各不相同，药物在其中的分布速度也不一样。如肝、肾等器官的血液循环极好，药物可迅速分布并达到平衡，肌肉、皮肤次之，脂肪组织与结缔组织分布达平衡缓慢。

从循环系统向组织器官转运，药物首先应透过血管壁，然后进入组织细胞。这种毛细血管的透过性一般是属于被动扩散，分子型药物和脂溶性大的药物更易通过血管壁。非脂溶性药物的透过性则与分子量密切相关，多数药物的分子量为200～300，其半径在1nm以内可从血管膜孔透出，通过血管的内皮细胞进入组织间隙内部。

5. 屏障作用 许多药物进入血液后，可快速分布到各组织，但往往难以进入具有生理性屏障的组织，如血脑屏障、胎盘屏障、血眼屏障等。药物进入这些组织必须通过相应的屏障。

（1）血-脑屏障 主要是血管壁与神经胶质细胞形成的血浆与脑细胞外液间的屏障和由脉络从形成的血浆与脑脊液间的屏障。脂溶性药物多数是通过被动扩散进入脑内，其难易程度往往取决于油水分配系数和解离常数，如巴比妥、氨基比林等。一些身体必需的营养物质，如葡萄糖、氨基酸、胆碱、核苷酸等，是通过主动转运机制进行的。而一些活性肽则可通过不同转运类型进行转运，如被动扩散、受体介导转运、载体介导转运、入胞-出胞转运、液相入胞转运和吸附入胞转运等系统。

（2）胎盘屏障 主要是胎盘绒毛与子宫血窦间的屏障。它能将母体与胎儿的血液分开，从而使胎儿尽可能少地接触母体的药物或毒物。胎盘屏障与血脑屏障有类似的性质，大多数药物是以被动扩散方式通过胎盘，但葡萄糖等可按促进扩散的方式转运，而一些金属离子（如Na^+、K^+等）、氨基酸、维生素及代谢抑制剂可按主动转运的方式通过胎盘。

（3）血眼屏障 主要是血液与视网膜、血液与房水、血液与玻璃体屏障的总称。脂溶性药物及分子量小于100的水溶性药物易于通过，由于有血眼屏障，全身给药时药物很难在眼中达到有效浓度，因此需要采用滴眼、结膜下注射、球后注射或结膜囊给药的方式。

（二）药物的代谢

药物代谢，也称为生物转化，是指药物在体内发生化学结构变化的过程，是药物从体内消除的主要方式之一。

1. 代谢方式 药物代谢主要在肝脏内进行，其代谢过程可分为两个时相进行：Ⅰ相反应是氧化、还原、水解过程，机体通过Ⅰ相反应使药物结构中增加了羟基、氨基、羧基等极性基团，使药物分子的水溶性增大；Ⅱ相反应是结合反应，上述极性基团与体内的葡萄糖醛酸、甘氨酸、硫酸等结合，增加药物的极性，使其容易从肾脏排泄，药理活性通常降低。

2. 药物代谢酶 药物进行生物转化需要酶的参与，根据存在部位可将酶分为微粒体酶系和非微粒体酶系两类。

（1）微粒体酶系 属于非特异性酶，是指存在于肝细胞微粒体的混合功能氧化酶系，为促进药物生物转化的主要酶系统，简称肝药酶或药酶。细胞色素P450单氧化酶系是构成该酶系的重要组成部分。该酶系具有专一性低、个体差异大、活性受药物影响等特点。

（2）非微粒体酶系 属于特异性酶，存在于血浆、细胞质和线粒体中的多种酶系，如单胺氧化酶、胆碱酯酶等。

3. 影响代谢的因素

（1）酶诱导和抑制作用 药物体内代谢多是在酶的催化下进行的，某些药物能提高肝药酶的活性，增加自身或其他药物的代谢速率，此现象称为酶诱导作用，具有酶诱导作用的物质称酶诱导剂；某些药物则抑制肝药酶的活性，使药物的代谢水平下降，导致药物作用时间延长，药理作用增强，甚至出现不良反应，这种现象称为酶抑制作用，具有酶抑制作用的物质称酶抑制剂。另外有的药物对某一药物是诱导剂，对另一药物却可能是抑制剂。如保泰松对洋地黄毒甙等药物的代谢起诱导作用，对苯甲磺丁脲、苯妥英钠却起抑制作用。

（2）给药途径和剂型　一种药物可制成多种剂型以不同的给药途径和方法给药，由于剂型和给药途径的不同导致药物代谢过程存在差异。

（3）给药剂量　药物代谢存在饱和现象，当药物代谢酶未饱和时，剂量增加，代谢速度也增加；当代谢反应出现饱和后，代谢速度不会随剂量的增加而增加，这时体内血药浓度异常增加，可能导致中毒。

（4）药物的光学异构化　许多药物存在光学异构现象。体内的酶及药物受体具有立体选择性，导致药物的不同异构体的代谢出现差异。

（5）生理因素差异　如种族、性别、个体、年龄、病理、饮食等，也会影响药物代谢过程。如不同人种之间可能由于体内代谢酶的种类或数量的不同，而对同一药物的代谢程度可能有所不同，进而表现出药效强度的不同，甚至可表现出质的差异；有些药物（如利多卡因）在女性体内的半衰期比男性长，因此作用持续时间更长；而老年人由于各器官功能逐渐衰减而对药物的代谢能力下降，可使血药浓度过高或作用持续时间过长，而出现毒副作用。

（三）药物的排泄

药物经机体吸收、分布及代谢等一系列过程，最终排出体外。排泄是指体内药物或其代谢物排出体外的过程，它与生物转化统称为药物消除。肾排泄与胆汁排泄是最重要的排泄途径。某些药物也可从肠、肺、乳腺、唾液腺或汗腺排出。

1. 肾脏排泄　药物通过肾脏排泄有三个过程，即肾小球的滤过、肾小管分泌与肾小管重吸收。

（1）肾小球的滤过　由于肾小球毛细血管内血压高，且毛细血管壁有很多直径 7 ~ 10nm 的小孔，因此分子量小的药物可以通过膜孔扩散的方式无选择地滤过，且滤过率极高。而分子量大的血球、血浆蛋白则不能滤过，因此药物如与血浆蛋白结合，则不能滤过。

（2）肾小管的分泌　系指药物通过肾小管上皮细胞从肾小管周围的组织液转运入管腔的过程。高度解离的有机酸及有机碱类药物都在肾小管内有分泌，如马尿酸、青霉素、噻嗪类、组胺等。这一过程属于主动转运，可逆浓度梯度排泄。

（3）肾小管的重吸收　肾小管的重吸收有两种方式：主动重吸收和被动重吸收。主动重吸收的物质主要是身体必需的维生素、电解质、糖及氨基酸。被动重吸收是指物质顺电位梯度、浓度梯度或电化学梯度，从肾小管腔转运到小管外组织间隙中的过程。被动重吸收无须消耗能量。一般说来，水、大部分 Cl^- 和尿素等都属于被动重吸收。影响药物肾排泄的因素除了药物分子量、pK_a 值、脂溶性及尿液 pH 外，还有蛋白结合率、药物配伍、肾脏疾病等。

2. 胆汁排泄　药物或代谢物可以通过毛细胆管膜向毛细胆管内分泌。胆汁排泄对原形药物而言是一个次要的排泄途径，但对药物的代谢物，特别是极性强的代谢产物则是主要的途径。胆汁排泄除了受药物分子量、脂溶性的影响之外，还受胆汁流量、种族差异的影响。

3. 乳汁排泄　某些药物可通过乳汁排泄，药物从乳汁排出属于被动转运。乳汁的 pH 与血浆相比呈偏酸性（pH 约为 6.6），故一些弱碱性药物如吗啡、阿托品、红霉素等易自乳汁排出。哺乳期妇女应避免使用易通过乳汁排泄的药物，以免乳儿产生中毒反应。

4. 其他排泄途径　许多药物还可通过肠道、唾液、汗液、泪液、皮肤、肺等排泄。由于某些药物在唾液中的浓度与血液浓度相关良好，且唾液容易采集，无创伤性，临床上也用唾液代替血浆用于治疗药物检测。挥发性药物如麻醉气体主要的排泄途径是肺。

实例分析

实例 某单位职工白某驾驶一辆轿车载着同学张某、黄某某，参加同学聚会，晚间就餐时白某饮用了2两（100g）白酒和3瓶啤酒。当日21时50分，白某驾驶轿车载着同学张某、黄某沿快速通道返回市区，途经某学院路段时，被交警支队民警查获，呼气酒精含量为66mg/100ml，白某被处以记12分、驾驶证暂扣6个月、罚款2000元的处罚。

问题 1. 为什么交通警察常通过测定驾驶司机呼出气体的酒精浓度来判断驾驶员是否酒后驾车？

2. 这次事件给你带来了什么启示？

答案解析

任务三　药物的生物利用度与生物等效性

一、生物利用度

生物利用度是指药物或制剂被吸收后，主药到达体循环的速度和程度。生物利用度是一个相对概念，与疗效的意义并不完全相同，它仅仅是一个用于比较各种制剂之间利用程度的尺度。生物利用度的指标包括两项参数：第一是生物利用度的程度，即吸收程度或吸收数量，是指与标准参比制剂相比，试验制剂中被吸收药物总量的相对比值；第二是生物利用度的速度，是指与标准参比制剂比较，试验制剂中主药的吸收速度的相对比值。根据所选择的标准参比制剂的不同，试验得到的生物利用度数据也不同。生物利用度的数据可以通过比较静脉给药和其他途径给药的血药浓度或尿样数据来计算，也可以通过比较两种给药途径或制剂的血药浓度数据来计算，我们把前者称为绝对生物利用度，把后者称为相对生物利用度。

应该说明的是，与上述其他动力学参数性质不同，对于相同剂型同一企业不同生产批号或不同生产企业生产的制剂，在使用方式和使用剂量完全相同的情况下，其所表现出的药物吸收速度和吸收程度可能是不一样的，血药浓度-时间曲线下面积（AUC）和曲线形态可以有很大的差别，这些差别在临床上就会表现在疗效和不良反应方面。由于生物利用度的不同，在临床上产生医疗事故的现象时有发生，轻者影响疾病的治疗效果，重者可能会因此产生重要的伤害。国家药品监督管理部门不断从药品质量标准、药品生产过程以及药品储存和药品使用方面入手，加强药品质量均一性管理工作，尽量使同一制剂的质量不因生产企业的不同或生产人员的不同而发生很大变化，确保药物的临床使用安全性和有效性。

需要测生物利用度的药物主要有以下三类：①用于预防、治疗严重疾病的药物，特别是治疗量与中毒剂量很接近的药物。②剂量-反应曲线陡峭的或具有不良反应的药物。③某些难溶性药物或在胃肠道成为不溶解性的药物（pH为1~8，水溶度小于1%）；在胃肠液中的溶解度受粒子大小、多晶型等影响的制剂；赋形剂、附加剂等能改变主药特性的制剂。

（一）血药浓度法测定生物利用度

1. 测定方法 主要包括：①单剂量给药后，测定血中原型药物浓度。②多剂量给药后，在稳态时的剂量间隔期内，测定血中原型药物的浓度。

2. 生物利用度表示方法

（1）绝对生物利用度　对于同一个使用药物的个体，可以认为药物的消除速率常数和表观分布容积是不变的数值，并认为静脉给药后药物100%地被利用，则上述比较是合适的。因为

$$D = K \cdot V \cdot \mathrm{AUC} \qquad 式(3-4)$$

而

$$生物利用度_{绝对} = \frac{D_{血管外}}{D_{静注}} \times 100\% \qquad 式(3-5)$$

由于 $K \cdot V_d$ 不变，则

$$生物利用度_{绝对} = \frac{AUC_{血管外}}{AUC} \times 100\% \qquad 式(3-6)$$

式中D为体内药量，AUC为血药浓度－时间曲线下的面积。

（2）相对生物利用度　在药剂学工作中除了要研究血管外给药与静脉注射给药之间药物吸收的对比试验外，往往还要进行血管外各种途径给药或同一途径不同制剂等方面药物吸收性的比较，即进行相对生物利用度试验。如同一药物，相同剂量的片剂与胶囊剂的吸收量比较；同一药物，相同剂量的片剂与栓剂的吸收量比较等。一般情况下会确定两个试验对象中的一个为标准制剂，另一个为试验制剂。根据生物利用度的定义

$$f_{相对} = \frac{F_{试验}}{F_{标准}} \times 100\% = \frac{\mathrm{AUC}_{试验}\,K_{试验}}{\mathrm{AUC}_{标准}\,K_{标准}} \times 100\% \qquad 式(3-7)$$

对于同一种药物，如果其消除速度常数不变，则

$$f_{相对} = \frac{\mathrm{AUC}_{试验}}{\mathrm{AUC}_{标准}} \times 100\% \qquad 式(3-8)$$

（二）尿药法测定生物利用度

1. 测定方法　主要包括：①单剂量给药后，测定尿中排泄的原型药物总量。②单剂量给药后，测定代谢物的尿排泄总量。③多剂量给药后，在稳态时的剂量间隔期内，测定原型药物尿中排泄总量。④多剂量给药后，在稳态时的剂量间隔期内，测定代谢物尿中排泄总量。

2. 生物利用度表示方法

对于尿排泄药量数据，则

$$D = \frac{A_u . K}{K_e} \qquad 式(3-9)$$

式中，$A_{u\infty}$ 表示尿排泄总药量，K_e 为肾排泄速率常数，故

$$生物利用度_{绝对} = \frac{A_{u\infty血管外}}{A_{u\infty静注}} \times 100\% \qquad 式(3-10)$$

尿排泄药量数据只有在药物进入体循环前不发生化学代谢转化的情况下才有可能求得。

从式3－4到式3－10的几个公式的推导过程，我们可以认为生物利用度是表示某一药物剂量被吸收进入全身循环的性能，包括药物吸收速度与吸收程度两个因素。同一药物由于生物利用度不同，可以显著影响血药浓度，从而可影响该药物的疗效不良反应。

二、生物等效性

生物等效性是指一种药物的不同制剂在相同实验条件下，给予相同剂量，反映其吸收程度和速度的主要药物动力学参数差异无统计学意义。通常意义的生物等效性研究是指采用生物利用度的研究方法，以药物动力学参数为终点指标，根据预先确定的等效标准和限度进行的比较研究。生物等效性是保证含

同一药物的不同制剂体内行为一致性的依据，是判断所研发产品是否可替代已上市药品使用的依据。

知识链接

国内首个通过一致性评价的甲磺酸雷沙吉兰片

帕金森病（PD）是临床第二常见的神经退行性疾病，预计2030年我国帕金森病患者数量将达到500万，占全球患者比例的50%，给社会及患者家庭带来极大的医疗和经济负担。雷沙吉兰作为第二代MAO－B抑制剂，治疗帕金森病疗效明确，患者依从性好，具有潜在的神经保护作用，获国内外权威指南推荐，但由于原研药价格昂贵，令患者望而却步。

2021年7月17日，国内首个通过一致性评价的甲磺酸雷沙吉兰片（齐鲁制药雷兰®）全国重磅上市。作为国内首个通过一致性评价的甲磺酸雷沙吉兰片，相比原研质同价优，极大缓解了原研药物因价格问题带来的社会经济压力，是帕金森病全病程治疗的新选择。仿制药一致性评价让老百姓用得上、用得起国产优质好药，助力健康中国建设。

生物药物具有分子量大、结构复杂、生物活性对其结构完整性依赖性强、生产工艺复杂等特点，应对对其药学、非临床、临床比对研究设计和结果进行综合评价，以确定候选药与参照药的整体相似性。

药学比对研究是生物类似药研发和评价的基础和前提，是简化非临床和临床研究的先决条件。应基于整体的药学比对研究结果对候选药和参照药之间的质量相似性进行综合评估。针对质量相似性研究中所观察到的候选药和参照药之间的质量差异，可结合产品不同质量属性之间相关性的已有认知进行评估。此外，还可根据质量属性与临床安全性、有效性和免疫原性之间相关性的已有认知，进一步在非临床和临床研究中重点关注质量差异是否对产品安全性、有效性和免疫原性等产生影响。

生物类似药的研发为逐步递进式评价，参照药的性质及其复杂性将影响非临床相似性评价。非临床相似性评价包括体外研究和体内研究。在对参照药非临床特性充分了解的基础上，选择能代表且涵盖其药理毒理特性的方法进行非临床相似性研究。

临床研究的整体研发策略应在充分认知参照药临床特征的基础上综合考虑，应使候选药的整体研发设计足够敏感，以支持临床相似性充分评价，并助于后续适应证外推。

当前期研究中发现候选药与参照药存在差异，但该差异对安全有效性影响尚不确定的，应结合后续研究中其对药物安全性、有效性和免疫原性的影响进行综合评价，以确定观察到的差异是否具有临床意义。若候选药和参照药微小的质量差异未发现对安全性、有效性和免疫原性等存在影响的，则可认为候选药与参照药整体相似。若候选药和参照药存在质量差异，且该差异对安全性、有效性和免疫原性等影响存在不确定性的；或体外生物学活性评价模型对体内行为和药效预测有限的，经后续针对性药学比对试验，以及必要的非临床和（或）临床比对试验，证明该质量差异不影响有效性和安全性，则可认为候选药与参照药具有整体相似性。

答案解析

目标检测

一、单项选择题

1. 影响生物技术药物有效性的剂型因素不包括（　　）

A. 药物的化学形式

B. 药物的物理性质，如粒子大小、晶型、溶解度、溶出速率等

C. 药物的剂型及用药方法

D. 制剂处方中所用的辅料的性质与用量

E. 口服药物给药时间

2. 影响药物胃肠道吸收的生理因素不包括（　　）

A. 胃肠液成分与性质　　B. 胃排空速率　　C. 血流速度

D. 药物的解离度　　E. 肠内运行

3. 一般认为在口服剂型中药物吸收的大致顺序（　　）

A. 水溶液 > 混悬液 > 散剂 > 胶囊剂 > 片剂

B. 水溶液 > 混悬液 > 胶囊剂 > 散剂 > 片剂

C. 水溶液 > 散剂 > 混悬液 > 胶囊剂 > 片剂

D. 混悬液 > 水溶液 > 散剂 > 胶囊剂 > 片剂

E. 散剂 > 水溶液 > 混悬液 > 胶囊剂 > 片剂

4. 下列有肝脏首过效应的给药途径是（　　）

A. 舌下给药　　B. 口服肠溶片　　C. 静脉滴注给药

D. 鼻黏膜给药　　E. 皮肤给药

5. 弱酸性药物在碱性尿液中（　　）

A. 解离多，再吸收少，排泄快

B. 解离多，再吸收多，排泄慢

C. 解离少，再吸收少，排泄快

D. 解离少，再吸收多，排泄慢

E. 解离多，再吸收少，排泄慢

6. 无吸收过程的给药方式有（　　）

A. 鼻腔给药　　B. 直肠给药　　C. 透皮给药

D. 静脉输注　　E. 腹腔注射

7. 某些药物直肠给药优于口服给药，其理由主要是（　　）

A. 避免了溶出过程

B. 口服药物不吸收

C. 在进入体循环前已被直肠吸收的药物有一部分不通过门肝系统

D. 惰性黏合剂、稀释剂等辅料干扰吸收

E. 直肠给药剂型中基质有利于药物的释放

8. 关于胃肠道吸收，下列叙述中错误的是（　　）

A. 当食物中含有较多脂肪，有时对溶解度特别小的药物能增加吸收量

B. 一些通过主动转运吸收的物质，饱腹服用吸收量增加

C. 一般情况下，弱碱性药物在胃中容易吸收

D. 当胃空速率增加时，多数药物吸收加快

E. 脂溶性，非离子型药物容易透过细胞膜

9. 以静脉注射为标准参比制剂求得的生物利用度（　　）

A. 绝对生物利用度　　B. 相对生物利用度　　C. 静脉生物利用度

D. 参比生物利用度　　E. 生物等效性

二、多项选择题

1. 关于胃肠道吸收，下列叙述中正确的是（　　）

A. 大多数脂溶性药物以被动扩散为主要转运方式吸收

B. 一些生命的必需物质如氨基酸等的吸收通过主动转运来完成

C. 一般情况下，弱碱性药物在胃中容易吸收

D. 当胃排空速率增加时，多数药物吸收加快

E. 脂溶性、非离子型药物容易透过细胞膜

2. 药物理化性质对药物胃肠道吸收的影响因素包括（　　）

A. 溶出速率　　B. 粒度　　C. 多晶型

D. 解离常数　　E. 消除速率常数

3. 药物的生物利用度一般分为（　　）

A. 全身生物利用度　　B. 局部生物利用度　　C. 绝对生物利用度

D. 相对生物利用度　　E. 健康生物利用度

4. 药物与血浆蛋白结合的特点（　　）

A. 暂时失去药理活性

B. 具有可逆性

C. 特异性低

D. 结合点有限

E. 两药间可产生竞争性置换作用

三、综合问答题

简述多数肽类药物不能经胃肠道吸收原因？

四、实例解析题

何谓物利用度？研究生物利用度的意义是什么？

书网融合……

重点回顾　　微课　　习题

（崔娟娟）

模块二
制剂基本技术

项目四　药厂空气净化技术
项目五　制药用水制备技术
项目六　过滤技术
项目七　灭菌技术与无菌操作技术
项目八　固体制剂单元操作

项目四　药厂空气净化技术

PPT

学习引导

药学专业大一新生小王，利用学校安排的入学教育－职业认知的机会来到某药厂参观学习，了解药品的生产过程。经过了复杂的洗手、更衣等程序后小王进入了药品生产车间，他发现车间内非常干净整洁，室内温湿度适宜，操作人员都穿着特殊的服装。经询问，了解到车间内是洁净区，这里的空气是经过净化处理的，对内部结构、人员等均有特殊要求，从而保证生产出优质药品。什么是洁净区？洁净区对建筑、人、物等有何要求？洁净区内的空气是如何净化的？

任务一主要介绍制剂生产洁净区的划分及对内部建筑装饰、室内布局、人员、物料等的基本要求。

任务二主要介绍空气净化常用的空气过滤器、洁净层流罩等设施的应用。

学习目标

1. **掌握**　制剂生产区域空气洁净级别的划分和要求；洁净区对人、物净化管理的一般要求；空气净化常用的空气过滤器。

2. **熟悉**　空气净化的目的及一般流程；洁净层流罩的应用。

3. **了解**　洁净区对内部建筑装饰和室内布局的要求。

任务一　制剂生产洁净区的要求

一、对内部建筑装饰要求

洁净区（室）是指需要对环境中尘粒及微生物数量进行控制的房间或区域，其建筑结构、装备及其使用应当能够减少该区域内污染物的引入、产生和滞留。其建筑主体结构应具有一定的耐火、抵抗温度变形及不均匀沉降的性能；建筑围护结构的材料应满足保温、隔热、耐火、防潮等要求；内部建筑装饰应满足不产尘、不产菌、不积尘、不积菌、容易清洁消毒、对产品无影响等基本要求。

（一）地面、墙壁、顶棚

洁净区（室）内表面（地面、墙壁、顶棚）应当平整光滑、接口严密，无裂缝，无颗粒物脱落，避免积尘，便于有效清洁，并应耐清洗消毒。墙壁与地面、顶棚结合处宜做弧形处理，踢脚不宜高出墙面，接缝处应有嵌缝胶密封，以减少灰尘积聚和便于清洁。地面、墙壁、顶棚所用材料应具备防湿、防霉，不易开裂、不易燃烧，耐磨性、导电性好，经济实用等性质，地面宜采用环氧树脂或耐磨 PVC 塑胶地板，地面垫层应做防潮处理，内墙及顶棚宜采用彩钢板。

（二）门、窗

洁净区（室）的门、窗造型要简洁，门不应设门槛，窗不宜设置窗台。门应朝洁净度级别较高的房间开启，且加装闭门器及自动升降式门底密封条。无窗的洁净室的密闭门宜设观察窗。窗宜与内墙面平齐，如有窗台宜呈斜角，以防积灰并便于清洗。

（三）水池、地漏

无菌生产的 A/B 级洁净区内禁止设置水池和地漏，宜采用移动式清洁车。在其他洁净区内，水池或地漏应选用不锈钢等不易产生霉菌、不易锈蚀的、不易对药品质量产生影响的材质制成，应当有适当的设计、布局和维护，并安装易于清洁且带有空气阻断功能的装置以防倒灌，同外部排水系统的连接方式应当能够防止微生物的侵入。

（四）电气

洁净区（室）内电气装置应可靠接地，电气配线应暗装，进入室内的管线口用聚硅氧烷等嵌缝胶密封，电源插座采用嵌入式，洁净室内应设报警装置，当发生火灾危险时，能发生报警信号，同时可切断电源。洁净区（室）应提供足够的照明，照度适宜。照明灯具可采用吸顶明装或嵌入顶棚安装的方式，灯具与顶棚之间应密封可靠，密封材料应能耐受洁净室的日常清洁和消毒。照明灯和紫外消毒灯控制开关应设置在房间外。洁净区域内应在每个操作室和通道内安装应急照明灯具和安全出口指示灯。

二、工艺布局要求

洁净区一般由操作间、更衣室、缓冲间、洁净通道、洗衣间、器具间、洁具间、备料间、中控间等功能间组成。洁净区的工艺布局应满足药品生产工艺要求及相应空气洁净度级别要求，做到布置合理、紧凑，有利于生产操作，并保证对生产过程进行有效管理，防止人流、物流之间的混杂和交叉污染。其一般要求如下。

1. 应分别设置人员和物料进出洁净区的出入口、净化用室和设施，对在生产过程中易造成污染的物料应设置专用出入口。

2. 原辅料及中间产品存放区应尽可能靠近与其使用的生产区域，物料传递路线应符合工艺生产流程需要，短捷顺畅，以免造成混淆和交叉污染。

3. 空气洁净度等级相同的洁净室宜集中布置，不同空气洁净度级别的洁净室之间人员出入及物料传送应有防止污染的设施，如气锁间、缓冲间或传递窗等。

4. 用于生物制品生产的动物室、质量检定动物室必须与制剂生产区分开。

5. 高致敏性药品（青霉素类）、生物制品（如卡介苗类和结核菌素类）、血液制品的生产厂房应独立设置，其生产设施和设备应专用。

6. 生产 β－内酰胺结构类药品、性激素类避孕药品、含不同核素的放射性药品生产区必须与其他药品生产区严格分开。

7. 下列药品生产区之间应分开布置：中药材的前处理、提取和浓缩等生产区与其制剂生产区；动物脏器、组织的洗涤或处理等生产区与其制剂生产区；原料药生产区与其制剂生产区。

8. 下列生物制品的原料和成品，不得同时在同一生产区域内加工和灌装：生产用菌毒种与非生产用菌毒种；生产用细胞与非生产用细胞；强毒制品与非强毒制品；死毒制品与活毒制品；脱毒前制品与脱毒后制品；活疫苗与灭活疫苗；不同种类的人血液制品；预防类与治疗类制品。

三、制剂生产区域空气洁净度要求

（一）空气洁净度级别

空气洁净度是以单位体积空气中某种粒径的粒子数量和微生物的数量来区分的空气洁净程度。我国《药品生产质量管理规范》（2010 年修订）以悬浮粒子及微生物为主要监测对象，将制剂生产区域空气洁净度划分为 A、B、C、D 四个级别，具体监测要求见表 4－1。

表 4－1　不同洁净度级别悬浮粒子和微生物监测标准

洁净度级别	悬浮粒子最大允许数				浮游菌（cfu/m³）	沉降菌（φ90mm cfu/4h）	表面微生物	
	静态		动态				接触碟（φ55mm cfu/碟）	5 指手套（cfu/手套）
	≥0.5μm	≥5.0μm	≥0.5μm	≥5.0μm				
A 级	3520	20	3520	20	<1	<1	<1	<1
B 级	3520	29	352000	2900	10	5	5	5
C 级	352000	2900	3520000	29000	100	50	25	－
D 级	3520000	29000	不作规定	不作规定	200	100	50	－

（二）制剂生产区域空气洁净度要求

制剂生产区域应根据药品种类、剂型、生产工序等合理划分洁净度。按 GMP 规定，口服液体和固体制剂、腔道用药（含直肠用药）、表皮外用药品等非无菌制剂生产的暴露工序区域及其直接接触药品的包装材料最终处理的暴露工序区域，按 D 级洁净区的要求设置，企业可根据产品的标准和特性对该区域采取适当的微生物监控措施。

无菌药品生产所需洁净区可分为 A、B、C、D 四个级别，具体生产操作洁净度要求可按照表 4－2 中的规定进行选择。

表 4－2　无菌药品生产操作的空气洁净度级别要求

药品种类		生产操作示例	洁净度级别
无菌药品	最终灭菌	高污染风险的产品灌装或灌封	A/C
		①产品灌装或灌封 ②高污染风险产品的配制和过滤 ③眼用制剂、无菌软膏剂、无菌混悬剂等的配制、灌装或灌封 ④直接接触药品的包装材料和器具最终清洗后的处理	C 级
		①轧盖 ②灌装前物料的准备 ③产品配制和过滤（指浓配或采用密闭系统的稀配） ④直接接触药品的包装材料和器具的最终清洗	D 级
	非最终灭菌	①处于未完全密封状态下产品的操作和转运，如产品灌装或灌封、分装、压塞、轧盖等 ②灌装前无法除菌过滤的药液或产品的配制 ③直接接触药品的包装材料、器具灭菌后的装配以及处于未完全密封状态下的转运和存放 ④无菌原料药的粉碎、过筛、混合、分装	A/B 级

续表

药品种类		生产操作示例	洁净度级别
无菌药品	非最终灭菌	①处于未完全密封状态下的产品置于完全密封容器内的转运 ②直接接触药品的包装材料、器具灭菌后处于完全密封容器内的转运和存放	B 级
		①灌装前可除菌过滤的药液或产品的配制 ②产品的过滤	C 级
		直接接触药品的包装材料、器具的最终清洗、装配或包装、灭菌	D 级

生物制品的生产操作应当在符合表 4－3 中规定的相应级别的洁净区内进行，未列出的操作可参照表 4－3 在适当级别的洁净区内进行。

表 4－3　生物制品生产操作的空气洁净度级别要求

洁净度级别	生物制品生产操作示例
A/B 级	2010 版 GMP 附录一无菌药品中非最终灭菌产品规定的各工序 灌装前不经除菌过滤的制品其配制、合并等
C 级	体外免疫诊断试剂的阳性血清的分装、抗原与抗体的分装
D 级	原料血浆的合并、组分分离、分装前的巴氏消毒 口服制剂其发酵培养密闭系统环境（暴露部分需无菌操作） 酶联免疫吸附试剂等体外免疫试剂的配液、分装、干燥、内包装

即学即练 4－1

答案解析

片剂压片岗位的洁净度要求为（　　）

A. A 级　　B. B 级　　C. C 级　　D. D 级　　E. A/B 级

四、人、物的净化管理

微课

（一）人的净化管理

人员是洁净区粉尘和细菌的主要污染源，如人体皮屑、唾液、头发、纤维等污染物质，若管理不当将会对药品产生严重污染。为了减少人员污染，应主要注意以下几点。

1. 严格控制进入洁净区的人数，洁净区仅限于该区域生产操作人员及经批准进入的人员进入，且所有人员都应当接受卫生要求的培训。

2. 任何进入生产区的人员均应当按照规定更衣、洗手和消毒。工作服的选材、式样及穿戴方式应当与所从事的工作和空气洁净度级别要求相适应。

知识链接

洁净区的着装要求

D 级洁净区：应当将头发、胡须等相关部位遮盖。应当穿合适的工作服和鞋子或鞋套。应当采取适当措施，以避免带入洁净区外的污染物。

C 级洁净区：应当将头发、胡须等相关部位遮盖，应当戴口罩。应当穿手腕处可收紧的连体服或衣裤分开的工作服，并穿适当的鞋子或鞋套。工作服应当不脱落纤维或微粒。

A/B级洁净区：应当用头罩将所有头发以及胡须等相关部位全部遮盖，头罩应当塞进衣领内，应当戴口罩以防散发飞沫，必要时戴防护目镜。应当戴经灭菌且无颗粒物（如滑石粉）散发的橡胶或塑料手套，穿经灭菌或消毒的脚套，裤腿应当塞进脚套内，袖口应当塞进手套内。工作服应为灭菌的连体工作服，不脱落纤维或微粒，并能滞留身体散发的微粒。

3. 进入洁净区的人员不得化妆和佩戴饰物，生产区、仓储区禁止吸烟和饮食，禁止存放食品、饮料、香烟和个人用药品等非生产用物品。

4. 操作人员应当避免裸手直接接触药品、与药品直接接触的包装材料和设备表面。

5. 患有传染病、皮肤病以及皮肤有伤口者、对产品质量和安全性有潜在不利影响的人员，均不得进入生产区进行操作或质量检验。

6. 从事卡介苗或结核菌素生产的人员应当定期进行肺部X线透视或其他相关项目健康状况检查。

7. 生产青霉素等高致敏性药品、某些甾体药品、高活性药品及其他有毒有害药品的人员净化用室，应采取防止有毒有害物质被人体带出人员净化用室的措施。

实例分析

实例 小吴是某固体制剂车间配料岗位的一名操作工。一天他感冒了，但为了不影响这个月的奖金，就没有向主管说明自己的病情，仍然坚持上岗。操作中，小吴感觉有点闷，就把口罩往下拉开了一些，突然他打了一个大喷嚏。小吴不以为然，以为喷出的飞沫应该散在空气中了，对产品没有影响，但最终这批产品在微生物检查中，发现细菌数量严重超标，最终产品全部销毁，给企业造成了几十万的经济损失。

问题 1. 本案例中小吴的哪些行为不符合洁净区对人员的管理要求？

2. 这个案例给你带来了什么启示？

答案解析

（二）物的净化管理

洁净区物品主要包括原辅料、仪器、设备、容器具等，这些物品在进入洁净区前均需洁净处理。

1. 进入洁净区的原辅料、包装材料等应有清洁措施，如设置原输料外包装清洁室、包装材料清洁室等。

2. 进入不可灭菌产品生产区的原辅料、包装材料等，除满足上一条要求外，还应设置灭菌室，配备灭菌设施。

3. 清洁室或灭菌室与洁净室之间应设置气闸室或传递柜（窗）。传递柜（窗）是在洁净室隔墙上设置的传递物料和工器具的窗口，两侧装有不能同时开启的窗扇。

4. 传递柜（窗）应密闭良好，并应易于清洁，尺寸和结构应满足传递物品的要求。传送至无菌生产洁净室的传递柜（窗）应有相应的净化设施。

5. 生产过程中产生的废弃物出口不宜与物料进出口合用一个气闸或传递柜（窗），宜单独设置专用传递口，具有活性或毒性的生物废弃物应灭活后传出。

任务二　空气净化技术

一、概述

空气净化技术是指以除去空气中尘埃粒子和微生物，创造洁净空气环境为目的，从而保证药品生产环境的一项综合性技术。

目前空气净化往往与空调系统结合起来组成暖通空调净化系统（HAVC），使生产区有效通风，并有温度、湿度控制和空气净化过滤，保证药品生产环境符合要求。无特殊要求时，HVAC 系统一般将生产区温度控制在 18～26℃，相对湿度控制在 45%～65%，洁净区与非洁净区之间、不同级别洁净区之间的压差不低于 10Pa。

HVAC 对空气处理的一般流程：室外新风→初效过滤→回风混合→表冷→风机加压→加热→加湿→中效过滤→高效过滤→送入室内。为获得良好的洁净效果，不仅要根据药品种类、生产操作要求及外部环境状况配置空调净化系统，还必须对建筑、设备、工艺等采用相应的措施和严格的维护管理。

知识链接

洁净区的气流组织形式

气流组织形式是指洁净区内的气流流向和均匀度，会影响到洁净区内的洁净度。按气流方向分为层流和紊流两种形式。

层流是指洁净室的空气流向呈平行状态，气流中的尘埃不易相互扩散，能保持室内的洁净度，常用于 A 级洁净区。层流根据流向不同又分为水平层流与垂直层流，水平层流多用于洁净室的全面洁净控制，垂直层流多用于灌装点局部保护和层流工作台。

紊流是指空气流向呈不规则状态，气流中的尘埃易相互扩散，由于送风口与出风口的安排方式不同，洁净室的洁净度可达到 B 级到 D 级。

二、空气过滤器

空气过滤是目前医药工业洁净区空气净化最经济有效的方法，是指当含尘空气通过多孔过滤介质时，粉尘被过滤介质的微孔截留或孔壁吸附，达到与空气分离的目的。

空气过滤器常以单元形式制成，即将滤材装入金属或木质框架内组成一个单元过滤器，再将一个或多个单元过滤器安装到通风管道或空气过滤箱内，组成空气过滤系统。常见的空气过滤器有平板式、楔式、袋式和折叠式等不同的结构类型（图 4－1），按过滤效率可分为初效、中效、高中效、亚高效、高效、超高效过滤器等，其中最常用的为初效过滤器、中效过滤器和高效过滤器。

1. 初效过滤器　初效过滤器一般为由泡沫塑料、化纤无纺布、玻璃纤维滤料等制成的平板式或袋式过滤器。主要滤除对象是空气中≥5μm 的悬浮尘埃，通常设置在上风侧的新风过滤，可防止中、高效过滤器被大粒子堵塞，延长中、高效过滤器的寿命。

2. 中效过滤器　中效过滤器一般为由玻璃纤维滤料、PP 等制成的袋式过滤器。主要滤除≥1μm 的尘埃。一般置于风机之后高效过滤器之前，主要用于保护高效过滤器，延长其使用寿命。

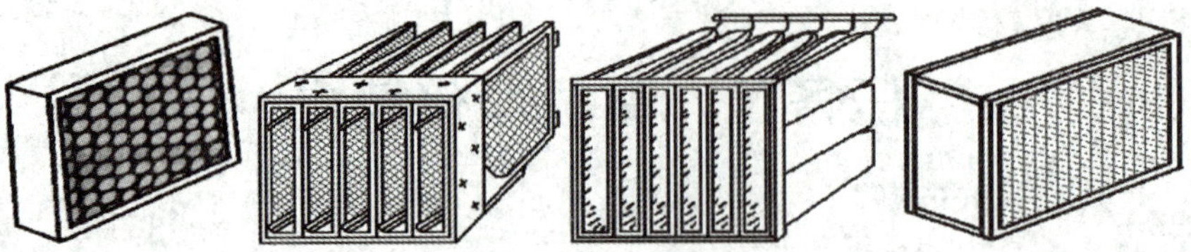

图 4－1　不同结构类型的空气过滤器

3. 高效过滤器　高效过滤器一般为由超细玻璃纤维制成的折叠式过滤器。主要滤除 <1μm 的尘埃，对粒径 0. 3um 的尘埃的过滤效率在 99. 97% 以上。一般装于通风系统的末端，即洁净室送风口上，必须在中效过滤器保护下使用。

即学即练 4 －2

答案解析

常用于新风预滤的过滤器是（　　）

A. 初效过滤器　B. 中效过滤器　C. 亚高效过滤器

D. 初效过滤器　E. 高效过滤器

三、洁净层流罩

洁净层流罩是一种可提供局部洁净环境的空气净化单元，可灵活地安装在需要高洁净度的工艺点上方，如注射剂灌封、粉针剂分装等局部区域，可以单个使用，也可多个组合成带状洁净区域。

洁净层流罩主要由箱体、风机、高效空气过滤器、灯具等组成。其工作原理是将洁净室内空气以一定的风速通过高效过滤器，形成均流层，使洁净空气呈垂直层流分布，从而使工作区内达到 A 级洁净度。

实训三　人员进出洁净区实训

一、实训目的

1. 掌握人员进出洁净区的一般净化程序及操作要点。
2. 能够按照 SOP 要求正确进出洁净区。
3. 了解不同级别洁净区对人员净化管理的要求。

二、实训条件

1. 实训场地　GMP 模拟车间。

2. 实训仪器与设备　一般区工作服及工作鞋，B、C、D 级洁净区工作服及工作鞋、口罩、护目镜、换鞋凳、更衣柜、烘手器、手消毒器等。

三、实训操作

（一）人员进出 D 级洁净区

1. 进入 D 级洁净区

（1）一般区更鞋、更衣

①进入生产车间前，先清除鞋子、衣服上的泥沙、尘土等脏物，将携带的个人物品如雨具、包等存

放于指定位置。

②进入一般区换鞋间，坐在鞋柜上，脱家居鞋存放于外侧规定鞋格内，抬脚俯身从内侧鞋格里取出一般区工作鞋穿上。

③进入一更室，脱去外衣裤，整齐挂在更衣柜内，取出一般区工作服，按从上至下的顺序将帽子、上衣、裤子穿戴整齐。

④进入缓冲间，走到水池旁，打开自来水水龙头，将双手清洗干净，清洁后，关闭水龙头，然后感应启动烘手器，烘干干双手后进入一般生产区。

（2）二次更鞋　经一般区走廊进入D级洁净区更鞋室，坐在鞋柜上，脱去一般区工作鞋存放于鞋柜外侧规定鞋格内，脚不着地，转身，从内侧鞋格里取出洁净区工作鞋穿上。

（3）洗手　打开纯化水将手全部润湿，挤适量洗手液，搓洗手心、手背、指缝、手腕直至上方5cm处，冲洗至无洗手液残留物，然后双手伸至烘手器下方，感应启动烘手器，将手烘干。

（4）更换洁净服　进入二更室，脱下一般区工作服叠放或悬挂在规定位置，取出D级区洁净服，按照自上而下顺序，依次将帽子、上衣、裤子、口罩穿戴整齐，在衣镜前检查确认洁净服穿戴是否合适，要求上衣下摆塞入裤子中，扣紧领口、袖口、裤腰、裤管口，头发不外露，口罩将口鼻完全遮盖。

（5）手消毒　进入缓冲间，将手放在感应手消毒器喷淋口下，并上下翻动双手，使消毒液均匀喷在双手上，自然晾干。

（6）进入洁净区　用手肘推开缓冲间与洁净走廊间的门，进入D级洁净区。

2. 出D级洁净区

（1）从洁净区人员出口经缓冲间进入二更室，依次脱下洁净服，放入洁净服袋内，如需清洗，则放入“待清洗”容器内。

（2）进入更鞋室脱下洁净鞋更换一般区工作鞋，出D级洁净区进入一般区。

（二）人员进出C级洁净区

1. 进入C级洁净区

（1）一般区更鞋、更衣　按前述“人员进入D级洁净区”操作方法换一般区工作鞋、工作服。

（2）二次更鞋　经一般区走廊进入C级洁净区更鞋室，坐在鞋柜上，脱去一般区工作鞋存放于鞋柜外侧规定鞋格内，脚不着地，转身，从内侧鞋格里取出洁净区工作鞋穿上。

（3）洗手　打开纯化水将手全部润湿，挤适量洗手液，搓洗手心、手背、指缝、手腕直至上方5cm处，冲洗至无洗手液残留物，然后双手伸至烘手器下方，感应启动烘手器，将手烘干。

（4）更换洁净服　进入二更室，脱下一般区工作服叠放或悬挂在规定位置，先带好头套和口罩，然后取出C级区连体洁净服，按照自下而上顺序穿好裤子、上衣、帽子，在衣镜前检查确认洁净服穿戴是否合适，要求洁净服完好整洁，拉链拉紧，领口、袖口、裤口系严，头发不外露，口罩将口鼻完全遮盖。

（5）消毒　进入缓冲间，将手放在感应手消毒器喷淋口下，并上下翻动双手，使消毒液均匀喷在双手上，自然晾干。

（6）进入洁净区　用手肘推开缓冲间与洁净走廊间的门，进入C级洁净区。

2. 出C级洁净区

（1）从洁净区人员出口经缓冲间进入二更室，依次脱下洁净服，放入洁净服袋内，如需清洗，则放入“待清洗”容器内。

（2）进入更鞋室脱下洁净鞋更换一般区工作鞋，出C级洁净区进入一般区。

（三）人员进出B级洁净区

1. 进入B级洁净区

（1）一般区更鞋、更衣　按前述“人员进入D级洁净区”操作方法换一般区工作鞋、工作服。

（2）二次更鞋、脱衣　由一般区进入B级洁净区换鞋更衣室，脱一般区工作鞋换洁净区工作鞋，然后脱工作服外衣、内衣。

（3）洗手、消毒

①打开纯化水将手全部润湿，挤适量洗手液，搓洗手心、手背、指缝、手腕直至上方5cm处，冲洗至无洗手液残留物，然后双手伸至烘手器下方，感应启动烘手器，将手烘干。

②将手放在感应手消毒器喷淋口下，并上下翻动双手，使消毒液均匀喷在双手上，自然晾干。

（4）穿无菌内衣　进入无菌内衣室，从无菌内衣袋中取出无菌内衣并检查确认，按照由上至下的顺序依次戴帽子、戴口罩、穿上衣、穿裤子、穿鞋套，要求头发不得外漏，帽子盖住眉毛，口罩遮住口鼻，上衣下摆塞入裤子中，鞋套应套住裤脚。

（5）手消毒将手放在手消器喷淋口下，双手均匀喷洒消毒液，自然晾干。

（6）穿无菌外衣　进入无菌外衣室，从无菌外衣袋中取出无菌外衣，将连体无菌服从下到上穿整齐，然后戴口罩、配戴护目镜、穿无菌袜套，最后从无菌手套箱中取出一次性无菌手套，捏住手套套口翻折部部分，将无菌手套带上。注意无菌服不得接触地面、墙壁，扎紧领口，袖口塞入无菌手套内，头发、眉毛等身体部位不得外漏。

（7）手消毒将手放在手消器喷淋口下，双手均匀喷洒消毒液，自然晾干。

（8）进入洁净区　经气闸室或风淋室净化后，进入B级洁净区。

2. 出B级洁净区

（1）从洁净区人员出口进入脱无菌衣室，依次脱下口罩、护目镜、无菌外衣、无菌内衣、手套、头套等，分别放入“待清洗”容器内。

（2）进入换鞋更鞋室脱下洁净鞋，穿好一般区工作服、工作鞋，出B级洁净区进入一般区。

四、实训报告及思考

小组完成实训后，对实训过程、结果及收获进行讨论并总结，撰写实训报告。

1. 进入洁净区的人员为什么要按要求进行人员净化？

2. 洁净服在材质、样式等方面有什么特点？不同洁净区的洁净服有什么区别？

目标检测

答案解析

一、单项选择题

1. 关于洁净区空气净化的叙述错误的是（　　）

A. 空气净化的方法多采用空气过滤法

B. 以0.5μm和5μm作为划分洁净度等级的标准粒径

C. 空气滤过器主要分为初效、中效、高效三类

D. 高效滤过器一般装在通风系统的首端

E. 空气过滤的主要对象为空气中的尘埃粒子和微生物

2. 最终灭菌大容量注射剂灌装操作区域洁净度要求为（　　）

A. C 级背景下的 A 级　　B. B 级背景下的 A 级　　C. B 级
D. C 级　　E. D 级

3. 用于洁净区与非洁净区之间小件物品的传递的设施是（　　）

A. 空气过滤器　　B. 层流罩　　C. 传递窗
D. 生物安全柜　　E. 风淋室

4. 洁净区与非洁净区、不同级别的洁净区之间的压差应当不低于（　　）

A. 3Pa　　B. 5Pa　　C. 10Pa
D. 15Pa　　E. 20Pa

5. 对洁净区内人员的管理要求不正确的是（　　）

A. 进入洁净生产区的人员不得化妆和佩戴饰物
B. 操作人员进入洁净区之前，必须按规定程序进行更衣、洗手、消毒
C. 任何进入洁净区人员都需要登记
D. 洁净区服饰应专人专用
E. 为便于操作，操作人员可不戴手套直接接触药品

二、多项选择题

1. 洁净区的洁净级别有（　　）

A. A 级　　B. B 级　　C. C 级
D. D 级　　E. E 级

2. 空气过滤器按过滤效率可分为（　　）

A. 初效过器　　B. 中效过滤器　　C. 高效过滤器
D. 亚高效过滤器　　E. 超高效过滤器

3. 洁净区的气流方向有（　　）

A. 层流　　B. 对流　　C. 紊流
D. 湍流　　E. 直流

三、综合问答题

1. 简述人员进入 D 级洁净区的净化流程。
2. 什么是空气过滤？常用的空气过滤器有哪些类型？

四、实例解析题

某制剂成品微生物限度检查不合格，根据本项目所学试分析产生的原因可能有哪些？

书网融合……

重点回顾　　微课　　习题

（周朝柱）

项目五　制药用水制备技术

PPT

学习引导

某制药企业在检测某注射剂品种质量时，发现其细菌总数和热原值超标，造成这批注射剂全部不合格。经调查发现，注射剂配液时所使用的溶剂是纯化水，而非注射用水。什么是纯化水？它和注射用水有什么区别？

本项目主要介绍纯化水的和注射用水的定义、应用、制备技术、质量标准和贮存。

学习目标

1. **掌握**　纯化水与注射用水的制备技术、质量标准及其在生产过程中的应用。
2. **熟悉**　制药用水的分类；注射用水的储存要求。
3. **了解**　蒸馏法、离子交换法、电渗透法、反渗透法的制水原理。

任务一　纯化水制备技术 微课

一、纯化水概述

制药生产过程所用到的水，称为制药用水。水是药品生产中用量最大、使用最为广泛的一种辅料，制药用水是制药业的生命线。《中国药典》（2020 版）按其使用范围不同，将制药用水分为饮用水、纯化水、注射用水及灭菌注射用水。纯化水为饮用水经蒸馏法、离子交换法、反渗透法或其他适宜的方法制得的制药用水，不含任何附加剂。

纯化水可作为：①配制普通药物制剂用的溶剂或试验用水；②中药注射剂、滴眼剂等灭菌制剂所用饮片的提取溶剂；③口服、外用制剂配制用溶剂或稀释剂；④非灭菌制剂用器具的精洗用水。也用作非灭菌制剂所用饮片的提取溶剂。纯化水不得用于注射剂的配制与稀释。

二、纯化水的制备

纯化水常用的制备方法有离子交换法、电渗透法、反渗透法等，可以将上述几种制备方法综合使用，制得的纯化水质量好，具有经济、方便、高效等特点。纯化水有多种制备方法，应严格监测各生产环节，防止微生物污染。

（一）离子交换法

离子交换法是利用离子交换树脂具有的离子交换作用，除去水中绝大部分阴、阳离子，对热原、细菌也有一定清除作用。离子交换树脂装置一般由阳床、阴床、混合床组成（图5-1）。

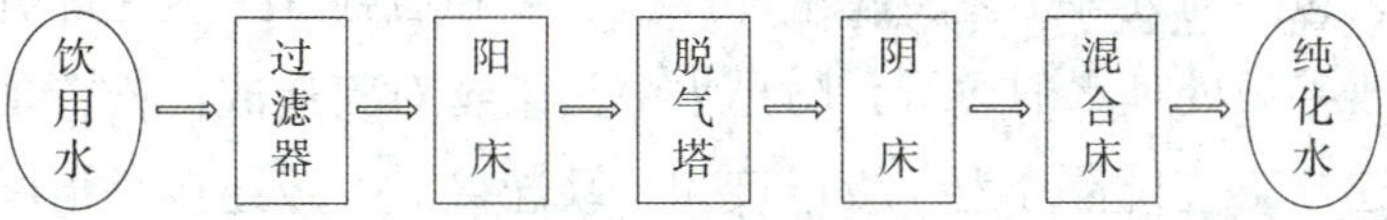

图5-1　离子交换法制备纯化水工艺流程

本法优点为交换容量大，能耗小、节约冷却水，成本低，制得的去离子水化学纯度高；缺点是设备占地面积大，离子交换树脂再生时需使用大量酸、碱，且在去除热原方面不如重蒸馏法可靠，故一般供洗涤用或用作制备注射用水的水源，或用于注射剂包装容器的中间洗涤。

知识链接

离子交换树脂

离子交换树脂是带有官能团（有交换离子的活性基团）、具有网状结构、一类具有离子交换功能的不溶性的高分子材料，通常是球形颗粒物。在溶液中它能将自身的离子与溶液中的所带相同电性的离子进行交换。离子交换树脂对溶液中的不同离子有不同的亲和力，对它们的吸附有选择性。各种离子受树脂交换吸附作用的强弱程度有一般的规律，但不同的树脂可能略有差异。按交换基团性质的不同，离子交换树脂可分为阳离子交换树脂和阴离子交换树脂。

离子交换作用是可逆的，因此在离子交换树脂使用一段时间后，应采用适当浓度的无机酸或碱进行洗涤。在洗涤过程中按照操作规程进行，以促使离子交换树脂恢复到原离子交换状态而重复使用，这一过程称为再生。

（二）电渗析法

电渗析法是在外加电场作用下，利用阴、阳离子交换膜对原水中离子的选择透过性，阳离子交换膜荷负电，允许原水中阳离子通过，并向阴极迁移；而阴离子交换膜荷正电，允许原水中阴离子通过，并向阳极迁移，最终可使一部分阴、阳离子膜隔室内水中的离子逐渐减少而达到除盐的效果。

本法特点是能耗低、产水量大，对环境无污染，装置设计灵活、使用寿命长、操作维修方便，但制得的水比电阻较低、水纯度不高。当原水含盐量较高时，直接采用离子交换法制备纯化水时树脂会很快老化，故此时将电渗透法与离子交换法结合应用于纯化水的制备效果好。

（三）反渗透法

反渗透法是利用反渗透膜只允许水分子自由通过，而不允许其他物质通过的性质，在膜的原水一侧施加比溶液渗透压高的外界压力，反渗透膜不仅可以阻挡截留细菌、病毒、热原、高分子化合物，还可以阻挡盐类和糖类等小分子，从而将纯水从原水中分离出来。

答案解析

即学即练

反渗透法是以（　　）为推动力

A. 压力差　　B. 重力差　　C. 电势差　　D. 摩擦力　　E. 浮力

目前常用于制药用水生产的反渗透膜材有醋酸纤维素膜和聚酰胺膜。反渗透膜组件主要有框板式、管式、螺旋卷式及中空纤维式四种类型。此法具有耗能低、水质好、设备体积小、操作简单等优点，若装置合理，可以达到注射用水质量要求。

反渗透技术处理工艺包括前处理工艺、膜组件连接工艺和后处理工艺三部分。①前处理工艺，又称预处理工艺，其目的是改善被处理水的质量，防止水中污染物对膜造成污染，延长膜的使用寿命，降低设备运行成本。②组件连接工艺，常分为一级连接和二级连接。一级连接是指原水经过一次高压泵加压后进入膜组件进行膜分离；二级连接是用串联方式连接两个膜组件，原水经过二次膜分离。③后处理工艺，由于膜不可能100%截留所有的无机物和有机物，因此膜透过水（又称淡水）必然有一些离子和气体，如用于高纯度水还应进一步采用离子交换、脱气塔、紫外线杀菌等工艺作为透过水的后处理。反渗透法制备纯化水的工艺流程见图5－2。

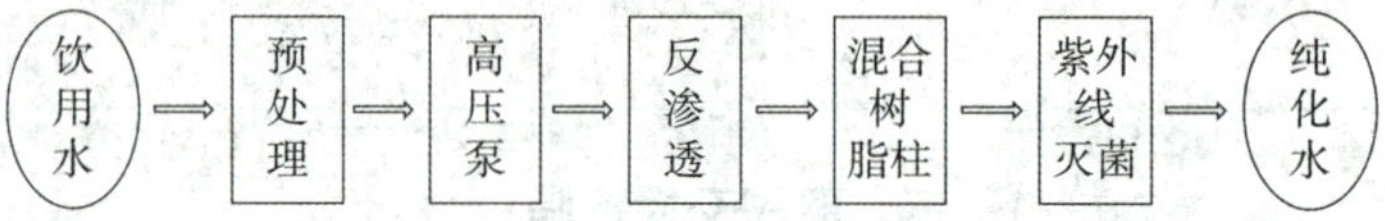

图5－2　反渗透法制备纯化水的工艺流程

三、纯化水质量要求与储存

（一）纯化水的质量要求

纯化水为无色、无臭的澄清液体，质量应符合《中国药典》（2020版）二部纯化水项下的规定（表5－1）。

表5－1　《中国药典》（2020版）纯化水质量标准

项目	指标要求	项目	指标要求
酸碱度	应符合相关规定	总有机碳	≤0.05μg/ml
硝酸盐	≤0.06μg/ml	易氧化物	粉红色不得完全消失
亚硝酸盐	≤0.02μg/ml	不挥发物	≤1mg
氨	≤0.03μg/ml	重金属	≤0.1μg/ml
电导率	应符合相关规定	微生物限度	≤100cfu

注：①表中指标是按照《中国药典》（2020年版）规定的方法检查结果指标要求；②表中应符合相关规定是指符合《中国药典》（2020年版）相关规定。

（二）纯化水的储存

纯化水储存罐宜采用不锈钢材料或以验证无毒、耐腐蚀不渗出污染离子的其他材料制作。储罐通气口应安装不脱落纤维的疏水性除菌滤器。储罐内壁应光滑，接管口和焊缝不形成死角、盲管。不宜采用可能滞水污染的液位计和温度表。纯化水储存周期不宜超过24小时，设备应定期进行在线消毒，以确保纯化水的质量。

任务二　注射用水的制备技术

一、蒸馏法制备注射用水

注射用水为纯化水经蒸馏所得的水，应符合细菌内毒素试验要求。注射用水必须在防止细菌内毒素产生的设计条件下生产、贮藏及分装。其质量应符合《中国药典》（2020 年版）注射用水项的规定。

注射用水可作为配制注射剂、滴眼剂等的溶剂或稀释剂及容器的精洗。

为保证注射用水的质量，应减少原水中的细菌内毒素，监控蒸馏法制备注射用水的各生产环节，并防止微生物的污染。应定期清洗与消毒注射用水系统。

注射用水可采用蒸馏法和反渗透法制备，我国药典法定的制备注射用水的方法是蒸馏法。

生产上制备注射用水的设备，常用多效蒸馏水器和气压式蒸馏水器。

（一）制水设备

1. 多效蒸馏水器　多效蒸馏水机是由多个圆柱形蒸馏塔串联而成，是目前药品生产企业制备注射用水的主要设备，其结构主要由蒸馏塔、汽水分离装置（除沫器）、预热器、冷凝器等组成。通过多效蒸发、冷凝的方法分段截留去除各种杂质，可制得高质量的蒸馏水，热量得到充分利用，大大节省蒸汽和冷凝水，是一种经济适用的方法。本法的特点是耗能低、质量优、产量高及自动控制。

以三效蒸馏水器为例说明其工作原理（图 5－3）：作为原料水的纯化水，首先经冷凝器依次进入三效、二效、一效塔内，纯化水依次升温，一效塔内的纯化水经高压蒸汽（工业蒸汽）加热而迅速蒸发，一效塔内产生的蒸汽经隔沫装置作为热源进入二效塔加热室，二效塔内的纯化水被加热产生的蒸汽作为三效塔的热源进入三效塔内加热纯化水，二效塔和三效塔的加热蒸汽冷凝后生成的蒸馏水和三效塔内的蒸汽经冷凝器冷凝后的蒸馏水汇集于收集器而成为注射用水。

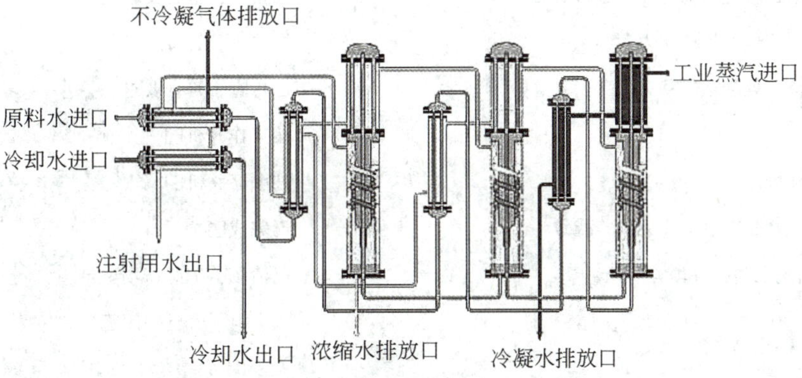

图 5－3　三效蒸馏水器工作原理示意图

2. 气压式蒸馏水器　气压式蒸馏器是利用动力对二次蒸汽进行压缩、循环蒸发而制备注射用水的设备。主要由自动进水器、加热室、蒸发室、冷凝器及蒸汽压缩机等组成，通过蒸汽压缩机使热能得到充分利用，也具有多效蒸馏水器的特点，自动化程度较高，但是电能消耗较大。

其工作原理是将进料水加热汽化产生二次蒸汽；把二次蒸汽经压缩机压缩成过滤蒸汽，其压强、温度同时升高；使过热蒸汽通过管壁与进水进行热交换，使进水蒸发而过热蒸汽被冷凝成冷凝液，此冷凝液就是所制备的注射用水。

（二）注射用水制备岗位操作

1. 生产前准备

（1）检查是否有清场合格标志，且在有效期内。若清场不合格，需重新进行清场，并经 QA 人员检查合格，填写合格证后，才能进入下一步操作。

（2）检查设备、管路是否处于完好状态，设是否有“合格”标牌、“已清洁”标牌，且在有效期内。

（3）做好检查氧化物，铵盐、酸度的化验准备。

（4）按《制水设备消毒规程》对设备、所需容器、工具进行消毒。

（5）挂本次运行状态标志，进入操作。

2. 生产操作 按标准操作规程进行生产。

3. 生产结束

（1）按标准操作规程关闭设备。

（2）在贮上贴标，注明生产日期，操作人、罐号。

（3）对设备、房间、作台面进行清洁消毒，经 QA 人员检验和合格，发清场合格证，并填写清场记表。

（4）记录 如实填写各生产作记录（表 5 –2）。

表 5 –2 制备注射用水的操作记录

操作步骤	记录	操作人	复核人
1. 检查房间上次生产清场记录	已检查，符合要求□		
2. 检查房间中上次生产的遗留物，有无和本批产品无关的物品、文件	已检查，符合要求□		
3. 检查设备、管道处于完好状态	已检查，符合要求□		
4. 对多介质过滤器、活性炭过滤器每 7 天进行清洗一次	已检查，符合要求□		
5. 检查精密过滤器、保安过滤器的压力	已检查，符合要求□		
6. 检查预处理系统各阀门处于运行状态	已检查，符合要求□		
7. 按操作规程开机	按操作开机□		
8. 操作结束，按照操作顺序关机	按顺序关机□		
9. 填储罐标签，注明生产日期、操作人员、罐号	已完成□		
10. 生产结束后进行清场工作，并填写清场记录	已清场，填好清场记录□		
11. 关闭水、电、气	水、电、气已关闭□		
备注：			

二、注射用水的质量要求与储存

（一）注射用水的质量要求

注射用水为无色、无臭的澄清液体，质量应符合《中国药典》（2020 版）二部注射用水项下的规定（表 5 –3）。

表 5-3　《中国药典》（2020 版）注射用水质量标准

项目	指标要求	项目	指标要求
pH	应符合相关规定	总有机碳	≤0.05μg/ml
硝酸盐	≤0.06μg/ml	不挥发物	≤1mg
亚硝酸盐	≤0.02μg/ml	重金属	≤0.1μg/ml
氨	≤0.02μg/ml	微生物限度	≤100cfu
电导率	应符合相关规定	热原值	≤0.25EU

注：①表中指标是按照《中国药典》（2020 年版）规定的方法检查结果指标要求。②表中应符合相关规定是指符合《中国药典》（2020 年版）相关规定。

实例分析

实例　某生物制药企业 QC 人员依据相关规范要求，从不同部门取注射用水样品，进行质量检查。取样和检测过程均严格执行相应的 SOP，操作规范。结果发现，制水车间新制注射用水的质量合格；原液车间所使用的注射用水微生物超标，注射用水不合格。

问题　1. 在用水环节，可能引起注射用水中微生物超标的原因有哪些？

2. 如何贮存注射用水，才能保证用水车间所使用的注射用水中微生物不超标？

答案解析

（二）注射用水储存

注射用水的储存方式和静态储存期限应经过验证确保水质符合质量要求，例如可以在 80℃以上保温、70℃以上保温循环或 4℃以下的状态下存放。

注射用水储罐和输送管道所用材料应当无毒、耐腐蚀，通常采用优质低碳不锈钢或其他经验证合格的材料制作。储罐的通气口应当安装不脱落纤维的疏水性除菌滤器，管道的设计和安装应当避免死角、盲管。注射用水储存罐应储罐宜采用保温夹套，保证注射用水在 80℃以上存放。储罐宜采用球形或贺柱形，内壁应光滑，接管和焊缝不应有死角和沙眼。应采用不会形成滞水污染的显示液面、温度、压力等参数和的传感器。注射用水储存周期不宜大于 12 小时。

纯化水和注射用水的储罐要定期清洗、消毒灭菌，并对清洗和灭菌效果进行验证。

答案解析

目标检测

一、单项选择题

1. 除另有规定外，实验用水均指（　　）下进行

A. 蒸馏水　　B. 饮用水　　C. 纯化水

D. 重蒸馏水　　E. 自来水

2. 纯化水制得的方法，下列错误的是（　　）

A. 蒸馏法　　B. 离子交换法　　C. 反渗透法

D. 自来水直接使用　　E. 电渗析法

3. 下列不是离子交换法的优点（　　）

A. 交换容量大　　B. 能耗大　　C. 节约冷却水

D. 成本低　　E. 制得的去离子水化学纯度高

4. 纯化水质量要求中，对氨的指标要求是（　　）

A. ≤0.03μg/ml　　B. ≤0.02μg/ml　　C. ≤0.05μg/ml

D. ≤0.04μg/ml　　E. ≤0.01μg/ml

5. 注射用水的储存方式正确的是（　　）

A. 8℃以下存放　　B. 65℃以上保温循环　　C. 室温下存放

D. 4℃以下存放　　E. 70℃以上保温

6. 多效蒸馏水机的结构不包括（　　）

A. 蒸馏塔　　B. 汽水分离装置（除沫器）　　C. 预热器

D. 冷凝器　　E. 混合床

二、多项选择题

1. 按其用途范围不同，制药用水的分类（　　）

A. 饮用水　　B. 纯化水　　C. 注射用水

D. 灭菌注射用水　　E. 自来水

2. 下列有关制药用水的描述，正确的是（　　）

A. 纯化水为饮用水经蒸馏法、离子交换法、反渗透法或其他适宜的方法制备的制药用水

B. 纯化水不含任何附加剂

C. 纯化水不得用于注射剂的配制与稀释

D. 纯化水应符合细菌内毒素实验要求

E. 注射用水可以为自来水经蒸馏所得的水

3. 纯化水的应用包括（　　）

A. 配制普通药物制剂用的溶剂或试验用水

B. 中药注射剂、滴眼剂等灭菌制剂所用饮片的提取溶剂

C. 口服、外用制剂配制用溶剂或稀释剂

D. 非灭菌制剂用器具的精洗用水

E. 非灭菌制剂所用饮片的提取溶剂

三、综合问答题

1. 简述纯化水的制备工艺流程。

2. 简述制药用水的制备方法。

书网融合……

重点回顾　　微课　　习题

（黄艳玲）

项目六　过滤技术

PPT

学习引导

过滤技术是药品生产中的一个重要过程。例如，细胞收获液的澄清是生物制药工艺中下游纯化的第一步，澄清工艺最后配合0.45μm、0.22μm的微孔薄膜过滤器进行终端除菌过滤；葡萄糖注射液生产过程采用钛滤器脱炭；这些步骤都离不开过滤技术。什么是过滤？过滤器有哪几种？都有什么特点？

本项目主要介绍过滤的机制、影响过滤的因素、常用过滤器的类型及应用。

学习目标

1. 掌握　过滤机制及常用过滤器。
2. 熟悉　影响过滤因素；膜过滤器的特点及注意事项。
3. 了解　过滤系统及过滤系统的验证。

任务一　过滤基础知识

过滤技术是利用液体或气体能通过多孔性材料，而固体颗粒被多孔性材料截留，从而实现固体与流体分离的操作技术。在使用过滤技术进行固、液分离时，通常将多孔性材料称过滤介质或滤材，通过滤材得到的液体称为滤液，将待过滤的液体（混悬液）称滤浆或料浆，截留于滤材上的固体称为滤饼或滤渣，洗涤滤饼后所得的液体称洗涤液。

一、过滤机制 微课

过滤的机制主要是有表面过滤和深层过滤（图6-1）。

（一）表面过滤

依靠筛分作用，将大于过滤介质孔径的颗粒全部截留在过滤介质表面的过滤称为表面过滤。通常应用滤纸、滤布、微孔滤膜等织物、多孔固体或多孔膜为过滤介质，又称为机械过筛作用，过滤介质孔径小于所截留的颗粒。同一过滤介质的过滤孔径在实际生产中可能不完全一样，在开始过滤时，大部分大颗粒被截留在介质表面，会有一些细小颗粒穿过介质而使滤液浑浊，但颗粒会在孔中或孔口迅速发生"架桥现象"，部分颗粒可能进入介质的孔中，有的颗粒透过介质、有的颗粒在孔中或孔口形成架桥，使介质的实际孔径减少，小颗粒也被截留在表面，被截留颗粒达到一定量时就形成了滤饼。故当滤饼开始形成，滤液即变清，此后过滤才能有效地进行。当料浆中固体含量较多，被截留颗粒达到一定量时就形成了滤饼，滤饼空隙小，此时滤饼层起真正的过滤介质作用，称为滤饼过滤或饼层过滤。

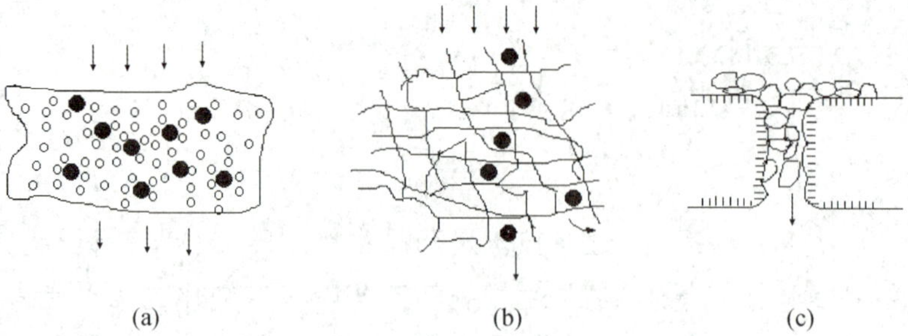

图 6-1　表面过滤、深层过滤和架桥现象示意图

（a）表面过滤；（b）深层截留；（c）架桥现象

（二）深层过滤

将颗粒截留在滤器深层的过滤称为深层过滤。应用砂子等堆积介质作为过滤介质，介质层一般较厚，在介质层内部构成迂回曲折的不规则袋形孔道，如砂滤棒、钛滤棒、垂熔玻璃滤器等。过滤时颗粒随流体进入介质孔道，依靠直接拦截、惯性碰撞、扩散沉积、重力沉降以及静电效应等原因使颗粒与流体分开，沉积在滤器深层孔道中。深层过滤所截留的颗粒小于过滤介质孔径的平均大小。实际生产过程中过滤操作常常同时包括以上两种机制。

答案解析

即学即练

以深层过滤为主要过滤机制的过滤器是（　　）

A. 滤布　　B. 微孔滤膜　　C. 砂滤棒　　D. 钛滤棒　　E. 垂熔玻璃滤器

二、影响过滤因素

1. 滤过面积　过滤介质滤过面积越大，孔径越多，滤速越快。

2. 过滤介质两侧的压差　过滤介质两侧的压力差越大，滤速越快。因此常采用加压或减压滤过法增大过滤介质两侧的压力差。需要注意对于可压缩滤饼进行加压或减压过滤，在压差下可因滤饼变形而阻塞孔道，降低过滤速度。

3. 过滤介质的阻力　过滤介质的毛细管越长、管径越小或数目越少，则滤材的阻力越大，过滤速度越慢。

4. 滤饼的比阻　滤饼的比阻是指单位面积滤饼的阻力，比阻大，过滤阻力大，过滤速度减慢。滤饼的比阻与滤饼的厚度、结构和压缩性等有关。一般来说，滤渣层（滤饼）越厚，滤速越慢，因此应用流动、搅拌、离心等方式“限制滤饼厚度增长”的动态过滤比静态过滤的效果好。由微细颗粒形成的滤饼空隙尺寸很小，滤饼比阻大，设法使颗粒变粗可以减少滤饼的比阻。另外滤饼常分为可压缩和不可压缩的两种。不可压缩滤饼由不变形颗粒组成，有一定刚性。可压缩滤饼由无定形的颗粒组成，在压差下可变形而阻塞孔道，使滤饼的比阻增加。

5. 药液的黏度　药液黏稠性越大，过滤速度越慢。由于液体的黏性常随温度升高而降低，可采用趁热过滤或保温滤过。

因此，为了提高过滤速度，可以增大滤过面积；加压或减压滤过以提高压差（可压缩滤饼除外）；升高药液温度可降低黏度；预先进行预滤，以减少滤饼的厚度；设法使颗粒变粗以减少滤饼的比阻和使用助滤剂等办法来达到加速过滤的目的。

任务二 过滤器及其验证

一、常用过滤器

常用的过滤器有垂熔玻璃滤器、砂滤棒、板框压滤器、膜滤器等多种。

（一）垂熔玻璃滤器

垂熔玻璃滤器是用硬质玻璃细粉烧结而成，根据形状分为垂熔玻璃漏斗、滤球及滤棒三种（图6－2）。按孔径分为1～6号，生产厂家不同，代号也有差异。

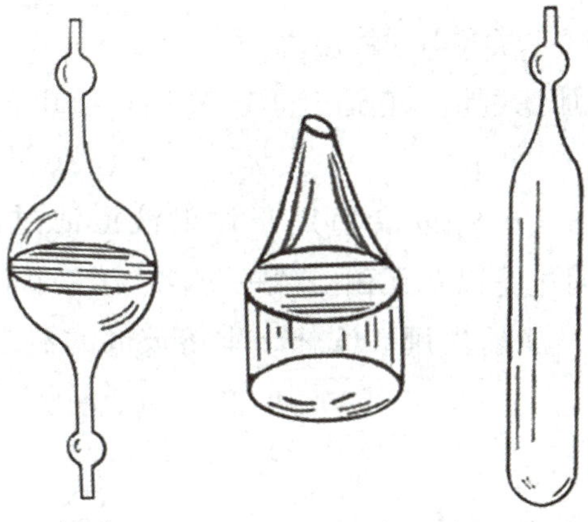

图6－2 垂熔玻璃滤器类型

垂熔玻璃滤器主要用于注射剂的精滤或膜滤前的预滤，一般3号多用于常压过滤，4号用于加压或减压过滤，6号用于除菌过滤。

该滤器特点是化学性质稳定，除强酸与氢氟酸外，一般不受药液影响，不改变药液的pH；过滤时无渣脱落，对药液吸附性低；滤器可热压灭菌和用于加压过滤；但价格昂贵，质脆易破碎，滤后处理也较麻烦。

使用前，应先用蒸馏水或去离子水抽洗，抽干后置硝酸钾洗液（硝酸钾2%、浓硫酸5%、水93%）中浸泡12～24小时用去离子水冲洗正反两面，再用过滤的注射用水冲洗正反两面，115℃热压灭菌30分钟待用。

（二）砂滤棒

国产的砂滤棒主要两种。一种是硅藻土滤棒（苏州滤棒），是由硅土、石棉及有机黏合剂在1200℃高温烧制而成的棒状滤器。根据自然滴滤速度分三种规格，即粗号、中号、细号，其速度分别为500ml/min以上、300～500ml/min、300ml/min以下。特点为质地较松散，一般适用于黏度高，浓度较大滤液的过滤。另一种是多孔素瓷滤棒（唐山滤棒），是由白陶等烧结而成的。特点为质地致密，滤速慢，特别适用于低黏度液体的过滤。

砂滤棒的优点为过滤面积大，滤速快，耐压性强，价格便宜，适用于注射剂的预滤或脱炭过速。缺点是易脱砂，对药液吸性强，可能改变药液的pH，滤器滞留药液量较多，清洗困难。

近年来生产中常采用的钛滤棒由工业纯钛粉高温烧结而成，其抗热、抗震性能好，强度大，重量轻，不易破碎，过滤阻力小，滤速大，适用于注射剂配制中的脱炭过滤，是一种较好的预滤器。

（三）膜过滤器

膜过滤器是以过滤膜作过滤介质的过滤装置，根据使用的膜材不同，可分为微孔滤膜滤器和超滤器。

1. 微孔滤膜的特点

（1）滤孔径均匀，截留能力强，能截留垂熔玻璃滤器、砂滤棒等不能截留的微粒，即使加大压力差，也不会出现深层滤器微粒泄露的现象，有利于提高注射器的澄明度。

（2）薄膜上微孔的总面积占薄膜总面积的80%，有效过滤面积大，滤速快，在过滤面积、截留颗粒大小相同的情况下，膜滤器的过滤速度比垂熔玻璃滤器或砂滤棒快40倍。

（3）过滤没有过滤介质的迁移，不响药液的pH。

（4）滤膜吸附性小，不滞留药液。

（5）用后弃去，产品不易发生交污染。

（6）易堵塞，需结合预滤。

2. 微孔薄膜滤器的类型

（1）针头器过器　外壳由不锈钢或有机玻璃或塑料等制成，必须符合医疗器械管理规定，确保无毒无害。该类过滤器主要用于临床的静脉注射液和眼药水的净化。

（2）板式过滤器　注射剂生产中常用，可用于液体与空气过滤，平板由带圆孔的不锈钢制成，过滤器中滤膜可按孔径从大到小重叠放置，最多可放三层，滤板可并联或串联使用。

（3）圆筒过滤器　将平面滤膜折叠在聚丙烯塑料芯上，增加滤过量，它适合于每次大于400L的生产批量，同样滤筒也可并联或串联使用。

3. 微孔薄膜滤器的应用　主要用于注射剂的精滤。0.65～0.8μm者适用于注射液澄清过滤；0.3～0.45μm者适用于不耐热大分子药物、疫苗、血清的除菌过滤以及无菌空气的过滤；0.22μm者适用于注射剂一般药液生产的除菌过滤。注意在用微孔滤膜过滤前先用砂滤棒，垂熔玻璃滤器进行预滤。

微孔滤膜使用前需在70℃注射用水浸润12小时以上备用。

4. 注意事项

（1）滤器的密封性　微孔滤膜必须在加压或减压下工作，故其密封性能应较好，否则将不能过滤或易污染药液。

（2）滤膜的湿润　当用于过滤药液时，滤膜使用前应用纯化水洗净并充分润湿，未完全润湿的滤膜将影响有效过滤面积；当用于空气过滤时，滤膜应当是干燥的。

（3）过滤系统的清洁消毒　使用后的滤膜与滤器，应拆开仔细清洗，并经消毒备用，消毒方法有煮沸消毒、流通蒸汽消毒、热压消毒、化学消毒、紫外线消毒等。

（4）滤膜的完整性　生产前后均需测定膜的完整性，其常用测定方法为起（气）泡点检查。

知识链接

超滤技术

超滤是一项分子级薄膜分离手段，它以特殊的超滤膜为分离介质，以膜两侧的压力差为推动力，将不同分子量的物质进行选择性分离。超滤膜有醋酸纤维膜、聚砜膜、聚酰胺膜等。超滤的优点是没有相转移，无需添加任何化学物质，可以在低温下操作，过滤速度较快，便于做无菌处理等。这些都能使分离操作简化，特别适用于热敏物料，可避免生物活性物质的活力损失和变性。在生物制药中可用来分离蛋白质、酶、核酸、多糖、多肽、抗生素、病毒等。

（四）板框式压滤机

板框式压滤机是一种在加压下间歇操作的过滤设备，它是由多个中空的滤框和实心滤板交替排列在支架上组成的。滤框可积聚滤渣和承挂滤布；滤板上具有凹凸纹路，可支撑滤布和排出滤液。此种滤器过滤面积大，截留固体量多，可在各种压（有时可达 1.2MPa）下过滤，可用于黏性大、滤饼可压缩的各种物料的过滤，特别适用于含有少量微粒的滤浆。因滤材可根据需要选择，适于工业生产过滤各种液体。在注射剂生产中，一般作预滤用。缺点是装备和清洗麻烦，装配不好时易滴漏。

二、过滤系统

（一）过滤类型

按照过滤过程的推动力不同，过滤过程可分为重力过滤、加压过滤、真空过滤、离心过滤。重力过滤就是利用混悬液自身重力作为过滤所需的推动力，效率较低，但设备成本和能耗也低。加压过滤一般通过气压或者泵推动液体前进。一般来说，加压过滤对设备的密闭性要求较高，是最常用的过滤方式。真空过滤一般是在样品液的反向端进行抽真空，造成负压，形成压差，密闭性要求高，成本也高，适用于一些具备放射性、腐蚀性、致病性较强的样品过滤，如实验室常用布氏漏斗进行抽滤。离心过滤是利用离心机旋转形成的离心力作为料液的推动力，离心机能产生强大的离心力，因此过滤速度较快，但仪器设备自动化要求较高、结构复杂、成本较高，如实验室常用到微型超滤离心管进行离心过滤。

另外，依据过滤过程操作方式不同，过滤还可以分为间歇过滤和连续过滤。

（二）过滤介质与助滤剂

凡能使悬浮液中的液体通过又将其中固体颗粒截留以达到固液分离目的的多孔物质都可作过滤介质，它是各种过滤器的关键组成部分。

现代过滤技术所用的过滤介质包括很多材料，其中以膜过滤技术为主，在过滤过程中，由于固体颗粒的沉积，过滤介质表面很容易形成一层固体颗粒层，即为滤饼，滤饼的形成，将导致过滤介质两端的压力过大、过滤速度减小、过滤介质的堵塞；而在深层过滤器中，滤饼在一定程度上可起到预过滤的作用。

过滤介质又称为滤材，对其要求如下：①为惰性物质；②能最大限度地滤过液体和阻留颗粒；③有一定的机械强度，能耐受过滤时的压力；④不吸附或很少吸附溶液。过滤介质的种类很多，主要有滤纸、脱脂棉、织物介质、烧结金属过滤介质、多孔塑料过滤介质、垂熔玻璃过滤介质、多孔陶瓷和微孔滤膜等。

助滤剂是一种特殊形式的过滤介质，具有多孔和不可压缩性，它的加入可以改变滤饼结构，提高刚性、增加空隙、降低流动阻力，因而起到助滤作用。理性助滤剂应：①具有适当的细度，表面粗糙；②分散性好，不漂浮于液面；③不溶解，化学稳定性好；④在滤浆中形成不可压缩的沉淀。常用的助滤剂有硅藻土、活性炭、滑石粉、纸浆等。

（三）常见的过滤系统

1. 减压过滤系统 过滤系统采用滤液端接真空泵，药液经滤棒和垂熔玻璃滤球预滤，再经膜滤器精滤的为减压过滤系统。采用此装置时，药液处于密闭状况，不易污染。但压力不够稳定，如操作不当，易使滤层松动，影响滤液质量，而且进入滤过系统中的空气亦必须经过洗涤等处理。本系统医院制剂室较普遍采用的一种过滤装置。

2. 加压过滤系统 过滤系统采用离心泵送药液，先经砂滤棒、垂熔玻璃滤球预滤，再经微孔滤膜精滤的为加压过滤系统。这种装置适合于配液、滤过及灌封等工段在同一个平面的情况下使用。具有压力稳定、滤速快、药液澄明度好、产品质量高等特点，而且全部装置保持正压，不受空气中的杂质、微生物等的影响，一旦中途停顿，对滤层影响也较小。适用于药厂大量生产。

三、过滤系统验证

过滤除菌工艺是最终灭菌产品和非最终灭菌产品生产中的关键工艺步骤。过滤除菌系统在投入生产使用前应当进行验证。

（一）起泡点试验

根据《药品生产质量管理规范》（2020 版）规定，微孔滤膜使用前后均需进行起泡点试验。每种滤膜都有特定的起泡点，它是滤膜孔隙度额定值的函数，是推动空气通过被液体饱和的膜滤器所需的压力。测定微孔滤膜的起泡点就是为了保证微孔滤膜的质量符合药品生产的要求。

测定方法：将待测试的微孔滤膜湿润后装在过滤器中，并在滤膜上覆盖一层水，从滤过器下端通入氮气。以每分钟升高 34. 3kPa（0. 35kg/cm^2）的速度加压，水从微孔中逐渐被排出。当压力升高到一定值，滤膜上面水层中开始有连续气泡逸出时，此压力值即为该滤膜的起泡点。通过实验测定起泡点，可以算出薄膜孔径的大小。

如果微孔滤膜在使用过程受损，孔径增大，起泡点对应的压力值就会降低。若滤膜在使用前后均处于完好状态，则起泡点试验的压力值应保持不变。

实例分析

实例 细胞培养技术是生物药物上游加工过程常用的现代生物技术。细胞培养液的组成和质量将直接影响所培养的生物细胞的生长，继而影响以生物细胞为原料分离纯化加工制成的生物药的产量和质量。某药厂细胞培养车间工作人员宋某在进行细胞培养前对细胞培养液进行过滤，在过滤后的培养基上进行了细胞培养，一段时间后发现培养液中有异常微生物出现，培养失败。

问题 1. 构成培养基的细胞培养液应选择的什么滤材过滤？

2. 怎么能保证培养基是无菌的？

答案解析

（二）生物指示剂挑战性验证试验

生物指示剂挑战性验证试验是用来检测除菌过滤器去除溶液中微生物能力的方法，也是验证除菌过滤器截留微生物能力的试验。生物指示剂的挑战性验证试验，是指模拟药品实际生产条件下，用过滤器对缺陷假单胞菌 ATCC19146 的截留性能来判断除菌过滤器的截留能力。

采用缺陷假单胞菌 ATCC 19146 作为生物指示剂，浓度为能保证每平方厘米有效过滤面积达到 10^7 个菌的挑战水平，试验的压力约为 0. 20Mpa。对筒式过滤器而言，试验流量可达到 2 ~ 3. 86L/（0. 1m^2 · min）。试验要求按照滤膜上应加载的试验指示菌的数量为 10^7 个/cm^2。判断的标准是除菌过滤器滤膜截获微生物要求对其直径在 0. 3μm 附近呈正态分布的缺陷假单胞菌的截留能力应达到 10^7 个/cm^2。

操作步骤：首先将过滤系统灭菌，用无菌生理盐水或 0. 1% 蛋白胨水湿润过滤器后，进行过滤器的完整性试验；将此溶液用一阴性对照用无菌过滤器压滤，培养并检查无菌；将事先标定浓度的微生物悬浮液装入适当容器，并对待试验的过滤器进行挑战性试验，操作同上；再进行过滤器的完整性检查，确认试验过程中滤膜没有损坏；最后培养并观察结果。

结果评价：如阴性对照过滤器获得阳性结果，则试验无效；如挑战性试验的滤液中无菌落出现，则此过滤器合格，若长菌，则过滤器不合格。

（三）相容性实验

药液与过滤器的相容性实验，主要来确认滤芯对其产品各项检测指标无影响。

相容性实验主要验证滤芯对药液含量的截留性实验，通过检测过滤前、后药液含量的变化，确认不同精度的滤芯对药液有无显著性截留。例如维生素 C 含量合格标准过滤前后应小于 ±5.0%。

此外，通过不同精度的滤芯对药液过滤前、后有关物质检查，检测不同精度的滤芯对药液是否存在影响，包括滤芯对药液的不溶性微粒检查、pH 的检查、药液带菌量检测等。

目标检测

答案解析

一、单项选择题

1. 过滤的定义（　　）
   A. 过滤是将固体和液体的混合物得到分离的操作
   B. 过滤是将固体和固体的混合物得到分离的操作
   C. 过滤是将液体和液体的混合物得到分离的操作
   D. 过滤是将分子和离子分离的操作
   E. 过滤是常用的灭菌方法
2. 下列关于验证过滤系统不正确的是（　　）
   A. 起泡点试验验证了过滤系统的完好性
   B. 药液与过滤器的相容性实验，主要来确认滤芯对其产品各项检测指标的影响
   C. 药液与过滤器的相容性实验，是通过检测过滤前、后过滤器耗损程度的变化
   D. 不同精度的滤芯对药液过滤前、后有关物质检查，可以检测不同精度的滤芯对药液是否存在影响
   E. 滤芯对药液的不溶性微粒检查，也是对过滤系统验证方法之一
3. 对减压过滤系统理解错误的是（　　）
   A. 药液经滤棒和垂熔玻璃滤球预滤，再经膜滤器精滤
   B. 药液处于密闭状况，不易污染
   C. 系医院制剂室较普遍采用的一种过滤装置
   D. 压力不够稳定时，不会影响滤液质量
   E. 进入滤过系统中的空气亦必须经过洗涤
4. 对过滤介质要求不正确的是（　　）
   A. 为任何物质
   B. 能最大限度地滤过液体和阻留颗粒
   C. 有一定的机械强度，能耐受过滤时的压力

D. 不吸附或很少吸附溶液

E. 分散性好，不漂浮于液面

5. 下列哪项不是表面过滤的过滤介质（　　）

A. 滤纸　　B. 滤布　　C. 微孔滤膜

D. 多孔膜　　E. 砂滤棒

6. 下列不属于砂滤棒的优点的是（　　）

A. 过滤面积大　　B. 不改变药物的 pH　　C. 耐压性强

D. 价格便宜　　E. 滤速快

二、多项选择题

1. 固液分离的操作有（　　）

A. 澄清　　B. 沉降　　C. 离心分离

D. 过滤　　E. 萃取

2. 影响过滤的因素（　　）

A. 滤过面积

B. 过滤介质两侧的压力差

C. 过滤介质的阻力

D. 滤饼的比阻

E. 滤液的黏度

3. 按照过滤过程的推动力不同，过滤过程可分为（　　）

A. 重力过滤　　B. 加压过滤　　C. 真空过滤

D. 离心过滤　　E. 连续过滤

4. 下列关于微孔滤膜说法正确的是（　　）

A. 膜滤器的过滤速度比垂熔玻璃滤器或砂滤棒要慢

B. 过滤没有过滤介质的迁移，不响药液的 pH

C. 滤膜吸附性小，不滞留药液

D. 用后弃去，产品不易发生交污染

E. 易堵塞，需结合预滤

三、综合问答题

简述微孔薄膜滤器的类型。

书网融合……

重点回顾　　微课　　习题

（黄艳玲）

项目七 灭菌技术与无菌操作技术

PPT

学习引导

2006年，安徽华源生物药业有限公司生产的克林霉素磷酸酯葡萄糖注射液（欣弗）在短期内引发不良反应超100例，死亡10余例。国家药品监管部门调查发现，该企业未按批准的工艺参数灭菌，降低灭菌温度，缩短灭菌时间，增加灭菌柜装载量，影响了灭菌效果，导致无菌检查和热原检查不符合规定。药品生产过程中通常采用的灭菌方法有哪些？各有何特点？如何选用？

本项目主要介绍物理灭菌技术和化学灭菌技术的各种灭菌方法的特点、适用范围和注意事项等；无菌操作技术和无菌检查方法。

学习目标

1. **掌握** 干热空气灭菌法、热压灭菌法、流通蒸汽灭菌法和过滤除菌法的原理、特点以及注意事项；无菌操作室的灭菌方法。

2. **熟悉** 紫外线灭菌法、气体灭菌法和辐射灭菌法的适用范围和注意事项；汽相灭菌与液相灭菌法常用的灭菌剂。

3. **了解** 火焰灭菌、煮沸灭菌法、低温间歇灭菌法、微波灭菌法、无菌操作技术和无菌检查法。

注射剂、眼用制剂、烧伤科用药等直接注入体内或直接用于创面、黏膜的制剂属于灭菌制剂或无菌制剂，例如破伤风人免疫球蛋白、重组人干扰素α1b滴眼液和重组人表皮生长因子凝胶等。为满足无菌制剂的质量要求，生产和储存过程中需要用到的原料药、设备和环境都必须满足相应的细菌限度要求。

灭菌技术与无菌操作技术是生产无菌制剂的必需操作单元，是安全用药的重要保证。无菌操作技术的使用可避免引入新的微生物，尤其是无菌灌装、无菌分装和冻干粉针等制剂的生产必须采用无菌生产工艺。灭菌系指用适当的物理或化学手段将物品中活的微生物杀灭或除去的过程。常用的灭菌技术包括物理灭菌技术和化学灭菌技术，制剂过程中需根据灭菌对象的特性以及微生物种类灵活采用不同的灭菌方法。对于耐热的生产器具可采用干热灭菌或湿热灭菌法；不耐热则采用辐射灭菌法或气体灭菌法；而理化性质不稳定，活性容易破坏的蛋白质、核酸等生物药物，多采用过滤除菌法，如注射用乙酰辅酶A的制剂工艺为：配制→过滤→分装→冷冻干燥→封口。

无菌是指不含任何活的微生物，但对于任何一批无菌物品而言，绝对无菌既无法保证也无法用试验来证实。一批物品的无菌特性只能通过物品中活微生物的概率来表达，即非无菌概率（PNSU）或无菌保证水平（SAL）。

任务一　物理灭菌技术

微生物的生长繁殖离不开蛋白质与核酸等生物大分子。采用加热、射线等方式使蛋白质变性从而杀灭微生物的方法称为物理灭菌技术。此外，通过过滤直接将微生物除去的方法也属于物理灭菌技术。

一、干热灭菌法

本法系指将物品置于干热灭菌柜、隧道灭菌器等设备中，利用干热空气达到杀灭微生物或消除热原物质的方法。适用于耐高温但不宜用湿热灭菌法灭菌的物品灭菌，如玻璃器具、金属制容器、纤维制品、陶瓷制品、耐高温的粉末化学药品、不允许湿气穿透的油脂类（如凡士林等油脂性软膏基质、注射用油等）、液状石蜡等；不适用于橡胶、塑料等不耐热物品灭菌。

因干燥空气缺乏足够水分导致热传导能力差，无法快速穿透到微生物内部进行有效灭菌，与湿热灭菌法相比，需要更长时间和更高温度才能达到相同的灭菌效果。应通过热分布和热穿透试验确认冷点能够达到预期的灭菌效果。干热灭菌温度一般为 160 ~ 190℃，例如 135 ~ 145℃ 灭菌 3 ~ 5 小时、160 ~ 170℃ 灭菌 2 ~ 4 小时或者 180 ~ 200℃ 灭菌 0.5 ~ 1 小时。当用于除热原时，温度范围一般为 170 ~ 400℃。

无论采用何种灭菌条件，都应考虑被灭菌物品的热稳定性、热穿透力、生物负载（或内毒素污染水平）等因素，并保证灭菌后的物品的 PNSU $\leqslant 10^{-6}$。此外，装载方式应考虑灭菌物品最大和最小的装载量和排列方式，对于连续干热灭菌设备还应考虑传送带运转时不同位置可能产生的温度差异，确保热力难以穿透的物品灭菌的有效性和重现性。

知识链接

火焰灭菌法

火焰直接烧灼灭菌的方法，常用于细菌接种环，玻璃涂布棒等耐火焰材质的物品与用具的灭菌，亦可用于形成局部小范围的无菌环境。该法的优点是灭菌迅速、可靠、方便，缺点是不适宜对药品和不耐灼烧的器具的灭菌。普通酒精灯的火焰温度可达 600℃，需待被灭菌物品冷却后方可进行后续操作，以免烫伤或影响操作结果。操作时注意防火防烫伤。

二、湿热灭菌法 微课

湿热灭菌法系指将物品置于灭菌设备内利用饱和蒸汽、蒸汽 - 空气混合物、蒸汽 - 空气 - 水混合物、过热水等手段使微生物菌体中的蛋白质、核酸发生变性而杀灭微生物的方法。相比于干热空气灭菌法，湿热灭菌法蒸汽潜热大，穿透力强；有水分参与，容易使微生物内部蛋白质变性凝固。该法灭菌能力强，为热力灭菌中最有效、应用最广泛的灭菌方法。药品、容器、培养基、无菌衣、胶塞以及其他遇高温和潮湿性能稳定的物品，均可采用本法灭菌。常用热压灭菌法、流通蒸汽灭菌法、煮沸灭菌法和低温间歇灭菌法等。

1. 热压灭菌法　热压灭菌即采用高压饱和水蒸气加热杀灭微生物，优点是灭菌效果好，同时杀灭所有细菌繁殖体和芽孢。因蒸汽具备无残留，无污染，不破坏产品表面，容易控制和重现性好等优点，被广泛应用于最终灭菌药品（尤其是注射剂）的除菌过程中，热压灭菌是目前公认的最可靠的湿热灭菌法。

通常情况下，热压灭菌法所需的温度（蒸汽表压）与时间的关系：115℃（67kPa）、30 分钟；

121℃（97kPa）、20 分钟；126℃（139kPa）、15 分钟。特殊情况下可通过实验确认合适的温度和时间，以确保物品灭菌后的 PNSU≤10^{-6}。工业发酵用培养基多采用热压灭菌，能快速达到灭菌要求，且营养物质破坏较少。

热压灭菌用的灭菌器种类很多，但其基本结构大同小异，至少包含坚固的外壳、排气口、安全阀、压力表和温度计等部件。卧式热压灭菌柜是一种大型灭菌器（图 7－1），待灭菌的物品置于有带轨道的格车中，推入带有夹套的灭菌柜内即可，灭菌温度与时间采用程序控制。灭菌柜顶部装两个压力表，分别指示蒸汽夹套内的压力和柜内室的压力。两压力表的中间为温度表，灭菌柜底部装有排气口。

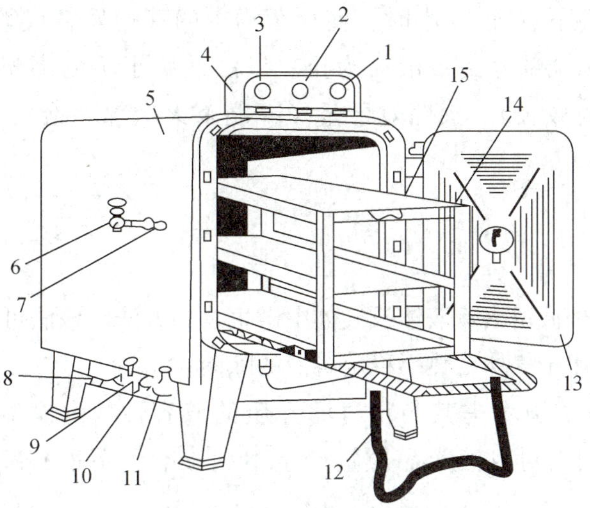

图 7－1　卧式热压灭菌柜

1. 消毒室压力表；2. 温度表；3. 高层压力表；4. 仪表盒；5. 锅身；6. 总蒸汽阀；7. 里锅放气阀；8. 里锅放水阀；9. 里锅进气阀；10. 外锅放水阀；11. 外锅放气阀；12. 车架；13. 锅门；14. 药物车；15. 拉手

无论使用那种类型的热压灭菌器，在使用中均需注意以下问题。①灭菌器的构造、被灭菌物品的体积、装载量和排列方式均对灭菌的温度有一定影响，故应先进行灭菌工艺验证，确保灭菌效果。②灭菌前必须将灭菌器内的空气排出。若未排出空气，则压力表所测压力为灭菌器内蒸汽和空气两者的总压而非单纯的蒸汽压，导致压力达标时灭菌温度始终达不到要求。同时水蒸气被空气稀释，妨碍了水蒸气与灭菌物品的充分接触，而降低了水蒸气的灭菌效果。③灭菌时间必须在全部被灭菌物品的温度达标时开始计算，因灭菌器装有的压力表和温度计只能测定灭菌器内的温度，不能测量灭菌物内的温度，在开始升温时，要求先预热 15～30 分钟。④灭菌完毕并停止加热后，必须待压力表逐渐下降到零，才能逐渐打开灭菌锅，放出锅内蒸汽，使锅内压力与大气压相等。避免内外压力差太大而引发物品冲出锅外或玻璃瓶炸裂等事故。⑤对装有液体的密闭容器进行灭菌，必要时可采用空气过压的方式平衡容器内部和灭菌设备腔体之间的压差，避免影响容器的密闭完整性。

实例分析

实例　小王在一家制药企业实习，当他轮转到注射液生产区时发现，为了防止可能的微生物污染，药液灌封于安瓿后会尽快进行热压灭菌。让他困惑的是，灭菌操作最后步骤是用冷却的 1% 亚甲蓝溶液盖没全部安瓿瓶，然后再取出。

问题　1. 使用 1% 亚甲蓝溶液的目的是什么？

2. 可以通过哪些途径解决遇到的问题？

答案解析

2. 流通蒸汽灭菌法 是指在常压下用100℃流通蒸汽加热被灭菌物品从而杀灭微生物的方法。灭菌时间通常为30～60分钟。流通蒸汽灭菌法的优点是可用于不耐高热制剂的灭菌，缺点是不能保证杀灭所有的芽孢，一般可作为不耐热无菌产品的辅助处理手段。

3. 煮沸灭菌法 是指将待灭菌物品置沸水中加热灭菌的方法。煮沸时间通常为30～60分钟。可用于注射器、注射针等器皿的快速消毒。缺点是湿度太大、易再污染、灭菌效果差等，必要时可加入适量的抑菌剂以提高灭菌效果，如三氯叔丁醇、甲酚等。

4. 低温间歇灭菌法 是指将待灭菌物置于60～80℃的水浴或流通蒸汽中加热60分钟，杀灭微生物繁殖体后，在室温条件下放置24小时，使灭菌物中的芽孢发育成繁殖体，再次加热灭菌、放置。连续操作三次以上，至全部芽孢被消灭为止。该法适用于不耐高温的热敏感物料或制剂的灭菌。其缺点是效率低（耗时较长）、灭菌效果差（不能杀灭全部芽孢），常加入适量抑菌剂可提高灭菌效率。

三、过滤除菌法

过滤除菌法系指采用物理截留去除液体或气体中微生物的方法。该法可以除去活的或死的微生物而得到不含微生物的滤液，常用于气体、热不稳定溶液的除菌。

选择过滤器材质时，应充分考虑其与待过滤介质的兼容性。过滤器不得因与待过滤介质发生反应、释放物质或吸附作用而对过滤产品质量产生不利影响，不得有纤维脱落，禁用含石棉的过滤器。

近年来广泛采用微孔滤膜作除菌过滤器，为了有效除尽微生物，滤器孔径必须小于芽孢体积（≤0.5μm）。药品生产中采用的除菌过滤膜的孔径一般不超过0.22μm（或更小孔径或相同过滤效力）。操作者应当根据需要选择不同膜材的过滤器：①用于液体过滤的膜材通常包括聚偏二氟乙烯（PVDF），聚醚砜（PES）、尼龙、纤维素酯、聚四氟乙烯（PTFE）和聚丙烯（PP）；②用于疏水性气体过滤的膜材包括PTFE、PVDF、PP和聚乙烯（PE）；③严格工艺条件下，应使用绝对疏水材质的气体过滤器（如PTFE）。此外，G5号和G6号垂熔玻璃滤器也可用作除菌过滤器。

为保证过滤除菌效果，降低风险，可使用两个除菌级过滤器串联过滤，即在1个除菌过滤器就可以达到除菌过滤效果时，可增加1个或多个过滤器串联进行再次保障。主过滤器前增加的除菌级过滤器即为冗余过滤器，并须保证这两级过滤器之间的无菌性。

过滤器使用之前必须经过灭菌处理（如在线或离线蒸汽灭菌、辐射灭菌等）。在每一次过滤除菌后应立即进行滤器的完整性试验，即起泡点试验、扩散流/前进流试验或水侵入法测试，确认滤膜在除菌过滤过程中的有效性和完整性。另外，为了保证产品的无菌，过滤除菌应在无菌条件下进行操作，且应对过滤过程进行无菌检测。

即学即练

答案解析

下列灭菌方法中，适用于胰岛素注射液的灭菌方法是（　　）

A. 流通蒸汽灭菌　　B. 热压灭菌　　C. 低温间歇灭菌法
D. 过滤除菌　　E. 紫外线灭菌

四、射线灭菌法

1. 辐射灭菌法　辐射灭菌法系指利用电离辐射杀灭微生物的方法。常用的辐射射线有^{60}Co或^{137}Cs衰变产生的γ射线、电子加速器产生的电子束和X线装置产生的X线。与传统的灭菌方法相比，辐射灭菌有以下优点：①在常温下处理，特别适用于不耐热物品的处理；②不会产生放射性污染，灭菌后的产品无残留毒性；③辐射穿透力强，可深入到被灭菌物体内部，灭菌彻底，可对已包装后的产品进行灭菌；④对温度、压力无特殊要求，常温常压下即可进行；⑤辐照灭菌工艺参数易于控制，适合于工业化大生产。缺点是设备费用较高，对操作人员存在潜在的危险性，对某些药物（尤其是液体药物）可能产生药效降低或产生毒性物质或产生热原。辐射灭菌法适用于能够耐辐射的医疗器械、生产辅助用品、药品包装材料、原料药及成品等。

2. 微波灭菌法　通过微波照射产生的热能杀灭微生物和芽孢的方法。微波指频率为300MHz～300GHz的电磁波，极性分子（如水分子）强烈吸收微波后开始转动，并由于分子间的摩擦产生热量。微波灭菌原理包括热效应和非热效应（生物反应），热效应使微生物体内蛋白质变性而失活，非热效应干扰了微生物正常的新陈代谢，破坏微生物生长条件。该法的优点是：①微波能穿透到介质和物料的深部，在内部产生热量，使物料的加热表里一致，提高产品保质期；②低温常压，微波的生物效应使得该技术在低温（70～80℃）时即可杀灭微生物，而不影响药物的稳定，药物分解程度降低，降解产物减少；③高效快速（2～3分钟）；④低能耗、无污染；⑤易操作、易维护等。

知识链接

不必谈“辐”色变

公众普遍对核辐射存在恐惧心理，担心辐射消毒的药品会有放射性残留。但大量研究证明，从^{60}Co放射性核素或^{137}Cs放射性核素产生的γ射线能量水平不能活化任何材料而产生放射性。1980年国际粮农组织、国际原子能机构和世界卫生组织（WHO）联合专家委员会的结论表明：辐照总体平均吸收剂量10kGy（戈瑞，辐射计量单位）以下不需要做毒理学实验，无特殊营养和微生物学问题。

每个人都生活在天然辐射的环境中，包括宇宙射线的照射，土壤、岩石中含有的天然放射性物质的照射等。人们吃的食物、喝的水、呼吸的空气乃至我们体内都含有微量的放射性物质。同学们不但要正确理解辐射灭菌，还应积极传播相关知识，帮助社会大众纠正错误观念。

3. 紫外线灭菌法　用于灭菌的紫外线波长一般为200～300nm，灭菌能力最强的波长为254nm。紫外线照射不仅能使核酸蛋白变性，而且能产生微量臭氧，从而达到共同杀菌的作用。紫外线穿透能力微弱，较易穿透清洁空气及纯净的水，但空气中的悬浮物或水中盐类物质增多时，则穿透能力明显减弱，故不适用于药液的灭菌及固体物料深部灭菌。普通玻璃即可吸收紫外线，因此装于容器中的药物不能用紫外线灭菌。目前本法广泛用于表面灭菌、无菌室内空气灭菌和蒸馏水灭菌。

直线传播的紫外线可被不同的表面反射或吸收，其照射强度与距离的平方成反比，故紫外灯在房间内的安装高度应≤2.5m，确保室内各处至少有0.06μW/cm^{2}的能量照射。紫外线对人体有害，照射过久易发生结膜炎、红斑及皮肤烧灼等伤害，故一般在操作前开启0.5～1小时，操作时关闭；必须在操作过程中照射时，对操作者的皮肤和眼睛应采取适当的防护措施。

任务二　化学灭菌技术

一、气体灭菌法

气体灭菌法系指用化学灭菌剂形成的气体杀灭微生物的方法。适用于不耐高温、不耐辐射物品的灭菌，如医疗器械、塑料制品和药品包装材料等，干粉类产品不建议采用本法灭菌。采用气体灭菌法时，应注意灭菌气体与药物发生可能的相互作用而损害产品质量。此外，还应考虑灭菌气体的可燃可爆炸性、致畸性和残留毒性。

最常用的化学灭菌剂是环氧乙烷，一般与80%～90%的惰性气体混合使用，在充有灭菌气体的高压腔室内进行。作为一种广谱灭菌剂，环氧乙烷可在常温下杀灭包括芽孢、细菌、病毒、真菌在内的各种微生物。但一些含氯塑料、皮革及橡胶与环氧乙烷有强亲和力，能吸附环氧乙烷，不宜使用本法灭菌。

注意事项如下。①环氧乙烷具有可燃可爆性、致畸性和残留毒性，当与空气混合且空气含量达3.0%（V/V）时即可爆炸，应用环氧乙烷时，需先排除空气，不得有明火作业及电火花发生。②采用环氧乙烷灭菌时，腔室内的温度、湿度、灭菌气体浓度、灭菌时间是影响灭菌效果的重要因素；《中国药典》推荐可采用下列灭菌条件，温度54℃±10℃；相对湿度60%±10%；灭菌压力8×10^5Pa；灭菌时间90分钟。③环氧乙烷还具有吸入毒性，可产生水疱、结膜炎，引起头痛、呕吐等症状，采用环氧乙烷灭菌时，应进行泄露试验，以确认灭菌腔室的密闭性。工作环境应有良好的通风条件。

环氧乙烷灭菌过程主要包括以下几个阶段（图7－2）。①抽真空，排除灭菌室内的空气，并进行泄漏检测。②预处理，加热使待灭菌的房间或柜室内达到预定的温度，同时用不含污染物的蒸汽加湿，保持相对湿度在45%～65%。③加药，环氧乙烷以气体状态进入灭菌室。④灭菌，物品和环氧乙烷应在设定的温度、压力、湿度范围内保持一段时间，全程监测各项参数，并形成记录。⑤解析，抽出环氧乙烷后，送入无菌空气完全排除环氧乙烷，整个过程在专门的通风柜内进行，但不能采用自然通风的办法。灭菌过程中多次通入氮气以避免环氧乙烷与空气混合而引起爆炸，或清洗产品上残存的环氧乙烷气体。

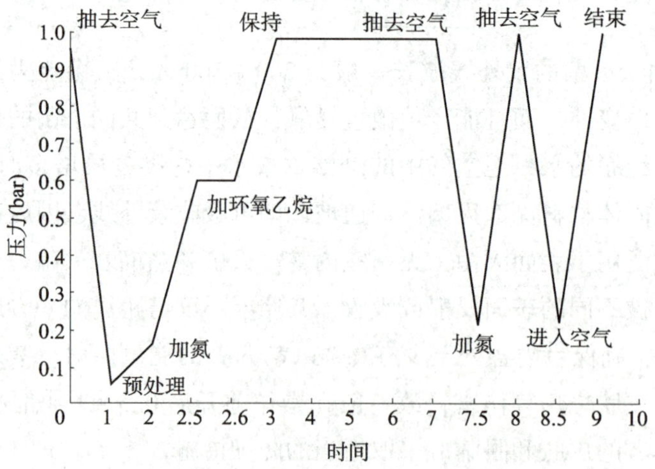

图7－2　环氧乙烷灭菌过程

知识链接

环氧乙烷的灭菌原理

环氧乙烷（EO），又称氧化乙烯，分子式 C_2H_4O，分子量 44.05，沸点为 10.9℃，室温下为气态，在水中溶解度很大。EO 的小分子、不稳定三元环结构，使它具有很强的化学活泼性和穿透性。环氧乙烷的杀菌作用是基于其烷化剂的性质，使菌体蛋白的羧基（$-COOH$），氨基（$-NH_2$），巯基（$-SH$），羟基（$-OH$）中的 H，被 $-CH_2-CH_2-OH$ 所替换，阻碍蛋白质的正常化学反应和新陈代谢，从而导致微生物死亡。环氧乙烷也可以抑制生物酶活性，包括磷酸致活酶、肽酶、胆碱化酶和胆碱酯酶；环氧乙烷也和 DNA、RNA 发生烷基化作用而导致微生物的灭活。环氧乙烷对大多数固体呈惰性，不破坏用具和设备。

二、汽相灭菌法

汽相灭菌法系指通过分布在空气中的灭菌剂杀灭微生物的方法，适用于密闭空间内的表面灭菌。常用的灭菌剂包括过氧化氢（H_2O_2）、过氧乙酸（CH_3CO_3CH）、甲醛、乳酸、丙二醇等。

汽相灭菌效果与灭菌剂量、相对湿度和温度有关。过去常用甲醛溶液加热熏蒸，采用 40% 甲醛溶液，灭菌量为 $30ml/m^3$，但甲醛对黏膜有强刺激性。过氧乙酸熏蒸常用于用于车间的室内灭菌，效力为甲醛的 2.5 倍，对黏膜、眼部无刺激，对木制品、金属制品、医疗器械等均无影响。此外，还有丙二醇熏蒸（$1ml/m^3$）和乳酸熏蒸（$2ml/m^3$）等汽相灭菌法。

装载方式的确认应考虑密闭空间内部物品的装载量和排列方式。灭菌前灭菌物品应进行清洁；灭菌时应最大限度地暴露表面，确保灭菌效果；灭菌后应将灭菌剂残留充分去除或灭活。

三、液相灭菌法

液相灭菌法系指将被灭菌物品完全浸泡于灭菌剂中达到杀灭物品表面微生物的方法。灭菌剂种类的选择应考虑灭菌物品的耐受性，以防其化学腐蚀作用腐蚀物体表面。常用的灭菌剂有甲醛过氧乙酸、氢氧化钠、过氧化氢、次氯酸钠等，此外，0.1% ~0.2% 苯扎溴铵（新洁尔灭）溶液、2% 左右的酚或煤酚皂溶液、75% 乙醇等也是常用的消毒剂。

应采用被灭菌物品表面积总和最大的装载方式，并确保灭菌剂能够接触到所有表面，如狭小孔径物品的内表面。灭菌剂浓度、温度、pH、生物负载、灭菌时间、被灭菌物品表面的污染物等是影响灭菌效果的重要因素。

灭菌后应将灭菌剂残留充分去除或灭活，去除残留时，应采取措施防止已灭菌物品被再次污染，使用灭菌剂的全过程应采取适当的安全措施。此外，应注意化学杀菌剂浓度不要过高，以防其化学腐蚀作用腐蚀物体表面。

任务三　无菌操作技术

制备不耐热药物的注射剂、眼用制剂、皮试液、海绵剂和创伤制剂，一般不再进行最后灭菌（非最终灭菌产品），为了保证产品的质量，要求操作人员在无菌操作室内按照无菌操作技术进行。尤其是在制备蛋白质类、核酸类等生物药物时，无菌操作技术显得尤为重要。

一、无菌操作室内灭菌

无菌操作技术要求无菌操作室或无菌操作所用的一切用具、材料及环境均须应用上述灭菌方法进行灭菌，操作者应根据被灭菌对象的稳定性、使用目的和材质，灵活选用合适的灭菌方法。

1. 表面灭菌 无菌操作室内需要消毒的表面主要包括操作表面（不锈钢材质）、窗户和容器（玻璃材质）、墙壁和天花板（彩钢板）以及地面（PVC）等。地面、台面、其他表面用0.2%苯扎溴铵每3日拖洗或擦拭各表面1次，拖布或抹布应专用。超净工作台等操作台面每日用棉球蘸取75%乙醇溶液擦拭消毒，每次使用前用紫外线灭菌至少30分钟。

2. 空气灭菌 虽然无菌室有洁净空气不断输入，但仍然需要定期进行空气灭菌，例如，每晚用紫外线射线消毒30~50分钟，每周用甲醛溶液加热熏蒸进行空气灭菌。

二、无菌操作

无菌操作是指操作全过程处于无菌条件，无菌操作室、层流洁净工作台和无菌操作柜是无菌操作的主要场所。在无菌操作中，人员行为习惯对无菌药品最终质量的影响最大，风险最高，人员的影响是最大和最不可控的。良好的无菌操作是制药人员的基本要求，主要包括以下要求。

1. 洗手和着装 操作人员应在更衣室彻底洗手，并按要求更换无菌服、帽子和工作鞋；进入无菌操作室前用75%乙醇溶液消毒手和前臂，待消毒剂挥发干后方可进入无菌生产洁净区。操作过程中触及可能污染的物品或进出无菌室都需要重新洗手消毒，口罩和手套等一次性用品应予更换。

2. 限定人数 进入无菌室的人员应保持工作需要的最低人数，与生产无关人员尽量不进人无菌室，检查和控制都要尽可能在无菌室外进行。人员间应保持一段距离，尽可能不交谈。

3. 无菌意识 必须始终使用无菌工具接触已灭菌物料，并在必要时应更换使用中的工具，避免使用易脱落纤维的容器和工具。不应将衣着或手套的任何部位直接接触无菌产品、无菌容器、无菌密封件及关键表面。所有掉落或接触到地上的工具、仪器及物品不得用手触摸，更不能再次捡起使用，待生产结束后再处理。

4. 缓慢且小心移动 快速移动会破坏无菌室的层流，造成室内空气紊流，造成洁净区微生物和悬浮粒子数量超标。缓慢和小心移动是在无菌室内应始终遵循的基本原则。

5. 防止交叉污染 着装（包括无菌手套）不能相互接触；无菌室内所有开、关门的操作，应尽量避免用手直接接触，宜使用肘部、前臂、背部等身体部分来完成，避免交叉污染。

三、无菌检查法

无菌检查法系指用于检查药典要求无菌的药品、生物制品、医疗器械、原料、辅料及其他品种是否无菌的一种方法。收载于《中国药典》2020年版的无菌检查法包括薄膜过滤法和直接接种法。

薄膜过滤法是将供试品经薄膜过滤后取出滤膜置培养基中培养数日，观察是否有微生物生长。该方法具有可滤过较大量的样品、滤除抑菌性物质以及灵敏度高等优点，适用于水溶性液体、固体、半固体供试品和无菌气（喷）雾剂供试品等。实验中根据供试品及其溶剂的特性选择滤膜材质，要求滤膜孔径≤0.45μm，并保证滤膜在过滤前后的完整性。只要供试品性质允许，均应采用薄膜过滤法。《中国药典》（2020 版）规定人胰岛素注射液采用薄膜过滤法进行无菌检查。检查全过程应在无菌环境下严格遵守无菌操作规则，防止引入新的微生物污染。因为取样量有限，虽然无菌检查阴性实验结果并不能证明该批次为无菌，但阳性试验结果可用于确定某批产品不符合无菌要求。

直接接种法即取供试品按规定的接种方法接种至特定的培养基中，将各培养基置于规定条件下培养数日，期间定期观察并记录微生物生长情况。本法适用于无法用薄膜过滤法进行无菌检查的非澄清水溶液制剂（如混悬液）、固体和非水溶性供试品等。

目标检测

答案解析

一、单项选择题

1. 注射液除菌过滤可采用（　　）
   A. 细号砂滤棒　　B. 4 号垂熔玻璃滤器　　C. 0.22μm 的微孔滤膜
   D. 硝酸纤维素微孔滤膜　　E. 钛滤器

2. 采用流通蒸汽灭菌法对杀灭药液中的芽孢效果（　　）
   A. 不明显　　B. 明显　　C. 根据药品而定
   D. 根据 pH 而定　　E. 根据环境而定

3. 过滤除菌法适用于（　　）
   A. 表面除菌　　B. 固体粉末　　C. 深部消毒
   D. 不耐热的液体制剂　　E. 玻璃容器

4. 无菌操作的主要目的是（　　）
   A. 除去细菌　　B. 杀灭细菌　　C. 阻止细菌繁殖
   D. 稀释细菌　　E. 保持原有无菌度

5. 油脂性基质的灭菌方法可选用（　　）
   A. 热压灭菌　　B. 干热灭菌　　C. 气体灭菌
   D. 紫外线灭菌　　E. 流通蒸汽灭菌

6. 不宜采用干热灭菌的是（　　）
   A. 烧杯　　B. 凡士林　　C. 培养皿
   D. 塑料　　E. 注射用油

7. 极不耐热药液采用何种灭菌法（　　）
   A. 流通蒸汽灭菌法　　B. 紫外线灭菌法　　C. 微波灭菌法
   D. 低温间歇灭菌法　　E. 过滤除菌法

二、多项选择题

1. 以下属于物理灭菌技术的是（　　）
   A. 紫外线照射超净工作台
   B. 甲醛熏蒸无菌室
   C. 灼烧接种环
   D. 无菌室内过滤胰岛素注射液

E. 热压灭菌金属器具

2. 下列不属于化学灭菌法的是（　　）

A. 紫外线灭菌　　B. 环氧乙烷灭菌　　C. γ 射线灭菌

D. 微波灭菌　　E. 低温间歇灭菌法

3. 使用灭菌柜时应注意的事项，描述正确的是（　　）

A. 使用饱和蒸汽

B. 必须排尽灭菌柜内空气

C. 灭菌时间应以全部药液温度达到所要求的温度时开始计时

D. 灭菌完毕后必须先停止加热，再逐渐减压

E. 灭菌柜的表头温度是指灭菌物内部温度

4. 属于环氧乙烷灭菌法需要考虑的项目是（　　）

A. 灭菌温度　　B. 灭菌湿度　　C. 职业防护

D. 灭菌器气密性　　E. 灭菌物品材质

5. 生产无菌药品时，下列哪些活动是不被允许的（　　）

A. 随意走动　　B. 按规程操作设备　　C. 坐在地上

D. 摘下口罩　　E. 大声交流

书网融合……

重点回顾　　微课　　习题

（王俊）

项目八　固体制剂单元操作

学习引导

片剂制剂工小王按照《生产指令单》从中间站领取物料颗粒，生产某批次人干扰素 α2b 阴道泡腾片，压片时发现片剂表面有凹痕，黏冲现象较严重，崩解时限不合格，立即停止生产，上报QA。经检测，原因为物料混合不均，制粒时干燥时间不足，含水量超标。粉碎、过筛、混合、制粒和干燥是药品生产中很重要的单元操作，很多固体制剂的生产都会涉及这些工序，对制剂质量有很重要的影响。那么固体制剂生产为什么要进行粉碎、过筛、混合、制粒与干燥等操作？各有哪些方法和设备？

本项目我们将带领同学们学习这些工序的基本知识、方法和设备。

学习目标

1. **掌握**　常用的粉碎方法、粉末的分等及筛网的种类；混合的方法；冷冻干燥的原理、制粒常用的方法。

2. **熟悉**　粉碎、过筛、混合设备使用的注意事项以及常见的制粒设备。

3. **了解**　粉碎、过筛及混合、干燥、制粒的机制及设备工作的原理。

任务一　粉碎

PPT

一、粉碎基础知识

（一）粉碎的含义与目的

1. 粉碎　粉碎是借助机械力将大块固体物料破碎成适宜大小的颗粒或细粉的操作。在药物制剂生产中，对于固体物料常需要粉碎成一定细度的粉末，以适应制备制剂及临床使用的需要。

2. 粉碎的目的　①增加表面积，促进药物的溶解和吸收，提高难溶性药物的溶出度和生物利用度；②减少粒径、便于各成分的混合均匀，制备多种剂型，如混悬液、片剂、丸剂、胶囊剂等；③加速药材中有效成分的浸出。同时也应注意到粉碎过程可能带来的不良作用而影响制剂质量。

3. 粉碎度　是固体药物粉碎后的程度。常以未经粉碎药物的平均直径（d_0），与已粉碎药物的平均直径（d_1）的比值（n，$n = d_0/d_1$）来表示。

粉碎度与物料粉碎后粒子的直径成反比，即粒子愈小，其粉碎度愈大。粉碎度大小的选择，取决于制备的剂型、医疗上用途以及药物本身的性质。

（二）粉碎的机制

物质的同种分子间的引力叫内聚力。其内聚力的不同而显示出不同的硬度和性能。粉碎过程主要依靠外机械力的作用破坏物质分子间的内聚力来实现。

（三）粉碎的原则

粉碎应遵循以下原则：①应保持药物的组成和药理作用不变；②药物只粉碎至需要的粉碎度，不作过度粉碎；③中草药的药用部分必须全部粉碎应用，一般较难粉碎的部分，如叶脉或纤维素等不应丢弃，以免损失有效成分或使药粉的含量相对提高；④粉碎毒药或刺激性较强的药物时，应注意劳动防护与安全。

即学即练 8－1

答案解析

有关粉碎的叙述不正确的是（　　）

A. 粉碎是将大块物料粉碎成较小颗粒或粉末的操作

B. 粉碎度越大，粒子越小

C. 在药品生产中，药物粉碎得越细越好

D. 粉碎过程中，容易产生细粉，应注意劳动保护

E. 粉碎主要是依靠机械力破坏分子的内聚力

二、粉碎的方法

制剂生产中常根据被粉碎物料的性质、产品粒度的要求、物料多少等选择不同的粉碎方法。

1. 干法粉碎和湿法粉碎　干法粉碎是指物料经干燥处理，使含水量下降至一定限度（一般应少于5%）再粉碎的方法。干燥温度一般不宜超过80℃，某些有挥发性及遇热易起变化的药物，可用石灰等干燥剂干燥。

湿法粉碎又称加液研磨法，是指物料中添加较易除去的适量溶媒（如水或乙醇等）共同研磨的方法。加入的液体对物料有一定的渗透力和劈裂作用，有利于提高粉碎度且能降低物料的黏附性。液体的选用以不与药物起变化，不影响药效为原则，用量以能湿润药物成糊状为宜。此法特点：粉碎度高，避免了粉尘飞扬，可减轻毒性或刺激性药物对人体的危害，减少贵重药物的损耗。

某些难溶于水的药物，如朱砂、炉甘石、滑石等粉末细度要求高，常采用水飞法进行粉碎。水飞法是将药物与水共置研钵或球磨机中研磨，使细粉混悬于水中，然后将此混悬液倾出，余下的粗料再加水反复操作，至全部药物研磨完毕。所得混悬液合并，沉降，倾去上层清液，将湿粉干燥，即得极细粉。此法适用于矿物药。易燃易爆的药物，采用此法粉碎较安全。

2. 单独粉碎和混合粉碎　一般药物采用单独粉碎，便于不同的制剂中配伍应用；氧化性药物与还原性药物必须单独粉碎，否则，可起爆炸现象；贵重药物及刺激性药物为了减少损耗和便于劳动防护，应单独粉碎。

混合粉碎是指两种或两种以上的物料放在一起共同粉碎的操作。若处方中某些药物的性质及硬度相似，可将它们掺合在一起进行粉碎。混合粉碎可避免一些黏性药物单独粉碎的困难，又可将粉碎与混合

操作结合进行。在混合粉碎的药物中，含有共熔成分时，能产生潮湿或液化现象，这些药物能否混合粉碎，取决于制剂的具体要求。

3. 开路粉碎与循环粉碎 开路粉碎是连续把需粉碎的物料供给粉碎机的同时，不断地从粉碎机中把已粉碎的物料取出的操作，其物料只通过设备一次，适用于粗碎或用作细碎的预粉碎。若粉碎的产品中，含有尚未被充分粉碎的物料时，经筛选或分级后，粗颗粒再重新返回粉碎机中进行粉碎，称为循环粉碎，适用于细碎或对粒度范围要求较严的粉碎。

4. 低温粉碎 低温粉碎是指利用物料在低温时脆性增加，韧性与延伸性降低的性质以提高粉碎效果的方法。本法所得产品粒度较细，且较好保持了药物有效成分原有特性，适用于常温下粉碎困难的物料（如树脂、树胶、干浸膏等）以及某些热敏性药物等。

三、粉碎的设备

目前粉碎设备种类很多，其基本作用力主要有截切、挤压、撞击、劈裂、撕裂和锉削等。

1. 以截切作用为主的粉碎设备 如切片机、截切机。

2. 以研磨作用为主的粉碎设备 如乳钵、球磨机、流能磨。

3. 以撞击作用为主的粉碎设备 如万能粉碎机、锤击式粉碎机。

4. 超微粉碎设备 如振动磨、气流粉碎机、胶体磨。

各种粉碎作用力都有其特殊的适应范围，但在制剂生产中往往是几种作用力同时起作用。各种粉碎机作用力、粉碎度、适应药物及禁忌，见表 8－1。

表 8－1 粉碎设备的选择

粉碎机	粉碎作用力	粉碎度	适应药物	禁忌
切药机	截切	粗碎	叶、皮、茎、藤、草类药材	
滚压式粉碎机	挤压	粗碎	挤压脆性药物、橡皮胶弹性物料	
锤击式粉碎机	撞击、劈裂、挤压	细碎	干燥、脆性大的药材	黏性药料
万能粉碎机	撞击、研磨、劈裂	细碎兼过筛	含黏性、油脂、纤维性及质地坚硬的各类药	油料过多药物
万能磨粉机	撞击、研磨、劈裂	细碎兼过筛	结晶性、非组织性药物及干浸膏颗粒	挥发性及黏性药物
胶体磨	剪切、摩擦	超细粉碎	各类乳状液的均质、乳化、粉碎	
球磨机	撞击、研磨	细碎	结晶性、刺激性、挥发性、引湿性、细料药	最大装量不超过 50%
气流粉碎机	冲击、剪切	超细粉碎	抗生素、酶、低熔点和其他热敏性物料	
高压匀浆器	冲击、剪切	超细粉碎	对大肠杆菌、酵母菌、抗生素等	
高速珠磨机	撞击、研磨	细碎	无菌粉碎、生物药物的粉碎等	

四、粉碎操作的注意事项

为了延长粉碎设备的使用寿命和达到粉碎的目的，应注意以下几点。

1. 选择适宜的机械与方法 各种粉碎作用力，都有特殊的适应性，可根据被粉碎物质的结构及有关性质、体积大小、所制备的物料对粉碎度或粉末等级的要求等来选用。如晶形药物具有一定的晶格，例如生石膏、硼砂等均具有相当的脆性，故较易粉碎。非晶形药物其分子呈不规则排列，如树脂、树胶等具有一定的弹性，受外加机械力时，易发生变形而不易碎裂。一般可通过降低温度提高非晶形药物的脆性以利粉碎。

2. 及时筛去细粉 粉碎过程及时分离细粉，使粗粒有充分机会接受机械能，可以提高效率；反之，若细粉始终保留在粉碎系统中，不但能在粗粒中起缓冲作用，而且会消耗大量机械能，而产生大量不需要的过细粉末。

3. 合理使用混合粉碎 固体物质经粉碎后，表面积增加，引起表面自由能的增加，粉末越细，能量越高，重新结聚的倾向加大，使粉碎过程达到一种动态平衡，也就是粉碎与结聚同时进行。用混合粉碎的方法可使另一药物吸附于其表面使自由能不致明显增加，从而阻止了结聚。

4. 粉碎设备中物料的加入 通常高速旋转的粉碎机开动后，待其转速稳定时再加料。否则因物料充满粉碎室使机器难以启动，引起发热，会损坏电机或因过热而停机，物料中不应夹杂硬物，以免卡塞转子而烧坏电机。

5. 注意劳动保护与防火防爆 粉碎毒性或刺激性较强的药物时，应注意劳动保护，以免中毒，并注意彻底清洗机械以免交叉污染。粉碎易燃易爆药物时，要注意防火防爆。

6. 清场与维护 各种粉碎机在每次使用后，应检查机件是否完整，且清洗内外各部，添加润滑油后罩好。

任务二　过筛

PPT

一、过筛基础知识

1. 含义 过筛是指借助网孔工具将粒度不同的物料进行分离的操作，这种网孔工具称为筛。

2. 过筛的目的 ①将粉碎后的药料按细度大小加以分等，以适应医疗和制剂制备上的需要；②及时分出合格的细粉，能节省粉碎的机械能，提高粉碎效率；③过筛的同时还可使种类不同、粗细不均匀的药粉混合均匀。但由于过筛中较细的粉末先通过筛，较粗的粉末后通过筛，所以过筛后的粉末应适当加以搅拌，以保证药粉的均匀度。

二、药筛的种类与粉末的分等

1. 药筛的种类 药筛按制作方法不同分为冲眼筛（又称模压筛）和编织筛。冲眼筛系在金属板上冲压出筛孔制成，筛坚固耐用，筛孔不易变形，多用作粉碎机上的筛板。编织筛是以金属丝（不锈钢丝、铜丝等）或非金属丝（尼龙丝、绢丝等）编织而成。用尼龙丝制成的筛网有一定弹性，较耐用，且对一般药物均较稳定，故制剂生产中应用较多。编制筛使用时筛线易移位致筛孔变形，分离效率下降。

药筛按标准不同分为药典标准筛和工业用筛。按药典规定，药筛选用国家标准的 R40/3 系列标准筛。药筛的分等有两种方法。一种是以筛孔内径大小（μm）为依据，共规定了九种筛号，一号筛的筛孔内径最大，依次减小，九号筛的筛孔内径最小；另一种是以每英寸（2.54cm）长度上所含筛孔的数目来表示，即用“目”表示，如 1 英寸（1 英寸 = 2.54cm）长度上有 100 个孔的筛称为 100 目筛，筛目数越大，筛孔内径越小。药筛的筛号、目号与筛孔内径大小（μm）的对应关系见表 8 – 2。

表 8－2 筛号、目号与筛孔内径对照表

筛号	筛孔内径（μm）	目号
一号筛	2000 ±70	10 目
二号筛	850 ±29	24 目
三号筛	355 ±13	50 目
四号筛	250 ±9.9	65 目
五号筛	180 ±7.6	80 目
六号筛	150 ±6.6	100 目
七号筛	125 ±5.8	120 目
八号筛	90 ±4.6	150 目
九号筛	75 ±4.1	200 目

2. 粉末的分等 粉末的分等是按通过相应规格的药筛而定的。根据实际要求，《中国药典》（2020年版）规定了六种粉末规格（表 8－3）。

表 8－3 粉末的分等标准

等 级	分等标准
最粗粉	指能全部通过一号筛，但混有能通过三号筛不超过 20% 的粉末
粗 粉	指能全部通过二号筛，但混有能通过四号筛不超过 40% 的粉末
中 粉	指能全部通过四号筛，但混有能通过五号筛不超过 60% 的粉末
细 粉	指能全部通过五号筛，并含能通过六号筛不少于 95% 的粉末
最细粉	指能全部通过六号筛，并含能通过七号筛不少于 95% 的粉末
极细粉	指能全部通过八号筛，并含能通过九号筛不少于 95% 的粉末

三、过筛设备

1. 手摇筛 系由筛网在圆形的金属圈上制成，并按筛号大小依次叠放成套，故亦称为套筛。因过筛是在密闭条件下进行，可避免细粉飞扬，故手摇筛适用于小量药粉或毒性药、刺激性或质轻药粉的筛析，亦常用于粉末粒度分布的筛析。

2. 电动筛 目前生产上常用的电动筛有旋振筛、悬挂式偏重筛粉机、电磁簸动筛粉机等。

旋振筛，图 8－1 是一种高精度粗细粒筛分设备，筛体的激振源装在筛子的底部，筛底之上装有各层筛架及筛网架。调节上下两端的相位角，可以改变物料在筛网上的运动轨迹。适用于无黏性的药材粉末或化学药品的过筛。

悬挂式偏重筛粉机，系利用偏重轮转动时的不平衡惯性使药筛产生波动而筛析药粉的。适用于矿物药、化学药品或显著黏性的药材粉末的过筛。

图 8－1 旋振筛

电磁簸动筛粉机，系利用较高频率（高达200次/秒以上）和较小幅度的电磁波产生的簸动而筛选粉末的，因其具有强的振动性能，故适宜于筛选黏性较强及含油性的粉末。

四、过筛操作的注意事项

影响过筛效率的因素很多，为提高过筛效率，过筛过程应注意以下几点。

1. 粉末应干燥 物料的湿度越大，细粉末越易黏结成团而堵塞筛孔，故含水量大的物料应先适当干燥；易吸潮的物料应及时过筛或在干燥环境中过筛。黏性、油性较强的药粉，应掺入其他药粉一同过筛。

2. 物料厚度应适宜 加入药筛的物料不宜过多，物料层在筛网上堆积过厚，或物料在筛网上运动速度过快时，上层小粒径的物料可能来不及与筛面接触而混于不可筛过的物料中。故物料层越薄，物料在筛网上的运动速度越小，则过筛效率越好。但也不宜太少，物料太少同样也影响过筛的效率。

3. 加强振动与联动化 物料在静止情况下由于受摩擦力和表面能的影响，易形成粉块而不易通过筛孔。当施加外力振动时，各种力的平衡受到破坏，小于筛孔的粉末才能通过。在大量生产时，联动化不仅能降低劳动强度和成本，而且更重要的是能保证产品质量。

4. 防止粉尘飞扬 特别是筛分毒性或刺激性较强的药粉时，更应注意防止粉尘飞扬，厂房必要时应设防尘及捕尘设施。

PPT

任务三 混合

一、混合基础知识

1. 含义 混合系指把两种或两种以上组分（固体粒子）均匀混合的操作。混合是制备复方散剂或其他复方固体制剂如片剂、丸剂等的基本操作。

2. 混合的目的 是使制剂中各组分分布均匀、含量均一，以保证用药剂量准确、临床用药安全有效。

二、混合机制

1. 对流混合 是指粉体在外力作用下相互交换位置而均质化的过程。例如利用旋转螺旋将物料翻转，从一处转移到另外一处，在混合设备内形成物料的循环流，就是一种对流混合。

2. 剪切混合 是指在外力作用下在不同粉粒体界面间产生剪切作用的混合过程。例如发生在与粉体界面平行方向的剪切力，可使非均质层物料均质化并降低其分离程度；发生在与其交互界面成垂直方向上的剪切力，也能降低其分离程度而达到混合目的。

3. 扩散混合 是指混合器中相邻粉粒间位置互换的紊乱运动。能引起颗粒运动的任何方法都能进行扩散混合。

以上三种混合作用几乎在所有混合设备和混合过程中都存在，只是表现程度不同，以其中某一个混合机制为主。

任何混合作用都同时伴随着分离。当粉体一旦混合后，由于颗粒的形状、粒径和密度等的差别，必然产生分离的倾向。在混合期间，甚至在混合后，物料在以后的处理过程中都会发生这种分离过程。一般来说，混合物中的粒径、密度或形状差别越大，分离程度就越大。所以混合后的物料，要小心处理。

三、混合方法 微课1

实验室常用的混合的方法有搅拌混合、过筛混合和研磨混合。在大批量生产中的混合过程多采用混合筒混合。

1. 搅拌混合　系将各药粉置适当大小的容器中搅匀，多作初步混合之用。大量生产中常用槽型混合机混合见图8－2。

2. 过筛混合　系将各药粉先初步混合在一起，再通过适宜的药筛一次或几次过筛，使之混匀。由于较细较重的粉末先通过筛网，故在过筛后仍须加以适当的搅拌混合。

3. 研磨混合　系将各药粉置乳钵中共同研磨的混合操作，此法适用于小量尤其是结晶性药物的混合。不适用于引湿性或爆炸性成分的混合。

4. 混合筒混合　混合筒有V形、立方形、圆柱形、纺锤形等，各筒穿过中心固定在水平轴上，有传动装置使其绕轴旋转，粉末在筒内靠重力翻动。转速取决于筒的形状或粉末的性质。混合筒适用于密度相近的组分混合，混合效率高，耗能较低。其中三维运动混合机见图8－3。装料的筒体在主动轴的带动下，做周而复始的平移、转动和翻滚等复合运动，使各物料在混合过程中，加速了流动和扩散作用，同时避免了一般混合机因离心力作用所产生的物料比重偏析和积聚现象，混合效率高。

图8－2　槽型混合机

图8－3　三维运动混合机

实例分析8－1

实例　小李在操作SYH三维运动混合机时，没有及时提醒站在警戒线内的工友小王，三维运动混合机启动过程中撞到了小王，出现安全事故。小孙在开启CH－200型槽型混合机混合物料时，没有盖好混合槽盖，导致灰尘和异物进入混合物中，质检不合格。结合以上事例，请思考并回答以下问题。

问题　1. 请问两次事故的原因是什么？

2. 如何正确使用三维运动混合机和槽形混合机？

3. 这些事故带来了什么启示？

答案解析

四、混合操作的注意事项

1. 各组分药物混合的比例 通常物理状态、粉末细度相近的等量药物混合时，一般容易混合均匀；药物的组分量相差悬殊时，则不易混合均匀，此时应该采用等量递加混合法（又称配研法）进行混合，即量小药物研细后，加入等体积其他细粉混匀，如此倍量增加混合至全部混匀，再过筛混合即成。

2. 各组分药物的密度、粒度与色泽 一般将密度小的组分先放在乳钵内，再加密度大的组分，混合均匀。这样可避免轻质组分浮于上部或飞扬，而重质粉末沉于底部则不易混匀。

物料组分粒度相近容易混合均匀，粒度相差较大时，因粒子间的离析作用，不易混匀。应先将粒径大的物料粉碎处理，力求物料各组分粒子大小一致后再进行混合。

当药物色泽相差较大时，应将色深的药物先置于乳钵中，再加等量色浅的药物研匀，直至全部混合均匀，即“打底套色法”。

3. 各组分的黏附性与带电性 有的药物粉末对混合器械具有黏附性，影响混合也造成损失，一般应将量大或不易吸附的药粉或辅料垫底，量少或易吸附者后加入。混合时摩擦起电的粉末不易混匀，通常加少量表面活性剂或润滑剂加以克服，如硬脂酸镁、十二烷基硫酸钠等具有抗静电作用。

4. 含液体成分、引湿性成分与低共熔混合物的组分 含液体成分、引湿性成分时，可采用处方中其他固体成分吸收，若液体量较大时可另加赋形剂吸收，若液体为无效成分且量过大时可采取先蒸发后吸收的方法。引湿性大的成分应在干燥的环境下快速混合。

当两种或两种以上药物一起研磨混合后，有时产生熔点降低而出现润湿和液化的现象称为共熔现象（简称共熔）。制剂工作中常见的发生共熔的药物有樟脑与水杨酸苄酯（萨罗）、苯酚、麝香草酚、薄荷脑等。含共熔组分的制剂是否一起混合使其共熔，应根据共熔后对其药理作用的影响及处方中所含其他固体成分数量的多少而定。

任务四　制粒技术

PPT

制粒是把粉末、块状、熔融液、水溶液等状态的物料经加工制成具有一定形状与大小粒状物的操作。制粒常见于颗粒剂、胶囊剂、片剂的制备工艺中。颗粒是颗粒剂的最终产品，往往也是片剂和胶囊剂的中间体。通过制粒可以改善物料的流动性，防止各成分的离析，减少粉末飞扬及器壁上的黏附，改善片剂生产中压力的均匀传递，保证颗粒的压缩成型性。常见的制粒方法主要有湿法制粒、干法制粒等。

一、湿法制粒技术

（一）挤压过筛制粒

挤压过筛制粒系将软材用手工或机械强制挤压方式通过一定大小孔径的筛网制成湿颗粒。常用的制粒设备有螺旋挤压制粒机、旋转挤压式制粒机和摇摆式颗粒机等。

螺旋挤压制粒机的结构见图 8－4a，将捏合好的物料由投料口加于混合室内螺杆的上部，借助螺杆螺旋的推进力将物料挤压到右端的制粒室，在制粒室内经滚筒挤压，通过筛筒的筛孔而形成颗粒。

旋转挤压式制粒机见图 8－4b、c，为两种不同的旋转挤压设备，前者借助挤出叶片和加料叶片通过相反的旋转方向，在固定弹簧板的筛网上进行挤压。后者是环模式辊压挤压制粒机，主要通过辊压轮与分流梭配合在筛网上挤压制粒。两者由于刮板与圆筒间没有弹性，其松紧难以掌握恰当，软材中黏合剂用量稍多时，所成颗粒则过于坚硬或成条状；用量稍少则成粉末。

摇摆式颗粒机见图8－4d，加料斗下部装有钝六角型棱柱状滚轴、紧贴滚轴下装有筛网。制粒时，将软材置于加料斗中，在滚轴连续不断地进行往复转动时，将软材挤压搓过筛网制成湿颗粒。一般软材通过一次筛网制粒，若一次过筛制的颗粒细粉较多或色泽不匀、颗粒成条状时，可采用多次（2～3次）过筛制粒。常用的筛网有尼龙筛网、不锈钢筛网。

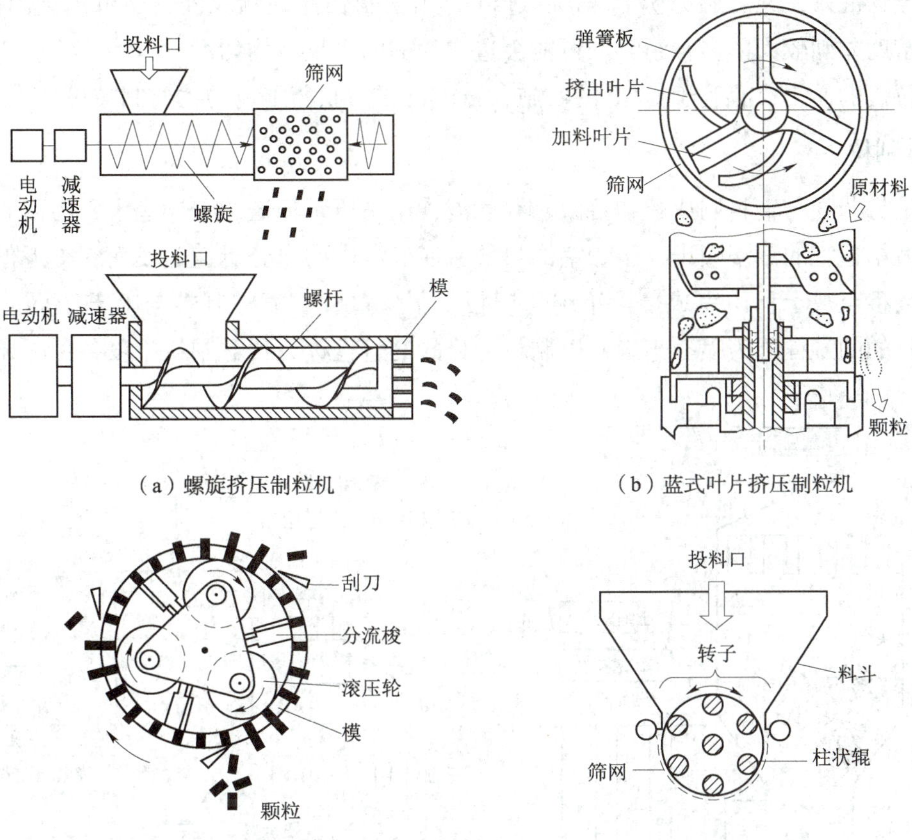

（a）螺旋挤压制粒机　（b）蓝式叶片挤压制粒机

（c）环模式辊压挤压制粒机　（d）摇摆式挤压制粒机

图8－4　挤压制粒机示意图

挤压制粒的特点：①颗粒的粒径可由选择不同规格的筛网来调节，粒子形状多为圆柱状和角柱状；②颗粒的疏松程度可通过加入黏合剂的种类和数量进行调节，以适应不同的需要；③制备过程需要经过混合、制软材等工序，工序多，劳动强度大，不适合大批量生产；④颗粒密度和强度可因筛网材质、安装松紧度以及过筛部位的不同而存在差异。

（二）流化沸腾制粒

流化沸腾制粒是通过热气流将固体粉末悬浮流化再喷入黏合剂或润湿剂溶液，使粉末黏结成颗粒的方法。此法是将混合、制粒和干燥等工序合并在一台设备中完成，实现一步制粒，故又称一步制粒法。

流化沸腾制粒的设备与流化干燥的设备相似，主结构由流化室、气体分布装置（如筛板等）、喷嘴、气固分离装置、空气进口与出口、颗粒排出口等组成（图8－5）。流化床制粒机的流化室呈倒锥形，底部装有60～100目的不锈钢筛网，它支撑物料并将热空气均匀分配。操作时，从筛网下部通入预先净化并加热至60℃左右的热空气，筛网上的物料（药物与辅料的混合物）被热气流吹起，保持悬浮的沸腾状态（即流化状态），此时向流化床喷入黏合剂或润湿剂溶液，使粉末润湿并黏合聚结成粒子，经过反复的喷雾与干燥，粒子逐渐增大，当颗粒大小符合要求时停止喷雾，形成的颗粒继续被热气流干燥后出料，送至下一道工序。为了防止粉尘飞扬，设备顶部装有回收细粉装置（滤袋）。流化床制粒与干燥有三种方式，分别为顶喷（图 8－5）、底喷和切线喷。

流化沸腾制粒的特点：①将混合、制粒、干燥，甚至包衣在一台设备中完成，简化工省时、生产效率高；②制得颗粒粒度大小均匀、外形圆整、流动性和可压性好，压出的剂质量好；③密闭的容器内操作，既可防止异物混入，又可避免粉尘外逸；④除了用于制备片剂颗粒外，还可用于固体颗粒的包衣；⑤处方中含有密度差别较大的多种组分，可能会造成片剂的含量不均匀。

流化床制粒机的使用，有利于 GMP 的实施，目前已成为制药工业的主要制粒设备。

（三）喷雾制粒

喷雾制粒是将药物与辅料制成药物溶液、混悬液，用高压泵输送至干燥室中，经离心式雾化器的高压喷嘴雾化成大小适宜的液滴喷出，干燥室的热气流使液滴中的水分迅速蒸发而获得近似球形的干燥细颗粒。此法在数秒至数十秒内完成药液浓缩、制粒、干燥过程。喷雾制粒与喷雾干燥的方法和设备相同，以干燥为目的的过程称为喷雾干燥，以制粒为目的的过程称为喷雾制粒，设备见图 8－6。

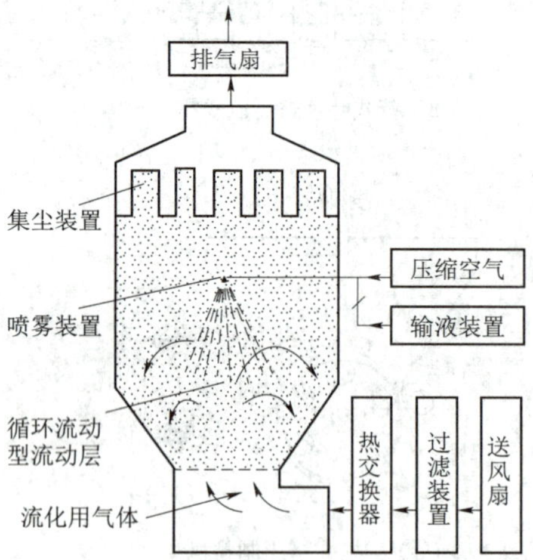

图 8－5　流化床制粒机结构示意图

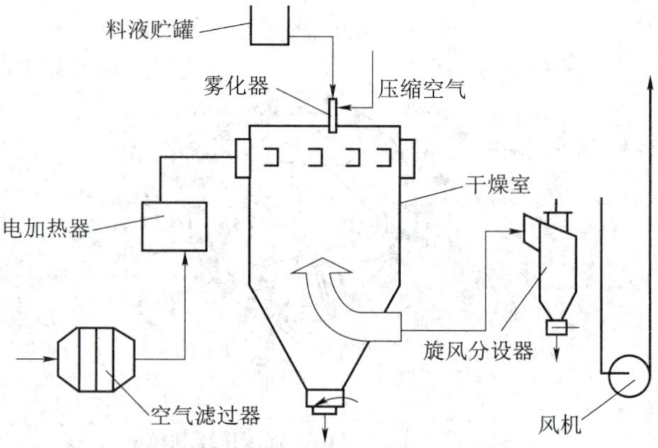

图 8－6　喷雾干燥制粒机结构示意图

喷雾制粒的特点：①由液体直接干燥得固体颗粒；②干燥速度快、效率高，物料受热时间短，适合于热敏性药物处理；③固体粒子具有良好的流动性、溶解性；④设备耗能大、操作费用高；⑤黏性较大的药液易粘壁，使其使用受限，需用特殊喷雾制粒设备。

近年来，喷雾制粒技术已广泛用于抗生素粉针生产，微型胶囊、固体分散体的制备和中药提取液的干燥。国外也用于制备直接压片的辅料，如喷雾干燥乳糖、可压性淀粉等。

（四）高速混合制粒

高速混合制粒的造粒过程是由混合及制粒两道工序在同一设备中完成。高速混合制粒机外形与制粒过程见图 8－7。

粉状物料在固定的容器中，由于搅拌桨的搅拌混合作用，使物料碰撞分散成半流动的翻滚状态，并达到充分的混合。随着黏合剂的注入，使粉料逐渐湿润，物料形状发生变化，加强了搅拌桨和筒壁对物料的挤压、摩擦和捏合作用，从而形成潮湿均匀的软材。这些软材在切割刀的高速旋转下，逐步形成细小而均匀的湿颗粒，最后由出料口排料。颗粒目数大小由物料的特性、制料刀的转速和制粒时间等因素制约。

（a）

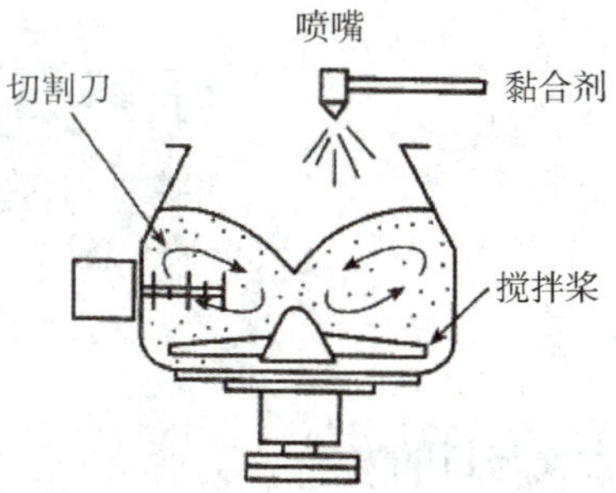

（b）

图8－7　高速混合制粒机示意图
（a）外观图；（b）制粒示意图

高速混合制粒的特点：①改变操作条件可制备不同松紧度的颗粒，以满足压片、胶囊填充等不同的需要；②在一个容器内完成混合、捏合和制粒过程，工序少，操作简单、快速；③颗粒粒径大小不易控制；④多数高速混合制粒设备不能干燥。

二、干法制粒技术

干法制粒是将药物和辅料的粉末混合均匀，压缩成大片状或薄片后，粉碎成颗粒的方法。该法靠压缩力使粒子之间产生结合力，必要时加入干黏合剂，以增加粒子间结合力，保证片剂的硬度和脆碎度合格。该法适用热敏性、遇水易分解的药物，如阿司匹林、克拉霉素等，但应注意因为高压引起的晶型转变及活性降低等。

1. 压片法　是利用重型压片机将物料粉末压制成直径为20～25mm的胚片，然后破碎成一定大小颗粒的方法。

2. 滚压法　该法是利用干法制粒机（图8－8）转速相同的两个滚动圆筒之间的缝隙，将药物粉末滚压成片状物，然后破碎成一定大小颗粒的方法。

（a）

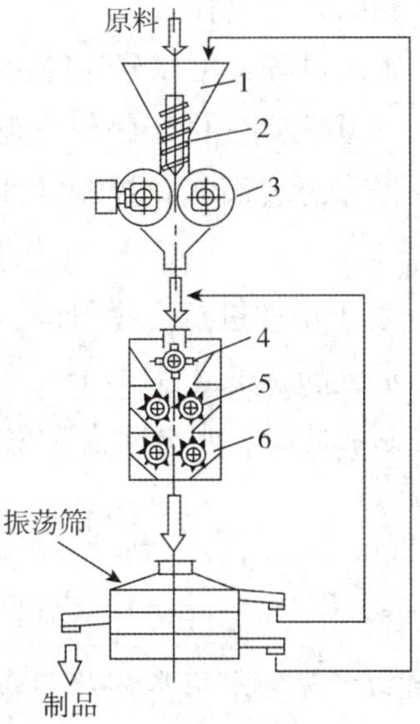

（b）

图8－8　干法制粒机的外观与结构示意图
（a）外观图；（b）结构示意图

任务五　干燥技术

PPT

一、基础知识

（一）干燥的含义与目的

1. 干燥　是利用热能或其他适宜的方法除去湿物料中的水分或其他溶剂，从而获得干燥固体产品的工艺操作。目前，干燥已广泛应用于原辅料、中间体及成品的干燥，如中药材、中药浸膏剂、湿颗粒、原料药、生物制品等的在生产过程需要干燥。干燥的好坏，将直接影响产品的使用、质量和外观等。

2. 干燥的目的

（1）便于进一步加工处理　原料药物干燥后脆性增强有利于粉碎；粉末或颗粒干燥后流动性增强，便于充填或压制成片。

（2）可增加药物的稳定性　原料药或是成品干燥之后含水量降低，可减缓有效成分的分解，有效防止药品变质，可抑制微生物的生长和繁殖。

（3）保证产品的内在和外观质量　不少制剂特别是生物药物制剂对水分的含量有严格的规定，尤其对有机溶剂的残留量有严格的限制，只有通过干燥才能达到质量要求。

（4）便于贮藏和运输　原料药和成品经干燥后，体积减小、重量减轻，便于包装、贮藏和运输，降低运输成本。

（二）干燥的原理

干燥由两个基本过程构成：一是传热过程，即热由外部传递给湿物料，使其温度升高；二是传质过程，即物料内部的水分向表面扩散并在表面汽化离开。这两个过程同时进行，方向相反。可见，干燥过程是一个传质和传热相结合的过程。

对于一个具体的干燥过程，可以分为等速阶段和降速阶段。

1. 等速阶段　在干燥初期，由于物料含湿量比较高，表面全部为游离水分，干燥的速率取决于水分在表面气化的速率，称为表面气化控制。此时，干燥速率保持恒定不变，这一阶段常称为恒速干燥阶段。

2. 降速阶段　随着干燥的进行，物料的含湿量逐渐降低，当物料表面没有足够的水分满足表面气化的需要，物料内部水分的扩散速率小于表面气化速率，干燥的速率取决于水分向物料表面扩散的速率，称为内部扩散控制。此时，水分除去越来越难，干燥速率逐渐降低，此阶段常称为降速阶段。

知识链接

物料中所含水分的性质

1. 平衡水分和自由水分　平衡水分是指在一定空气条件下，物料表面产生的水蒸气分压与空气中水蒸气分压相等时，物料中所含的水分，即不能干燥除去的水分。平衡水分是一定空气条件下物料干燥的限度。自由水分是指物料中所含的多于平衡水分的部分，即在干燥中可以除去的水分。各物料的平衡含水量随空气中相对湿度的增加而增大，故物料的干燥是相对的。

2. 结合水分和非结合水分　物料中的水分根据除去的难易程度可分为结合水分和非结合水分。结合水分是指主要以物理方式结合的水分，如物料细胞壁内的水分、物料内毛细管中的水分、结晶水等。结合水分与物料的结合力较强，较难除去。非结合水分是指与物料以机械力结合的水分，包括存在于物料表面的游离水分和较大孔隙中的水分。非结合水分与物料的结合力较弱，容易从物料中除去。

（三）影响干燥的因素

1. 被干燥物料的性质　这是影响干燥速率的最主要因素，如湿物料的形态、黏性、水分的结合方式等。如一般呈结晶状、颗粒状、料层薄的物料较粉末状及膏状、料层厚的物料干燥速率快，故实际生产中应将物料摊平、摊薄。

2. 干燥介质的温度、湿度与流速　在适当范围内，提高空气的温度，可加快蒸发速率，有利于干燥。但应根据物料的性质选择适宜的干燥温度，以防止某些热敏性成分被破坏。空气的相对湿度越低，干燥速率越大，实际生产中常采用生石灰、硅胶等吸湿剂吸除水蒸气，或采用排风、鼓风装置等更新气流。在恒速干燥阶段，空气的流速越大，干燥速率越快，但在降速干燥阶段几乎无影响。

3. 干燥速度与方法　当干燥速度过快时，物料表面的蒸发速率大大超过内部液体扩散速率，导致表面粉粒黏着，甚至熔化结壳，而阻碍内部水分的扩散和蒸发，形成假干燥现象，不利于物料的保存与继续后续的工艺操作。干燥方式对干燥速率也有较大影响。若采用静态干燥，温度只能逐渐升高，以使物料内部液体缓慢向表面扩散；否则，物料易结壳，形成假干燥现象。而动态干燥如沸腾干燥，颗粒处于跳动、悬浮状态，且气流本身已先干燥或预热，降低了空气相对湿度，故干燥效率显著提高。

4. 压力　压力与蒸发量成反比，减压可有效加快干燥过程。如真空干燥，能降低干燥温度，加快蒸发速度，提高干燥效率。

（四）干燥方法分类

干燥的方法按操作方式可分为间歇式干燥与连续式干燥；按操作压力可分为常压式干燥于真空式干燥；按热能的传递方式可分为热传导干燥、对流干燥、辐射干燥与介电加热干燥等。

制剂生产中被干燥物料的形态各不相同，有粉末状、颗粒状、块状、浆液状以及膏状；物料性质多种多样，有热敏性、黏性、酸碱性或易燃性；干燥处理后的物料对疏松程度、粒径以及含水量等要求也不尽相同。因此，在实际操作过程中应根据被干燥物料的性质、要求、干燥程度来选择干燥的温度、方法与干燥设备。在制药工业上常用的干燥方法有常压干燥、减压干燥、沸腾干燥、喷雾干燥、冷冻干燥、红外线干燥和微波干燥等。

二、常压干燥与减压干燥

（一）原理

常压干燥是在常压下利用热气流或热传导使湿物料的水分气化而干燥的方法，干燥效率较低，常用的设备有厢式干燥器。减压干燥法又称真空干燥法，是在密闭的容器中抽真空进行干燥的一种方法，适用于热敏性物料，或高温下易氧化，或排出的气体有回收利用价值或有害或易燃等物料。常见的设备有真空干燥箱。

（二）设备

图 8－8 厢式干燥器

小型的厢式干燥器称为烘箱（图 8－8），大型的称为烘房。干燥器内设置有多层支架，在支架上放置物料盘，空气经预热后进入干燥室内。热空气通过物料表面时，带走物料的水分，使物料得到干燥。为了使干燥均匀，物料盘中的物料不能过厚，必要时在物料盘上开孔。厢式干燥器多用于中药材、药材提取物、散剂、颗粒等干燥，干燥后物料破损少、粉尘少。设备简单，适应性强，适用于小批量生产物料的干燥，但干燥时间长、物料干燥不够均匀、劳动强度大、热能损耗大。

真空干燥箱包括真空干燥器、冷凝管及真空泵。干燥器顶部经活塞接通冷凝管。冷凝管的另一端顺序连接吸滤瓶、干燥塔和真空泵。蒸气在冷凝管中凝聚后滴入吸滤瓶中。干燥器内放有干燥剂，可以干燥和保存样品。真空干燥箱干燥温度低，减少了物料与空气的接触机会，避免物料被污染或氧化变质；产品蓬松易于粉碎，但生产能力小，间歇操作，劳动强度大。

三、沸腾干燥

（一）原理

沸腾干燥又称流化床干燥，加热空气从下部通入向上流动，穿过干燥室底部，将湿物料吹松并悬浮在空气中，在干燥室内翻滚如“沸腾状”，物料所处的状态称为流化态，进行流化态操作的设备叫流化床。在动态下进行热交换，带走水汽，达到干燥的目的。

（二）设备

干燥设备为流化床干燥装置，可分为单层流化床、多层流化床、卧式多室流化床、机械搅拌流化床等多种类型。制剂工业中常用卧式多室流化床干燥器（图 8－9）。它是由干燥室、旋风分离器、布袋除尘器、空气过滤器、风机等组成。其工作过程是将湿物料由料斗送入干燥室内多孔筛板上，空气经预热器加热后吹入底部的多孔筛板与物料接触，物料在干燥室内呈悬浮状态上下翻动而干燥，干燥后的产品由卸料口排出，废气由干燥器的顶部排出，经袋滤器或旋风分离器回收粉尘后排空。

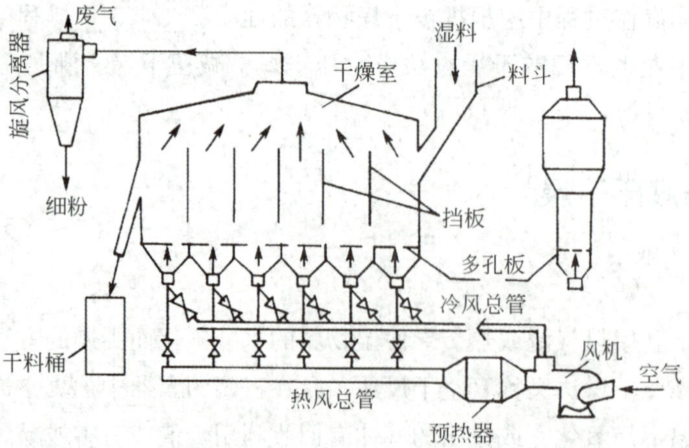

图 8－9 卧式多室流化床干燥器示意图

流化床干燥器的特点：①在操作时，颗粒与气流间的相对运动激烈，接触面积大。强化了传热传质，提高了干燥速率。②物料温度均匀，干燥时间短，适用于热敏性物料的干燥。③不适用于含水量高、易黏结成团的物料干燥。

四、喷雾干燥 微课2

（一）原理

喷雾干燥是将液态物料分散成雾滴，以热空气与雾滴接触使物料干燥的过程。原料液可以是溶液、乳浊液或悬浮液，也可以是熔融液或膏糊状稠浆。所得成品多为疏松的空心颗粒粉末，溶解性好。喷雾干燥具有瞬间干燥、干燥温度低等特点，适用于热敏性物料及无菌操作的干燥，如抗生素粉针剂的制备。

（二）设备

干燥的设备为喷雾干燥器，由雾化器、干燥器、旋风分离器、风机、加热器、压缩空气等组成。其结构与操作和喷雾制粒完全相同，空气经过滤、加热后通过干燥器顶部空气分配器均匀地进入干燥室，原料液经干燥器顶部的雾化器雾化成极细微液滴后在干燥室内与热空气接触，在极短的时间内迅速干燥为成品。成品连续地由干燥器底部和旋风分离器中输出，废气由风机排空。喷雾干燥器常用于中药提取液的干燥、制粒及包衣等。设备体积庞大、动力消耗多，干燥时物料易发生黏壁。

五、冷冻干燥

（一）原理

冷冻干燥又称升华干燥，是将需要干燥的液体物料先冻结成固体，在低温真空条件下利用冰的升华性质，使物料低温脱水达到干燥目的的方法。冷冻干燥法由于温度低，适合于对热敏感的或遇水易分解的药物，如抗生素、血浆、疫苗等生物制品的干燥。冷冻干燥后的成品多孔疏松，溶解快，含水量低，可久贮，是目前制备各种生物制品的常用方法。

冷冻干燥的原理可用水的三相图说明（图8－10）。图中可分为液态（水）、固态（冰）和气态（水蒸气）三个区域。O点（0.01℃，613.3Pa）是水、冰、气三相的平衡点，在此温度和压力条件下水、冰、气三相共存。OA、OB、OC分别为固－液、液－气、气－固两种状态相互转化的平衡曲线。

由图8－10可知，当压力低于613.3Pa时，不管温度如何变化，液态水是不存在的，只有气－固两态存在。根据气－固平衡曲线OC，对于固态冰，升高温度或降低压力都可以打破气－固平衡，使水分从冻结状态直接转变为水蒸气。

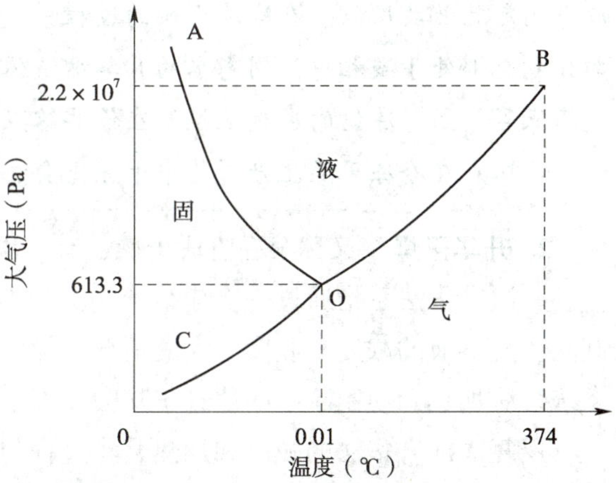

图8－10　水的三相图

（二）设备

冷冻干燥的设备为冷冻真空干燥机，简称冻干机。冻干机主要由干燥箱、冷凝器、制冷系统、真空系统、加热系统和控制系统等组成（图8－11）。

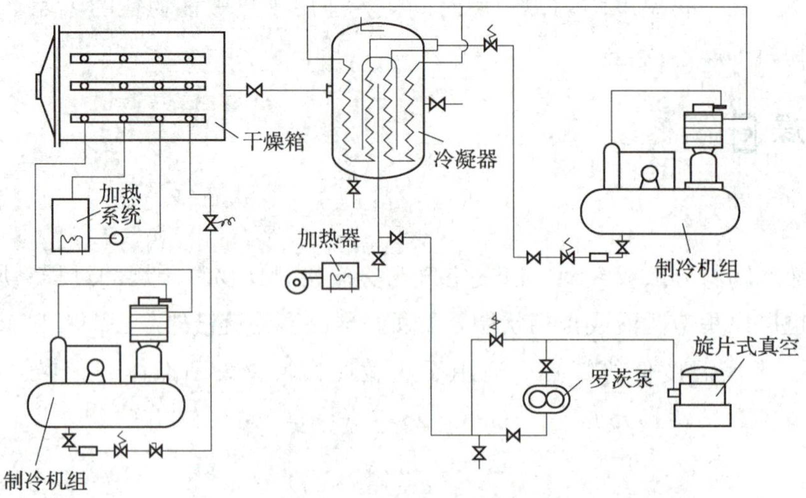

图8－11　冻干机工作原理图

（三）冷冻干燥过程

冷冻干燥的过程主要包括预冻、升华干燥和再干燥。

1. 预冻　预冻是恒压降温过程，预冻温度通常应在低共熔点以下10～20℃。预冻方法有速冻法与慢冻法两种。速冻法是将冻干箱先降温至－45℃以下，再将制品放入，因急速冷冻而析出细晶，形成的结晶数量多、晶粒细，制得产品疏松易溶，蛋白质的变性概率小，有利于酶类、活菌、活病毒的保存，故适用于生物制品的干燥。慢冻法是将制品放入缓慢降温的冻干箱中冷冻，形成的结晶数量少、晶粒粗，但冻干效率高。预冻采取哪种方法，应根据具体情况加以选择。

知识链接

低共熔点

低共熔点是指药物的水溶液在冷却过程中，冰和溶质同时析出结晶混合物的温度。新产品在预冻前应先测定其低共熔点。在冷冻干燥的过程中，若在冻结与升华的过程中温度超过了低共熔点，则溶质将部分或全部处于液相中，固态水的升华被液体浓缩蒸发所取代，将导致干燥后的制品发生萎缩、溶解速度降低等问题。冻结的温度应控制在低共熔点以下，才能保证冷冻干燥的顺利进行。因此，测定药物溶液的共熔点在冷冻干燥生产工艺中十分重要。

2. 升华干燥　又称第一阶段干燥，有一次升华法和反复冷冻升华法两种。

一次升华法系指通过一次冻结、一次升华完成制品的干燥方法。适用于低共熔点为－20～－10℃的制品，且溶液的浓度与黏度不大的情况。操作中先将预冻后的制品减压，待达到一定真空度后启动加热系统缓缓加热，使制品中的冰升华除去。

反复冷冻升华法的减压和加热升华过程与一次升华法相同，只是预冻过程须在低共熔点与低共熔点以下20℃之间反复升降温度预冻。如某制品的低共熔点为－25℃，可以先预冻至－45℃左右，然后将制品升温至低共熔点附近，维持30～40分钟，再降至－40℃左右，如此反复处理，使制品晶体的结构由致密变为疏松，有利于水分的升华。本法常用于结构较复杂、稠度高、低共熔点较低的制品，如蜂蜜、蜂王浆等。

3. 再干燥　又称第二阶段干燥。在升华干燥结束后，产品内残留10%左右的水分，为微生物的生长繁殖和某些化学反应提供了条件。故升华干燥后，温度应继续升高并保持一段时间，使已升华的水蒸气或制品中残留的水分被抽尽。再干燥的温度应根据产品性质来确定。产品在保温干燥一段时间后，整个冻干过程即告结束。

经冷冻干燥的生物药品含水量一般控制在3%以下，若残留水分过多，生物活性物质容易失活，大大降低了稳定性。控制冻干物中的残留水分关键在于第二阶段的再干燥的控制。在这一阶段中，温度要选择能允许的最高温度，真空度要尽可能提高，以利于残留水分的充分溢出。

即学即练 8-2

答案解析

冷冻干燥的工艺流程正确的是（　　）

A. 预冻→升华→再干燥→测低共熔点　　B. 测低共熔点→预冻→升华→再干燥

C. 预冻→测低共熔点→升华→再干燥　　D. 预冻→测低共熔点→再干燥→升华

E. 预冻→再干燥→升华→测低共熔点

实例分析 8-2

实例　某高校生物制药技术专业学生小王是某疫苗生产企业冻干岗位实习生。一天，他在接到一批样品需要冷冻干燥处理的生产指令后，他用灌装机分装样品，装量高度小于10mm，经过预冻3小时，查看真空度计，开启真空泵至真空度下降至20Pa以下，进行升华干燥和再干燥，为了干燥快些，小王加快升温速度。干燥结束后，关闭真空泵。产品出箱前质量看上去很好，他便迫不及待取出产品，出箱不久就萎缩了并出现空洞。

问题　1. 冷冻干燥产品出现空洞萎缩的主要原因是什么？如何解决？

2. 冷冻干燥过程如果出现喷瓶的现象，可能的原因是什么？如何避免？

答案解析

六、红外线干燥

红外线是介于可见光和微波之间的一种电磁波，波长为0.76～1000μm，可分为近红外线、中红外线和远红外线。当红外线发射频率和物料中分子的振动频率相同时，红外线能量就转换为分子的振动能量，使物料的温度上升，从而使水分汽化，达到干燥的目的。干燥时物料表面和内部的分子同时吸收红外线，具有受热均匀、干燥快等特点，但电能消耗大。

红外干燥器为利用红外辐射元件所发射的红外线对物料直接照射而加热干燥的设备。远红外隧道烘箱属于红外干燥设备，干燥隧道的两端可进行加料和卸料，被干燥物料放置于不锈钢网带上沿隧道式的干燥通道缓慢向前移动，通过红外线的照射加热达到物料干燥目的。该设备广泛用于各种安瓿瓶、西林瓶及其他玻璃容器的干燥灭菌。

七、微波干燥

微波是频率很高、波长很短，介于无线电波和光波之间的一种电磁波。湿物料中的水分子在微波的作用下因快速转动而产生剧烈的碰撞与摩擦，产生的热能使物料被加热而干燥。微波干燥具有加热迅速、受热均匀、干燥速度快、热效率高、控制灵敏、操作方便等优点适用于含水物料的干燥。但成本高、对某些物料的稳定性有一定的影响。

实训四　粉碎、过筛、制粒、干燥设备操作实训

一、实训目的

1. 掌握常用的粉碎、筛分、混合、干燥设备的操作要点。
2. 熟悉不同岗位的 SOP。
3. 了解各环节的质量控制点。

二、实训条件

1. 实训场地　GMP 模拟车间。

2. 实训仪器与设备　20B 型万能粉碎机、XZS－800 型旋振筛分机、SYH 三维混合机、GHL150 型高速混合制粒机、CT－C－Ⅱ型热风巡环烘箱以及其他辅助设备等。

3. 药品与包材　适合粉碎的药物、酒精、淀粉、糊精等。

三、实训操作

（一）粉碎岗位实训（以 20B 型万能粉碎机为例）

1. 生产前准备

（1）操作人员按一般生产区人员进入标准操作程序进行更衣，进入操作间。

（2）检查工作场所、设备、工具、容器是否有清场合格标志，并核对其有效期，否则，按清场程序清场。并请 QA 人员检查合格后，将清场合格证附于本批生产记录内，进入下一步操作。

（3）检查粉碎设备是否具有“完好”标志及“已清洁”标志。检查零件的完好和紧固情况是否正常，检查粉碎机在机座上是否牢靠，检查轴承润滑情况。若一般故障自己排除，自己不能排除的则通知维修人员，正常后方可运行。

（4）检查粉碎设备筛网目数是否符合工艺要求。

（5）检查计量器具，要求完好，性能与称量要求相符，有检定“合格证”，并在检定有效期内。正常后进行下一步操作。

（6）根据生产指令填写领料单，向仓库领取需要粉碎药材、辅料，摆放在粉碎机旁。并核对粉碎药材名称、批号、数量、质量，无误后进行下一步操作。

（7）按《粉碎机清洁、消毒标准操作规程》对设备及所需容器、工具进行消毒。

2. 生产操作（以 20B 万能粉碎机为例）

（1）取下“已清洁”状态标志牌，换设备进行状态标志牌。

（2）在接料口绑扎好接料袋。

（3）按粉碎机标准操作规程启动粉碎机进行粉碎。

（4）在粉碎机料斗内加入待粉碎物料，加入量不超过料斗容量的 2/3。

（5）安装环状筛，按照旋转方向安装牢固，并注意筛网接头处在上部。

（6）安装绑扎好粉末收集袋，关闭集料室门。

（7）安装好集尘室集尘袋，关闭集尘室门。

（8）关闭粉碎室门并旋紧紧固手轮。

（9）设备的运行 ①按下风机开启按钮，空载运行，倾听有无异常声音。②按下主机开启按钮，空载运行，倾听有无异常声音。③待机器高速转动正常后，再加料，加料不宜过快过多。④筛网筛出的粉末由粉末收集袋收集。⑤工作过程中如发现异常响声、出料堵塞、轴承或电机过热，应停止加料，停车检查，排除故障。⑥本机工作过程中严禁打开密封盖和将手伸入粉碎室。

（10）停机 ①粉碎完毕，停止加料，待机器空转 2 分钟，无残留物料后，按顺序关闭主机，关闭风机，切断电源。②待粉碎机完全停止转动后清理粉末收集袋和集尘袋。③按规程清洁机器。

（11）打开接料口，将料用于清洁的塑料袋内，再装入洁净的盛装容器内，容器内、外贴上标签，注明物料的品名、规格、批号、数量、日期和操作者的姓名，称量后转交中间站管理员，存放于物料储存间，填写请验单请验。

（12）将生产所剩的尾料收集，标明状态，交中间站，并填写好记录。有异常情况，应及时报告技术人员，并协商解决。

3. 清场 按《岗位清洁 SOP》进行清场。清场完毕后，填写清场记录并上报 QA，经 QA 检查发放清场合格证后本岗位挂“清场合格”状态标志。

4. 结束并记录 及时填写批生产记录，设备运行记录、交接班记录等。关好水、电及门。

5. 质量控制要点 原辅料的洁净程度；粉碎机粉碎的速度；筛网孔径的大小；产品的性状、水分、细度。

（二）过筛岗位实训（以 XZS－800 型旋振筛分机为例）

1. 生产前准备

（1）检查是否有清场合格证，并确定有效期；检查设备、容器、场地清洁是否符合要求。

（2）检查电、水、气是否正常。

（3）检查设备是否有“合格”标牌、“已清洁”标牌。

（4）检查设备状况是否正常（如机器所有紧固螺栓是否全部拧紧；筛网规格是否符合要求、筛网有无破损；筛网是否锁紧，是否依次装好橡皮垫圈、钢套圈、筛网、筛盖；开机观察空机运行过程中，是否有异常声音、机器运转是否平稳等）。

（5）按生产指令领取物料，并确保物料的品名、批号、规格、数量、质量符合要求。

（6）按设备与用具的消毒规程对设备、用具进行消毒。

（7）挂本次运行状态标志，进入生产操作。

2. 生产操作

（1）根据药材性质及过筛要求选用适当过筛设备，按安全操作程序操作。

（2）根据产品工艺要求选用筛子，并仔细检查是否有破损。

（3）按《ZS 振荡筛安全操作规程》将筛子安装好，试开空机，听其声音是否正常，如有尖叫声，则迅速停机检查；若不能排除，则请机修人员来检查。

（4）筛粉前仔细检查物料有无黑杂点，色泽是否有变，筛粉过程中也应随时检查，发现有玻璃屑、金属、黑杂质或变色应停机，向班组长或技术员汇报，妥善处理。

接通电源，按下开机按钮，机器开始振动。机器振动正常后，确认无异常情况，开始加料，物料由筛网中心的加料口加入。工作过程中控制加料流量，保持筛网上所加物料适中。

（5）操作完毕，将筛选好的药材装入清洁的盛装容器内，容器内外贴上标签，注明物料品名、规格、批号、数量日期和操作者的姓名，交中间站或下一工序。填写请验单请验。

（6）将生产所剩的尾料收集，标明状态，叫中间站，并填写好记录。

（7）有异常情况，应及时报告技术人员，并协商解决。

3. 清场 按《岗位清洁 SOP》进行清场。清场完毕后，填写清场记录并上报 QA，经 QA 检查发放清场合格证后本岗位挂“清场合格”状态标志。

4. 结束并记录 及时填写批生产记录、设备运行记录、交接班记录等。关好水、电及门。

5. 质量控制要点 筛内药粉含量；粉体粒度。

（三）混合岗位实训（以 SYH 三维混合机为例）

1. 生产前准备

（1）检查操作间、器具及设备等是否有清场合格标志，并确定在有效期内。否则按《清洁 SOP》进行清场并经 QA 人员检查发放清场合格证后，方可进行生产。

（2）根据要求选择适宜混合设备，设备要有“合格”“已清洁”状态标志，并对设备状况进行检查，确认设备运行正常后方可使用。

（3）根据生产指令填写领料单，并向中间站领取物料。注意核对品名、批号、规格、数量、无误后，进行下一步操作。

（4）挂本次运行状态标志，进入操作。

2. 生产操作

（1）检查工作室内设备、物料及辅助工器具是否已定位摆放。

（2）执行《混合岗位标准操作规程》，合上电源开关，使设备加料口处于合适的加料位置后，加料口处于最上部位置，闭电源开关。

（3）接通总电源，启动电机按钮，然后由慢至快缓慢调速使之达到正常的混合速度。空载运行正常，打开加料口盖，将配料倾入混合桶内，按料筒的 70% ~75% 的容积进行加料，合上桶盖。

（4）按要求设定混合时间，启动运转开关。

（5）混合时间达到后，关闭开机控制键，准备出料，如果料口位置不理想，可再次按操作程序开机，使其出料口调整到最佳位置，出料口处于最低位置。

（6）待混合筒停稳后，关上电源开关，打开混合桶盖，转动蝶阀自动出料。

提示：本机是三维空间的混合，故料筒的有效运转范围内应加安全防护栏，以免发生事故。在装卸料时必须停机，以防电器失灵，造成事故。设备在运转过程中，操作人员请务必离开现场，如出现异常声音，应停机检查，待排除事故隐患后方可开机。控制面板上的按钮不得随意变动，出厂前已校核好。

3. 清场 按《岗位清洁 SOP》进行清场。清场完毕后，填写清场记录并上报 QA，经 QA 检查发放清场合格证后本岗位挂“清场合格”状态标志。

4. 结束并记录 及时填写批生产记录、设备运行记录、交接班记录等。关好水、电及门。

5. 质量控制要点 混合均匀度。

（四）制粒岗位实训（以 GHL150 型高速混合制粒机为例）

1. 生产前准备

（1）检查是否有清场合格证，并确定有效期；检查设备、容器、场地清洁是否符合要求（若有不符合要求的，需重新清场或清洁，并请 QA 填写清场合格证或检查后，进入下一步生产）。

（2）检查电、水、气是否正常，检查各条线路走向是否正确，管线是否通畅。

（3）将气源压力调到 0.35～0.5MPa，将三通转换阀打到气位，检查搅拌轴和切割轴处是否有气出来。检查器盖气弹簧和出料口气缸是否正常动作。

（4）检查设备上是否需要上润滑油。

（5）将三通转换阀打到水位，检查搅拌轴和切割轴处是否出水。

（6）点动搅拌和切割刀，检查运转方向是否正确，严禁反转。

（7）按生产指令领取物料，并确保物料的品名、批号、规格、数量、质量符合要求。

（8）按设备与用具的消毒规程对设备、用具进行消毒。

（9）挂本次运行状态标志，进入生产操作。

2. 生产操作

（1）在投料之前，用过滤布袋罩好容器盖上的出气口（根据物料性能，确定布袋材质）。

（2）将三通转换阀打到空位上，这时既不进气，也不进水。

（3）再将物料倒入容器，倒入的量不超过容器高度的 2/3，关上盖子。

（4）将三通转换阀打到气位。感觉到容器盖出气口有明显的气出来后，方能开动搅拌电机干混（切记！不通气，不能开动电机）。干混适当时间后，关机。在手动控制情况下，搅拌或切割必须先由低速到高速运行。在高速运行时如果需要切换到低速－应先停止高速运行后再开低速。

（5）将三通转换阀打到空位。开盖，加入黏结剂（也可将黏结剂与粉料同时加入）。先混合，然后制粒。制粒结束，停机。

（6）按卸料按钮打开出料口，点动搅拌出料。

3. 清场

（1）每班工作结束后，应对设备进行清洗。关闭出料口，将转换阀打到水位，在容器内注入 3－5cm 高的水（容器内水位高度应低于切割轴下方 120mm 左右），关上盖子。将转换阀打到气位，开动搅拌，自动清洗。清洗结束，打开卸料口，放走污水。

（2）触摸屏应用干布或略湿的布轻擦，工作结束后控制屏上的触摸按钮开关必须复位。

经 QA 检查发放清场合格证后本岗位挂“清场合格”状态标志。

4. 结束并记录 及时填写批生产记录、设备运行记录、交接班记录等。关好水、电及门。

5. 质量控制要点 颗粒的大小；粒度均匀性。

（五）干燥岗位实训（CT－C－Ⅱ型热风巡环烘箱）

1. 生产前准备

（1）检查是否有清场合格证，并确定有效期；检查设备、容器、场地清洁是否符合要求（若不符合要求，需重新清场或清洁，并请 QA 填写清场合格证或检查后，才能进入下一步生产）。

（2）检查电、水、气是否正常。

（3）检查设备是否有“合格”标牌、“已清洁”标牌。

（4）检查烘箱各部位是否正常。阀门连接是否泄漏，打开放水阀放尽管内积水，关闭阀门。检查风机叶片是否碰壳，转动是否灵活，有无异常噪声，风机转向是否正确，检查电源线连接是否牢固。

（5）按生产指令领取物料，并确保物料的品名、批号、规格、数量、质量符合要求。

（6）按设备与用具的消毒规程对设备与用具进行消毒。

2. 生产操作

（1）将湿颗粒均匀铺在烘盘内，厚度不超过1.5cm，并将烘盘按上至下顺序放入格车的托架上并将其推入烘箱，关紧箱门，将排湿阀手柄打到“循环”位置。

（2）打开烘箱控制器的电源开关。

（3）按“XMTS－7WJ4干燥机控制器使用说明书”的说明设定干燥控制温度和上、下限报警温度。

（4）按“风机”启动开关。

（5）按“选择”开关，选择加热方式，烘箱开始加热升温。

（6）待温度升到设定值，将排湿阀手柄打到中间或“排湿”位置。

（7）干燥结束，按风机“停止”键，按电源“关”键。将物料按先下后上的顺序出料。

（8）物料出烘箱后，按热风循环烘箱清洁SOP进行清洁。

3. 清场 按《岗位清洁SOP》进行清场。清场完毕后，填写清场记录并上报QA，经QA检查发放清场合格证后本岗位挂“清场合格”状态标志。

4. 结束并记录 及时填写批生产记录、设备运行记录、交接班记录等。关好水、电及门。

5. 质量控制要点 外观；物料含水量。

四、实训报告及思考

小组完成实训后，对实训过程、结果及收获进行讨论并总结，撰写实训报告。

1. 请简要叙述岗位操作法的重要性？

2. 如何规范填写各种记录？

答案解析

目标检测

一、单项选择题

1. 以下属于超微粉碎设备的是（　　）

A. 球磨机　B. 锤击式粉碎机　C. 万能粉碎机

D. 滚压式粉碎机　E. 气流粉碎机

2. 在粉碎目的的论述中，错误的是（　　）

A. 增加表面积，有利于有效成分溶出

B. 减少药材中有效成分的浸出

C. 有利于制备各种药物剂型

D. 便于调配与服用

E. 减少粒径，便于各成分混合均匀

3. 有关粉碎机械的保养叙述，错误的是（　　）

A. 首先应根据物料性质及粉碎目的选择适宜的机械

B. 应先加入物料再开机

C. 应注意剔除物料中的铁渣、石块

D. 电机应加防护罩

E. 粉碎后要清洗机械

4. 干燥方法按操作方式可分为（　　）
   A. 热传导干燥和辐射干燥
   B. 热传导干燥和对流干燥
   C. 间歇式干燥和连续式干燥
   D. 常压式干燥和真空式干燥
   E. 辐射干燥和介电加热干燥
5. 干燥方法按操作方式可分为（　　）
   A. 热传导干燥和辐射干燥
   B. 热传导干燥和对流干燥
   C. 间歇式干燥和连续式干燥
   D. 常压式干燥和真空式干燥
   E. 辐射干燥和介电加热干燥
6. 有关筛分的设备使用及维护，不正确表述是（　　）
   A. 黏性、油性较强的药粉可以单独过筛
   B. 加入药筛中的药粉不宜过多
   C. 要注意筛分设备的工作环境
   D. 筛分过程中，容易产生细粉，应注意劳动保护
   E. 物料过少也会影响过筛效率
7. 有关混合过程的注意事项，不正确的表述是（　　）
   A. 组分相差悬殊时应采用等量递增法进行混合
   B. 密度相差较大时，应先放密度大的再放密度小的
   C. 要注意混合时摩擦起电的粉末可以加入表面活性剂
   D. 混合过程中出现共熔现象，要考虑对药理作用的影响
   E. 混合物，色泽相差较大时，采用套色法进行混合

二、B 型题

[1～4]
   A. 全部通过 4 号筛，并含能通过 5 号筛不超过 60% 的粉末
   B. 全部通过 5 号筛，并含能通过 6 号筛不少于 95% 的粉末
   C. 全部通过 6 号筛，并含能通过 7 号筛不少于 95% 的粉末
   D. 全部通过 7 号筛，并含能通过 8 号筛不少于 95% 的粉末
   E. 全部通过 8 号筛，并含能通过 9 号筛不少于 95% 的粉末
1. 最细粉指（　　）
2. 中粉指（　　）
3. 极细粉指（　　）
4. 细粉指（　　）

[5～8]
   A. 七号筛　　B. 八号筛　　C. 一号筛
   D. 五号筛　　E. 六号筛

5. 100 目工业筛相当于药典标准药筛的（　　）

6. 80 目工业筛相当于药典标准药筛的（　　）

7. 150 目工业筛当于药典标准药筛的（　　）

8. 10 目工业筛当于药典标准药筛的（　　）

三、多项选择题

1. 过筛的目的是（　　）
   A. 将粉碎后的粉末分成不同等级
   B. 将不同药物的粉末混匀
   C. 增加药物的表面积，有利于药物溶解
   D. 提供制备各种剂型所需的药粉
   E. 及时筛出已粉碎合格的粉末，提高粉碎效率

2. 药典中粉末分等，包括（　　）
   A. 最粗粉　　B. 最细粉　　C. 细粉
   D. 极细粉　　E. 微粉

3. 以上属于常用的制粒技术的是（　　）
   A. 挤压过筛制粒　　B. 高速搅拌制粒　　C. 流化沸腾制粒
   D. 喷雾制粒　　E. 摇摆式颗粒机

4. 干燥的目的有（　　）
   A. 便于进一步加工处理
   B. 可增加药物的稳定性
   C. 提高药物的溶解性
   D. 保证产品的内在和外观质量
   E. 便于贮藏和运输

5. 影响干燥的因素有（　　）
   A. 被干燥物料的性质　　B. 干燥介质的温度与湿度　　C. 干燥速度与方法
   D. 压力　　E. 干燥介质的流速

四、综合问答题

1. 粉碎的基本原理和原则是什么？
2. 常用的粉碎方法有哪些？
3. 何谓过筛？过筛的目的是什么？

书网融合……

重点回顾　　微课 1　　微课 2　　习题

（陈蔚蔚　陈秉梅）

模块三
注射给药系统

项目九　注射给药系统

PPT

学习引导

2007年有医疗机构发现，部分丙型肝炎（丙肝）抗体呈阴性的患者在使用广东佰易药业有限公司生产的静注人免疫球蛋白之后，检测出丙肝抗体呈阳性。调查表明，该生产企业从非法渠道购进被污染的血浆原料从事血液制品生产，是造成静注人免疫球蛋白携带丙肝抗体的直接原因。静注人免疫球蛋白属于何种剂型？与普通口服制剂相比，这种剂型有哪些特点？如何进行制备和质量控制？

本项目主要介绍注射剂的基本知识，包括注射剂的分类、特点、给药途径，热原，注射剂溶剂与附加剂，小容量注射剂、输液及注射用无菌粉末的制备和质量控制。

学习目标

1. **掌握**　注射剂的概念、特点、分类、质量要求和处方组成；热原的性质、去除方法；小容量注射剂、输液及注射用无菌粉末的工艺流程和制备要点。

2. **熟悉**　注射剂的溶剂和附加剂；热原的污染途径和检查方法。

3. **了解**　注射剂的给药途径；注射剂的容器及处理方法；注射剂的质量控制等。

任务一　注射剂基础知识

生物药物多为蛋白质、多肽及核酸类药物，包括单抗、融合蛋白、细胞因子等。目前，大部分蛋白质、多肽类等生物药物为注射给药而非口服给药，主要原因：①一般蛋白质、多肽类药物的相对分子质量比较大，且脂溶性较低，不容易通过胃肠道黏膜，使药物口服吸收度差；②蛋白质或多肽类生物药物一般稳定性较差，若口服给药会因胃酸或胃肠道中各种酶的作用，使大部分药物被降解为小分子肽或者氨基酸而失去活性；③口服药物受肝脏首过效应的影响。

一、概述

注射剂系指原料药物或与适宜的辅料制成的供注入体内的无菌制剂。注射剂可分为注射液、注射用无菌粉末与注射用浓溶液等。注射液系指原料药物或与适宜的辅料制成的供注入体内的无菌液体制剂，包括溶液型、乳状液型和混悬型等注射液。注射用无菌粉末系指原料药物或与适宜辅料制成的供临用前用无菌溶液配制成注射液的无菌粉末或无菌块状物，可用适宜的注射用溶剂配制后注射，也可用静脉输液配制后静脉滴注。注射用浓溶液系指原料药物与适宜辅料制成的供临用前稀释后注射的无菌浓溶液。

（一）注射剂的特点

1. 药效迅速，作用可靠　注射剂直接注射入人体组织、血管或器官内，药物不经过消化系统和肝脏而进入血液循环，不受消化液的破坏和肝脏的代谢，更适用于抢救危重病症。

2. 适用于不宜口服的药物　某些药物由于本身的性质不易被胃肠道吸收、具有刺激性或易被消化液破坏，制成注射剂可解决。如酶、蛋白等生物技术药物口服易被消化液破坏，链霉素、庆大霉素口服不易吸收等均可制成注射剂而发挥作用。

3. 适用于不宜口服给药的患者　某些昏迷、抽搐、惊厥等不能吞咽或有其他消化系统障碍不能口服给药或进食的患者，可以采用注射给药或补充营养。

4. 可产生局部定位作用　如局部麻醉（局麻）药注射于局部组织，用于口腔科和麻醉科；某些药物通过注射给药延长作用时间，如激素进行关节腔内注射等。

5. 靶向作用　脂质体或微球等微粒给药系统经注射后，在肝、脾、肺等器官分布较多，具有一定的靶向作用，临床上常用于治疗恶性肿瘤。

注射剂也存在一些缺点，如质量要求比其他剂型高，制造过程复杂，生产费用较高，价格较贵；安全性不如口服制剂，一旦产生不良反应后果往往比较严重；注射给药不方便；注射时疼痛，给患者造成痛苦等。

（二）注射剂的给药途径

根据临床治疗的需要，注射剂可以通过皮内、皮下、肌内、静脉、脊椎腔等多种途径注射给药（图9－1）。

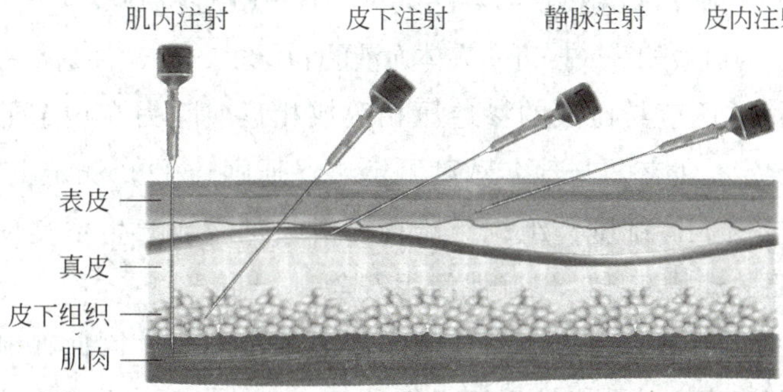

图9－1　注射剂给药途径

1. 皮内注射　注射于表皮与真皮之间，单次注射量在0.2ml以下。常用于疾病诊断或过敏试验，如白喉诊断毒素、青霉素皮试液等。

2. 皮下注射　注射于真皮与肌肉之间的软组织内，药物吸收较慢，一般用量为1～2ml。皮下注射剂主要是水溶液，刺激性药物不宜皮下注射。

3. 肌内注射　注射于肌肉组织中，单次注射剂量为1～5ml。除水溶液外，注射用油溶液、混悬液、乳浊液也可用于肌内注射。肌肉组织血管丰富，药物吸收比皮下注射更快，但刺激性太大的药物不宜肌内注射，以免引起局部刺激。

4. 静脉注射　药液直接注入静脉血管内，起效迅速。静脉注射分为静脉滴注和静脉推注，前者用量一般在数百甚至数千毫升，后者一次注射量在50ml以下。静脉注射剂主要是水溶液，少数O/W型乳状液也可以，但非水溶液、混悬型注射液不能用于静脉注射。静脉输液与脑池内、硬膜外、椎管内用的注射液不得添加抑菌剂。除另有规定外，一次注射量超过 15ml 的注射液不得添加抑菌剂。

5. 脊椎腔注射 药液注入脊椎四周蛛网膜下腔内，由于此处神经组织比较敏感，脊髓液循环慢，缓冲容量小，所以单次注射剂量不得超过 10ml，且注入时应缓慢。其 pH 为 5 ~ 8，渗透压须与脊髓液相等（完全等张），不得含有微粒等异物，且不得添加抑菌剂。

此外，还有关节腔注射、腹腔注射、穴位注射、动脉内注射、心内注射等，如抗肿瘤药甲氨蝶呤采用动脉内给药可以产生靶向作用。

（三）注射剂的质量要求

注射剂直接注入体内，其质量要求远高于口服制剂等剂型，为保证用药安全，注射剂应符合下列质量要求。

1. 无菌 注射剂成品中不应有任何活的微生物，必须符合《中国药典》（2020 年版）无菌检查项的要求。

2. 无热原 无热原是注射剂的重要质量指标，特别是供静脉及脊椎腔注射的注射剂均需按照《中国药典》（2020 年版）规定进行热原检查或细菌内毒素检查，必须符合规定。

3. 可见异物（澄明度）微粒被注入人体后，有可能形成血栓，对人体造成危害。因此，注射剂在规定条件下检查，不得有肉眼可见的混浊或异物，照《中国药典》（2020 年版）可见异物检查法检查，应符合规定。临用前，需在自然光下目视检查（避免阳光直射），如有可见异物，不得使用。

4. 不溶性微粒 因可见异物只能检查大于 50μm 的微粒和异物，但不可见的微粒和异物也能造成严重后果。《中国药典》（2020 年版）规定，用于静脉注射、静脉滴注、鞘内注射、椎管内注射的溶液型注射液、注射用无菌粉末及注射用浓溶液照不溶性微粒检查法（通则 0903）检查，均应符合规定。

5. pH 注射剂 pH 要求与血液相等或接近，人体血液的 pH 约 7.4，故注射剂一般控制在 4 ~ 9 的范围内。

6. 渗透压 注射剂的渗透压应与血液的渗透压相等或相近。除另有规定外，静脉输液及椎管注射用注射液按各品种项下的规定，照渗透压摩尔浓度测定法（通则 0632）测定，应符合规定。

7. 安全性 注射剂不能对人体细胞、组织、器官等引起刺激或产生不良反应，尤其是一些非水溶剂和附加剂，必须经过必要的动物实验，以确保使用安全。

8. 稳定性 注射剂多系水溶液，从生产到使用需经过一段时间，因此在制备、贮藏、使用的过程中，稳定性问题比其他剂型突出，故要求注射剂必须具备一定的物理、化学、生物学稳定性，在贮存期内安全有效。

9. 其他 有些注射剂如复方氨基酸注射液，其中的降压物质必须符合规定，以保证用药安全。此外，其他如含量、有关物质和装量差异等均应符合药典及相关质量标准的规定。

二、热原

热原系指能引起恒温动物体温异常升高的致热性物质，主要来源是微生物产生的一种细菌内毒素。大多数细菌均能产生热原，革兰阴性杆菌产生热原的致热能力最强。热原是由脂多糖、磷脂和蛋白质所组成的大分子复合物，其中脂多糖含量较高且具有特别强的致热活性，可大致认为热原 = 内毒素 = 脂多糖。含有热原的注射液进入人体后，会出现发冷、寒战、体温升高、身痛、出汗等不良反应。有时体温可升至 40℃，严重者出现昏迷、虚脱，甚至有生命危险，临床上称为热原反应。

答案解析

即学即练 9-1

热原致热的主要成分（　　）

A. 蛋白质　　B. 胆固醇　　C. 脂多糖　　D. 磷脂　　E. 脂肪酸

（一）热原的性质

热原除具有很强的致热性外，还具有下列各种性质。

1. 水溶性　热原含有磷脂、脂多糖和蛋白质，能溶于水，似真溶液，但其浓缩液带有乳光。

2. 滤过性　热原体积小，直径为 1～5nm，可通过一般滤器甚至是微孔滤膜，但活性炭能吸附热原，从而将热原滤过除去。此外，孔径小于 1nm 的超滤膜可除去绝大部分甚至全部热原。

3. 不挥发性　热原本身不挥发，但因具水溶性，可随水蒸气的雾滴夹带入蒸馏水中，故制备注射用水的重蒸馏水器应安装隔沫装置，以分离蒸汽和雾滴。

4. 耐热性　在通常注射剂的热压灭菌条件下，热原往往不能被破坏，如 60℃作用 1 小时不受影响，100℃也不分解。但热原的耐热性有一定的限度，如 180℃作用 3～4 小时、200℃作用 60 分钟、250℃作用 30～45 分钟或者 650℃作用 1 分钟等条件可彻底破坏热原。

5. 不耐强酸、强碱、强氧化剂　热原能被强酸（如浓硫酸）、强碱（氢氧化钠、碳酸钠等），强氧化剂（如过氧化氢或高锰酸钾等）破坏。

6. 其他　超声波也能破坏热原；阴离子树脂在一定程度上也能吸附热原。

（二）热原的污染途径

1. 溶剂　溶剂是热原污染的主要途径，最常用的是注射用水，如注射用水制备时操作不当、蒸馏设备结构不合理、贮藏时间过长或贮藏容器不洁都会污染热原。因此，生产的注射用水应定时进行细菌内毒素检查，供配制用的注射用水必须在制备后 12 小时内使用，并用优质低碳不锈钢罐贮存，并至少每周全面检查一次。

2. 原辅料　原辅料质量及包装不好，均会产生热原，如抗生素、水解蛋白、右旋糖酐等容易带入热原；营养性药物如葡萄糖，也易滋生微生物产生热原。

3. 容器、管道和用具　注射剂生产中接触到的容器、管道、用具等，如果未按照 GMP（2010 版）要求进行严格清洗和灭菌，易使药液污染而产生热原。

4. 生产过程及环境　洁净室的洁净级别不符合要求，操作时间过长，装置不密闭，灭菌不完全，操作不符合要求或包装封口不严等，均会增加细菌污染的机会而产生热原。

5. 输液器具和调配环境　临床所用的输液器具被细菌污染而带入热原，静脉药物配置时应按静脉用药调配中心管理规范进行调配。

（三）热原的去除方法

1. 活性炭吸附法　在配液时常加入适量的活性炭（供注射用），以去除药液中的热原。分次加入活性炭去除热原的效果更好，而且活性炭还有脱色、助滤、除臭等作用。但需注意活性炭也会吸附部分药液，使用前应进行验证。

2. 酸碱法　玻璃容器及用具等均可使用稀氢氧化钠溶液或重铬酸钾硫酸清洗液处理，以破坏热原。

3. 高温法　注射用针头、针筒及玻璃器皿等能耐受高温的器皿和用具，洗净后再在 180℃加热 2 小时或250℃加热30分钟以上处理破坏热原。

4. 离子交换法 热原在水溶液中带负电，可被阴离子树脂所交换。但树脂易老化，须定期进行再生处理。

5. 凝胶过滤法 凝胶微观上呈分子筛状，利用热原与药物分子量的差异，将两者分开。但当两者分子量相差不大时，不宜使用。如用二乙氨基乙基葡萄糖凝胶制备无热原去离子水。

6. 超滤法 孔径为3～15nm的超滤膜可用于去除药液中的热原，如10%葡萄糖注射液可用超滤法去除热原。

7. 蒸馏法 可采用蒸馏法加隔沫装置来制备注射用水，热原本身虽不挥发，但其具有水溶性可溶于雾滴，隔沫装置可阻挡雾滴，避免热原进入蒸馏水。

8. 反渗透法 用醋酸纤维素膜和聚酰胺膜等进行反渗透制备注射用水时可除去热原，具有节约热能和冷却水的优点。

实例分析

实例 2006年7月，哈尔滨医科大学附属第二医院收治9例因使用的克林霉素磷酸酯葡萄糖注射液（欣弗注射液）而产生严重不良反应的患者，其中5例伴有顽固性低血压性休克，4例出现意识障碍。经权威检验，相关批次欣弗注射液热原检查和无菌检查均不符合规定。

问题 1. 什么是热原和热原反应？热原污染的途径有哪些？

2. 你认为新时期药品生产从业人员应具备哪些职业素养？

答案解析

（四）热原检查方法

1. 热原检查法 即家兔法，是将一定量的供试品由静脉注入家兔体内，在规定时间内观察体温的变化情况，如家兔体温升高的度数超过规定限度即认为有热原反应。本法结果准确，灵敏度为0.001μg/ml，实验结果接近人体真实情况，但费时较长、操作烦琐，不适合生产过程中间体的质量监控，也不适合于肿瘤抑制剂、放射性药物等细胞毒性药物制剂。

2. 细菌内毒素检查法 又称鲎试剂法，是利用鲎试剂来检测或量化由革兰阴性菌产生的细菌内毒素，以判断供试品中细菌内毒素的限量是否符合规定的一种方法。本法操作简单、结果迅速可得、灵敏度高，可达0.0001μg/ml，比家兔法灵敏10倍。适合于生产过程中的热原控制，也适合于某些不能用家兔进行热原检查的品种，如放射性制剂、肿瘤抑制剂等。但本法对革兰阴性以外的内毒素不敏感，故还不能完全代替家兔发热试验法。

三、注射剂的溶剂与附加剂

（一）注射剂的溶剂

在制备注射剂时，药物必须要用适当的溶剂溶解、混悬或乳化才能制备成注射液。对于注射用无菌粉末，使用时也需要用溶剂溶解才能注射入人体。因此，溶剂是注射剂制备和使用中不可缺少的组分。水性溶剂最常用的为注射用水，也可用0.9%氯化钠注射液或其他适宜的水溶液。非水性溶剂常用植物油，主要为供注射用大豆油，其他还有乙醇、丙二醇和聚乙二醇等。

1. 注射用水 注射用水为纯化水经蒸馏制得的水，是制备注射剂最常用的溶剂。注射用水的质量必须符合《中国药典》（2020 年版）的规定，应为无色的澄明液体；无臭无味。pH 为 5.0～7.0；氨含量不超过 0.000 02%；每 1ml 中细菌内毒素量应小于 0.25EU；微生物限度 100ml 供试品中需氧菌总数不得过 10cfu。硝酸盐与亚硝酸盐、电导率、总有机碳、不挥发物与重金属照纯化水项下的方法检查，应符合规定。注射用水的制备、质量控制与贮存详见项目五。

2. 注射用油　对于一些水不溶性药物，可以选择溶解性好、可在机体进行新陈代谢的植物油作为溶剂制备成注射剂。常用的注射用油为注射用大豆油、玉米油、橄榄油等。《中国药典》（2020 年版）收载的大豆油（供注射用），其质量应符合以下要求：应为淡黄色的澄明液体，无臭或几乎无臭；相对密度为 0.916～0.922g/ml、折光率为 1.472～1.476；酸值应不大于 0.1，皂化值为 188～195，碘值为 126～140，并检查吸光度、过氧化物、不皂化物、棉籽油、碱性杂质、水分、重金属、砷盐、脂肪酸组成、微生物限度等，如供无除菌工艺的无菌制剂使用时应检查无菌。

3. 其他注射用溶剂　此类溶剂多数能与水混溶，可与水混合使用，以增加药物的溶解度或稳定性，适用于不溶、难溶于水或在水溶液中不稳定的药物。

（1）乙醇　本品为无色澄清液体，微有特臭，可与水、丙二醇、甘油等溶剂以任意比例混溶。乙醇作为注射溶剂可供静脉或肌内注射，浓度可达 50%（如氢化可的松注射液），但浓度超过 10% 时可能会有溶血作用或疼痛感。

（2）甘油　本品为无色、澄清的黏稠液体。甘油黏度、刺激性均较大，不宜单独使用，常与注射用水、丙二醇、乙醇等混合使用。

（3）丙二醇　为 1，2－丙二醇，为无色澄清的黏稠液体。可以与水、乙醇或甘油以任意比例混溶，常用量 10%～60%，可供静注或肌注，丙二醇毒性较小，但皮下或肌注时有局部刺激性。

（4）聚乙二醇（PEG）　为环氧乙烷与水缩聚而成的混合物，分子式以 $H(OCH_2CH_2)nOH$ 表示，其中 n 代表氧乙烯基的平均数。其中供注射用的 PEG 300、PEG 400 哌为无色澄清的黏稠液体，微臭，化学性质稳定，能与乙醇、水混合，如 1% 噻替哌注射液以 PEG400 为溶剂。

其他注射用溶剂有油酸乙酯、二甲基乙酰胺、二甲基亚砜、苯甲酸苄酯等。

（二）注射剂的附加剂

1. 注射剂附加剂种类　为了保证注射剂的安全性、有效性和稳定性，注射剂中除主药外常需添加其他物质，这些物质统称为附加剂，如渗透压调节剂、pH 调节剂、增溶剂、助溶剂、抗氧剂、抑菌剂、乳化剂、助悬剂等。所选择的附加剂应安全、使用浓度不得引起毒性或明显的刺激性、不影响主药疗效和含量测定。常用附加剂见表 9－1。

表 9－1　注射剂的常用附加剂及用量

类型	附加剂	浓度范围（%）	类型	附加剂	浓度范围（%）
增溶剂	聚氧乙烯蓖麻油	1～65	抗氧剂	半胱氨酸	0.1～0.5
润湿剂	聚山梨酯 20	0.01		抗坏血酸	0.01～0.05
乳化剂	聚山梨酯 40	0.05		亚硫酸钠	0.1～0.2
	聚山梨酯 80	0.04～4.0		亚硫酸氢钠	0.1～0.2
	聚维酮	0.2～1.0		焦亚硫酸钠	0.1～0.2
	卵磷脂	0.5～2.3		硫代硫酸钠	0.1
	普朗尼克 F－68	0.21		维生素 E	0.05～0.5

续表

类型	附加剂	浓度范围（%）	类型	附加剂	浓度范围（%）
pH 调节剂或缓冲剂	醋酸，醋酸钠	0.22，0.8	金属离子螯合剂	依地酸二钠（EDTA－2Na）	0.01～0.05
	枸橼酸，枸橼酸钠	0.5，4.0	稳定剂	肌酐	0.5～0.8
	酒石酸，酒石酸钠	0.65，1.2		甘氨酸	1.5～2.25
	磷酸氢二钠，磷酸二氢钠	1.7，0.71		烟酰胺	1.25～2.5
	碳酸氢钠，碳酸钠	0.005，0.06		辛酸钠	0.4
抑菌剂	甲酚	0.3	助悬剂	明胶	2.0
	羟苯酯类	0.01～0.25		甲基纤维素	0.03～1.05
	苯酚	0.5		羧甲基纤维素	0.05～0.75
	三氯叔丁醇	0.5	粉针填充剂	甘露醇	1.0～10.0
	苯甲醇	1～2		甘氨酸	1～2
局麻剂或止痛剂	盐酸普鲁卡因	0.5～2.0		乳糖	1.0～8.0
	利多卡因	0.5～1.0		山梨醇	1～10
	苯甲醇	1.0～2.0	保护剂	乳糖	2～5
	三氯叔丁醇	0.25～0.5		蔗糖	2～5
渗透压调节剂	氯化钠	0.5～0.9		麦芽糖	2～5
	葡萄糖	4.0～5.0		人血白蛋白	0.1～1

注射剂的标签和说明书中应标明其中所用辅料的名称，如有抑菌剂还应标明抑菌剂的种类和浓度。

2. 注射剂的等渗调节计算　凡是与血浆、泪液等体液的渗透压相等的溶液称为等渗溶液，如0.9%的氯化钠溶液（生理盐水）、5%的葡萄糖溶液。正常人体血液的渗透压为285～310Osmol/kg，高于或低于血浆渗透压的溶液相应称为高渗或低渗溶液。若血液中大量注入低渗溶液，可造成溶血，大量注入高渗溶液时，血细胞就会因水分大量渗出而萎缩。因此，注入机体内的液体一般要求与血浆等渗。常用的渗透压调节剂有氯化钠、葡萄糖等。渗透压的调节方法有冰点降低数据法和氯化钠等渗当量法。

（1）冰点降低数据法　人的血浆与泪液的冰点均为－0.52℃，因此，任何溶液如果将其冰点降低为－0.52℃，即与血浆等渗，成为等渗溶液。常用药物1%水溶液的冰点降低数据见表9－2。

表9－2　一些药物水溶液的冰点降低值和氯化钠等渗当量

药物名称	1%水溶液（g/ml）冰点降低值（℃）	1g药物的氯化钠等渗当量（E）	等渗溶液的溶血情况		
			浓度（%）	pH	溶血（%）
碳酸氢钠	0.381	0.65	1.39	8.3	0
硼酸	0.28	0.47	—	—	—
青霉素G钾	—	0.16	5.48	6.2	0
尿素	0.341	0.55	—	—	—
氯霉素	0.06	—	—	—	—
氯化钠	0.58	—	0.90	6.7	0
甘露醇	0.10	0.18			
盐酸吗啡	0.086	0.15	—	—	—

续表

药物名称	1% 水溶液（g/ml）冰点降低值（℃）	1g 药物的氯化钠等渗当量（E）	等渗溶液的溶血情况		
			浓度（%）	pH	溶血（%）
依地酸钙钠	0.12	0.21	4.50	6.1	0
依地酸二钠	0.132	0.23	—	—	—
氢溴酸后马托品	0.097	0.17	5.67	5.0	92
枸橼酸钠	0.185	0.30	—	—	—
聚山梨酯 80	0.01	0.02	—	—	—
硫酸阿托品	0.08	0.10			
盐酸丁卡因	0.109	0.18	—	—	—
盐酸可卡因	0.09	0.14	6.33	4.4	47
盐酸麻黄碱	0.16	0.28	3.20	5.9	96
无水葡萄糖	0.10	0.18	5.05	6.0	0
葡萄糖（含 H_2O）	0.091	0.16	5.51	5.9	0
盐酸普鲁卡因	0.12	0.18	5.05	5.6	91
硝酸毛果芸香碱	0.133	0.22	—	—	—

冰点降低数据法计算时，等渗调节剂的用量可用式 9－1 计算。

$$W=\frac{0.52-a}{b} \qquad \text{式(9-1)}$$

式中 W 为配制 100ml 等渗溶液需加等渗调节剂的量（g）；a 为未经调节的药物溶液的冰点下降度数（℃），若溶液中含有两种或两种以上的物质时，则 a 为各物质冰点降低值的总和；b 为 1%（g/ml）等渗调节剂的冰点降低度数（℃）。

例：配制 2% 盐酸普鲁卡因注射液 100ml，需加入多少克氯化钠可调整为等渗溶液？

查表 9－2 可知，$a=0.12\times2=0.24$，$b=0.58$，代入式 9－1，则

$$W=(0.52-0.24)/0.58\approx0.48\ (g)$$

即配制 100ml 的 2% 盐酸普鲁卡因注射液需加入 0.48g 氯化钠才能调节等渗。计算时需注意的是所得值为 100ml 中需加入的量，如果配制 Vml，还需乘以倍数。

（2）氯化钠等渗当量法　与 1g 药物呈等渗效应的氯化钠的量称为氯化钠等渗当量，用 E 表示。例如无水葡萄糖的等渗当量为 0.18，即 1g 无水葡萄糖在溶液中产生与 0.18g 氯化钠相等的渗透效应。

氯化钠等渗当量法计算时，等渗调节剂的用量可用式 9－2 计算。

$$X=0.009V-EW \qquad \text{式(9-2)}$$

式中 X 为配成 Vml 的等渗溶液需加的氯化钠量（g）；V 为欲配制溶液的体积（ml）；E 为药物的氯化钠等渗当量（可查表 9－2 或测定）；W 为配液用药物的重量（g）；0.009 为每毫升等渗氯化钠溶液中所含氯化钠的量。

例：配制 1% 的盐酸吗啡注射液 500ml，需加入多少克氯化钠才能调整为等渗溶液？

查表 9－2 可知，盐酸吗啡的 E 值为 0.15，1% 盐酸吗啡注射液 500ml 需药物 W＝5g，代入式 9－2，则

$$X=0.009\times500-0.15\times5=3.75\ (g)$$

即配制 1% 盐酸吗啡注射液 500ml，需加入 3.75g 氯化钠调节等渗。

知识链接

等张溶液

等张溶液系指与红细胞张力相等的溶液，在等张溶液中既不会发生红细胞体积改变，也不会发生溶血。红细胞膜对于许多药物的水溶液来说都可视为理想的半透膜，溶剂可以自由通过，而溶质不能通过。因此，它们的等渗浓度与等张浓度相等，如0.9%氯化钠溶液。但也有一些药物的等渗溶液并不等张，如1.9%尿素溶液、2.6%甘油溶液是等渗溶液，但施于机体时可引起溶血。主要是由于这些药物的水溶液，不仅溶剂分子能出入，而且溶质分子也能自由通过细胞膜，同时促使膜外水分进入细胞，从而使得红细胞胀大破裂而溶血。因此，即使为等渗溶液，也要进行溶血试验，因其不一定是等张溶液，可能会产生溶血现象。

任务二　小容量注射剂的制备

小容量注射剂也称水针剂，指装量小于50ml的注射剂，其生产过程包括原辅料和容器的准备、配液、过滤、灌装、封口、灭菌、检漏、灯检、印字、包装、入库等。小容量注射剂生产制备流程图见图9－2。

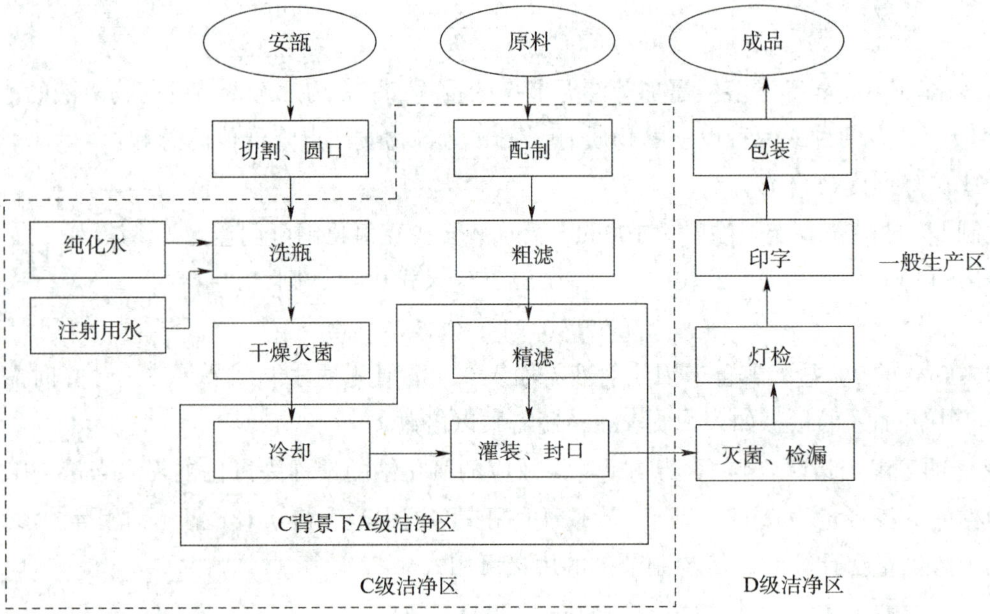

图9－2　小容量注射剂制备工艺流程

一、小容量注射剂的容器及处理方法

（一）小容量注射剂的容器

小容量注射剂容器一般采用曲颈安瓿与粉末安瓿，曲颈安瓿又可分为点刻痕易折安瓿和色环易折安瓿（图9－3）。它们均可平整折断，可避免折断安瓿瓶颈时造成玻璃屑、微粒进入安瓿污染药液。小剂量水溶液型注射剂使用的安瓿一律为曲颈易折安瓿，其容量通常是1ml、2ml、5ml、10ml、20ml等规格。

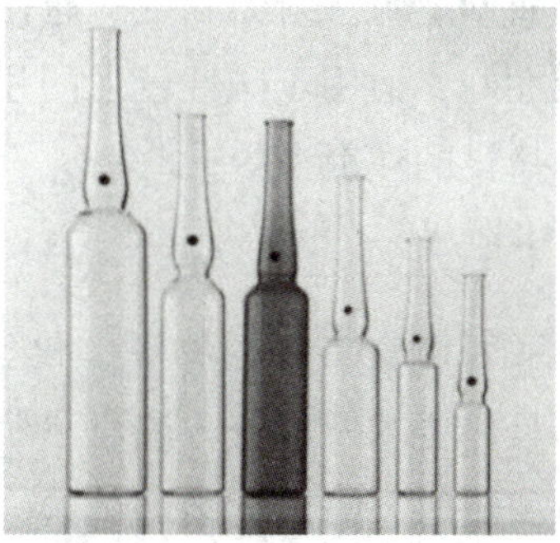
(a)

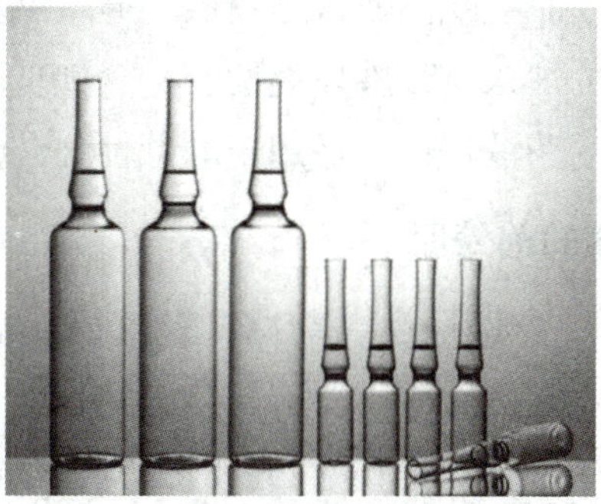
(b)

图 9-3　安瓿
(a) 点刻痕易折安瓿；(b) 色环易折安瓿

知识链接

新型注射剂容器

预灌封注射器是近年来流行的一种新型注射剂包装容器（图 9-4a），常用于疫苗和非最终灭菌的生物制剂等。它是将注射液直接灌装于注射器中，方便医护人员或患者随时注射药物的一种“药械合一”给药形式。临床中比使用安瓿节省一半的时间，同时还能减少污染和避免浪费，对于昂贵的生化制剂和不易制备的疫苗制品，具有十分重要的意义。

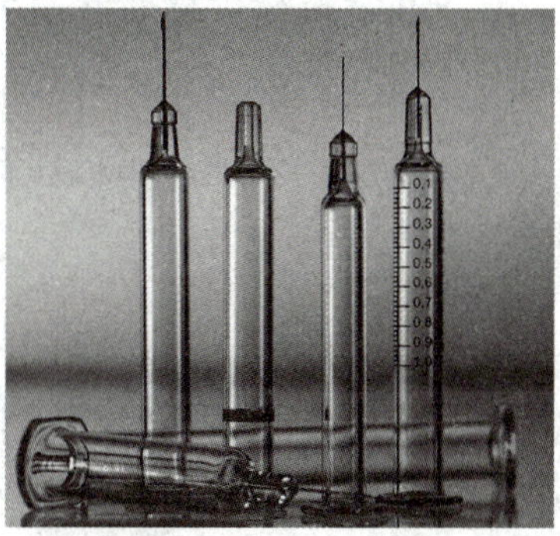
(a)

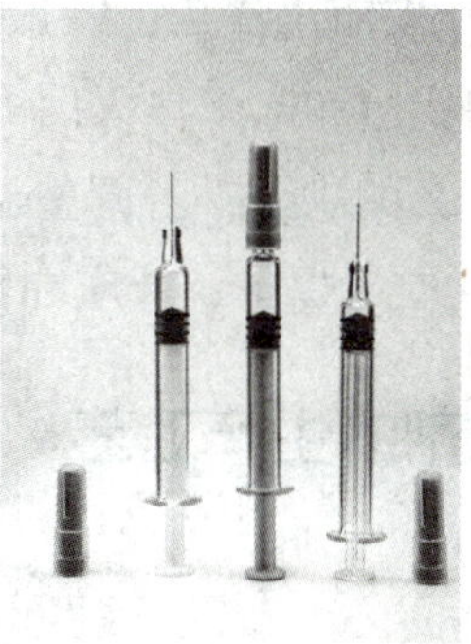
(b)

图 9-4　新型注射剂容器
(a) 预灌封注射器；(b) 卡式瓶

卡式瓶也称为笔试注射器玻璃套筒，是近年市场上出现的一种注射剂包装容器，类似没有推杆的注射器（图 9-4b）。该容器前部装有橡胶密封保护的注射用针头，瓶口用胶塞铝盖密封，尾部用橡胶活塞密封。使用时将容器置入可重复使用的卡式注射架（或称注射笔）中即可给药，可降低污染，提高患者用药顺应性及用药安全性。

（二）安瓿的质量要求

安瓿质量对注射剂的稳定性影响很大，应满足的质量要求：①应清洁透明，便于可见异物、杂质、药液变质情况的检查；②要有足够的物理强度，保证在洗涤、高温灭菌或冷冻干燥中不破裂；③化学性质稳定，不易被药液所侵蚀，不改变药液的 pH；④不得有气泡、麻点、砂粒等；⑤熔点低，易于熔封；⑥对需要避光的药物，可选择棕色透明安瓿。

目前曲颈易折安瓿在我国通常采用低硼硅玻璃材质，而预灌封注射器和卡式瓶往往采用质量更优的中硼硅玻璃。金属的加入可改善玻璃性能，含钡玻璃耐碱性好，适用于碱性较强的注射剂；含锆玻璃耐酸碱性能好，不易受药液侵蚀，适用于酸碱性强药液和钠盐类的注射液等。

（三）安瓿使用的前处理

1. 安瓿的检查 为保证注射剂质量，安瓿应经过一系列检查，包括物理、化学检查及装药试验。物理方面包括外观、长度、应力、清洁度、热稳定性等，具体要求及检查方法可参照国家标准。化学检查项目有耐酸、耐碱和中性检查。必要时尤其当安瓿材料变更时，需进行装药试验，证明其材质与药液的相容性良好方能应用。

2. 安瓿的洗涤 安瓿的洗涤方法有甩水洗涤法、气水加压喷射洗涤法和超声波洗涤法。

（1）甩水洗涤法 将安瓿灌满经滤过澄明度符合要求的纯化水，再用甩水机将水甩出，反复三次，最后一次用澄明度合格的注射用水。该法一般适用于5ml以下安瓿。

（2）气水加压喷射洗涤法 使用的洗涤用水和压缩空气均应预先经过滤合格，由针头交替喷入倒置的安瓿内进行洗涤，冲洗顺序为气—水—气—水—气，一般4～8次，所用压缩空气应有足够的压力并过滤纯净，最后一次洗涤用水应采用新鲜过滤的注射用水。

（3）超声波洗涤法 将玻璃安瓿浸于超声波清洗槽中，利用超声波的空化作用对物体表面的污物进行清洗，具有清洗速度快，清洗洁净度高等特点。在实际生产中通常是超声波洗涤与气水加压喷射洗涤相结合。

3. 安瓿的干燥灭菌 安瓿洗涤后，一般采用120～140℃烘箱干燥。若用于盛装无菌操作的药液或低温灭菌制品的安瓿，须用180℃干热灭菌1.5小时。大量生产时多用红外线隧道式烘箱，隧道内平均温度约200℃，有利于安瓿的烘干；若调整温度350℃，经过5分钟，能达到安瓿灭菌的目的。灭菌安瓿的存放柜应有层流净化空气保护，并应在24小时内使用。

二、小容量注射剂的生产工艺

（一）配液

1. 原辅料的质量要求与投料计算 供注射用的原料药，应达到注射用规格，符合《中国药典》（2020年版）及国家有关对注射剂原料质量标准，并经检验合格后方能投料；辅料应符合药用标准，若有注射用规格，应选用注射用规格，例如活性炭要用针用活性炭，注射用水要新鲜制备，贮藏期不超过12小时。生产中更换原辅料的生产厂家时，甚至对于同一厂家的不同批号的原料，在生产前均应进行严格检查。

配液时应根据处方规定和原辅料检验测定的含量结果计算出每种原辅料的投料量。药物含结晶水应注意处方是否要求换算成无水药物的用量；制备过程的过滤、灭菌工艺有可能导致含量下降的药物，应酌情增加投料量。原辅料经称量后，必须经过双人复核，方可投料。

2. 配制用具的选择与处理 注射液的配液操作一般在有搅拌器的夹层锅中进行。配液用的器具均应用化学稳定性好的材料制成，常用的有玻璃、不锈钢、耐酸碱搪瓷或无毒聚氯乙烯、聚乙烯等材质；不宜采用铝、铁、铜质器具。大量生产通常采用不锈钢夹层配液罐，配液罐可以通蒸汽加热，也可通冷水冷却。配液罐应性质稳定、耐腐蚀，不影响药液性质。配制用具使用前，应用专门清洁剂进行洗涤清洁处理，临用前用新鲜注射用水荡洗或灭菌后备用。每次配液结束后，应立即清洗。

3. 配制方法　注射液配制的方法有两种：浓配法和稀配法。

（1）稀配法　是将处方量的原辅料加入所需溶剂中，一次性配成所需浓度。凡是原辅料质量较好，小样试验澄明度符合要求，并且药液浓度不高或者配液量不大时，常采用稀配法。

（2）浓配法　是将处方量的原辅料全部加入部分溶剂中配成浓溶液，经加热过滤，必要时也可冷藏过滤，然后稀释至所需浓度。凡是原辅料虽符合注射用要求，但是溶液澄明度较差的情况，一般采用浓配法配制。

若药液不易滤清时，可加入配液量 0.1% ~1% 活性炭（供注射用）或通过铺有炭层的布氏漏斗，但应注意活性炭对药液的吸附；配制剧毒药物，应严格称量和核对，仪器、用具宜分开使用，防止交叉污染；配制油溶液时其器具必须干燥，注射用油在应用前需经 150 ~160℃ 干热灭菌 1 ~2 小时，冷却后使用。

（二）滤过

注射液滤过是保证注射液澄明的关键工序，一般采取预滤和精滤相结合的二级滤过方式除去异物（白点、纤维、未溶解结晶等杂质）。即药液先通过钛滤棒或砂滤棒进行过滤，再用垂熔玻璃滤球过滤，最后通过微孔滤膜（孔径为 0.22 ~0.45μm）进行精滤，滤过后的药液必须经可见异物检查合格后，方可灌装。常用过滤器及滤过装置详见项目六。

（三）灌封

为避免药液染菌，滤过后的药液经检查合格后，应立即灌装和封口。灌装和封口在同一室内进行，并且已经实现灌封联动。灌封岗位是注射剂制备的核心环节，其环境要求较高、控制严格，最终灭菌产品灌封在洁净级别 C 级背景下 A 级，如为非最终灭菌产品洁净级别则为 B 级背景下的 A 级。药液灌装要求做到剂量准确，因此注入量要比标示量稍多，以抵偿使用时由于瓶壁黏附和注射器及针头的吸留而造成的损失。按《中国药典》（2020 版）规定，灌装标示装量为不大于 50ml 注射剂，应按表 9 –3 适当增加注射剂装量。同时注射液灌注前必须用精确的量器校正注射器的吸取量，试装若干支安瓿，经检查合格后再行灌装。

表 9 –3　注射剂装量增加量

标示装量（ml）	增加量（ml）	
	易流动液	黏稠液
0.5	0.10	0.12
1	0.10	0.15
2	0.15	0.25
5	0.30	0.50
10	0.50	0.70
20	0.60	0.90
50	1.00	1.50

对于接触空气易变质的原料药物，在灌装过程中，应排出容器内的空气，可填充二氧化碳或氮气等惰性气体，立即熔封或严封。通入惰性气体的方法很多，一般认为两次通气较一次通气效果好。1 ~2ml 的安瓿常在灌装药液后通入惰性气体，而 5ml 以上的安瓿则在药液灌装前后各通一次，以尽可能驱尽安瓿内的残余空气。对温度敏感的原料药物在灌封过程中应控制温度，灌封完成后应立即将注射剂置于规

定的温度下贮存。

已灌装好的安瓿应立即熔封。安瓿熔封应严密、不漏气、安瓿封口后长短整齐一致，颈端应圆整光滑、无尖头和小泡。封口方法有拉封和顶封两种，顶封易出现毛细孔，不如拉封封口严密，故目前常用拉封的封口方式。

生产上多采用全自动灌封机，药液的灌封由五个动作协调进行：①移动齿档送安瓿；②灌注针头下降；③药液灌注入安瓿；④灌注针头上升后安瓿离开同时灌注器吸入药液；⑤灌好药液的安瓿在封口工位进行熔封。上述动作必须按顺序协调进行。

知识链接

灌装过程中容易出现的问题及解决办法

1. 安瓿瓶颈沾有药液　主要因为灌装针头定位不正或弯曲造成的，及时调整针头位置即可解决。

2. 安瓿内药液表面产生泡沫　可能是灌装压力过高、针头太高或太接近安瓿底部等因素造成的。通过及时降低灌装速度、调整灌装针头的位置来解决。

3. 灌装针头漏液　可能因为压力泵的回吸作用太小或灌装针头压力管太长造成的。可通过调整回吸作用的控制、缩短软管长度来解决。

4. 安瓿顶部焦头　当灌注时给药太急、药液溅到安瓿壁上，封口时会形成炭化点。针头尖端残留的药液水珠、针头安装不正、针头升降轴不够润滑、压药与针头打药的行程配合不好造成针头刚进瓶口就注药或针头临出瓶口时才注完药液等均会造成焦头。可通过调整灌装针头的位置、升降节奏、灌装速度、压力泵的回吸作用太小来解决安瓿顶部焦头问题。

目前企业生产中已实现洗、烘、灌、封联动装置，由安瓿清洗机、干燥灭菌机、安瓿灌封机三个工作区组成。可完成安瓿淋洗、超声波洗涤、气水交替洗涤、烘干灭菌、冷却、充氮、灌封等近20道工序，采用微机控制和电子技术实现机电一体化，使整个生产过程可控，能实现自动控温、自动记录、自动报警和显示故障等，有利于提高产品质量，减轻了劳动强度。

（四）灭菌与检漏

1. 灭菌　灌封后应立即灭菌，从配液到灭菌要求在12小时内完成，以保证产品的无菌。应根据药物性质选择适宜的灭菌法，若灭菌温度高、时间长，易将微生物杀灭，但不利于药液的稳定。因此对热稳定的品种，可采用热压灭菌。对热不稳定品种，在避菌条件较好的情况下生产可采用流通蒸气灭菌，1～5ml安瓿多采用流通蒸气100℃、30分钟；10～20ml安瓿常用100℃、45分钟灭菌。无论采用何种灭菌条件，均应保证灭菌后的PNSU≤10^{-6}。

2. 检漏　灭菌后的安瓿应立即进行漏气检查。安瓿如有毛细孔或微小的裂缝存在，则微生物或污物可进入安瓿或产生药物泄露，污损包装，应检查剔除。检漏一般应用灭菌检漏两用的灭菌器。灭菌完毕后，放入冷水淋洗，待温度稍降，抽气减压至一定真空度。再打开色水阀放入有色溶液至盖过安瓿，然后关闭色水阀，打开气阀，将色水抽回贮罐中，淋洗后检查。由于漏气安瓿中的空气被抽出，当空气放入时，有色溶液即借大气压力压入漏气安瓿内而被检出。

（五）印字与包装

灭菌后的注射剂及时转入中间站，经检查合格后，转入印字包装岗位。目前生产中常使用印字包装全自动生产线，将印字、装盒、贴签及包装等联动完成，提高了生产效率。

安瓿包装材料常采用不剥落纤维状颗粒的材料制成，并且经过热收缩膜封合。包装盒内应放入说明书、盒外应贴标签。说明书和标签上必须按规定注明药品的品名、规格、生产企业、批准文号、生产批号、主要成分、适应证、用法、用量、禁忌、不良反应和注意事项等。

处方解析 9－1：维生素 C 注射液

【处方】	维生素 C	104g	主药
	依地酸二钠	0.05g	金属离子螯合剂
	碳酸氢钠	49.0g	pH 调节剂
	亚硫酸氢钠	2.0g	抗氧剂
	注射用水	加至 1000ml	溶剂

【制法】在配制容器中，加处方量 80% 的注射用水，通二氧化碳至饱和，加维生素 C 溶解后，分次缓缓加入碳酸氢钠，搅拌使完全溶解，加入预先配制好的依地酸二钠和亚硫酸氢钠溶液，搅拌均匀，调节药液 pH 至 6.0～6.2，添加二氧化碳饱和的注射用水至足量，用垂熔玻璃漏斗与膜滤器过滤，溶液中通二氧化碳，并在二氧化碳气流下灌封，最后于 100℃ 流通蒸气 15 分钟灭菌。

【注解】本品易氧化水解，原辅料的质量，特别是维生素 C 原料和碳酸氢钠，是影响维生素 C 注射液的关键。空气中的氧气、溶液 pH 和金属离子（特别是铜离子）对其稳定性影响较大。因此处方中加入抗氧剂（亚硫酸氢钠）、金属离子络合剂及 pH 调节剂，工艺中采用充惰性气体等措施，以提高产品稳定性。

【用途】主要用于治疗维生素 C 缺乏病（坏血病），也可用于各种急慢性传染性疾病及紫癜等辅助治疗。

处方解析 9－2：聚乙二醇干扰素注射液

【处方】	聚乙二醇干扰素 α2b	180mg	主药
	吐温 80	100mg	稳定剂
	乙二胺四乙酸二钠	1g	稳定剂
	磷酸氢二钠	12.68g	缓冲液
	磷酸二氢钠	3.43g	缓冲液
	氯化钠	4.89	渗透压调节剂
	注射用水	加至 1000ml	溶剂

【制备】称取上述处方量的磷酸氢二钠、酸二氢钠、氯化钠，用适量注射用水溶解，其 pH 为 6.5～7.5，121℃ 条件下湿热灭菌 30 分钟，随后冷却至 2～8℃，得到稀释液。取相应量的聚乙二醇干扰素 α2b、吐温 80 及乙二胺四乙酸二钠加入稀释液内，定容至 1000ml，混合均匀。用 0.22μm 微孔滤膜对混合溶液进行过滤，无菌条件下分装于 2ml 西林瓶中，每支西林瓶中为 1ml 聚乙二醇干扰素注射液。

【注解】处方中吐温 80 和乙二胺四乙酸二钠是聚乙二醇干扰素 α2b 的稳定剂。其中表面活性剂吐温 80 可以降低蛋白质溶液的表面张力，从而降低由于疏水作用而导致的蛋白质聚集；乙二胺四乙酸二钠与溶液中的痕量金属离子螯合，进一步增加了蛋白质的稳定性。由于量白多类药物遇热不稳定，因此在稀释液中加入聚乙二醇干扰素 α2b 后，应采用滤膜进行过滤除菌，并在无菌条件下进行分装。

【用途】适用于治疗慢性丙型肝炎和用于治疗 HBeAg 阳性的慢性乙型肝炎。

三、小容量注射剂的质量控制

按照《中国药典》（2020 年版），除另有规定外，注射剂应进行以下质量检查。

（一）装量

除另有规定外，供试品标示装量不大于2ml者，取供试品5支（瓶）；2ml以上至50ml者，取供试品3支（瓶）。按照药典四部注射剂制剂通则装量检查法进行检查，每支（瓶）的装量均不得少于其标示量。

生物制品多剂量供试品：取供试品1支（瓶），按标示的剂量数和每剂的装量，分别用注射器抽出，按药典规定步骤测定单次剂量，应不低于标示量。

也可采用重量除以相对密度计算装量。准确量取供试品，精密称定，求出每1ml供试品的重量（即供试品的相对密度）；精密称定用干燥注射器及注射针头抽出或直接缓慢倾出供试品内容物的重量，再除以供试品相对密度，得出相应的装量。

（二）可见异物

可见异物系指存在于注射剂、眼用液体制剂和无菌原料药中，在规定条件下目视可以观测到的不溶性物质，其粒径或长度通常大于50μm。除另有规定外，按照药典可见异物检查法（通则0904）进行检查，应符合规定。

注射剂在出厂前，均应采用适宜的方法逐一检查，并剔除不合格产品。可见异物检查既可以保证患者用药安全，又可以发现生产中的问题，为改进生产环境和工艺提供依据。例如，注射液中出现的白点多来源于原料或安瓿；纤维多因环境污染所致；玻璃屑往往是安瓿洗涤或灌封不当所造成的；金属屑则来自于灌封针头。

可见异物检查法有灯检法和光散射法，一般常用灯检法。灯检法不适用的品种，如有色透明容器包装或液体色泽较深（一般深于各标准比色液7号）的品种，可选用光散射法，混悬型、乳状液型注射液则不能使用光散射法。

（三）无菌

任何品种的注射剂必须符合无菌的要求。注射液灭菌完成后，每批必须抽样进行无菌检查，以确保制品的灭菌质量。具体方法照药典无菌检查法（通则1101）项下规定进行检查，应符合规定。无菌检查法包括薄膜过滤法和直接接种法。只要供试品性质允许，应采用薄膜过滤法。

（四）细菌内毒素或热原

除另有规定外，静脉用注射剂按药典各品种项下的规定，照细菌内毒素检查法（通则1143）或热原检查法（通则1142）检查，应符合规定。

此外，某些注射剂如生物制品要求检查降压物质，鉴别、含量测定、pH值、毒性试验和刺激性试验等应根据具体品种项下规定进行检查。

任务三　输液的制备

一、概述

输液，又称大容量注射剂，系指由静脉滴注输入体内的大剂量（除另有规定外，一般不小于100ml，生物制品一般不小于50ml）注射液，也称为静脉输液，以下简称输液，常用于抢救危重患者及不能进食的患者，补充必要的营养、热量和水分；帮助恢复和维持血容量；调节酸碱平衡和电解质平衡等生理功能。

（一）输液的分类

1. 电解质输液　用以补充体内水分和电解质，调节酸碱平衡等。常用的有氯化钠注射液、复方氯化钠注射液、碳酸氢钠注射液、乳酸钠注射液等。

2. 营养输液　常用于不能口服吸收的患者，主要包括糖类及多元醇类输液（如葡萄糖注射液、甘露醇注射液等）、氨基酸类输液（如复方氨基酸注射液等）、脂肪类输液（如静脉脂肪乳注射液等）。

3. 胶体输液　这类输液是一种与血浆等渗的胶体溶液，可作代血浆使用，但不能代替全血应用。该类输液可较长时间地保持在循环系统中，增加血容量和维持血压，除符合注射剂有关质量要求外，不妨碍红细胞的携氧功能，易被机体吸收，不得在脏器组织中蓄积，如右旋糖酐注射液、羟乙基淀粉注射液等。

4. 含药输液　含治疗性药物的输液，可直接用于临床治疗，如替硝唑氯化钠注射液、硝酸异山梨酯葡萄糖注射液等。

（二）输液的质量要求

输液的质量要求与注射剂基本上是一致的，但由于输液一次注射量较大，故对无菌、无热原及可见异物的要求更为严格，在生产过程中应采取各种措施防止微生物、微粒污染，确保安全；pH 值应在保证制品稳定和疗效的基础上尽量与血浆相等或接近；渗透压应等渗或稍偏高渗；含量、色泽也应符合要求；不得添加抑菌剂，在贮存过程中质量稳定。

静脉乳状液型注射液还必须符合下列要求：乳滴直径 90% 应在 1μm 以下，不得有大于 5μm 的液滴。

血浆代用液还应符合下列要求：不妨碍血型试验，不妨碍红细胞的携氧功能，在血液中能保留较长时间，易被机体吸收，不在脏器组织中蓄积。

二、输液的生产工艺　微课

输液的包装容器包括玻璃瓶、塑料瓶及塑料袋等不同形式，其质量应符合国家标准。由于不同容器的生产、清洗、处理等方面均不同，相应输液的生产工艺流程也不同。

（一）输液的容器和包装材料

输液容器有玻璃瓶、塑料瓶和塑料袋三种，还应有密封件和铝盖等附件。

1. 玻璃瓶　玻璃输液瓶是传统输液容器，具有透明度好，耐压耐高温，瓶体不变形等优点，但仍存在瓶口密封性差、重量大、耐碱性能差、易碎、运输不便、生产时能耗大、成本高等缺点。按玻璃类型分为Ⅰ型和Ⅱ型（在瓶底标记）：Ⅰ型瓶的玻璃为硼硅玻璃，具有优良的化学稳定性；Ⅱ型瓶的玻璃为内表面经过中性化处理的钠钙玻璃，仅适用于一次性使用。

如果生产玻璃输液瓶的车间的洁净度较高，瓶子出炉后，立即密封，这样的输液瓶只要用滤过注射用水冲洗即可。一般采用清洁剂处理（如酸洗、碱洗）等方法。碱洗法操作方便，易组织流水线生产，也能消除细菌与热原，但由于碱对玻璃有腐蚀作用，故碱液（50～60℃的 2% 氢氧化钠溶液或 1%～3% 碳酸钠溶液）与玻璃接触时间不宜过长（数秒内）；在药液灌装前，必须用微孔滤膜滤过的注射用水倒置冲洗。玻璃瓶装输液生产工艺流程见图 9-5。

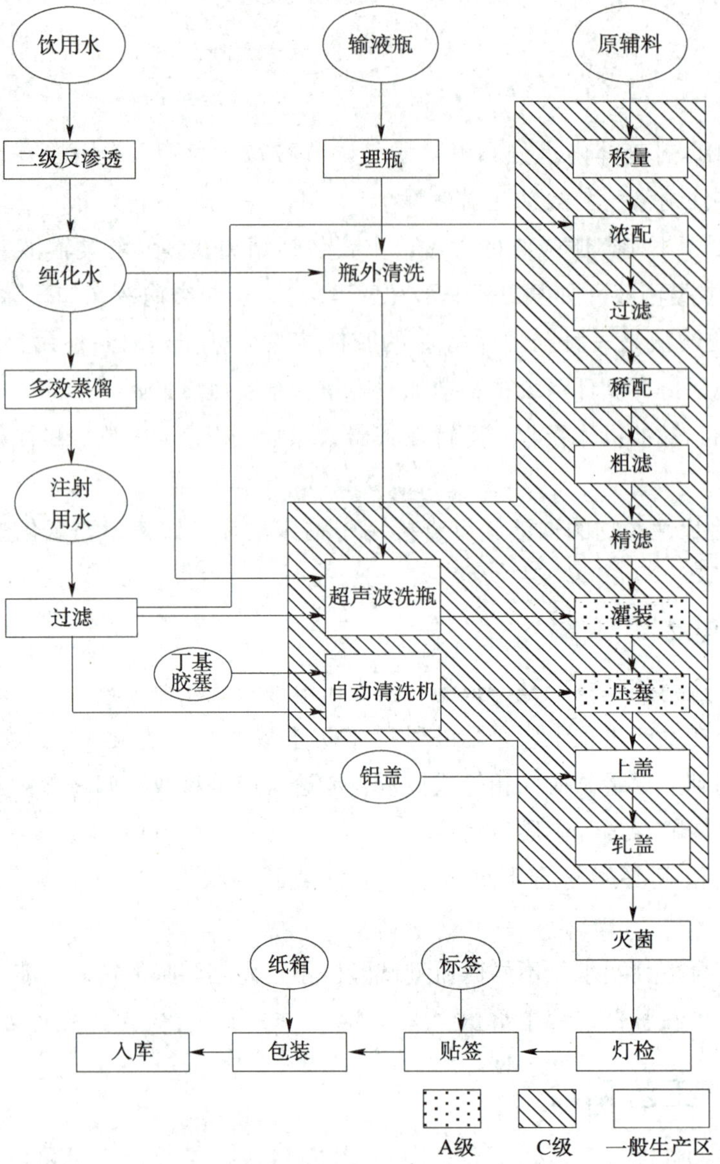

图 9－5　玻璃瓶装输液生产工艺流程

2. 塑料瓶　材料一般为聚乙烯（PE）、聚丙烯（PP），随着国内塑料瓶生产设备及配套的灭菌、灌装设备的国产化，现已广泛使用。此种输液瓶耐腐蚀，具有重量轻、不易破损，机械强度高、化学稳定性好等优点，有利于长途运输；自动化程度高，一次成型，生产过程中制瓶与灌装可在同一生产区域，甚至在同一台机器进行，瓶子只需用无菌空气吹洗，无需洗涤直接进行灌装；一次性使用，避免了旧瓶污染和交叉污染的情况。但透明度不如玻璃瓶，不利于输液澄明度检查；热稳定性较玻璃瓶差；此外，与玻璃瓶一样，均属于半开放式的输液方式，使用过程中需建立空气通路，外界空气进入瓶体形成内压才能使药液顺利滴出，空气中的微生物及微粒仍可通过空气针进入输液，增加输液过程中的二次污染。塑料瓶装输液生产工艺流程见图 9-6。

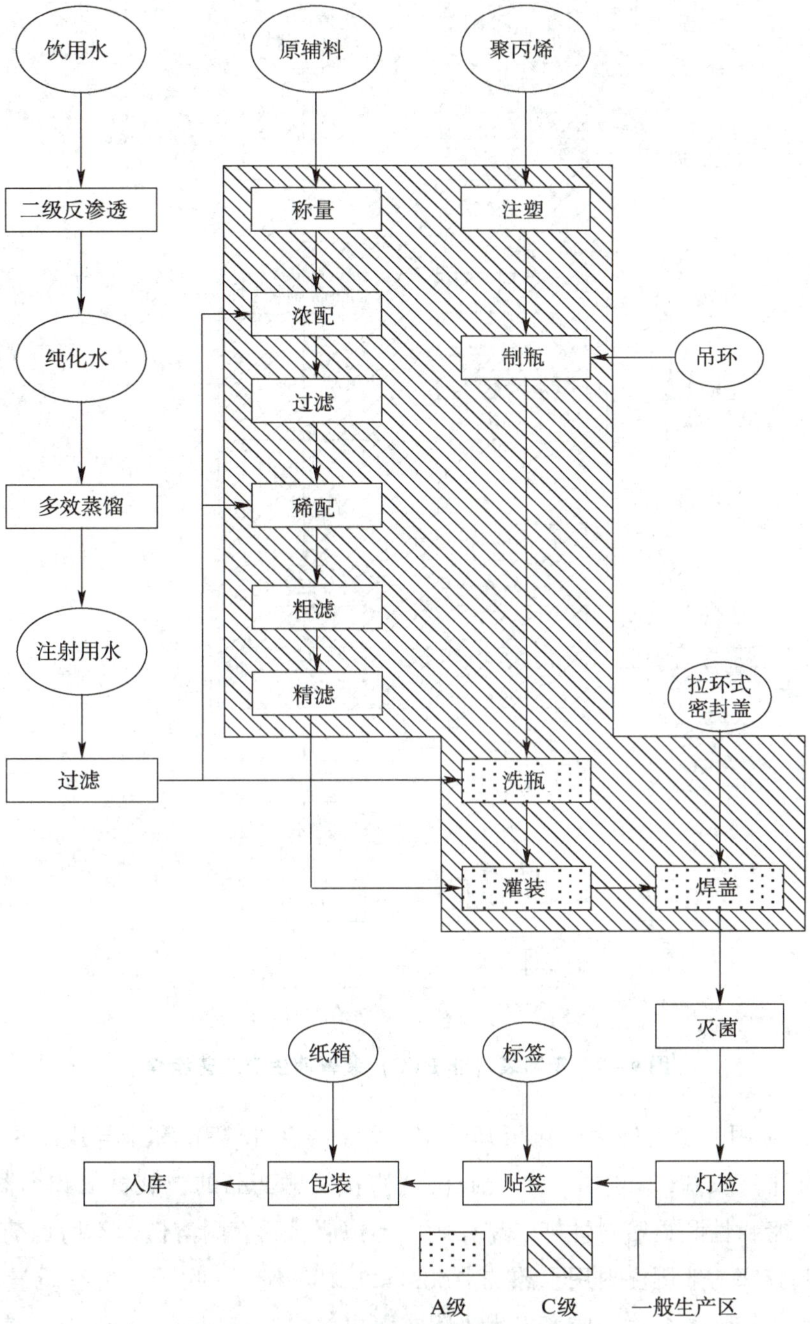

图 9-6　塑料瓶装输液生产工艺流程

3. 塑料袋　有 PVC 软袋和非 PVC 软袋两种类型。因 PVC 软袋中含有的增塑剂邻苯二甲酸 -2- 乙基己酯（DEHP）和未聚合的氯乙烯单体（VCM）会在长期放置过程中逐渐迁移进入药液中，对人体产生毒害。目前已禁止生产使用 PVC 输液塑料软袋。非 PVC 软袋采用聚烯烃多层共挤膜，制袋过程中不使用黏合剂和增塑剂，膜材易于热封、弹性好、抗冲击；温度耐受范围广，既耐高温可在 121℃下灭菌，又抗低温（-40℃）；透明度高，利于澄明度检查；化学惰性、药物相容性好，适宜包装各种输液。临床输液时软袋可完全自收缩，避免了输液时的二次污染，是目前较为理想的输液形式。非 PVC 软袋输液生产工艺简单、自动化程度高，是目前国际主要发展趋势。塑料袋装输液生产工艺流程见图 9-7。

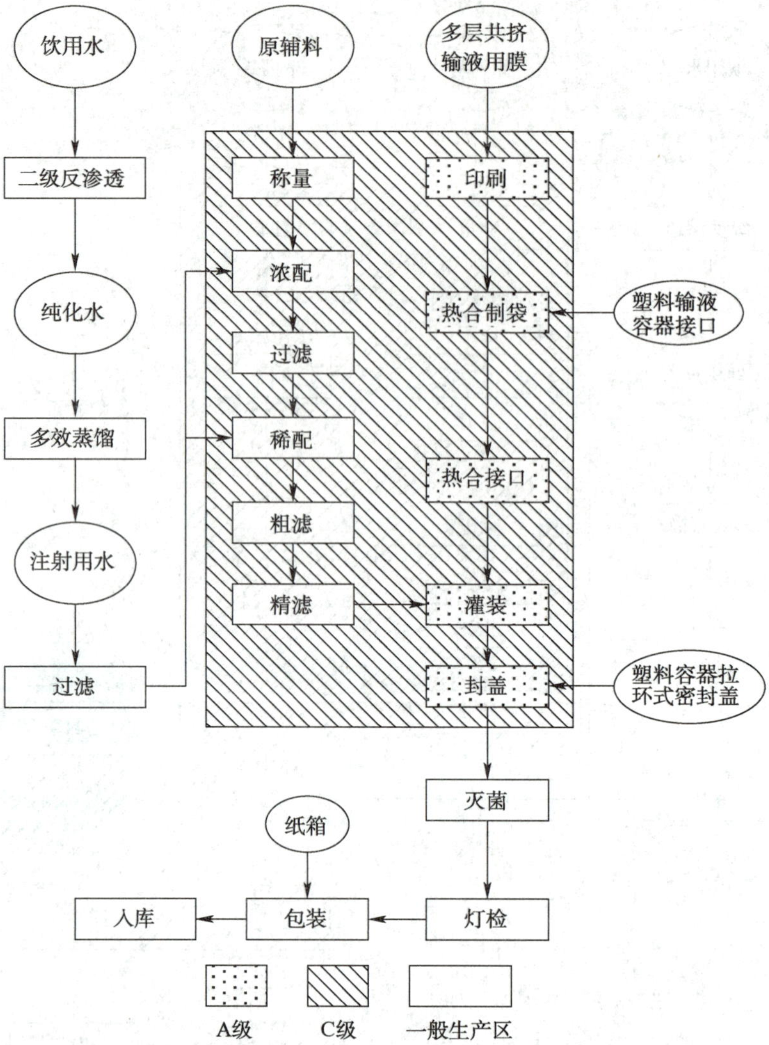

图 9-7 塑料袋（非 PVC）装输液生产工艺流程

4. 密封件 输液常用的密封件为卤化丁基胶塞（简称丁基胶塞）和聚异戊二烯垫片。卤化丁基胶塞主要为氯化和溴化丁基胶塞，其质量应符合我国《直接接触药品的包装材料和容器管理办法》，应具备优良的理化性质，密封性和再密封性好，易针刺、不掉屑，具有耐溶性、不增加药液杂质，耐高温灭菌、耐臭氧等。丁基胶塞一般用注射用水漂洗多次，≤121℃热空气吹干。也有质量可靠的免洗丁基胶塞。为避免某些活性比较强的药物与胶塞发生吸附、浸出、渗透等现象，可采用涂膜丁基胶塞，涂覆膜材主要有聚乙烯、聚丙烯、聚四氟乙烯等。产品有聚乙烯涂膜和聚四氟乙烯涂膜丁基胶塞，以隔离药物和胶塞直接接触，改善胶塞和药物之间的相容性。但覆膜丁基胶塞价格贵，质量有待提高。

聚异戊二烯垫片弹性比丁基胶塞好，耐穿刺效果好，多用于输液剂塑料包装中。

5. 铝盖和铝塑组合盖 常见的形式有两件组合型、三件组合型、拉环型等。

知识链接

多室袋输液

非 PVC 软袋可以制作成单室、双室或多室输液，以满足临床需要。非 PVC 多室软袋可以有多个腔室，不同的药物被装在不同的腔室，腔室与腔室之间为虚焊，使用时通过挤压，虚焊处在一定压力下被挤压开，各腔室中的药物被混合在一起。此种包装形式杜绝了临床配药时的交叉污染，减轻劳动强度，有利于提高用药的安全性。目前，多室输液软袋已成为输液行业的发展方向，应用前景非常广泛。

（二）输液的工艺过程和操作要点

1. 配制　输液配制的基本操作、环境要求及原辅料等质量要求与安瓿注射剂基本相同，配液时必须使用新鲜的注射用水，原料应是优质供注射用的。配制时，根据处方按品种进行，必须严格核对原辅料的名称、重量、规格。先经加入0.5%针用一级活性炭浓配，然后稀释至处方量。混匀后，测中间体含量和pH值。配制时可根据原料质量好坏，采用稀配法和浓配法，其配制方法与小剂量注射剂基本相同。

2. 滤过　前生产多采用“粗滤—精滤—终端过滤”三级过滤，以加压滤过为主。常先以钛滤棒脱碳过滤，再分别以0.45μm和0.22μm的微孔滤膜滤过，有效控制药液中的微粒及微生物污染水平，滤液应按中间体质量标准进行检查，合格后方能灌装。

3. 灌封　输液的灌封分为灌注药液（药液维持50℃较好）和封口两个环节。采用局部层流，灌封区域的洁净度必须达到C级背景下局部A级。不同包装材料操作步骤不同，大量生产玻璃瓶装输液时，多采用自动转盘式灌装机、自动加塞机和自动落盖轧口机等组成联动生产线，依次完成灌注药液、塞胶塞、压铝盖等步骤。

4. 灭菌　灌封后的输液应及时灭菌，从配液到灭菌以不超过4小时为宜。输液剂常采用热压灭菌，灭菌条件为121℃，15分钟或116℃，40分钟。灭菌时间还可根据输液剂装量的多少酌情延长。塑料袋灭菌温度109℃，45分钟。但无论采用何种灭菌温度和时间参数，都必须进行验证，证明所采用的灭菌工艺和监控措施在日常运行过程中能确保物品灭菌后的SAL或PNSU$\leqslant 10^{-6}$。灭菌方法和操作注意事项见项目七。

5. 包装　输液剂经质量检验合格后，应立即贴上标签，标签上应印有品名、规格、批号、生产日期、使用事项、制造单位等项目，以免发生差错，并供使用者随时备查。贴好标签后装箱，封妥，送入仓库。包装箱上亦应印上品名、规格、生产厂家等项目。装箱时应注意装严装紧，便于运输。

（三）输液生产中存在问题及解决方法

1. 细菌污染　输液剂在染菌后有时出现霉团、云雾状、浑浊、产气等现象，也有一些外观并无变化。如果使用这些输液，可能引起脓毒症、败血症、内毒素中毒，甚至死亡。输液剂染菌的主要原因是由于生产过程中严重污染、灭菌不彻底、瓶塞松动不严、漏气等造成。应在生产过程中特别注意防止污染，封装严密，严格控制灭菌条件。

2. 热原反应　热原污染途径及除去方法可详见热原项下。大部分热原反应中是由于输液器和输液管道带入所致，因此，除在生产过程中严格控制操作环境和易污染因素外，还应对使用过程中的污染引起足够的重视。

3. 可见异物（澄明度）与微粒问题　注射液特别是输液中异物与微粒污染所造成的危害，已引起人们的普遍关注。较大的可造成局部循环障碍，引起血管栓塞；微粒过多，造成局部堵塞和供血不足，组织缺氧而产生水中和静脉炎等。微粒包括炭黑、碳酸钙、氧化锌、纤维素、纸屑、黏土、玻璃屑、细菌、真菌等。微粒产生的原因是多方面的：①空气洁净度不够；②工艺操作中的问题；③胶塞与输液容器质量不好，在贮存期间污染药液；④原辅料质量影响。宜针对产生原因采取相应措施。

处方解析 9－3：5%葡萄糖注射液

【处方】注射用葡萄糖	50g	主药
1%盐酸	适量	pH 调节剂
注射用水加至	1000ml	溶剂

【制法】取处方量葡萄糖投入煮沸的注射用水中，使其成 50%～60%浓溶液，用盐酸调节 pH 值至 3.8～4.0，同时加 0.1%（g/ml）的活性炭混匀，煮沸约 10 分钟，趁热过滤脱炭，滤液加注射用水至所需量。测 pH 值及含量，合格后滤至澄明，即可灌装封口，115℃、30 分钟热压灭菌。

【注解】① 5%葡萄糖注射液，具补充体液、营养、强心、利尿、解毒作用，用于大量失水、血糖过低等症。②葡萄糖注射液有时产生云雾状沉淀，一般是由于原料不纯或滤过时漏炭等原因造成，解决办法是采用浓配法，滤膜滤过，加入适量盐酸，中和胶粒上的电荷，加热煮沸使原料中的糊精水解，蛋白质凝聚，并加入活性炭吸附滤过除去杂质。③葡萄糖注射液易变黄和 pH 下降，因葡萄糖在酸性溶液中易分解生成 5－羟甲基呋喃甲醛聚合生成有色物质，所以应注意严格控制灭菌温度与时间，灭菌完毕后应立即降温，并应调节溶液 pH 在 3.8～4.0 较为稳定。

【用途】补充能量和体液，用于各种原因引起的进食不足或大量体液丢失（如呕吐、腹泻等）。

处方解析 9－4：静脉注射脂肪乳

【处方】精制大豆油	150g	油相
精制大豆磷脂	15g	乳化剂
注射用甘油	25g	渗透压调节剂
注射用水加至	1000ml	水相

【制法】将处方量的豆磷脂、甘油、400ml 注射用水置于高速组织搅拌机中，在氮气流下搅拌，形成均匀半透明的磷脂高分子溶液，并倒入乳匀机中，加入精制大豆油与注射用水在氮气流下匀化多次，并流入乳剂收集器内；在氮气流下用垂熔玻璃滤器滤过，分装于玻璃瓶内，再通入氮气，瓶口加盖隔离膜、橡胶塞后密封，轧铝盖。然后水浴预热 90℃左右，于 121℃，灭菌 15 分钟。最后，浸入热水中，缓慢冲入冷水，待冷却后，置于 25℃以下贮存，不可冰冻。

【注解】①静脉注射脂肪乳是一种高能量肠外营养液，通常是 O/W 型乳剂，静脉注射后可完全吸收。②制备的关键是选用高纯度原料以及毒性、溶血性低、乳化能力强的乳化剂。③静脉注射脂肪乳常用的乳化剂有卵磷脂、大豆磷脂以及泊洛沙姆 188 等。④按药典规定静脉用乳状液型注射液中 90%的乳滴粒径应在 1μm 以下，不得有大于 5μm 的乳滴。

【用途】为手术后、烧伤、肿瘤等患者提供热量和必需的脂肪酸。

处方解析 9－5：右旋糖酐注射液

【处方】右旋糖酐（中分子）	60g	主药
氯化钠	9g	渗透压调节剂
注射用水加至	1000ml	溶剂

【制法】将注射用水加热至沸，加入右旋糖酐搅拌溶解，配成 12%～15%的溶液，加入 1.5%的活性炭，保持微沸 1 小时～2 小时，加压滤过脱炭，浓溶液加注射用水稀释成 6%的溶液，然后加入氯化钠溶解，冷却至室温，测定含量，pH 控制在 4.4～4.9，再加活性炭 0.5%，加热至 70～80℃，滤过至药液澄明后灌装，在 112℃条件下灭菌 30 分钟，即得。

【注解】①因右旋糖酐是经生物合成，易夹杂热原，因此活性炭用量较大。②本品黏度较大，需要在高温下滤过，但受热时间不能过长，以免产品变黄。③在贮存过程中易析出片状结晶，主要与贮存温度和分子量有关。

【用途】右旋糖酐注射液是一种优良的血浆代用液，用于扩充血容量、改善微循环、抗血栓和防止休克，但不能代替全血。

三、输液的质量控制

1. 可见异物　可见异物按《中国药典》（2020年版）可见异物检查法（通则0904）进行规定检查，应符合规定。生产时与小容量注射剂一样也可采用利用光散射原理的自动灯检仪进行逐瓶检测，以提高质量均一性，减少人为影响。

2. 不溶性微粒检查　由于肉眼只能检出50μm以上的粒子，在可见异物检查合格后，对静脉用注射液、注射用无菌粉末、注射用浓溶液等，还需通过不溶性微粒检查，控制不溶性微粒大小及数量。常用的有显微计数法和光阻法。当光阻法测定不符合规定或供试品不适于用光阻法测定时，应以显微计数法进行测定，并以显微计数法的测定结果作为判断依据。具体按《中国药典》（2020年版）不溶性微粒检查法（通则0903）检查。

光阻法测定原理当液体中的微粒通过一窄细检测通道时，与液体流向垂直的入射光，由于被微粒阻挡而减弱，因此由传感器输出的信号降低，这种信号变化与微粒的截面积大小相关。黏度过高或易析出结晶的制剂，以及进入传感器时易产生气泡的制剂不适用本法。显微计数法是将药液用微孔滤膜滤过，然后在显微镜下对微粒的大小和数目进行计数的方法。

（1）光阻法结果判定　①标示装量为100ml或100ml以上的静脉用注射液除另有规定外，每1ml中含10μm及10μm以上的微粒数不得过25粒，含25μm及25μm以上的微粒数不得过3粒。②标示装量为100ml以下的静脉用注射液、静脉注射用无菌粉末、注射用浓溶液及供注射用无菌原料药除另有规定外，每个供试品容器（份）中含10μm及10μm以上的微粒数不得过6000粒，含25μm及25μm以上的微粒数不得过600粒。

（2）显微计数法结果判定　①标示装量为100ml或100ml以上的静脉用注射液除另有规定外，每1ml中含10μm及10μm以上的微粒数不得过12粒，含25μm及25μm以上的微粒数不得过2粒。②标示装量为100ml以下的静脉用注射液、静脉注射用无菌粉末、注射用浓溶液及供注射用无菌原料药除另有规定外，每个供试品容器（份）中含10μm及10μm以上的微粒数不得过3000粒，含25μm及25μm以上的微粒数不得过300粒。

3. 其他　包括装量、热原、无菌、pH值以及含量测定等项，均应符合药典规定。

任务四　注射用无菌粉末的制备

一、概述

1. 注射用无菌粉末的定义　注射用无菌粉末（又称粉针）是指原料药物与适宜辅料制成的供临用前用无菌溶液配制成注射液的无菌粉末或无菌块状物，可用适宜的注射用溶剂配制后注射，也可用静脉输液配制后静脉滴注。以冷冻干燥法制备的注射用无菌粉末，也可称为注射用冻干制剂。在水溶液中不稳定的药物，特别是一些对湿热十分敏感的抗生素类药物及酶或血浆等生物制品，如青霉素G的钾盐和钠盐、头孢菌素类及一些酶制剂（胰蛋白酶、辅酶A等），用一般药剂学稳定化技术尚难得到满意的注射剂产品时，可制成粉针剂。

2. 注射用无菌粉末的分类 根据制备方法不同，粉针剂分为注射无菌分装制品和注射用冻干制品（冻干粉针）两类。用适宜方法制得的无菌药物再进行无菌分装制得，称为注射用无菌分装制品。生物药物大部分通过冷冻干燥技术制成注射用冷冻干燥制品。由于冻干药品呈多孔状，能长时间稳定贮存并易重新复水而恢复活性，因此冷冻干燥技术在生物药物领域的应用非常广泛。据报道，约14%的抗生素类药品、92%的大分子生物药品、52%的其他生物制剂为冻干制品。注射用无菌粉末在标签中应标明配制溶液所用溶剂的种类，必要时还应标注溶剂量。

3. 注射用无菌粉末的质量要求 因粉针剂属于非最终灭菌的无菌制剂，所含药物通常稳定性较差，因此，对于生产环境要求非常严格，特别是在分装等关键工序，应采取B级背景下的局部A级洁净度，甚至完全A级洁净度，以保证无菌水平。注射用无菌粉末配制成注射液后应符合注射剂的要求，质量检查应符合《中国药典》（2020年版）注射剂项下相关规定。

即学即练 9-2

答案解析

可用作注射用无菌粉末的溶剂是（　　）

A. 天然水　B. 饮用水　C. 纯化水　D. 注射用水　E. 灭菌注射用水

二、注射用冷冻干燥制品

注射用冷冻干燥制品即冻干粉针，是将药物预先制成无菌水溶液，进行无菌灌装后，再经冷冻升华干燥，在无菌的条件下封口制成的固体粉针剂。制备所采用方法称为冷冻干燥法（亦称升华干燥法），此法利用水的升华除去水分达到干燥的目的，因制备过程不升温，故适用于对热敏感的药物，如一些酶制剂、血浆等生物制品的制备。

冻干制品具有以下优点：①可避免药品氧化或高热分解；②所得产品质地疏松，加水后能迅速溶解恢复药液原有特性；③含水量低（1%～3%），干燥在真空下进行，不易氧化，有利于产品长期贮藏；④产品微粒物质较少，污染机会少；⑤剂量准确，外观优良，避免了一般干燥方法中因物料内部水分向表面迁移所携带的无机盐在表面析出而造成表面硬化的现象。不足之处在于溶剂不能随意选择，需特殊设备，冻干过程时间长，成本较高。

制备注射用冻干制品时，由于单独的药物溶液往往不易冻干或蛋白质药物易变性等，故在冻干处方中常需加入冻干保护剂。冻干保护剂可改善冻干产品的溶解性和稳定性，或使冻干产品有美观的外形。优良的保护剂应在整个冻干过程中以及成品贮藏期间保护药物的稳定性。

知识链接

常用冻干保护剂的种类

1. 糖类/多元醇　蔗糖、海藻糖、乳糖、葡萄糖、麦芽糖、甘露醇等。
2. 无水溶剂　乙烯乙二醇、甘油、二甲亚砜、二甲基甲酰胺等。
3. 聚合物　聚维酮、聚乙二醇、右旋糖酐等。
4. 表面活性剂　吐温80等。
5. 盐和胺　磷酸盐、醋酸盐、柠檬酸盐等。
6. 氨基酸　脯氨酸、L-色氨酸、谷氨酸钠、丙氨酸、甘氨酸、肌氨酸等。

（一）冷冻干燥原理和设备

冷冻干燥的原理及设备详见项目八任务五。

（二）冻干制品的工艺过程与操作要点

1. 冻干前操作 冻干前操作包括西林瓶的处理、胶塞的处理以及药液的配制、灌装等过程。考虑到无菌生产工艺的特殊性，药液灌装操作必须在A/B级区内进行。冻干粉针剂的灌装过程和小容量注射剂的要求一致，唯一不同在于灌装后进行半压塞，半压塞的产品在A级保护下或密封容器内转运至冻干机内。

配液按注射剂的一般要求进行，需进行无菌过滤，然后分装进西林瓶（分装时溶液不宜过厚，一般厚度为1～2cm，最多不超过容器的1/2），半压塞（即胶塞一半插入瓶口，胶塞上的孔道使内外相通，既可防止异物落入，又可使冷冻干燥时的水分升华出来），最后将玻瓶放入冷阱中进行预冻。

2. 冷冻干燥 冷冻干燥得过程详见项目八任务五。冻干终点可以采用温度法或压力测量法。温度法是制品温度与板温重合即达干燥终点。压力测量法是将干燥箱与冷凝器之间的阀门关闭一段时间，如果箱内压力没有变化，即表示干燥已到终点。冷冻干燥完毕，制品需在真空条件下进行箱内压塞，样品出箱后进行压盖。冻干周期一般在25～30小时。

3. 冷冻干燥曲线及其分析 在冻干过程中产品的压力、温度随时间变化而变化的关系曲线称为冷冻干燥曲线。不同产品应采用不同干燥曲线，同一产品采用不同曲线时，产品质量也不同。此外，冻干曲线的形状还与装量的多少、产品的性能、设备条件、分装容量等许多因素有关。为了监测冻干过程，配有自动记录仪（或计算机）的冻干机一般均自动记录下制品温度、冷阱温度、冻干箱压力、搁板温度等几个参数和时间的关系曲线。

（三）注射用冻干制品易出现的问题

1. 喷瓶 预冻温度偏低，产品冻结不实；升华时供热过快，局部过热，造成少量液体存在，在高真空时少量液体喷出而形成“喷瓶”。可采取降低预冻温度、同时降低加热温度和提高冻干箱真空度，控制产品温度低于共熔点。

2. 产品外形不饱满或萎缩 药液浓度太高，已干外壳结构致密内部水蒸气阻力过大，已升华的水蒸气未能及时抽走与表面已干层接触时间较长使其逐渐潮解，从而体积萎缩，致外形不饱满。可在处方中加入填充剂如氯化钠、甘露醇或反复预冻升华，改善结晶状态与制品的通气性，使水蒸气顺利逸出，改善产品外观。

3. 含水量偏高 装液量过多、干燥时热量供应不足、真空度不够、冷凝器温度偏高等，均可造成含水量偏高。可采用旋转冻干提高冻干效率或用其他相应措施解决。

处方解析9－6：注射用辅酶A

【处方】	注射用辅酶A	56.1U	主药
	水解明胶	5mg	填充剂
	甘露醇	10mg	填充剂
	葡萄糖酸钙	1mg	填充剂
	半胱氨酸	0.5mg	稳定剂
	注射用水	适量	溶剂

【制法】将上述各成分用适量注射用水溶解，无菌滤过，分装安瓿中，每瓶0.5ml，冷冻干燥，熔封，半成品质检、包装。

【注解】辅酶A效价在冻干工艺中易损失，投料量应酌情增加。

复合辅酶A可以从生产细胞色素C的废液中提取，也可以制成冻干制品。辅酶A为微黄色或白色粉末，具有典型的硫醇味，有引湿性，易溶于水，不溶于乙醚、乙醇和丙酮。易被氧化成无活性的二硫化物，故应在制剂中加稳定剂和赋形剂。

三、注射用无菌分装制品

注射用无菌分装制品是将符合要求的药物及辅料，采用无菌操作直接分装于洁净的西林瓶中，密封制成的粉针剂，常用有抗生素类药品，如青霉素等。

（一）原辅料的质量

注射用无菌分装制品在分装之前应对原料进行严格的质量检查，以保证灌装后产品的质量。无菌原料可采用无菌结晶法、喷雾干燥法精制或发酵法制备而成，必要时应先进行粉碎、过筛等操作，以满足分装的需要。对无菌分装的原辅料除应符合终端灭菌产品的质量要求外，还应符合以下规定：①无菌、无热原；②粉末的细度或结晶应适宜，便于分装；③用合适溶剂配制成溶液或混悬液，可见异物应符合规定。

（二）注射用无菌分装制品的制备过程

1. 原辅料的准备

（1）西林瓶的清洗灭菌　我国注射用无菌粉末的容器主要采用中性硬质玻璃制成的玻璃瓶，俗称西林瓶。西林瓶及胶塞均应按规定进行处理，均需灭菌。西林瓶处理普遍采用立式转鼓式超声波洗瓶机清洗，将清洗合格的西林瓶送入隧道烘箱，300～350℃下，灭菌0.5～1小时。

（2）胶塞的处理　常选用卤化丁基胶塞，为了保证胶塞在灭菌干燥后具有较好的上机性能，必要时可在胶塞清洗过程中进行硅化。硅化就是指在胶塞表面涂抹一薄层硅油。常用的硅化工序是在精洗合格后进行，根据硅化膜厚度的要求，将核定用量的硅油加入清洗箱内，清洗箱内的注射水温度宜在80～90℃，在稍高的清洗桶转速下进行硅化。硅化程度不够，加塞时走机不顺畅，压塞困难；硅化过度，容易造成压塞反弹、跳塞，走机落塞，同时真空干燥时易落塞，且会增加不溶性微粒。应控制胶塞每平方厘米比表面积硅油含量，一般控制在0.01～0.03mg/cm^2，以实现胶塞硅化度与上机性能、不溶性微粒之间的最优化。

胶塞处理过程中还应严格监控灭菌、干燥的时间、温度、压力等，并监测胶塞细菌内毒素，应符合要求，一般采用125℃干热灭菌2.5小时，胶塞的处理工艺如图9－9。

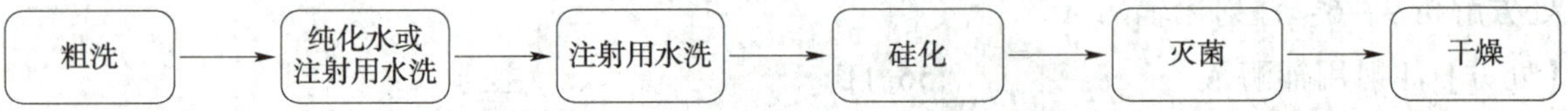

图9－9　胶塞清洗灭菌工艺流程图

灭菌胶塞和西林瓶的存放柜应有净化空气保护，其使用时限应进行验证，应在验证的时间内使用，一般不得超过24小时。

目前多数企业选用胶塞清洗灭菌机，胶塞的清洗、硅化、灭菌、干燥等步骤可一并完成，能较好满足生产的需要。近年来，已有免洗胶塞（RFS）和即用胶塞（RFU）。免洗胶塞（RFS）可以采用蒸汽灭菌、环氧乙烷灭菌和γ射线灭菌，但不适于干热灭菌。有的企业选择的灭菌条件为121℃、20分钟湿热灭菌，随即在80℃条件下干燥1小时。即用胶塞（RFU）已经过提前的灭菌过程，并保持无菌状态。不少企业也开始选用即用型或免洗型胶塞。

（3）胶塞的质量要求　①有良好的弹性及柔软性；②具有适宜的硬度、尺寸以及形状，需具有光滑的表面和干净光滑的边缘，能满足不同的需求；③针头刺入、拔出后应立即闭合，能耐受多次穿刺而无碎屑脱落；④有高度的化学稳定性，不吸附主药，同时，胶塞中的附加剂也不向粉针迁移，具有良好的相容性；⑤无毒，无溶血作用。

2. 分装与封口　无菌分装制品的生产工艺常采用直接分装法，必须在规定的洁净环境中按照无菌生产工艺操作进行。目前常用的分装设备有螺杆式分装机、气流式分装机等。进瓶、分装、压塞或封口应在A级层流装置下进行，分装后应立即加塞、轧盖密封，以缩短药粉暴露时间。为确保无菌工艺的无菌性，应进行培养基模拟灌装试验。培养基模拟灌装试验的首次验证，每班次应当连续进行3次合格试验。

3. 灭菌及异物检查　对于能耐热的品种如青霉素，可进行补充灭菌，以保证无菌水平，确保安全。对于不耐热的品种必须严格无菌操作。异物检查一般在传送带上，逐瓶目视检查，剔除不合格者。

4. 印字、贴签与包装　目前产品的印字、贴签与包装已实现机械化和自动化。

（三）无菌分装工艺中可能存在的问题

1. 装量差异　装量差异的主要影响因素是药物粉末的流动性。药物的晶型、粒度、吸湿性、分装室内的相对湿度、粉末松密度等均会影响其流动性，从而影响装量差异。此外，选用设备的机械性能也会影响装量差异，应根据具体情况分析处理。

2. 吸潮变质　瓶装无菌粉末有时会发生吸潮变质的现象。主要原因是由于铝盖轧封不严、胶塞的透气性、铝盖松动。因此，应对所用胶塞进行密封防潮性能测定，选择性能好的胶塞，同时采用铝盖轧紧后瓶口烫蜡等方法，防止水汽渗入。

3. 不溶性微粒　《中国药典》（2020年版）规定，注射用无菌粉末应进行不溶性微粒检查。分装的无菌药物粉末经过粉碎、过筛、混合等工艺，污染机会增加，易使药物粉末溶解后出现小点、纤毛，以致可见异物和不溶性微粒检查不合格。为确保质量，应从原辅料的处理开始，严格控制环境洁净度，防止污染。

4. 无菌　产品生产过程采用无菌工艺，稍有不慎就可能造成局部染菌，而微生物在固体粉末中繁殖较慢，肉眼不易发现，危险性很大。因此，为了确保用药安全，层流净化装置应定期进行验证。

实训五　注射用细胞色素C的制备

一、实训目的

1. 掌握冻干粉针剂的制备方法及工艺过程中的操作要点。
2. 熟悉注射剂的可见异物检查。
3. 了解细胞色素C的有关化学性质。

二、实训条件

1. 实训场地　GMP模拟车间或制剂实训室。

2. 实训仪器与设备 台秤、电子天平、超声波洗瓶机、隧道式灭菌干燥机、西林瓶液体灌装加塞压盖机、冻干机、全自动胶塞清洗机、pH 计、不溶性微粒检查仪等。

3. 药品与包材 细胞色素 C、葡萄糖、亚硫酸钠、亚硫酸氢钠、注射用水等。

三、实训操作

（一）生产指令下达

下发日期：2019－12－13

生产车间	冻干车间		包装规格		10 瓶/盒	
品名	注射用细胞色素 C		生产批量		100000 瓶	
规格	15mg/瓶		生产日期		2019－12－14	
批号	20191214		完成时限		2019－12－14	
生产依据	注射用细胞色素 C 工艺规程					
物料编号	物料名称	规格	用量	单位	检验单号	备注
YL002	细胞色素 C	25kg/袋	1.5	kg	JYYL002－2019－12－12	
FL004	葡萄糖	100kg/袋	1.5	kg	JYFL004－2019－10－06	
FL005	亚硫酸钠	50kg/袋	0.25	kg	JYFL005－2019－11－11	
FL003	亚硫酸氢钠	50kg/袋	0.25	kg	JYFL003－2019－09－02	
BC002	西林瓶	2ml	100000	瓶	JYBC002－2019－09－07	
BC003	胶塞	7mm	100000	个	JYBC003－2019－09－07	
BC004	铝塑组合盖	8mm	100000	个	JYFL004－2019－09－11	

备注：

编制 生产部：×××	审核 质量部：×××
批准 生产部：×××	执行 生产车间：×××
分发部门：总工办、质量部、物料部、工程部	

1. 物料的领取 按生产指令领取经检验合格的细胞色素 C、葡萄糖、亚硫酸钠、亚硫酸氢钠、西林瓶、胶塞等原辅料。

2. 存放 确认合格的原辅料按物料清洁程序从物料通道进入生产区配料室。

（二）生产操作阶段

1. 生产操作前准备 须做好生产场地、仪器、设备的准备和物料的准备。

2. 生产操作

（1）西林瓶的清洗、灭菌

①调整压缩空气、蒸馏水压力。

②水温控制在大于 50℃，检测洗瓶用注射用水的澄明度，合格方可使用。

③开启超声波电源。

④从理瓶岗位领取本批生产所需西林瓶，交料人与领料人对西林瓶的规格、数量进行核对，核对无误后在交接单上签字。

⑤接通隧道烘箱电源，设定隧道工作温度，按《自动电子记录仪标准操作程序》作好温度记录准备。按下开机按钮。待工作温度升至设定值并稳定后，开启和操作洗瓶机。

（2）胶塞的处理　按《胶塞清洗、灭菌标准操作规程》进行操作，将清洁后的胶塞转交灌装加塞工序，并与领料人对胶塞的规格、数量进行核对。

（3）铝盖的处理　按《铝盖清洗、灭菌标准操作规程》进行操作，将清洁后的铝盖转交轧盖工序，并与领料人对铝盖的规格、数量进行核对。

（4）药液的配制

①称量　配料前核对原辅料品名、批号、生产厂家、规格及数量，按照生产指令称量，双人复合，操作人、复核人均应在原始记录上签名。

②配液　在无菌操作室中，按生产指令称取细胞色素 C、葡萄糖，置于配液容器中，加注射用水，在氮气流下加热（75℃以下），搅拌使之溶解，再加入亚硫酸钠和亚硫酸氢钠使溶解。

③pH 值调节　用 2mol/L 的 NaOH 溶液调节 pH 至 7.0～7.2。

④除热原　加配制量 0.1%～0.2% 活性炭（供注射用），搅拌数分钟。

⑤药液的滤过　用钛滤棒和微孔滤膜过滤，最后需经 0.22μm 微孔滤膜除菌过滤。

（5）灌装与压半塞

①打开操作面板，检查灌装（泵规格选择、针头位置、加塞位置）参数是否正常。

②按下操作键，检查转盘振荡筒进瓶转盘、旋转是否正常，胶塞振荡器是否正常，检查并调节针头位置及压塞位置，检查传动是否畅通，针头位置是否合适，加塞是否正常，有无漏塞或歪塞的现象。

③将药液经二道除菌过滤器运输到灌装工段，从除菌过滤滤芯下游取样口取样，按中间体质量标准进行检测，合格后方可正式开始灌装。

④调节装量和半压塞速率，一人调节，一人复核，开机试运行。调节将每个针头灌装的前 5 瓶取出用于检查装量、澄清度、可见异物检测合格后，将灌装机清零后开始正常灌装半加塞。

⑤半压塞后的瓶子必须在百级层流下转移，从除菌过滤开始到灌装结束不得超过 8 小时。

（6）冷冻干燥与压塞

①将灌装半加塞的中间产品及时装入不锈钢托盘，在 A 层流下转移至冻干箱，自上而下摆放在冻干箱搁板上，清点数量，并检查温度探头摆放位置是否正确，摆放完毕后，关上冻干箱门。

②按《注射用细胞色素 C 工艺规程》，设定冻干参数，按《冻干机标准操作规程》操作，随时监控冻干参数，记录冻干曲线，冻干结束打印冻干曲线。

③压塞完成后，须按从下往上的顺序一次性将一个板层出完，出箱过程中应检查每盘是否有跳塞、歪塞、破瓶、倒瓶等不合格品。

（7）轧铝盖

①轧盖机的操作按《轧盖机标准操作规程》进行操作，轧盖应在 A/B 级洁净区。

②开启设备电源开关，检查设备有无异常，用灭菌后的空瓶加塞后试轧，检查松紧度，如不合格调节上压盖头至合格为止。

③冻干后的半成品经输送带传送到轧盖机，振荡器内加入适量的铝盖，经拨瓶盘加盖、定位、轧牢。

④轧盖过程中每台机器每个头每隔30分钟抽样检查，用中指、拇指、示指成三角直立向一方轻轻拧盖，以不松动为合格，铝盖外观不得有皱褶。

（8）质量检查　根据《注射用细胞色素C质量》标准进行检查。

（9）印字、贴签与包装　将全检合格的注射用细胞色素C按《印字、贴签标准操作规程》和《包装标准操作规程》进行印字、贴签与包装，入库。

（三）质量控制要点

工序	质量控制点	质量控制项目	频次
制水	纯化水	电导率、酸碱度、氯化物	1次/2小时
		全项	1次/月
	注射用水	电导率、pH、氯化物、氨	1次/2小时
		全项	1次/周
理洗瓶、塞、盖	西林瓶、塞、盖	检验报告单、清洁度、外观	1次/批
	洗净后的瓶、塞、盖	清洁度	1次/批
	烘干灭菌后瓶、塞、盖	清洁与干燥程度	1次/班
	过滤后的纯化水、注射用水	澄明度	1次/批
配制、过滤	称量	品名、批号、规格、检验报告	1次/批
	药液	主药含量、pH、澄明度、色泽	1次/批
	滤膜	起泡点	1次/批
灌封	半加塞后中间产品	装量、澄明度、加塞率	随时/批
冻干	冻干后中间产品	澄明度、外观	1次/批
轧盖、目检	轧盖后中间产品	铝盖圆整性、轧盖紧密度	随时/批
包装	批号	准确核对	1次/批
	贴签	内容、数量、使用记录	随时/班
	装盒	数量、说明书、标签	随时/班
	装箱	数量、装箱单、印刷内容	随时/班

四、质量检查

质量检查项目参照《中国药典》（2020版）规定，实训结果填写如下。

检查项目	检查结果
外　观	
酸碱度	
装量差异	
不溶性微粒	
结　论	

五、实训报告及思考

小组完成实训后，对实训过程、结果及收获进行讨论并总结，撰写实训报告。

1. 本实训中如何保证冻干产品达到无菌保证水平？

2. 冻干产品外形不饱满或萎缩可能是什么原因？如何解决？

答案解析

目标检测

一、单项选择题

1. 关于注射剂的特点，描述不正确的是（ ）
   A. 药效迅速
   B. 适用不宜口服的药物
   C. 不能产生靶向作用
   D. 适用于不能口服给药的患者
   E. 可以产生局部作用
2. 将青霉素钾制成粉针剂的目的是（ ）
   A. 防止光照降解 B. 防止氧化分解 C. 防止水解
   D. 免除微生物污染 E. 方便给药
3. 常用于注射液的最后精滤的是（ ）
   A. 砂滤棒 B. 垂熔玻璃棒 C. 微孔滤膜
   D. 布氏漏斗 E. 钛滤器
4. 注射剂最常用的抑菌剂为（ ）
   A. 三氯叔丁醇 B. 羟苯乙酯 C. 碘仿
   D. 醋酸苯汞 E. 山梨酸
5. 冷冻干燥工艺流程正确的为（ ）
   A. 测共熔点→预冻→升华→干燥
   B. 测共熔点→预冻→干燥→升华
   C. 预冻→测共熔点→升华→干燥
   D. 预冻→测共熔点→干燥→升华
   E. 预冻→升华→干燥
6. 可加入抑菌剂的制剂是（ ）
   A. 肌内注射剂 B. 输液 C. 眼用注射剂
   D. 手术用滴眼剂 E. 一次注射量超过 15ml 的注射液
7. 一般注射剂的 pH 至允许在（ ）
   A. 4 ~ 9 B. 3 ~ 7 C. 2 ~ 5
   D. 5 ~ 10 E. 7 ~ 9
8. 不属于注射剂附加剂的是（ ）
   A. 增溶剂 B. 矫味剂 C. 助悬剂
   D. 乳化剂 E. 缓冲剂
9. 注射剂中常作为金属离子络合剂使用的是（ ）
   A. $NaHCO_3$ B. NaCl C. 焦亚硫酸钠
   D. 乙二胺四乙酸二钠 E. 硫代硫酸钠

10. 主要用于注射用灭菌粉末的溶剂或注射液的稀释剂是（　　）

A. 纯化水　　B. 灭菌注射用水　　C. 灭菌蒸馏水

D. 注射用水　　E. 以上选项都可以

二、多项选择题

1. 注射剂的类型包括（　　）

A. 小容量注射剂　　B. 输液　　C. 滴眼液

D. 注射用无菌粉末　　E. 合剂

2. 生产注射剂时常加入适量的活性炭，其作用是（　　）

A. 脱色　　B. 助滤　　C. 吸附热原

D. 吸附杂质　　E. 灭菌

3. 有关注射剂灭菌的叙述中，错误的是（　　）

A. 从配液到灭菌在 12 小时内完成

B. 微生物耐热性在中性溶液中最大，酸性溶液中最小

C. 滤过除菌法是最常用的灭菌方法

D. 灌封后的注射剂必须在 12 小时内进行灭菌

E. 应按照产品规定的灭菌工艺进行灭菌

4. 注射液机械灌封中可能出现的问题是（　　）

A. 药液蒸发　　B. 出现鼓泡　　C. 焦头

D. 装量不正确　　E. 封口不严

5. 注射用冷冻干燥制品的特点是（　　）

A. 可避免药品因高热而分解变质

B. 可随意选择溶剂以制备某种特殊药品

C. 含水量低

D. 所得产品质地疏松

E. 成本较低

6. 关于注射用无菌粉末的叙述正确的是（　　）

A. 对湿热敏感的药物可制成粉针剂

B. 粉针剂为非最终灭菌药品

C. 粉针剂可采用冷冻干燥法制备

D. 临用前需经注射用水溶解后才可注射

E. 粉针剂给药更方便

7. 热原污染的途径有（　　）

A. 操作人员　　B. 机器设备　　C. 制备过程

D. 辅料　　E. 输液器具

8. 常用的等渗调节剂有（　　）

A. 碳酸氢钠　　B. 氯化钠　　C. 葡萄糖

D. 苯甲醇　　E. 丙二醇

9. 关于注射剂的特点叙述正确的是（　　）

A. 药效迅速　　B. 作用可靠　　C. 安全性及机体适应性好

D. 可以发挥局部定位作用　　E. 生产成本较高

10. 注射剂的质量检查项目有（　　）

A. 热原　　B. 澄明度　　C. 氨

D. 渗透压　　E. pH

三、综合问答题

1. 注射剂应符合哪些质量要求？按分散系统可分为哪几类？举例说明。
2. 热原的组成、污染途径及除去热原的方法？
3. 注射剂灌装过程中容易出现的问题及解决办法？
4. 注射用无菌粉末适用于哪些药物？包括哪两类？
5. 比较小容量注射剂与输液剂的生产工艺的异同有哪些？
6. 注射用冻干制品生产工艺流程？

书网融合……

重点回顾　　微课　　习题

（张云坤）

模块四
口服给药系统

项目十 液体制剂

PPT

学习引导

口服液体制剂是一种常用的剂型，也是药物制剂生产职业技能等级证书考核内容，具有分散程度高，吸收快，作用较迅速；给药途径广泛；易于分剂量，使用方便等优点。那么常见的液体制剂有哪些？各自具有什么特点？

本项目主要介绍液体制剂：液体制剂的基本知识和常用的液体制剂。

学习目标

1. **掌握** 溶液型液体制剂、高分子溶液剂、乳剂、混悬剂的特点、分类与制备方法；常用溶剂、常用附加剂的类型及选用原则和增加溶解度的方法；表面活性剂的概念、种类、结构特征和应用。

2. **熟悉** 溶液型液体制剂、高分子溶液剂、溶胶剂、乳剂、混悬剂的概念。

3. **了解** 液体制剂的分类与质量要求；高分子溶液和溶胶剂的制备方法；其他液体制剂的概念、应用。

任务一 液体制剂基本知识

一、液体制剂的概念

液体制剂系指原料药物溶解于适宜溶剂中制成的液体形态的制剂，可供内服或外用。有广义与狭义之分，广义的液体制剂是指所有以液态形式使用的药物制剂，狭义的液体制剂是指除了浸出制剂和无菌制剂以外的其他液态制剂。本章所阐述的有关内容为狭义的液体制剂。

在液体制剂中，药物称为分散相，药物可以是固体、液体或气体。在一定条件下，以分子、粒子、小液滴、不溶性微粒、胶粒等形式分散于分散介质中形成液体分散体系。液体制剂的理化性质、稳定性、药效甚至毒性等均与药物粒子的大小有密切关系。一般药物在分散介质中的分散度愈大，体内吸收愈快，呈现的疗效也愈高。

二、液体制剂的分类

1. 按分散系统分类 根据药物的分散状态，液体制剂可分为均相分散系统、非均相分散系统。在均相分散系统中药物以分子或离子状态分散，如低分子溶液剂、高分子溶液剂；在非均相分散系统中药物以微粒、小液滴、胶体分散，如溶胶剂、乳剂、混悬剂（表 10－1）。

表 10－1 分散系统分类

分散系统	类型	分散相大小（nm）	特征
均相液体制剂	低分子溶液	<1	真溶液；无界面，热力学稳定体系；扩散快，能透过滤纸和某些半透膜
	高分子溶液	1～100	真溶液；热力学稳定体系；扩散慢，能透过滤纸，不能透过半透膜
非均相液体制剂	溶胶剂	1～100	胶态分散形成多相体系；有界面，热力学不稳定体系；扩散慢，能透过滤纸，而不能透过半透膜
	混悬剂	>100	液体微粒分散形成多相体系，动力学和热力学均不稳定体系，有界面，显微镜下可见；为非均相系统
	乳剂	>500	固体微粒分散形成多相体系，动力学和热力学均不稳定体系；有界面，显微镜下可见；为非均相系统

2. 按给药途径分类 液体制剂可分为内服液体制剂和外用液体制剂（表 10－2）。

表 10－2 给药途径分类

给药途径	类型	举例
内服液体制剂	内服液体制剂	合剂、糖浆剂、乳剂、混悬剂、滴剂
外用液体制剂	皮肤用液体制剂	洗剂、搽剂
	五官科用液体制剂	洗耳剂、滴耳剂、滴鼻剂、含漱剂等
	直肠、阴道、尿道用液体制剂	灌肠剂、灌洗剂等

三、液体制剂的特点

1. 液体制剂的优点 ①药物以分子或微粒状态分散在介质中，分散程度高，吸收快，作用较迅速。②给药途径广泛，可以内服、外用。③易于分剂量，使用方便，尤其适用于婴幼儿和老年患者。④药物分散于溶剂中，能减少某些药物的刺激性，能通过调节液体制剂的浓度，避免固体药物（溴化物、碘化物）口服后，由于局部浓度过高，引起胃肠道刺激作用。

2. 液体制剂的缺点 ①药物分散度较大，易引起药物的化学降解，从而导致失效。②液体制剂体积较大，携带运输不方便。③非均相液体制剂的药物分散度大，分散粒子具有很大的比表面积，易产生一系列物理稳定性问题。④水性液体制剂容易霉变，需加入防腐剂。

3. 生产特点 与固体制剂相比，一般情况下液体制剂生产环境的要求相对较高。由于不同类型的液体制剂分散度不同，故生产工艺不尽相同。特别是配液环节的技术要求较高，是液体制剂生产的关键工序，直接影响产品的稳定性。为改善液体制剂的质量而添加的各种附加剂，由于处于同一分散系统，它们之间可能也会发生配伍变化，而使液体制剂的稳定性变得更为复杂，在设计液体制剂处方时需考虑这方面的问题。

四、液体制剂的质量要求、包装与贮存

1. 液体制剂的质量要求　均相液体制剂应是澄明溶液；非均相液体制剂的药物粒子应分散均匀；口服的液体制剂应外观良好，口感适宜；外用的液体制剂应无刺激性；液体制剂在保存和使用过程中不应发生霉变；包装容器适宜，方便患者携带和使用。根据需要，可加入适宜的附加剂，如抑菌剂、分散剂、助悬剂、增稠剂、助溶剂、润湿剂、缓冲剂、乳化剂、稳定剂、矫味剂以及色素等，其品种与用量应符合国家标准的有关规定。

2. 液体制剂的包装　液体制剂通常具有体积大、易流出、稳定性差、易被微生物污染等缺点。如果包装不当，则运输与贮存较为困难，而且容易引起药物的变质或损失。因此，液体制剂包装的选择，除了应符合国家药品管理法中有关包装的规定外，还应针对液体制剂的特点，特别注意所选容器的材料、种类和包装的牢固性、密封性、化学稳定性、隔光性及对液体制剂运输、贮存与使用的方便性等。

用于液体制剂的包装材料主要有容器（如玻璃瓶、塑料瓶等）、瓶塞（如软木塞、塑料塞、橡胶塞等）、瓶盖（如金属盖、塑料盖、赛璐珞瓶帽等）、硬纸盒、塑料盒、纸箱、木箱、标签、说明书等。口服液体制剂、乳剂、含醇制剂及含芳香挥发性成分制剂等，常采用琥珀色玻璃瓶包装；洗剂、滴眼剂等，较多使用塑料容器包装。另外，医院液体制剂的投药瓶上还应根据其用途贴上不同颜色的标签，习惯上内服液体制剂标签为白底蓝字或黑字，外用液体制剂标签为白底红字或黄字。

3. 液体制剂的贮存　液体制剂（尤其是以水为溶剂者）在贮存中，易受外界因素的影响，发生溶解度降低、粒子聚结或水解、氧化等物理化学变化，而产生沉淀、变色、药物含量下降或酸败等现象。因此，液体制剂在贮存中，应注意控制贮存室的温度、光线及卫生条件等。

液体制剂一般应密闭贮存于洁净、阴凉干燥处；一些量小、对热敏感的液体制剂，可置于冰箱冷藏；对光敏感者，则应避光贮存。液体制剂的贮存期，可根据各种制剂项下的规定实施。医院液体制剂应尽量临时配制或减少生产批量，以缩短存放时间而有利于保证液体制剂的质量。

五、液体制剂的溶剂和附加剂

（一）液体制剂的溶剂

在液体制剂中，溶剂对药物主要起溶解和分散作用，对液体制剂的药理效应、稳定性亦有重要影响。理想的溶剂应符合以下要求：①毒性小、无刺激性、无不适的臭味。②化学性质稳定，不与药物或附加剂发生化学反应、不影响药物的含量测定。③对药物具有较好的溶解性和分散性。液体制剂的常用溶剂按极性大小分为：

1. 极性溶剂

（1）水　水是最常用的溶剂。本身无药理作用，能与乙醇、甘油、丙二醇等溶剂任意比例混合，能溶解绝大多数的无机盐类和有机药物，能溶解药材中的生物碱盐类、苷类、糖类、树胶、黏液质、鞣质、蛋白质、酸类及色素等。但水性液体药剂不稳定，容易产生霉变、水解等反应，如果水溶液中不加入防腐剂则不宜长期储存。配制以水为溶剂的液体药剂时应使用纯化水。

（2）甘油（丙三醇）　甘油为常用溶剂，在外用液体药剂中应用较多。本品为黏稠性澄明液体，味甜，毒性小，能与水、乙醇、丙二醇混溶。甘油吸水性强，在外用制剂中可做保湿剂，含水10%以上的甘油对皮肤和黏膜无刺激性；甘油黏稠度大，液体药剂中含甘油30%以上时具有防腐作用。

（3）二甲基亚砜（DMSO） 二甲基亚砜为无色澄明液体，具大蒜臭味，有较强的吸湿性，能与许多极性、半极性和非极性溶剂以任意比例混合。溶解范围广，有“万能溶剂”之称。二甲基亚砜具有促进药物在皮肤和黏膜上的渗透作用，对皮肤有轻度刺激性，能引起烧灼或不适感，孕妇禁用。

2. 半极性溶剂

（1）乙醇 乙醇是常用溶剂，可与水、甘油、丙二醇等溶剂以任意比例混合，能溶解大部分有机药物和药材中的有效成分，如生物碱及其盐类、苷类、挥发油、树脂、鞣质、有机酸和色素等。20%的乙醇即有防腐作用。但乙醇有一定的调节生理功能的作用，且有易挥发、易燃烧等性质。为防止乙醇挥发，成品应密闭储存。乙醇与水混合时，会发生总体积缩小的现象，所以用水稀释乙醇时，应凉至室温后再调整至规定浓度。

（2）丙二醇 药用规格必须是1，2-丙二醇。丙二醇兼有甘油的优点，刺激性与毒性均小，能溶解很多有机药物，能与水、乙醇、甘油等任意比例混合。一定比例的丙二醇和水的混合溶剂能延缓许多药物的水解，增加药物的稳定性。丙二醇的水溶液对药物在皮肤和黏膜上有一定的促渗透作用，其价格高于甘油。

（3）聚乙二醇（PEG） 液体制剂中常用聚合度低的聚乙二醇，如PEG300～600，为无色澄明液体，能与水、乙醇、丙二醇、甘油等以任意比例混溶，不同浓度的PEG水溶液是良好的溶剂，能溶解许多水溶性无机盐和水不溶性有机药物。本品对一些易水解的药物具有一定的稳定作用，在洗剂中具有一定的保湿作用。

3. 非极性溶剂

（1）脂肪油 常用非极性溶剂，是指药典上收载的一些植物油，如棉籽油、花生油、麻油、橄榄油、豆油等。脂肪油能溶解游离生物碱、挥发油和芳香族药物。脂肪油容易酸败，也易受碱性药物影响而发生皂化反应，影响制剂质量。脂肪油多作外用制剂的溶剂，如洗剂、搽剂等。

（2）液状石蜡 本品为饱和烷烃化合物，化学性质稳定。分轻质和重质两种，前者密度0.828～0.860g/ml，常用于软膏剂或糊剂。本品能与非极性溶剂混合，能溶解生物碱、挥发油及一些非极性药物等。本品在肠道中不分解也不吸收，能使粪便变软，有润肠通便作用。

（3）醋酸乙酯 无色或淡黄色流动性油状液体，可作为脂肪油的代用品，微臭。有挥发性和可燃性。在空气中容易氧化、变色，需加入抗氧剂。本品能溶解挥发油、甾体药物和其他油溶性药物，常作为搽剂的溶剂。

（二）液体制剂常用的附加剂

因制备各种类型液体制剂的需要，需选择各类附加剂，起到增溶、助溶、乳化、助悬、润湿、防腐以及矫味（嗅）和着色等作用。

1. 防腐剂（抑菌剂） 系指具有抑菌作用，能抑制微生物生长繁殖的物质。理想的防腐剂应符合以下条件：物理化学性质稳定，不与制剂成分相互作用，不受温度、pH的影响；安全，无过敏性、刺激性，不影响药效，对人体无害；在水中的溶解度可以达到最小抑菌浓度；抑菌谱广，对大多数微生物有较强的抑制作用等。常用的防腐剂有如下。

（1）苯甲酸与苯甲酸钠 一般用量为0.25%～0.4%，pH为4的介质中作用最好，适用于内服和外用制剂作防腐剂。

（2）对羟基苯甲酸酯类 亦称尼泊金类，有甲、乙、丙、丁四种酯，无毒、无味、无臭，不挥发，性质稳定，抑菌作用强，特别对大肠埃希菌有很强的抑制作用。几种对羟基苯甲酸酯混合使用有协同作用，防腐效果更佳，如乙酯－丙酯（1:1）、乙酯－丁酯（4:1）。常用量为0.01%～0.25%。本品在水中溶解度较小，配制时先将水加热到80℃左右，加入尼泊金搅拌溶解或取尼泊金先溶于少量乙醇中，再加入溶液中，混合均匀。本品与苯甲酸联合使用对防治霉变、发酵效果最佳。尼泊金类与聚山梨酯类配伍时，由于分子间络合作用，尼泊金类的溶解度增加，但游离型减少，防腐能力减低，因此在含聚山梨酯类的药液中不宜选用本类防腐剂。

（3）山梨酸与山梨酸钾 常用浓度为0.15%～0.25%，对细菌和霉菌均有较强抑菌效力，需在酸性溶液中使用，在pH为4时防腐效果最好。在含有聚山梨酯的液体制剂中仍有较好的防腐效力。

（4）苯扎溴铵 又称新洁尔灭，为阳离子型表面活性剂。本品无刺激性，溶于水、乙醇。在酸性、碱性条件下稳定，能够耐受热压灭菌，常用量为0.02%～0.2%，多外用。

（5）其他防腐剂 乙醇、苯酚、甲酸、三氯叔丁醇、苯甲醇、硝酸苯汞、硫柳汞、甘油、三氯甲烷、桉油、桂皮油、薄荷油等均可作防腐剂使用。

2. 矫味剂 矫味剂系指药品中用以改善或屏蔽药物不良气味和味道，使患者难以觉察药物的强烈苦味（或其他异味，如辛辣、刺激等）的药用辅料。矫味剂分为甜味剂、芳香剂、胶浆剂、泡腾剂等类型。

（1）甜味剂 常用甜味剂包括天然甜味剂与合成甜味剂两大类。天然甜味剂主要有蔗糖、单糖浆、橙皮糖浆、桂皮糖浆等，不但能矫味，而且也能矫臭。山梨醇、甘露醇等也可作甜味剂。合成甜味剂主要有糖精钠，甜度为蔗糖的200～700倍，易溶于水，常用量为0.03%，常与单糖浆、蔗糖和甜菊苷合用；阿司帕坦，为天门冬酰苯丙氨酸甲酯，为二肽类甜味剂，甜度比蔗糖高150～200倍，不致龋齿，适用于糖尿病、肥胖症患者。

（2）芳香剂 香料和香精统称为芳香剂。常用芳香剂分为天然香料、人工香料。天然香料包括由植物中提取的芳香性挥发油，如柠檬、薄荷挥发油等，以及它们的制剂，如薄荷水、桂皮水等；人造香料是在天然香料中添加一定量的溶剂调和而成的混合香料，如苹果香精、香蕉香精等。

（3）胶浆剂 具有黏稠、缓和的性质，可以干扰味蕾的味觉而矫味，如阿拉伯胶、羧甲基纤维素钠、琼脂、明胶、甲基纤维素等的胶浆。如在胶浆剂中加入适量糖精钠或甜菊苷等甜味剂，则增加其矫味作用。

（4）泡腾剂 将有机酸与碳酸氢钠混合后，遇水产生大量二氧化碳，二氧化碳能麻痹味蕾起矫味作用。对盐类的苦味、涩味、咸味有所改善。

3. 着色剂 着色剂系指能够改善制剂的外观颜色从而识别制剂的品种、区分应用方法以及减少患者厌恶感的一类附加剂。着色剂分为天然色素和合成色素两大类。①天然色素：分为植物性和矿物性色素，可用作内服制剂和食品的着色剂。常用的植物性色素中，黄色的有胡萝卜素、姜黄等；绿色的有叶绿酸铜钠盐；红色的有胭脂红、苏木等；棕色的有焦糖；蓝色的有乌饭树叶、松叶兰等。常用的矿物性色素是棕红色的氧化铁。②合成色素：我国批准的合成色素有胭脂红、柠檬黄、苋菜红等，通常将其配成1%的贮备液使用。

不同分散系统需要加入的增溶剂、助溶剂、乳化剂、助悬剂等附加剂详见各类液体制剂项下。

六、表面活性剂

表面活性剂系指具有很强的表面活性、加入少量就能使液体的表面张力显著下降的物质。表面活性剂之所以能降低表面（界面）张力，主要取决于其分子结构。

表面活性剂分子是一种既亲水又亲油的两亲性分子。亲水基团可以是解离的离子，也可以是不解离的亲水基团，如羧酸或磺酸及其盐，硫酸酯及其可溶性盐，磷酸酯基、氨基或铵盐，羟基、酰胺基、羧酸酯基等；亲油基团一般是长度在8个碳原子以上的烃链，或者是含有杂环或芳香族基团的碳链。将表面活性剂加入水中，在低浓度时，表面活性剂主要浓集在气/液界面，形成亲水基团朝向水中、亲油基团朝向空气的定向排列单分子膜。此时，表面活性剂在溶液表面层的浓度大大高于其在溶液中的浓度。表面活性剂在溶液表面层聚集的现象称为分子吸附或正吸附。正吸附改变了溶液表面的性质，使表面张力降低，随之产生较好的润湿、乳化等作用。

（一）表面活性剂的分类

表面活性剂的分类方法有多种。①根据来源可分为天然、合成两大类。②根据分子组成特点和极性基团的解离性质，分为离子表面活性剂和非离子表面活性剂。③根据离子表面活性剂所带电荷，又可分为阳离子表面活性剂、阴离子表面活性剂和两性离子表面活性剂。

1. 阴离子表面活性剂 阴离子表面活性剂的特征是起表面活性作用的部分是阴离子部分，带有负电荷，如高级脂肪酸盐、硫酸化物、磺酸化物等。该类有一定的刺激性，一般只用于外用制剂。

（1）高级脂肪酸盐 系肥皂类，通式为（$RCOO^-$）$_nM^{n+}$。脂肪酸烃链一般在 C_{11}～C_{17}之间，以硬脂酸、油酸、月桂酸等较常用。根据金属离子的不同，分为碱金属皂、碱土金属皂和有机胺皂等。它们都具有良好的乳化能力，其中碱金属皂、有机胺皂为O/W型乳化剂，碱土金属皂为W/O型乳化剂。肥皂类易被酸所破坏，碱金属皂还可被钙盐、镁盐等破坏，电解质还可使之盐析。本品有一定的刺激性，一般只用于外用制剂。

（2）硫酸化物 主要是硫酸化油和高级脂肪醇硫酸酯类，通式为 $ROSO_3^-M^+$。其中高级醇烃链R在 C_{12}～C_{18}之间。硫酸化油的代表是硫酸化蓖麻油，俗称土耳其红油，为黄色或橘黄色黏稠液体，有微臭，约含48.5%的总脂肪油，可与水混合，为无刺激性的去污剂和润湿剂，可代替肥皂洗涤皮肤，也可用于挥发油或水不溶性杀菌剂的增溶。高级脂肪醇硫酸酯类中常用的是十二烷基硫酸钠（月桂醇硫酸钠，O/W型乳化剂）等，其乳化性很强，且较肥皂类稳定，主要用作外用软膏的乳化剂。

（3）磺酸化物 系指脂肪酸或脂肪醇经磺酸化后，用碱中和所得的化合物，主要有脂肪族磺酸化物、烷基芳基磺酸化物和烷基萘磺酸化物，通式为 $RSO_3^-M^+$。常用的品种有二辛基琥珀酸磺酸钠（商品名为阿洛索-OT）、二已基琥珀酸磺酸钠（商品名为阿洛索-18）和十二烷基苯磺酸钠等，其中十二烷基苯磺酸钠是目前广泛应用的洗涤剂。

2. 阳离子表面活性剂 阳离子表面活性剂起表面活性作用的是阳离子部分，带有正电荷，又称为阳性皂。其分子结构的主要部分是一个五价氮原子，故又称为季铵化合物，其特点是水溶性大，在酸性与碱性溶液中均较稳定，具有良好的表面活性作用和杀菌、防腐作用，但与大分子的阴离子药物合用会产生结合而失去活性，甚至产生沉淀。此类表面活性剂由于其毒性较大，主要用于皮肤、黏膜和手术器材的消毒。常用品种有苯扎氯铵、苯扎溴铵。

苯扎氯铵（商品名为洁尔灭）、苯扎溴铵（商品名为新洁尔灭）具有杀菌、渗透、清洁、乳化等作用。其中新洁尔灭水溶液的杀菌力很强，穿透性强，毒性较低，主要用作杀菌防腐剂。

3. 两性离子表面活性剂 两性离子表面活性剂系指分子中同时具有正、负电荷基团的表面活性剂。这类表面活性剂随着介质pH的变化表现为不同的性质，pH在等电点范围内表面活性剂呈中性；在等电点以上呈阴离子表面活性剂的性质，具有很好的起泡、去污作用；在等电点以下则呈阳离子表面活性剂的性质，具有很强的杀菌性。两性离子型表面活性剂有天然（卵磷脂）、人工合成（氨基酸型和甜菜碱型）之分。其中卵磷脂是目前制备注射用乳剂的主要乳化剂，也是制备脂质体的主要原料。

4. 非离子表面活性剂　非离子表面活性剂系指在水溶液中不解离的一类表面活性剂，其分子的亲水基团是甘油、聚乙二醇和山梨醇等多元醇；其亲油基团是长链脂肪酸或长链脂肪醇以及烷基或芳基，它们以酯键或醚键与亲水基团结合。该类表面活性剂毒性低、不解离、不受溶液 pH 的影响，能与大多数药物配伍，因而在制剂中应用较广，常用作增溶剂、分散剂、乳化剂或混悬剂。

（1）脂肪酸山梨坦类　脂肪酸山梨坦是失水山梨醇脂肪酸酯，是由山梨糖醇及其单酐和二酐与脂肪酸反应而成的酯类化合物的混合物，商品名为司盘。本品为白色至黄色、黏稠油状液体或蜡状固体。不溶于水，易溶于乙醇，亲水亲油平衡值（HLB）为 1.8～8.6，亲油性较强，故一般用作 W/O 型乳化剂或 O/W 型乳剂的辅助乳化剂。

（2）聚山梨酯　是聚氧乙烯脱水山梨醇脂肪酸酯，是由失水山梨醇脂肪酸酯与环氧乙烷反应生成的亲水性化合物。商品名为吐温。本品为黏稠的黄色液体，对热稳定，但在酸、碱和酶作用下也会水解。在水和乙醇以及多种有机溶剂中易溶，不溶于油，低浓度时在水中形成胶束，其增溶作用不受溶液 pH 影响。聚山梨酯常用于 O/W 型乳剂的乳化剂，也可用作增溶剂、分散剂和润湿剂。

（3）蔗糖脂肪酸酯　简称蔗糖酯，是蔗糖与脂肪酸反应生成的一大类化合物，根据与脂肪酸反应生成酯的取代数不同，有单酯、二酯、三酯及多酯。蔗糖脂肪酸酯不溶于水，但在水和甘油中加热可形成凝胶，可溶于丙二醇、乙醇及一些有机溶剂，但不溶于油。主要用作水包油性乳化剂、分散剂。

（4）聚氧乙烯脂肪酸酯　系由聚乙二醇与长链脂肪酸缩合而成的酯，商品名为卖泽类。亲油基脂肪酸和亲水基聚乙二醇以不同比例结合，可合成疏水性和亲水性不同的表面活性剂。该酯乳化能力很强，为 O/W 型乳化剂，常用的为聚氧乙烯 40 脂肪酸酯（卖泽 52）。

（5）聚氧乙烯脂肪醇醚类　系由聚乙二醇与脂肪醇缩合而成的醚类，商品名为苄泽类。因聚乙二醇的聚合度和脂肪醇的不同而有不同的品种。药剂上常用作乳化剂或增溶剂。

（6）聚氧乙烯－聚氧丙烯共聚物　此类表面活性剂又称泊洛沙姆，商品名为普朗尼克，是由聚氧乙烯和聚氧丙烯聚合而成，其中聚氧乙烯为亲水基，随着相对分子量的增加，本品由液体变为固体，其水溶性可以从不溶于水到溶于水。分子中聚氧乙烯部分比例增加，水溶性增加；聚氧丙烯部分比例增加，则水溶性下降，亲油性增强。该类表面活性剂具有乳化、润湿、分散、起泡、消泡等作用，但增溶作用较弱。

（二）表面活性剂的特性

1. 形成胶束　当表面活性剂的正吸附达到饱和后，继续加入表面活性剂，其分子则转入溶液中，因其亲油基团的存在，水分子活性剂分子相互间的排斥力大于吸引力，导致表面活性剂分子自身依赖范德华力相互聚集，在水溶液中形成亲油基团向内，亲水基团向外，在水中稳定分散、大小在胶体粒子范围的缔合体，称为胶团或胶束。胶团外部是亲水基形成的栅状结构，内部是碳氢链形成内核，胶团可呈现球状、棒状、束状、板状、层状等多种形状（图 10－1）。

表面活性剂分子缔合形成胶束的最低浓度即为临界胶束浓度（CMC）。离子型表面活性剂的缔合数 10～100；非离子表面活性剂缔合数一般较大。具有相同亲水基的同系列表面活性剂，若亲油基团越大，则 CMC 越小。在 CMC 时，溶液的表面张力基本上到达最低值。

2. 亲水亲油平衡值　表面活性剂分子中亲水和亲油基团对油或水的综合亲和力称为亲水亲油平衡值（HLB）。

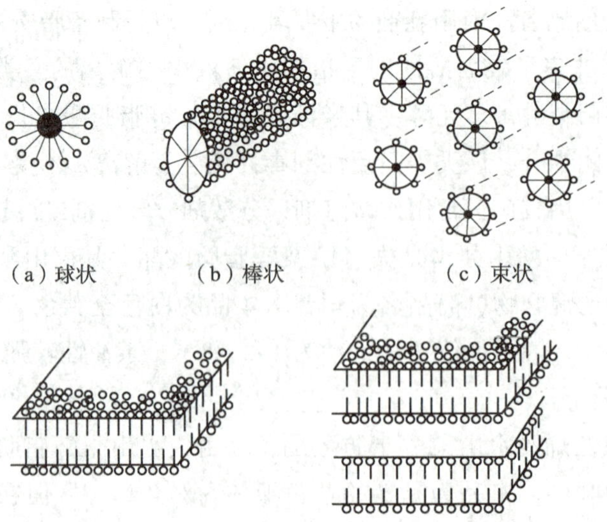
(a) 球状　(b) 棒状　(c) 束状　(d) 板状　(e) 层状

图 10－1　胶团的形状

(1) HLB 范围为 0～40　其中非离子型表面活性剂的 HLB 值范围为 0～20，即把完全疏水而无亲水基的液体石蜡的 HLB 规定为 0，而把完全亲水而无疏水基的聚乙二醇的 HLB 规定为 20。由此可见表面活性剂的亲水性越强，其 HLB 越高；反之亲油越强，HLB 越低。

(2) HLB 的应用　表面活性剂的 HLB 值与其应用性质密切相关，不同 HLB 值的表面活性剂有不同用途（表 10－3）。

表 10－3　不同 HLB 表面活性剂的应用

HLB	应用	HLB	应用
1.5～3	消泡剂	8～16	O/W 型乳化剂
3～8	W/O 型乳化剂	13～16	去污剂
7～9	润湿剂	15～18	增溶剂

非离子型表面活性剂的 HLB 具有加和性、如简单的二组分非离子表面活性剂的混合体系 HLB 计算如下：

$$HLB_{AB}=\frac{HLB_A\times W_A+HLB_B\times W_B}{W_A+W_B}\qquad 式（10－1）$$

式中，HLB_A、HLB_B 分别表示 A、B 两种非离子型表面活性剂的 HLB 值；W_A、W_B 分别表示 A、B 两种非离子型表面活性剂的量。

（二）温度对溶解特性的影响

温度对不同类型表面活性剂的溶解特性有不同的影响。

1. Krafft 点　随温度升高至某一温度，离子表面活性剂的溶解度急剧升高，该温度称为 Krafft 点，相对应的溶解度即为该离子表面活性剂的临界胶束浓度。

Krafft 点是离子表面活性剂的特征值，Krafft 点也是表面活性剂应用温度的下限，或者说只有在温度高于 Krafft 点时表面活性剂才能更大程度地发挥作用。例如十二烷基硫酸钠和十二烷基磺酸钠的 Krafft 点分别约为 8℃和 70℃，显然，后者在室温的表面活性不够理想。

2. 昙点　对于某些具有聚氧乙烯基结构的非离子型表面活性剂，当温度升高到某一点后，其溶解度表现为急剧下降，使溶液由清变浊。当温度下降低于此温度时，溶液由浊变清，此现象称为起昙，这个转变温度则称为昙点，例如吐温 80 的昙点为 93℃。但某些含聚氧乙烯基的非离子型表面活性剂（如泊洛沙姆 188）在常压下观察不到起昙现象。

（四）表面活性剂的毒性

表面活性剂的毒性顺序：阳离子表面活性剂 > 阴离子表面活性剂 > 非离子表面活性剂。两性离子表面活性剂的毒性和刺激性均小于阳离子表面活性剂。非离子表面活性剂口服一般认为无毒性，外用时表面活性剂呈现较小的毒性，以非离子型对皮肤和黏膜的刺激性为最小。

阳离子表面活性剂和阴离子表面活性剂不仅毒性较大，而且还具有较强的溶血作用。非离子表面活性剂的溶血作用较轻微，聚山梨酯类的溶血作用通常比其他含聚氧乙烯基的表面活性剂为小。溶血作用的顺序：聚氧乙烯烷基醚 > 聚氧乙烯芳基醚 > 聚氧乙烯脂肪酸酯 > 吐温 20 > 吐温 60 > 吐温 40 > 吐温 80。

（五）表面活性剂的应用

表面活性剂在药剂中有着广泛的应用，常用于难溶性药物的增溶，油的乳化，混悬液的润湿和助悬，可以增加药物的稳定性，促进药物的吸收，是制剂中常用的附加剂。阳离子表面活性剂还可用于消毒、防腐及杀菌等。

1. 增溶剂　在药剂中，一些难溶性维生素、甾体激素、挥发油等许多难溶性药物在水中的溶解度很小，达不到治疗所需的浓度，此时可利用表面活性剂的增溶作用提高药物的溶解度。这种起增溶作用的表面活性剂称为增溶剂。

2. 乳化剂　一般来说，HLB 为 3 ~ 8 的表面活性剂适用作 W/O 型乳化剂；HLB 值在 8 ~ 16 的表面活性剂可用作 O/W 型乳化剂。阳离子表面活性剂由于其毒性和刺激性比较大，故不做内服乳剂的乳化剂用；阴离子表面活性剂一般作为外用制剂的乳化剂；具有表面活性的天然高分子材料，如琼脂 、阿拉伯胶等可用作内服制剂的乳化剂；非离子表面活性剂不仅毒性低，而且相容性好，不易发生配伍变化，对 pH 的改变以及电解质均不敏感，可用于外用或内服制剂。

3. 润湿剂　促进液体在固体表面铺展或渗透的作用称为润湿作用，能起润湿作用的表面活性剂称为润湿剂。润湿剂的最适 HLB 通常为 7 ~ 9，并且需要合适的温度。

4. 起泡剂和消泡剂　具有发生泡沫作用和稳定泡沫作用的物质称为起泡剂和稳泡剂。具有较高的 HLB 以及较强的亲水性的表面活性剂在降低液体的表面张力的同时，使泡沫稳定，因而具有起泡剂和稳泡剂的作用。表面活性剂作为起泡剂主要应用于腔道给药及皮肤用药。

与起泡剂相反，可以消除泡沫的物质叫作消泡剂。一些含有皂苷、树胶、蛋白质以及其他高分子化合物的溶液，在剧烈搅拌时可产生泡沫，给操作带来困难，这时为了破坏泡沫，可加入一些表面张力小而且水溶性也小的表面活性剂，其 HLB 通常为 1 ~ 3，表面活性剂与泡沫液层的起泡剂争夺膜面，并可吸附于泡沫表面上，取代原来的起泡剂，而其本身碳链短不能形成坚固的液膜，从而使泡沫破坏。

5. 去污剂　用于去除污垢的表面活性剂称为去污剂。去污剂的最适 HLB 为 13 ~ 16，去污能力以非离子表面活性剂最强，其次是阴离子表面活性剂。常用的去污剂有钠肥皂、钾肥皂、油酸钠、十二烷基硫酸钠及其他烷基磺酸钠等。

6. 消毒剂及杀菌剂　大多数阳离子和合成两性离子表面活性剂都可以用作消毒剂，少数阴离子表面活性剂也有类似的作用。根据需要使用不同浓度的表面活性剂，可分别用于手术前的皮肤消毒、伤口或黏膜消毒、器械消毒和环境消毒等。

任务二　溶液型液体制剂

一、溶液型液体制剂的概述

（一）含义与特点

溶液型液体制剂又称低分子溶液剂，系指小分子药物以分子或离子状态分散在溶剂中形成的均匀的可供内服或外用的液体制剂，包括溶液剂、糖浆剂、芳香水剂、甘油剂和醑剂等。溶液型液体药剂属于均相分散体系，药物分散均匀、澄明，并能透过半透膜。药物的分散度大，其总表面积与机体的接触面积大，口服后药物能较好地吸收，故其作用和疗效比同一浓度药物的混悬液或乳浊液快而高。因分散度大，药物化学活性也随之增高，特别是某些药物的水溶液很不稳定，所以在制备溶液型液体药剂时，应注意药物的稳定性和防腐问题。

（三）增加药物溶解度的方法

生产中可能会遇到有效浓度与溶解度的矛盾，例如碘在水中的溶解度是 1∶2950，而作为甲状腺功能亢进辅助治疗药物的复方碘口服液的浓度要求达到4.5%～5.5%，这就意味着如果不采取措施增加药物的溶解度，就不能保证制成临床需要的均匀澄清而浓度又能达到要求的制剂。常用以下几种方法增加药物的溶解度。

1. 选择适宜的溶剂　理论上每一种药物都会有相应的溶剂使其溶解，故选择适宜的溶剂是改善药物溶解度最便捷的办法。

将两种以上的液体混合作为溶剂使用能起到良好的溶解效果。特别是某些极性或半极性的有机溶剂，由于本身有一定的药理作用，如果用量过大，可能造成药物副作用大或刺激性增加，但与水按一定比例混溶后形成复合溶剂，不仅能增加药物的溶解度，还能减少成本，降低药物的刺激性。如氯霉素在水中溶解度是0.25%，而水中含25%乙醇、55%甘油的混合溶剂中，可制成12.5%的氯霉素溶液。

药物在混合溶剂中的溶解度除了与溶剂混合有关外，还和各溶剂的比例有关。在混合溶剂中各溶剂在某一比例时，药物的溶解度会出现极大值，这种现象称为潜溶，这种溶剂称为潜溶剂，如苯巴比妥在90%的乙醇中有最大溶解度。

2. 将药物制成盐　有机酸或有机碱类药物，制成盐后其水溶性加大，这就为我们增加药物的溶解性提供了依据。具体的操作办法有两种：一是将药物直接制成盐作为投料的原料，直接溶解，这种方法通常在原料生产企业中实施；二是将有机酸或有机碱作为投料的原料，通过调节 pH，以促进药物在酸性或碱性水溶液中的溶解，这种方法在制剂生产中经常使用。

值得注意的是，药物制成盐后可能其药理作用、稳定性、刺激性、毒性等发生变化，故选择这种方法时需慎重。

3. 加入助溶剂　在药物中加入第三种物质，可形成配位化合物、有机分子复合物、缔合物和复盐等而增加溶解度，这种现象称助溶，加入的第三种物质称为助溶剂。如咖啡因与苯甲酸钠形成分子复合物苯甲酸钠咖啡因，溶解度由1∶50 增大到1∶1.2。

助溶剂一般是某些有机酸及其钠盐，如苯甲酸、醋酸、水杨酸等；也可以是酰胺类化合物，如乌拉坦、尿素、烟酰胺等；还有一些水溶性高分子化合物，如聚乙二醇、聚乙烯吡咯烷酮、羧甲基纤维素钠等。某些无机盐如硼砂、碘化钾等也有助溶作用。

4. 使用增溶剂　增溶是指表面活性剂形成胶团后增加某些难溶物质在溶剂中的溶解度并形成澄明溶液的过程。具有增溶能力的表面活性剂称增溶剂，被增溶的物质称为增溶质。

以水为溶剂，常用作增溶剂的表面活性剂一般 HLB 为 15 ~ 18。如果没有适合的 HLB，也可以考虑采用两种或两种以上表面活性剂按一定比例混合制成 HLB 符合要求的复合增溶剂。

外用液体制剂的增溶剂可以选择一价金属皂，如硬脂酸钠、油酸钠、油酸钾等；内服液体制剂的增溶剂常用吐温类。

答案解析

即学即练 10 – 1

增加药物的溶解度的方法有（　　）

A. 加入助溶剂　　B. 加入增溶剂　　C. 制成盐类

D. 应用潜溶剂　　E. 加入助悬剂

二、常见的溶液型液体制剂

微课

1. 溶液剂　系指药物溶解于溶剂中形成的澄明液体制剂。溶液剂的溶质一般为不挥发性的化学药物，溶剂多为水，也可用不同浓度乙醇或油为溶剂，如复方碘口服溶液、硝酸甘油乙醇溶液、维生素 D 油溶液等。溶液剂应澄清、不得有沉淀、浑浊、异物等。

为保证质量，配制时可适当加入抗氧剂、防腐剂、缓冲剂、矫味剂及着色剂等附加剂。

溶液剂的制备方法有三种，即溶解法、稀释法和化学反应法。

溶解法包括称量、溶解、过滤、定量等步骤，应用广泛。制备时，一般将药物用溶剂总体积的 2/3 ~ 3/4 溶解过滤，再自滤器上添加溶剂至全量，搅匀，即得。

溶解法制备过程中应注意以下几点。①投料顺序：当处方中存在多个固体物料时，应遵循“难溶先溶、附加剂先溶、特殊药品先溶”的原则，一些用量较少的特殊药品，如毒药、麻醉药品等，应先加入溶解；加入含有挥发性成分的液体药物应慢加快搅。②加入方向：含醇制剂与水性制剂混合时，通常将醇溶液加至水溶液中，并慢加快搅。③混合方式：高浓度盐酸与高浓度醇液混合时应“先稀释后混合”，目的是防止混合时由于溶剂的改变而导致混合液析出沉淀，影响质量。④非水溶剂需器具干燥。

稀释法系将高浓度溶液或易溶性药物的浓贮备液稀释至治疗浓度范围内的方法，稀释时应注意单位换算。

化学反应法适用于原料药物缺乏或不符合医疗要求的情况，此时可将两种或两种以上的药物配伍在一起，经过化学反应而生成所需药物的溶液。

处方分析 10 – 1：对乙酰氨基酚口服液

【处方】	对乙酰氨基酚	30g	主药
	聚乙二醇 400	70ml	助溶剂和稳定剂
	L – 半胱氨酸盐	0.3g	抗氧剂
	糖浆	20ml	矫味剂
	甜蜜素	1g	矫味剂

香精	1ml	芳香剂
8% 羟苯丙酯∶羟苯乙酯（1∶1）乙醇溶液 4ml		防腐剂
枸橼酸	适量	
纯水加至 1000ml		

【制法】注射用水适量依次加入 L－半胱氨酸盐酸盐、加聚乙二醇 400 和对乙酰氨基酚加热溶解，再顺次加入糖浆、甜蜜素、香精、8% 羟苯丙酯∶羟苯乙酯（1∶1）乙醇溶液。边加边搅拌至完全溶解。静置半小时（或不发生气泡）后，10μm 微孔滤膜过滤除去杂质。加水稀释，冷却后纯水加至 1000ml，加枸橼酸 pH 为 5.5 左右，0.8μm 微孔滤膜过滤，灌封，灭菌。

【解析】对乙酰氨基酚在 pH 5～7 的溶液中稳定，故制备其口服液时需加入适量的枸橼酸，调节溶液的 pH 为 5.5 左右，使口服液口感更好，易于儿童服用。为加快药物的溶解，配制时应适当加热，但温度不得超过 55℃，温度过高，对乙酰氨基酚易分解。本品为乙酰苯胺类解热镇痛药，不良反应小，使用安全。其退热速度快，效果好，临床多用于迅速解除儿童高热。

2. 糖浆剂　系指含有原料药物的浓蔗糖水溶液。含药的糖浆剂有治疗作用，含糖量达 50%～65%，能有效掩盖药物的苦味、咸味等不适味道，使药物易于内服，很受儿童的欢迎。只含糖或芳香性物质的糖浆剂称为单糖浆或芳香糖浆，主要用作矫味剂和助悬剂。单纯的蔗糖近饱和水溶液称为“单糖浆”，含糖量为 85%（g/ml）或 65%（g/g）。

糖浆剂在生产与贮藏期间应符合下列有关规定。①将原料药物用水溶解（饮片应按各品种项下规定的方法提取、纯化、浓缩至一定体积），加入单糖浆；如直接加入蔗糖配制，则需煮沸，必要时滤过，并自滤器上添加适量新煮沸过的水至处方规定量。②含蔗糖量应不低于 45%（g/ml）。③根据需要可加入适宜的附加剂。如需加入抑菌剂，除另有规定外，在制剂确定处方时，该处方的抑菌效力应符合抑菌效力检查法（通则 1121）的规定。山梨酸和苯甲酸的用量不得过 0.3%（其钾盐、钠盐的用量分别按酸计），羟苯酯类的用量不得过 0.05%。如需加入其他附加剂，其品种与用量应符合国家标准的有关规定，且不应影响成品的稳定性，并应避免对检验产生干扰。必要时可加入适量的乙醇、甘油或其他多元醇。④除另有规定外，糖浆剂应澄清。在贮存期间不得有发霉、酸败、产生气体或其他变质现象，允许有少量摇之易散的沉淀。⑤一般应检查相对密度、pH 等。⑥除另有规定外，糖浆剂应密封，避光置干燥处贮存。

糖浆剂常用的制备方法有热溶法、冷溶法和混合法。制备糖浆剂时应注意：①环境应符合生产净化要求，所用的容器、用具应洁净，必要时灭菌处理，并及时灌装。②应选择药用蔗糖，食用糖因杂质含量多，且易吸潮、长霉，故不选用。

（1）热溶法　将适量纯化水解热煮沸后，加入规定量的蔗糖搅拌溶解，再加入其他搅拌溶解、保温过滤，自滤器上加适量新沸过的纯化水至全量，搅匀即得。此法适用于对热稳定的药物和有色糖浆。

（2）冷溶法　将蔗糖溶于冷水或含药的溶液中制成糖浆剂。此法适用于对热不稳定或挥发性药物。制得的糖浆颜色较浅，但制备所需时间较长，在生产过程中容易污染微生物。

（3）混合法　系指药物与单糖浆均匀混合制备糖浆的方法。

知识链接

蔗糖的转化

蔗糖为双糖，在加热，特别在酸性条件下，易水解成葡萄糖和果糖，俗称转化糖。转化糖具有还原性，可延缓某些易氧化药物的变质，但转化糖含量过高时制剂的颜色变暗且更容易发酵。因此，严格控制加热的温度、时间，并注意调节 pH，以防止蔗糖水解后生成转化糖。

作为一名药物制剂生产人员，我们要坚守职业道德，首先要有扎实、严谨的工作态度；其次，要有认真的工作作风，具体体现在日常工作中，严格按照岗位标准操作规程和工艺规程等标准文件执行。在上文中使用蔗糖时，要严格控制加热的温度、时间，并注意调节 pH，为了防止蔗糖水解生成转化糖，从而影响药效。所以从现在开始我们无论在理论课的学习上，还是实训操作上要一丝不苟、要有细节决定成败的意识。

处方分析 10－2：复方磷酸可待因糖浆

【处方】磷酸可待因	2g	主药
盐酸异丙嗪	1.25g	主药
	24g	pH 调节剂
维生素 C	0.125g	抗氧剂
焦亚硫酸钠	1g	抗氧剂
防腐剂	2.5g	
蔗糖	650g	矫味剂
乙醇	70ml	溶剂
纯水加至 1000ml		

【制法】将磷酸可待因和盐酸异丙嗪用新煮沸过的水溶解，依次加入维生素 C、焦亚硫酸钠、防腐剂和乙醇。冷却后纯水加至 1000ml，加 pH 调节剂，0.8μm 微孔滤膜过滤，灌封，灭菌。

【解析】复方磷酸可待因糖浆是新型镇咳抗组胺药，内含磷酸可待因和盐酸异丙嗪，经临床研究两药联用，疗效协同作用明显，而不良反应未见增强。临床常用于镇咳、祛痰平喘。

3. 芳香水剂　指挥发油或其他芳香性或挥发性物质的澄明饱和或近饱和水溶液。芳香水剂的制备方法主要有溶解法、稀释法和水蒸气蒸馏法。由于挥发油及其他挥发性物质在水中的溶解度很小，采用溶解法制备时，可酌加分散剂（如滑石粉）用力振摇以加速溶解。芳香水剂的浓度较低，一般只作芳香剂使用，如薄荷水、浓薄荷水等。

4. 甘油剂　系指药物溶于甘油中制成的专供外用的溶液剂。甘油剂用于口腔、耳鼻喉科疾病。甘油剂在生产与贮藏期间均应符合下列有关规定：①甘油剂应具有黏稠性、防腐性、吸湿性，对皮肤、黏膜应有滋润作用，能使药物滞留于患处而延长药物局部疗效作用；②甘油剂吸湿性较大，应密闭保存。

5. 醑剂　系指挥发性药物的浓乙醇溶液。可以内服、外用。醑剂一般作芳香矫味剂用，如复方橙皮醑、薄荷醑等；也可用于治疗，如芳香氨醑。凡用以制备芳香水剂的药物一般都可以制成醑剂。

醑剂的制备方法主要有溶解法和化学反应法。制备过程中应注意：①器具要干燥；②醑剂与水性制剂混合时溶剂性质发生改变，可导致析出溶质出现浑浊，应采用慢加快搅的形式，将醑剂加入水性制剂中。

醑剂在生产与贮藏期间均应符合下列有关规定：①醑剂中药物浓度一般为 5%～20%，乙醇的浓度一般为 60%～90%；当醑剂与水性制剂混合或制备过程中与水接触时，会因乙醇浓度降低而发生浑浊；②由于醑剂中的挥发油易氧化、酯化或聚合，久贮会变色，甚至出现黏性树脂物沉淀，故应贮于密闭容器中，且不易久贮。

任务三 胶体溶液型液体制剂

一、高分子溶液剂

（一）高分子溶液剂的含义

高分子溶液剂系指高分子化合物溶解于溶剂中形成的均匀分散的液体制剂，属于热力学稳定体系。以水为溶剂时，称为亲水性高分子溶液剂，或称胶浆剂；以非水溶剂制备时，称为非水性高分子溶液剂。亲水性高分子溶液在药剂中应用较多。

（二）高分子溶液剂的性质

1. 带电性 高分子化合物结构中的某些基团在水溶液中可因解离而带正电或带负电。有的带正电荷如琼脂、明胶、血红蛋白、碱性染料等；有的带负电荷如淀粉、阿拉伯胶、西黄蓍胶、鞣酸、树脂及酸性染料等；一些高分子化合物所带电荷受溶液 pH 的影响。如蛋白质分子中含有羧基与氨基，当溶液的 pH 大于等电点时，蛋白质带负电荷，pH 小于等电点时，蛋白质带正电荷。在等电点时，高分子化合物不带电，这时高分子溶液的许多性质发生变化，如黏度、渗透压、溶解度、导电性都变为最小值。高分子化合物在溶液中带电荷，所以有电泳现象，用电泳法可测得高分子化合物所带电荷的种类。

2. 过滤性 高分子溶液能透过滤纸，不能透过半透膜，提纯高分子溶液可用透析方法除去其中的电解质，但因润湿的滤纸带负电荷可吸附正胶体，因此高分子溶液过滤时应注意电荷吸附问题。

3. 渗透压 高分子溶液有较高的渗透压，渗透压的大小与高分子溶液的浓度有关。浓度越大，渗透压越高。

4. 黏度 高分子溶液是黏稠性流动液体，因此也常用作助悬剂、增稠剂、黏合剂。通过测定高分子溶液的黏度，可以确定高分子化合物的分子量。

5. 胶凝性 一些亲水性高分子溶液，如明胶水溶液、琼脂水溶液，在温热条件下为黏稠性流动液体，当温度降低时，高分子物质形成网状结构，分散介质水被全部包含在网状结构中，形成了不流动的半固体状物，称为凝胶，如软胶囊的囊壳就是这种凝胶。形成凝胶的过程称为胶凝。凝胶失去网状结构的水分时，体积缩小，形成干燥固体，称为干胶。

（三）高分子溶液剂的稳定性

水化膜是高分子溶液稳定的主要因素，高分子化合物含有大量亲水基团，能与水形成牢固的水化膜，可阻止高分子化合物分子之间的相互凝聚，对高分子化合物的稳定性起重要作用。高分子质点因带有电荷，同电相斥作用对其稳定性也有一定的影响，电荷因素是高分子溶液稳定的次要因素。对高分子溶液来说，电荷对其稳定性并不像对疏水胶体那么重要，当向高分子溶液中加入少量电解质时，不会由于反离子的作用而引起凝聚，长期透析也不影响其稳定性。但若破坏其水化膜，则会发生凝聚而引起沉淀。如，①盐析作用，加入大量电解质时由于电解质强烈的水化作用，夺去了高分子质点水化膜的水分而使其沉淀，这一过程称为盐析，在制备生化制品时经常使用；②加入脱水剂，如强亲水性的乙醇、丙酮，使其失去水化膜而产生沉淀，在制备高分子物质如右旋糖酐、羧甲基淀粉钠等，都是利用加入大量乙醇的方法，使它们失去水化膜而沉淀。

（四）高分子溶液剂的制备

高分子化合物的溶解与低分子化合物不同，要经过溶胀过程，包括有限溶胀和无限溶胀。

1. 有限溶胀与无限溶胀　有限溶胀是指水分子钻到高分子化合物分子间的空隙中，水与亲水性基团发生水化作用而使其体积增大的过程，有限溶胀通常需要先充分进行、自发进行。无限溶胀是指当高分子化合物分子间的空隙里充满了水分子，降低了分子间的范德力，使之不断溶胀，最后高分子化合完全以分子状态分散在水中，形成亲水胶体溶液的过程，无限溶胀过程往往需借助搅拌或加热来加速完成。

2. 操作要点　具体操作可因原料状态不同有所差别。①粉末状原料：选择大口盛器，先加水，撒粉于水面，令其充分吸水膨胀，最后略加振摇即可均匀溶解，如胃蛋白酶。也可将原料置于干燥的盛器内，先加少量乙醇或甘油使其均匀润湿，然后加大量水振摇使溶。操作时切忌直接将水加到粉末中，这样会表面黏结成团使水很难透入团块中心，有限溶胀无法充分进行，导致很难制成均匀的溶液。②片状、块状原料：先粉碎成细粒，加少量水放置，令其充分吸水膨胀，然后加足热水，并热溶解，如明胶、琼脂。

处方分析 10－3：羧甲基纤维素钠胶浆

【处方】	羧甲基纤维素钠	25g	主药
	甘油	300ml	润湿剂
	羟苯乙酯溶液（5%）	20ml	防腐剂
	香精	适量	矫味剂
	纯化水加至 1000ml。		

【制法】取羧甲基纤维素钠分次加入 500ml 纯化水中，让其自然膨胀，然后稍加热，轻加搅拌使其完全溶解，再加入甘油、羟苯乙酯（5%）、香精搅拌，最后添加纯化水至 1000ml，搅匀，即得。

【解析】羧甲基纤维素钠在冷水中溶解缓慢。容易形成高黏度的凝胶层而阻止水分进一步渗入。因此制备时要分次加入，自然膨胀后才可以加热搅拌助溶；羧甲基纤维素钠遇阳离子型药物及碱土金属、重金属盐能发生沉淀，故不能采用季铵类和汞类防腐剂；羧甲基纤维素钠在 pH 5～7 时黏度最高，当 pH 低于 5 或高于 10 时黏度迅速下降，所以一般调节 pH 6～8 为宜。甘油起到保湿、增稠和润滑作用。本品为润滑剂，用于腔道、器械检查或肛检时起润滑作用。

二、溶胶剂

（一）溶胶剂的含义

溶胶剂系指固体药物细微粒子分散在水中形成的均匀分散的液体制剂，又称疏水胶体溶液。与溶液一样透明，可微呈乳光，是一种高度分散的热力学不稳定体系。将药物分散成溶胶状态，它们的药效会出现显著的变化，目前溶胶剂直接应用很少，通常是使用经亲水胶体保护的溶胶制剂，如氧化银溶胶就是被蛋白质保护而制成的制剂，用作眼、鼻收敛杀菌药。

（二）溶胶剂的性质

1. 光学性质　当强光线通过溶胶剂时，从侧面可见到圆锥形光束，称为丁达尔效应。这是由于胶粒粒度小于自然光波长引起光散射所致，也是判断是否为胶体溶液的简便方法。

2. 电学性质 溶胶剂中的胶粒因解离或吸附介质中的离子而荷正电或荷负电。胶体或微粒表面的电荷称为吸附层，由于静电力的作用，在其周围介质中形成一个具有反离子的扩散层，形成双电层结构。胶粒的吸附层与扩散层带有相反的电荷，并有电位差存在，当在电场的作用下胶粒与分散介质相对移动过程中才显示出这一电位差，称为动电位或 ζ 电位。ζ 电位越高，微粒间斥力越大，溶胶越稳定。

3. 动力学性质 溶胶中的胶粒在分散介质中存在不规则的运动，这种运动称为布朗运动。胶粒越小，布朗运动越剧烈，其动力学稳定性就越大。

4. 稳定性 溶胶剂属热力学不稳定体系，但由于胶粒表面所带相反电荷的排斥作用、胶粒荷电所形成的水化膜以及胶粒的布朗运动，增加了溶胶剂的稳定性。溶胶剂的稳定性主要受到以下因素的影响。①电解质的作用：溶胶剂对电解质极其敏感，将电解质加入溶胶剂中，由于电荷被中和使电位降低，同时又减少了水化层，使溶胶剂产生聚结进而产生沉降。②溶胶的相互作用：将带相反电荷的溶胶剂混合，由于电荷被中和使 ζ 电位降低，也会产生沉淀。当两种溶胶所带的相反电荷量相等时，才会完全沉淀。③保护胶体的作用：向溶胶剂中加入亲水性高分子溶液，使溶胶剂具有亲水胶体的性质而增加稳定性，这种胶体称为保护胶体。

5. 可滤过性 溶胶剂的胶粒大小为 1～100nm，能透过滤纸、棉花，而不能透过半透膜。这一特性与溶液不同，与粗分散体系也不同，因此，可用透析法或电析法除去胶体溶液中的盐类杂质。

（三）溶胶剂的制备

1. 分散法 ①机械分散法；②溶法亦称解胶法；③超声波分散法。

2. 凝聚法 ①物理凝聚法；②化学凝聚法。

任务四 混悬剂

一、混悬剂的含义

混悬剂系指难溶性固体药物以微粒状态分散于分散介质中形成的非均匀的液体制剂。它属于热力学不稳定的粗分散体系，其中药物微粒的大小一般在 0.5～10μm，小的可为 0.1μm，大的可达 50μm 或更大。混悬剂的分散介质大多为水，也有用植物油制备者。也可将混悬剂制成干粉的形式，临用时加水或其他液体分散介质，即可分散成混悬液。混悬型分散体系除存在于合剂、搽剂和洗剂等液体制剂中，在软膏剂、注射剂、滴眼剂、气雾剂、栓剂等也有应用。

二、制备混悬剂的条件

一般下列情况需要制成混悬剂：①难溶性药物制成液体制剂供临床应用时；②药物使用浓度超过了溶解度而不能以溶液剂形式应用时；③两种溶液混合时药物的溶解度降低而析出固体药物时；④为了使药物产生缓释作用。都可以考虑制成混悬剂。但为了安全起见，毒性药物或剂量小的药物，一般不宜制成混悬液。

混悬剂的标签应注明“用时摇匀”或“服前摇匀”。

实例分析

实例　小李是便民药店的一名营业员，一天小王推荐一名发热患儿使用布洛芬混悬液缓解发烧症状，但因为小李家里有事，匆忙介绍药品用量后，但未按说明书叮嘱患者用前摇匀。结果患儿家长使用时，发现有沉淀对药品质量进行投诉。

问题　1. 请问本次事故的原因是什么？

2. 混悬剂服用前有什么要求？

3. 这次事故给你带来了什么启示？

答案解析

三、混悬剂的物理稳定性

混悬剂中药物微粒的分散度大，使混悬微粒具有较高的表面自由能而处于不稳定状态，混悬剂既属于热力学不稳定体系又属于动力学不稳定体系。疏水性药物的混悬剂比亲水性药物存在更大的稳定性问题。

1. 混悬微粒的沉降速度　混悬剂中药物微粒与液体分散介质之间存在密度差，如药物微粒的密度较大，由于重力作用，静止后会产生沉降，其沉降速度服从 Stokes 定律。

$$V = \frac{2r^2(\rho_1 - \rho_2)g}{9\eta} \qquad 式(10-2)$$

式中，V 为微粒沉降速度，r 为微粒半径，ρ_1 为微粒密度，ρ_2 为分散介质密度，η 为分散介质的黏度，g 为重力加速度。

由以上公式可以看出，沉降速度 V 与 r^2、（$\rho_1-\rho_2$）成正比，与 η 成反比。为了延缓微粒的沉降速度，增加混悬剂的稳定性，常采取以下措施：①粉碎药物，减少混悬微粒的粒径，此措施效果最好；②向混悬剂中加入糖浆、甘油等，以减少微粒与分散介质之间的密度差；③向混悬剂中加入黏性较大的高分子助悬剂，以增加分散介质的黏度。

2. 润湿　固体药物能否润湿影响混悬剂制备的难易、稳定性及质量优劣。不润湿的药物不易均匀分散在分散介质中，微粒会漂浮或下沉。加入表面活性剂（润湿剂）可改变固体药物的润湿性，降低固液间的表面张力，去除固体微粒表面的气膜，使制成的混悬剂稳定。

3. 混悬微粒的荷电与水化　与胶粒一样，混悬微粒具有双电层结构，具有 ζ－电位。由于微粒表面带电，水分子可在微粒周围形成水化膜，微粒的电荷与水化有利于混悬剂的稳定。疏水性微粒主要靠微粒带电而水化，这种水化作用对电解质敏感。但亲水性药物微粒的水化作用很强，水化作用受电解质的影响较小、制剂更稳定。

4. 絮凝与反絮凝　混悬微粒的分散度比较大，具有较高的表面自由能而趋于聚集。但由于微粒荷电，电荷的排斥力阻碍了微粒聚集。若在混悬剂中加入适当电解质使 ζ－电位降低至 20～25mV，可形成疏松的絮状聚集体，使沉降体积大，沉降物不结块，这一过程称为絮凝，加入的电解质称为絮凝剂；若加入的电解质增大 ζ－电位，增加混悬剂流动性，这一过程称为反絮凝，加入的电解质称为反絮凝剂。

5. 其他　药物的晶型、分散相的浓度、温度等。

（1）药物的晶型　某些药物如巴比妥、可的松、氯霉素等为多晶型药物，在混悬液中可因转型而结块，影响了制品的质量，某些助悬剂的加入能防止晶型转变。

（2）分散相的浓度　在同一分散体系中，分散相浓度过高或过低，混悬液均不稳定。

（3）温度　温度变化不仅能改变药物的溶解度和分解速度，还能改变微粒的沉降速度、絮凝速度、沉降容积，从而改变混悬液的稳定性。值得注意的是冷冻能破坏混悬液的网状结构，也能使稳定性降低。

四、混悬剂的稳定剂

混悬剂常用的附加剂有助悬剂、润湿剂、絮凝剂与反絮凝剂三大类。

1. 助悬剂　可增加分散介质的黏度，降低药物微粒的沉降速度；能被吸附在微粒表面，形成保护膜，阻碍微粒的合并与絮凝；个别尚有触变性，可维持微粒均匀分散。对于多晶型药物，加入高分子亲水胶体作助悬剂还可延缓晶型转化和结晶长大，从而更好地增强混悬剂的稳定性。但不能增加混悬粒子的溶解度。常用的助悬剂主要有：

（1）高分子物质　如甲基纤维素、羧甲基纤维素、羟丙基甲基纤维素、聚乙烯醇、聚乙烯吡咯烷等。它们的水溶液均透明，干燥后能形成薄膜，一般用量为0.1%～1%。性质稳定，受pH影响较小，但与某些药物易发生配伍变化。

（2）低分子物质　如甘油、糖浆等。内服混悬剂常使用糖浆，兼有矫味作用；外用制剂常使用甘油。

（3）皂土类　主要是硅皂土和胶体硅酸镁铝。硅皂土是胶体水合硅酸铝，无臭，有泥味，在水中带负电荷，吸附大量的水形成高黏度的糊状物（高黏度、触变性和假塑性凝胶），能阻碍微粒聚集。它的配伍禁忌少，不需加防腐剂，但遇酸能降低其水化性，通常在pH 7以上黏度更高、助悬效果更佳，多用于外用制品；胶体硅酸镁铝为白色或类白色，柔软、光滑的小薄片或微粉化粉末；无臭无味，有引湿性。在水中浓度大于3%时具有触变性。在混悬剂制备时常用作助悬剂，局部用药常用浓度为1%～10%，口服用药常用浓度为0.5%～2.5%。

知识链接

触变胶

有些胶体溶液分散于植物油中形成的胶体溶液，在一定温度下静置时，逐渐变为凝胶，当搅拌或振摇时，又复变为可流动的胶体溶液，这种可逆的变化性质触变性，具有触变性的胶体为触变胶。

助悬剂的用量可根据药物的性质和助悬剂本身性质而定。一般情况下疏水性强的药物多加，亲水性药物少加或不加助悬剂；相对密度小的药物可用甘油、糖浆等低分子助悬剂，相对密度大的药物可用西黄耆胶等黏性强的高分子助悬剂。

2. 润湿剂　是指能增加疏水性药物微粒被水润湿能力的附加剂。润湿剂的作用主要是吸附于微粒表面降低界面张力，提高疏水性药物的亲水性，使之容易被润湿、分散。常用的润湿剂是HLB在7～11的表面活性剂，外用润湿剂可选用肥皂、月桂醇硫酸钠、硫化蓖麻油等。内服润湿剂可选用聚山梨酯类，如聚山梨酯60、聚山梨酯80等。甘油、乙醇等也有一定的润湿作用，但润湿效果不强。疏水性药物配制混悬剂时，必须加入润湿剂。

3. 絮凝剂与反絮凝剂　絮凝剂和反凝凝剂均为电解质，如酒石酸盐、酸式酒石酸盐、枸橼酸盐、酸式枸橼酸盐和磷酸盐、某些氯化物等。同种电解质，对不同的药物而言，可以是絮凝剂，也可以是反絮凝剂；同种电解质应用于药物，也可因电解质用量不同，可以是絮凝剂，也可以是反絮凝剂。大多数需要贮藏放置的混悬剂宜选用絮凝剂，其沉降体系疏松，易于分散。若要求微粒细、分散好的混悬剂可使用反絮凝剂。

五、混悬剂的制备

制备混悬剂时应考虑尽可能使混悬液微粒细微均匀，其制备方法有分散法和凝聚法。

1. 分散法　是将药物粉碎成微粒，直接分散在液体分散介质中制成混悬剂。小剂量制备时，可直接用研钵研磨，大量制备时，可用乳匀机、胶体磨等。为得到细微颗粒，通常采用加液研磨法，一般为1份药物加0.4～0.6份液体，使成糊状时研磨效果最好。对于液体的选择，亲水性药物可选择药物的水溶液，也可用黏稠的助悬剂如胶浆剂、甘油、糖浆等进行加液研磨；疏水性药物应首选润湿剂如乙醇、甘油、表面活性剂等液体进行加液研磨。对于质重、硬度大、粒度要求极细的药物，可采用“水飞法”，使药物粉碎到极细的程度。

2. 凝聚法　通过化学或物理的方法使分子或离子分散状态的药物溶液凝聚成不溶性的药物微粒制成混悬剂的方法。为使微粒细小均匀，凝聚法应控制反应条件，如药物的浓度、反应温度、加入顺序、加入速度、搅拌速度等因素。

（1）物理凝聚法　也称更换溶剂法，常用的微粒结晶法即为其中一种，系指将药物制成热饱和溶液，在搅拌下加到另一种不同性质的冷溶剂中，使之快速结晶，得到10μm以下（80%～90%）的微粒的方法，然后再将微粒分散于适宜介质中制成混悬剂。

（2）化学凝聚法　两种或以上化合物经化学反应生成不溶解的药物悬浮于液体中制成混悬剂的一种方法。

处方分析10－4：布洛芬口服混悬剂

【处方】	布洛芬	20g	主药
	羟丙甲纤维素	20g	助悬剂
	山梨醇	250g	甜味剂
	甘油	300ml	润湿剂、助悬剂
	枸橼酸	适量	pH调节剂
	纯化水加至1000ml。		

【制法】取羧甲基纤维素钠分次加入适量纯化水中，让其自然膨胀，然后稍加热，轻加搅拌使其溶解，成胶浆状；另取布洛芬分次加甘油研磨至细腻后，与前者混合。再取枸橼酸溶于适量纯化水中，滤过，将滤液缓缓加入上述混合液中，然后再缓缓加入山梨醇，随加随研，最后加纯化水加至1000ml，搅匀，即得。

【解析】羧甲基纤维素钠在冷水中溶解缓慢。容易形成高黏度的凝胶层而阻止水分进一步渗入。因此制备时要分次加入，自然膨胀后才可以加热搅拌助溶；羧甲基纤维素钠遇阳离子型药物及碱土金属、重金属盐能发生沉淀，故不能采用季铵类和汞类防腐剂；羧甲基纤维素钠在pH 5～7时黏度最高，当pH低于5或高于10时黏度迅速下降，所以一般调节pH 6～8为宜。本品是临床常见的一种解热镇痛药，主要用于风湿性关节炎。

六、混悬剂的质量评价

1. 粒径 测定混悬剂中微粒的大小及分布情况，是对混悬剂进行质量评定的重要指标。可采用显微镜法、库尔特计数法进行测定。

2. 沉降体积比 沉降体积比是指沉降物的体积与沉降前混悬剂的体积之比。除另有规定外，用具塞量筒盛供试品50ml，密塞，用力振摇1分钟，记下混悬物开始高度 H_0，静置3小时，记下混悬物的最终高度 H，沉降体积比 F 按下式计算。

$$F = \frac{H}{H_0} \tag{式(10-3)}$$

F 值在0~1之间，F 值愈大，混悬剂愈稳定。《中国药典》（2020年版）规定：口服混悬剂（包括干混悬剂）沉降体积比应不低于0.90。

沉降曲线是容积沉降 F 随时间的函数，以 F 为纵坐标、沉降时间 t 为横坐标作图，可得沉降曲线，曲线的起点为最高点1，然后缓慢降低并最终与横坐标平行。沉降曲线若比较平和地缓慢降低，则可认为处方设计优良。

3. 絮凝度 絮凝度用以评价絮凝剂的效果，预测混悬剂的稳定性。絮凝度 β 用下式表示

$$\beta = \frac{F}{F_\infty} = \frac{H/H_0}{H_\infty/H_0} \tag{式(10-4)}$$

式中，F 为絮凝混悬剂的沉降体积比。F_∞ 为去絮凝混悬剂的沉降体积比，β 表示由絮凝作用所引起的沉降容积增加的倍数。β 愈大，絮凝效果愈好，则混悬剂稳定性好。

4. 重新分散试验 优良的混悬剂在贮藏后再经振摇，沉降微粒能很快重新分散，保证服用时混悬剂的均匀性和药物剂量的准确性。将混悬剂置于带塞的100ml量筒中，密塞，放置沉降，然后360°、20r/min的转速转动，经一定时间旋转，量筒底部的沉降物应重新均匀分散，重新分散所需旋转次数越小，表明混悬剂分散性能良好。

5. 流变学 主要是用旋转黏度计测定混悬液的流动曲线，由流动曲线的形状确定混悬液的流动类型，以评价混悬液的流变学性质。若混悬液的流动类型为触变流动、塑性触变流动或假塑性触变流动，能有效地减缓混悬剂微粒的沉降速度。

任务五　乳剂

一、乳剂的概述

（一）乳剂的含义与组成

乳剂系指两种互不相溶的液体混合，其中一种液体以细小的液滴均匀地分散在另一种液体中形成非均相液体分散体系。分散的液滴称为分散相、内相或非连续相，包在外面的液体称为分散介质、外相或连续相。液体分散相分散于不相混溶介质中形成乳剂的过程称为乳化。

乳剂的组成：油相（O）、水相（W）和乳化剂是构成乳剂的基本成分，三者缺一不可。其中乳化剂在乳剂的形成与稳定中发挥着极其重要的作用。此外，为增加乳剂的稳定性，乳剂中还可加入辅助乳化剂与防腐剂、抗氧剂等附加剂。

（二）乳剂的分类

1. 按分散系统的组成分类　乳剂可分为单乳与复乳两类。①单乳包括水包油型乳剂（O/W 型）与油包水型乳剂（W/O 型）两种。前者指外相为“水”，内相为“油”的乳剂；后者指外相为“油”，内相为“水”的乳剂。②复乳系指在 W/O 型或 O/W 型乳的基础上进一步乳化而形成，常以 W/O/W 或 O/W/O 表示，可通过二步法乳化完成。

2. 按乳滴大小分类　乳剂可分为普通乳、亚微乳、纳米乳，其中纳米乳和亚微乳总称为微乳。①普通乳：粒子直径大小为 1～100μm，呈乳白色不透明液体。比表面积和表面自由能很高，属于热力学不稳定体系，受热等因素的影响易出现破乳分层的现象。普通乳在临床上可供内服，也可外用。②亚微乳：粒径在 0.1～10μm，外观不透明，呈浑浊或乳状，稳定性不如纳米乳，可热压灭菌，但灭菌时间太长或重复灭菌，也会分层，属于热力学不稳定体系。亚微乳常作为胃肠外给药的载体，也可作为静脉注射乳剂（粒径控制在 0.25～0.4μm）。③纳米乳：粒径在 10～100nm，其乳滴多为球形，大小比较均匀，透明或半透明，属于热力学稳定体系，经热压灭菌或离心也不能使之分层。常用作脂溶性药物和对水解敏感药物的载体。

（三）乳剂的特点

乳剂作为一种药物载体，其主要的特点：①乳剂中液滴的分散度很大，药物吸收快、药效发挥快及生物利用度高；②油性药物制成乳剂能保证计量准确，而且使用方便；③O/W 型乳剂可掩盖药物的不良气味，并可以加入矫味剂；④减少药物的刺激性及不良反应；⑤可增加难溶性药物的溶解度，如纳米乳，提高药物的稳定性，如对水敏感的药物；⑥外用乳剂可改善药物对皮肤、黏膜的渗透性；⑦静脉注射乳剂，可使药物具有靶向作用，提高疗效。

但乳剂也存在一些不足，因为其大部分属热力学不稳定体系，在贮藏过程中易受影响，出现分层、破乳或酸败等现象。

二、乳化剂

乳化剂是指乳剂制备时，除油相与水相外，尚需要加入的能促使分散相乳化并保持稳定的物质。它是乳剂重要组成部分，在乳剂的形成、稳定及药效的发挥等方面均具有重要的作用。

乳化剂应具备以下作用：①有效地降低界面张力，有利于形成乳滴并使液滴荷电形成双电层，使乳剂保持一定的分散度和稳定性；②能增加乳剂的黏度，无刺激性，无不良反应；③在乳剂的制备过程中不必消耗更多的能量。

乳化剂的种类包括以下几种。

1. 天然乳化剂　特点是亲水性强，黏度较大，可以形成多分子乳化膜，稳定性较好。但由于其表面活性都很小，手工制备乳剂时做功较多，且用量大。常用于制成 O/W 型乳剂，但易被微生物污染变质，所以使用时需新鲜配制或添加适当的防腐剂。常见的有阿拉伯胶、西黄蓍胶、明胶、杏树胶、卵黄、果胶等。

2. 表面活性剂类乳化剂　这类乳剂中有较强的亲水基和亲油基，乳化能力强，显著降低两相间的界面张力，并形成单分子膜。但稳定性不如高分子化合物乳化剂，故通常使用混合乳化剂形成复合凝聚膜，以增加乳剂的稳定性。由于表面活性剂的种类多，且具有良好的乳化能力，目前应用十分广泛。

3. 固体粉末乳化剂　为不溶性细微的固体粉末，乳化时吸附在油－水界面形成固体微粒膜，不受电解质的影响，若与非离子型表面活性剂合用效果更好。常用的如皂土、氢氧化镁、氢氧化铝、二氧化硅、白陶土等，能被水更多润湿，可用于制备 O/W 型乳剂；而氢氧化钙、氢氧化锌、硬脂酸镁等，能被油更多润湿，可用于制备 W/O 型乳剂。

4. 辅助乳化剂 是指与乳化剂合并使用能增加乳剂稳定性的乳化剂。辅助乳化剂的乳化能力一般很弱或无乳化能力，但能提高乳剂的黏度，并能增强乳化膜的强度，防止乳滴合并。常用的有：增加水相黏度的辅助乳化剂，如甲基纤维素、羧甲基纤维素钠、羟丙基纤维素、海藻酸钠等；增加油相黏度的辅助乳化剂，如鲸蜡醇、蜂蜡、硬脂酸、硬脂醇等。

三、乳剂的稳定性

乳剂属于热力学不稳定的非均相分散体系，制成后在放置过程中常出现分层、合并、破裂、絮凝、转相、酸败等不稳定的现象。

1. 分层（乳析） 是指乳剂放置后出现分散相粒子上浮或下沉的现象。分层的主要原因是由于分散相和分散介质之间的密度差造成的。减少分散相和分散介质之间的密度差，增加分散介质的黏度，都可以减少乳剂分层的速度。分层的特点：①可逆，轻轻振摇可以恢复成均匀的乳剂；②容易引起絮凝和破坏。

2. 絮凝 指乳剂中分散相的乳滴由于某些因素的作用使其荷电减少，ζ 电位降低，出现可逆性的聚集现象。若絮凝状态进一步发生变化也可引起乳剂的合并或破裂。乳剂中的电解质和离子型乳化剂是产生絮凝的主要原因，同时絮凝与乳剂的黏度、相容积比以及流变性有密切的关系。

3. 合并与破裂 合并是指乳剂中乳滴周围的乳化膜出现部分破裂导致液滴合并变大的现象。破裂是指液滴合并进一步发展，最后使得乳剂形成油相和水相两相的现象。破裂是一个不可逆过程。

乳剂破裂的主要原因：①微生物的污染，可引起乳剂的破裂；②温度过高或过低，如温度高于70℃，或降至冷冻温度，许多乳剂可能会破裂；③向乳剂中加入可与乳化剂发生作用的物质，引起乳化剂性质的变化而导致乳剂的破裂。

4. 转相（转型） 是指由于某些条件的变化而改变乳剂类型的现象。由 O/W 型转变成 W/O 型或发生相反的变化。转相通常是由于乳化剂性质发生改变引起的，如油酸钠本来为 O/W 型乳化剂，加入足量的氯化钙，转变为 W/O 型乳化剂，可使乳剂转变成 W/O 型乳剂。另外，向乳剂中加入相反类型的乳化剂也可使乳剂转相。转相时两种乳化剂的量比称为转相临界点，只有大于临界点才发生转相。

5. 酸败 是指乳剂受外界因素及微生物的影响，使其中的油、乳化剂等发生变质的现象。可加入抗氧剂与防腐剂等防止或延缓酸败的发生。

答案解析

即学即练 10－2

乳剂放置过程中常出现（　　）等不稳定现象。

A. 分层　　B. 转相　　C. 酸败　　D. 合并　　E. 破裂

四、乳剂的制备

（一）乳剂的制备方法

1. 胶乳法 系指以阿拉伯胶为乳化剂，先制成 O/W 型初乳，然后再逐渐加水稀释即得。初乳的制备是关键，操作过程中要注意：①初乳制备油、胶、水要有严格比例，若为植物油，则为4:1:2，若为挥发油，则为2:1:2。②应同向旋转研磨，以免乳剂破裂。③初乳成功以后才能加水稀释，其判断标准是色白、黏稠，研磨时能听到噼啪声。

胶乳法制备初乳分干胶法和湿胶法两种。干胶法操作步骤：胶+油相（干燥乳钵研磨）→一次加入水相→研至初乳生成。湿胶法操作步骤：胶+水相→滴加油相，边加边研→研至初乳生成。

2. 直接混合法　将油相、水相、乳化剂混合后搅拌研磨或用乳化机械（机械法）制成乳剂，两相可采取交替加入混合乳化（两相交替加入法），也可一次性混合后乳化。常用的有胶体磨、乳匀机液体高速剪切机、高压均质机等，由于乳化机械的强力剪切作用，粒子分散度较大，可制得质量较好的乳剂。不同机械的原理和效率不同，可根据不同粒径需要选用不同设备。

3. 新生皂法　有些乳剂处方中只有油相和含碱的水相，需通过发生皂化（有时需要加热至一定温度）反应生成乳化剂来制备乳剂的方法称为新生皂法，如植物油与氢氧化钙溶液反应，生成钙皂作W/O型乳化剂，硬脂酸与三乙醇胺反应，生成有机铵皂作O/W型乳化剂。

（二）乳剂中加入药物的方法

乳剂是药物很好的载体，可加入各种药物使其具有治疗作用。若药物溶解于油相，可先将药物溶于油相再制成乳剂；若药物溶于水相，可先将药物溶于水后再制成乳剂；若药物不溶于油相也不溶于水相时，可用亲和性大的液相研磨药物，再将其制成乳剂；也可将药物先用已制成的少量乳剂研磨至细糊状再与乳剂混合均匀。

处方分析10-5：鱼肝油乳

【处方】	鱼肝油	500ml	主药
	阿拉伯胶	125g	乳化剂
	西黄蓍胶	7g	辅助乳化剂
	挥发杏仁油	1ml	芳香矫味剂
	糖精钠	0.1g	矫味剂
	羟苯乙酯	0.5g	防腐剂
	纯化水加至1000ml。		

【制法】取鱼肝油与阿拉伯胶粉置干燥乳乳钵内，研匀后一次加入纯化水250ml，不与断研至呈稠厚的初乳剂。加糖精钠水溶液（取糖精钠加纯化水少许溶解得）、挥发仁油与羟苯乙酯，缓缓加西黄蓍胶浆（取西黄者胶浆置干燥瓶中加醇10ml摇匀后，一次加入纯化水200ml，强力摇匀制成），与适量纯化水使成1000ml，研匀即得。

【解析】鱼肝油是从鲨鱼、鳕鱼等的肝脏中提炼出来的脂肪，常温下呈黄色透明的液体状，稍有鱼腥味。主要含有维生素A和维生素D。本品是O/W型乳剂，也可采用湿胶法制备。用于治疗维生素A与D的缺乏症，如夜盲症、角膜软化、佝偻病和骨软化症等，对呼吸道上层黏膜等表皮组织也有保护作用。

五、乳剂的质量评价

1. 乳剂粒径大小　乳剂粒径大小是衡量乳剂质量的重要指标。不同用途的乳剂对粒径大小要求不同，如静脉注射乳剂，其粒径应在0.5μm以下。其他用途的乳剂粒径也都有不同要求。

2. 分层现象 分层现象形成的快慢是衡量乳剂稳定性的重要指标。为了在短时间内观察乳剂的分层，可用离心法加速其分层。如口服乳剂用4000r/min离心15分钟，不应有分层现象。

3. 乳滴合并速度 乳滴合并速度符合一级动力学规律，其直线方程为：

$$\log N = \log N_0 - \frac{kt}{2303} \qquad 式(10-5)$$

式中，N是t时间的乳滴数，N_0是t为0时乳滴数，k为合并速度常数，t为时间。测定时间t变化的乳滴数N，求出合并速度常数k，估计乳滴合并速度，用以评价乳剂稳定性大小。

4. 稳定常数 乳剂离心前后光密度变化百分率称为稳定常数，用K_e表示，其表达式如下：

$$K_e = \frac{A_0 - A}{A} \times 100\% \qquad 式(10-6)$$

K_e为稳定常数，A_0为未离心乳剂稀释液的吸光度，A为离心后乳剂稀释液的吸光度。本法是研究乳剂稳定性的定量方法。

实训六　均相液体制剂的制备

一、实训目的

1. 掌握溶液型液体制剂的制备方法及质量检查方法。
2. 理解高分子化合物的溶解特性，掌握高分子溶液剂的制备操作要点与质量评价方法。

二、实训条件

1. 实训场地 制剂实训室。

2. 实训仪器与设备 天平、烧杯、量筒等。

3. 药品与包材 碘、碘化钾、胃蛋白酶、单糖浆、5%羟苯乙酯乙醇液、橙皮酊、稀盐酸和纯化水等。

三、实训操作

（一）复方碘口服溶液

复方碘口服液	内容
处方	碘　50g 碘化钾　100g 纯化水　加至1000ml
功能主治	调节甲状腺机能，用于缺碘引起的疾病，如甲状腺肿、甲亢等辅助治疗。
用法用量	单纯性甲状腺肿：口服0.1～0.5ml，每日1次，2周为1疗程，共2个疗程，疗程间隔30～40日 甲亢术前准备：口服一次0.1～0.5ml，3次/日，连服1周，剂量由小逐渐增大，术后再由大减小直至停服

1. 制备操作 取碘化钾置容器内，加纯化水适量，搅拌使溶解，再将碘加入溶解，加纯化水至1000ml，混匀即得。

2. 注意事项

（1）碘具有腐蚀性，称量时应用玻璃器皿或蜡纸，不宜用称量纸，并不得接触皮肤与黏膜。

（2）处方中碘化钾起助溶剂和稳定剂作用，因碘有挥发性又难溶于水，碘化钾可与碘生成易溶性络合物而溶解，同时此络合物可减少刺激性。反应式如下。

$$I_2 + KI \rightleftharpoons KI_3$$

（3）在制备时，为使碘能迅速溶解，宜先将碘化钾加适量纯化水，配成浓溶液，然后加入碘溶解。

（4）碘溶液具氧化性，应贮存于密闭玻璃塞瓶内，不得直接与木塞、橡胶塞及金属塞接触。为避免被腐蚀，可加一层玻璃纸衬垫。

3. 质量检查　质量检查项目参照《中国药典》2020版规定，实训结果填写如下：

检查项目	检查结果
外观	
气味	
澄明度	
碘的溶解情况	
结论	

（二）胃蛋白酶合剂

胃蛋白酶合剂	内容	
处方	胃蛋白酶	20g
	单糖浆	100ml
	5%羟苯乙酯乙醇液	10ml
	橙皮酊	20ml
	稀盐酸	20ml
	纯化水	加至1000ml
功能主治	胃蛋白酶为助消化药，可消化蛋白质。用于治疗缺乏胃蛋白酶或病后消化功能减退引起的消化不良	
用法用量	口服，一次10～20ml，一日3次，饭前或饭时服	

1. 制备操作　取稀盐酸、单糖浆加入纯化水500ml中混匀，缓缓加入橙皮酊、羟苯乙酯溶液随加随搅拌，然后将胃蛋白酶分次缓缓撒于液面上，待其自然膨胀溶解后，再加适量的纯化水使成1000ml，搅匀，即得。

2. 注意事项

（1）胃蛋白酶极易吸潮，称取时应迅速。称完后应及时分撒于液面，不宜长时间露置于空气中。

（2）胃蛋白酶在pH 1.5～2.0时活性最强，故一般要求pH 1.5～2.5，但盐酸的浓度若超过0.5%时会破坏其活性，故胃蛋白酶不能和稀盐酸直接混合，需用纯化水稀释后配制。

（3）本品不得用热水溶解及加热促溶，也不能强力搅拌，以免影响活性和稳定性。

（4）本品一般不宜过滤，因为胃蛋白酶带正电荷，而润湿的滤纸或棉花带负电荷，过滤时易吸附胃蛋白酶。

3. 质量检查　质量检查项目参照《中国药典》2020版规定，实训结果填写如下。

检查项目	检查结果
外观	
气味	
澄明度	
丁达尔效应	
结　论	

四、实训报告及思考

小组完成实训后，对实训过程、结果及收获进行讨论并总结，撰写实训报告。

1. 增加药物溶解度的方法有哪些?
2. 如何评定溶液型液体制剂和高分子溶液剂的质量?

实训七　混悬剂、乳剂的制备

一、实训目的

1. 掌握混悬剂、乳剂的一般制备方法及乳剂类型的鉴别。
2. 熟悉助悬剂、絮凝剂及反絮凝剂等在混悬液中的应用。
3. 比较不同乳化方法制备乳剂的分散相粒度及其稳定性。
4. 了解混悬剂的沉降体积比的测定方法。

二、实训条件

1. 实训场地　制剂实训室。

2. 实训仪器与设备　天平、烧杯、量筒、100ml 具塞量筒、乳钵、离心机等。

3. 药品与包材　炉甘石、氧化锌、甘油、西黄蓍胶、三氯化铝、枸橼酸钠、液状石蜡、阿拉伯胶、苏丹红溶液、亚甲蓝溶液和纯化水等。

三、实训操作

(一) 炉甘石洗剂

炉甘石洗剂	内容				
处方	炉甘石	4g	4g	4g	4g
	氧化锌	4g	4g	4g	4g
	甘油	5ml	5ml	5ml	5ml
	西黄蓍胶		0.25g		
	三氯化铝			0.25g	
	枸橼酸钠				0.25g
	纯化水加至	50ml	50ml	50ml	50ml
功能主治	炉甘石洗剂有轻度收敛止痒作用，局部涂搽用于急性湿疹、亚急性皮炎				
用法用量	局部外用，用时摇匀，取适量涂于患处，每日 2～3 次				

1. 制备操作　①处方 1：将炉甘石、氧化锌置先加甘油和适量的水研磨至细糊状，最后加纯化水至 50ml。②处方 2：将炉甘石、氧化锌置先加甘油和适量的水研磨至细糊状，西黄蓍胶需先用乙醇分散后

加5ml水制成胶浆，加入到细糊状中研匀，最后加纯化水至50ml。③处方3：将炉甘石、氧化锌置先加甘油和适量的水研磨至细糊状，三氯化铝制成水溶液，加入到细糊状中研匀，最后加纯化水至50ml。④处方4：将炉甘石、氧化锌置先加甘油和适量的水研磨至细糊状，枸橼酸钠制成水溶液，加入到细糊状中研匀，最后加纯化水至50ml。

2. 注意事项

（1）炉甘石是指含有适量氧化铁的碱式碳酸锌或氧化锌，略带微红色，应用前应和氧化锌混合过120目筛。

（2）炉甘石与氧化锌为典型的亲水性药物，可以被水润湿，故先加入适量水和甘油研成细腻的糊状，使粉末被水分散，以阻止粉末的凝聚，振摇时易悬浮。加水的量以呈细糊状为宜。

（3）炉甘石的这四种处方分别应用了不同的稳定剂，其中的西黄蓍胶为助悬剂，三氯化铝为絮凝剂，枸橼酸钠为反絮凝剂。

3. 质量检查　测定沉降体积比 F（H/H_0）。将配制好的洗剂置100ml具塞量筒中，密塞，振摇1分钟，记录初高度 H_0，再分别将放置5、10、20、60分钟的沉降物高度 H 记录于下表中。

时间（min）	沉降高度（cm）			
	处方1	处方2	处方3	处方4
0（H_0）				
5（H）				
10（H）				
20（H）				
60（H）				

（二）液状石蜡乳

液状石蜡乳	内容	
处方	液状石蜡	12ml
	阿拉伯胶	4g
	纯化水	加至30ml
功能主治	液状石蜡乳用于肠梗阻、粪块嵌塞、便秘	
用法用量	成人口服一次15～30ml，6岁以上儿童一次10～15ml，睡前服用	

1. 制备操作

（1）干胶法　将阿拉伯胶与液状石蜡中置于乳钵中研匀，按油∶胶∶水为3∶1∶2的比例一次加足水，研至发出噼啪声，即成初乳。再加纯化水适量研匀，共制成30ml乳剂，即得。

（2）湿胶法　取纯化水8ml置乳钵中，加4g阿拉伯胶粉研成胶浆。再分次加入液状石蜡，边加边研磨，每次加入都研至发出噼啪声，即成初乳。至12ml液状石蜡加完为止。最后加纯化水适量研匀，共制成30ml乳剂，即得。

2. 注意事项

（1）制备初乳时　①干胶法：乳化剂适用于细粉者，应选用干燥乳钵，量油的量器不得沾水，量水的量器不得沾油，油相与胶粉充分研匀后，按比例一次性加水，迅速沿同一方向研磨，直至稠厚的乳白色初乳形成为止。其间不能改变研磨方向，也不宜间断研磨。②湿胶法：乳化剂可以不是细粉，能预先按比例制成胶浆者即可，加入油相时用滴加的方法，迅速沿同一方向研磨，直至稠厚的乳白色初乳形成为止，其间不能改变研磨方向，也不宜间断研磨。

（2）乳体应选用内壁粗糙的瓷乳体。

（3）初乳制成后，方可加水稀释。

3. 质量检查

（1）均匀度检查　所制得的乳剂镜检油滴应有较好的分散度与均匀度。

（2）乳剂类型鉴别　取液状石蜡乳约 1ml 2 份，分别置于 2 支试管内，分别滴入 1 滴苏丹红溶液和 1 滴亚甲蓝溶液，摇匀，分别涂片，显微镜检查记录观察到的现象。

（3）离心试验　取乳剂 10ml 置于离心管内，以 4000r/min，离心 15 分钟，不应有分层现象。

检查项目	检查结果
外观	
镜检	
染色	
离心	
结论	

四、实训报告及思考

小组完成实训后，对实训过程、结果及收获进行讨论并总结，撰写实训报告。

1. 乳剂常见的不稳定现象有哪些？
2. 混悬剂常加的稳定剂有哪些？
3. 如何评定混悬剂、乳剂的质量？

目标检测

答案解析

一、单项选择题

1. 属于非离子表面活性剂的是（　　）

A. 钠皂　　B. 苯扎溴铵　　C. 吐温 80

D. 卵磷脂　　E. 十二烷基磺酸钠

2. 表面活性剂的应用不包括（　　）

A. 增溶剂　　B. 乳化剂　　C. 消泡剂

D. 助溶剂　　E. 杀菌剂

3. 制备 W/O 型乳剂的表面活性剂 HLB 范围是（　　）

A. 13～15　　B. 8～18　　C. 3～6

D. 15～18　　E. 1～3

4. 液体制剂中最常用的溶剂是（　　）

A. DMSO　　B. 乙醇　　C. 脂肪油

D. 乙酸乙酯　　E. 水

5. 2% 碘溶液中需加入碘化钾，其作用是（　　）
A. 脱色作用　B. 助溶作用　C. 抗氧作用
D. 增溶作用　E. 补钾作用

6. 液体制剂中不是为了增加稳定性而添加的附加剂是（　　）
A. 抗氧剂　B. pH 调节剂　C. 金属离子络合剂
D. 潜溶剂　E. 助悬剂

7. 单糖浆常用作（　　）
A. 絮凝剂　B. 矫味剂　C. 反絮凝剂
D. 着色剂　E. 防腐剂

8. 下列不是常用防腐剂的是（　　）
A. 羟苯乙酯　B. 山梨酸钾　C. 醋酸氯己定
D. 吐温 80　E. 苯扎溴铵

9. 吸收速度最快的口服剂型是（　　）
A. 胶囊剂　B. 混悬剂　C. 水溶液
D. 片剂　E. 散剂

10. 乳剂可能发生的变化不包括（　　）
A. 分层　B. 转相　C. 酸败
D. 反絮凝　E. 破裂

二、多项选择题

1. 下述哪些方法能增加药物的溶解度（　　）
A. 加入助溶剂　B. 加入增溶剂　C. 制成盐类
D. 应用潜溶剂　E. 加入助悬剂

2. 下列关于高分子溶液剂的叙述正确的是（　　）
A. 溶质为高分子化合物
B. 属于热力学稳定体系
C. 胶浆剂是以水为溶剂制备的高分子溶液剂
D. 高分子溶液具有一定的黏度
E. 高分子溶液不会发生聚结

3. 下列关于助悬剂的表述中，正确的是（　　）
A. 助悬剂是混悬剂的一种稳定剂
B. 亲水性高分子溶液可作助悬剂
C. 助悬剂可以增加介质的黏度
D. 助悬剂可以降低微粒的电位
E. 外用混悬剂中常加入甘油

4. 可以制成混悬剂的是（　　）
A. 难溶性药物制成液体制剂时
B. 药物剂量超过溶解度时
C. 两种药物混合析出固体时

D. 剂量小的药物

E. 为达到缓释目的时

三、综合问答题

配置液体制剂时，如果出现药物难溶的现象，可以采用哪些措施解决？

四、实例解析题

请对对乙酰氨基酚口服液进行处方分析。

【处方】

对乙酰氨基酚	30g
聚乙二醇400	70ml
L－半胱氨酸盐酸盐	0.3g
糖浆	200ml
甜蜜素	1g
香精	1ml
8%羟苯丙酯:羟苯乙酯（1:1）	乙醇溶液4ml
枸橼酸	适量

纯水加至1000ml。

书网融合……

重点回顾　　微课　　习题

（邓亚宁）

项目十一　散剂、颗粒剂与胶囊剂

学习引导

赵某，男，42岁，因受凉感冒引起头痛、咽痛、鼻塞，测体温38.3℃。为不影响工作，赵某立即服用感冒胶囊，因咽痛严重，服用胶囊时感觉吞咽不适。赵某来到药店，药师仔细询问后，建议使用阿咖酚散或感冒颗粒。散剂、颗粒剂和胶囊剂都是常用的口服固体制剂，有什么不同？如何正确指导患者使用？

本项目主要介绍散剂、颗粒剂、胶囊剂的基本知识、制备技术和质量评价。

学习目标

1. 掌握　散剂、颗粒剂与胶囊剂的概念、特点和制备技术。
2. 熟悉　散剂、颗粒剂与胶囊剂的分类、质量要求与质量检查。
3. 了解　散剂、颗粒剂与胶囊剂的临床应用、包装与贮存。

任务一　散剂

PPT

一、散剂的概述

（一）散剂的概念

散剂是指原料药物或与适宜的辅料经粉碎、均匀混合制成的干燥粉末状制剂，俗称“粉剂”。散剂可供内服或外用。

散剂为古老的剂型之一，我国最早形式的散剂可追溯到《五十二病方》。古代《黄帝内经》《名医别录》和《神农本草经》等医书中均有大量散剂的记载。东汉张仲景所著《伤寒论》中收载的五苓散、四逆散等，一直沿用至今。

（二）散剂的特点

1. 散剂的优点　①粉碎程度大，比表面积大，易分散、起效快；②制备工艺简单；③剂量易于控制，便于小儿服用；④外用覆盖面积大，对外伤、溃疡等表面起到保护和收敛作用；⑤储存、运输、携带比较方便。

2. 散剂的缺点　药物粉碎后比表面积大，存在臭味、刺激性、化学活性等相应增加，挥发性成分易散失，容易吸潮等缺点，因此，一些腐蚀性强、易吸湿变质、对光线和热敏感的药物不宜制成散剂。

（三）散剂的分类

1. 按用途分类 散剂可分为口服散剂和局部用散剂。

（1）口服散剂 一般溶于或分散于水、稀释液或者其他液体中服用，也可直接用水送服，如婴儿健脾散等。

（2）局部用散剂 可供皮肤、口腔、咽喉、腔道等处应用，如冰硼散等；专供治疗、预防和润滑皮肤的散剂也可称为撒布剂或撒粉。

2. 按剂量分类 散剂可分为分剂量散剂和不分剂量散剂。

（1）单剂量散剂 系将散剂按一次服用量单独进行包装，患者按医嘱分包服用，以口服散剂居多，如蒙脱石散等。毒性散剂通常也采用单剂量包装。

（2）多剂量散剂 以总剂量形式进行包装的散剂，常附有分剂量的用具，以外用散剂居多，如云南白药等。

3. 按组成分类 散剂可分为单散剂和复方散剂。

（1）单散剂 系由一种药物组成，如川贝散等。

（2）复方散剂 系由两种及以上的药物组成，如鞣酸蛋白酵母散等。

知识链接

散剂的使用方法

1. 口服散剂 ①送服，系用温水送服。②调服，系用温开水调成糊状后服用。③冲服，系将散剂溶于或分散于水、稀释液或者其他液体中服用。

2. 局部用散剂 ①吹敷法，系将药粉装入硬纸筒中吹入耳、鼻、喉等患处。②撒敷法，系将药粉直接均匀地撒布于患处，再用消毒纱布或外贴膏固定主要用于皮肤、黏膜、创伤等部位。③调敷法，系用茶、酒、油等将药粉调成或研成糊状敷于患处。

（四）散剂的质量要求

散剂应干燥、疏松、混合均匀、色泽一致。除另有规定外，口服用散剂应为细粉，儿科用和局部用散剂应为最细粉。用于严重烧伤和创伤的局部用散剂应无菌。

二、散剂的制备 微课

散剂生产过程中应采取有效措施防止交叉污染，口服散剂生产环境的空气洁净度要求达到 D 级，外用散剂中表皮用药的生产环境要求达到 D 级，深部组织创伤和大面积体表创面用散剂要求达到 C 级。

散剂的一般制备工艺流程见图 11－1。

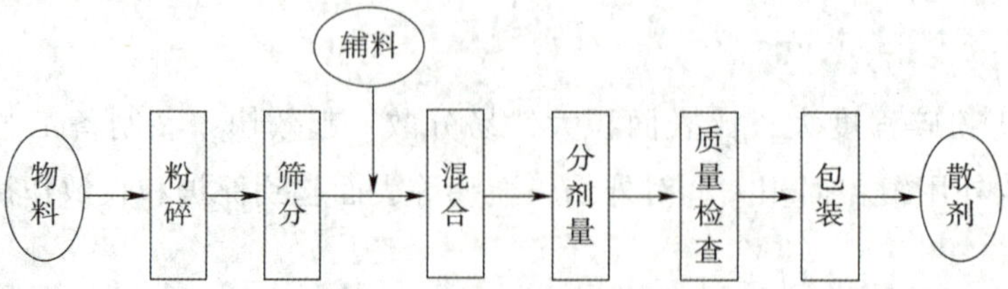

图 11－1 散剂制备工艺流程

（一）粉碎与筛分

制备散剂用的固体原辅料，均应粉碎后再进行筛分处理，以提高物料的流动性，便于混合均匀。供制备散剂的成分应粉碎成细粉，一般散剂应通过六号筛，儿科及外用散剂需通过七号筛，眼用散剂应该通过九号筛。

（二）混合

混合是制备散剂的核心操作之一，混合均匀是保证用药安全、有效的基础，尤其对含有毒性药物、贵重药物的散剂更具重要意义。散剂中可加或不加辅料。口服散剂需要时亦可加矫味剂、芳香剂、着色剂等。为防止胃酸对生物制品散剂中活性成分的破坏，散剂稀释剂中可调配中和胃酸的成分。混合的均匀与否，受各组分的混合比例、堆密度以及混合器械的吸附性外，还与散剂组分的吸湿性、低共熔现象等理化特性等多种因素影响，详见项目八任务三。

为保证散剂各成分混合均匀，在制备时需注意以下三种情况。

1. 含特殊药品的散剂　毒性药品、麻醉药品等，因使用剂量小，取用不方便，常加入一定比例的稀释剂制成稀释散或倍散。稀释倍数依剂量而定，一般剂量0.1～0.01g可配成10倍散（即1份药物与9份稀释剂混合），0.01～0.001g可配成100倍散，0.001g以下可配成1000倍散。常用的稀释剂有乳糖、糖粉、淀粉、糊精、磷酸钙、白陶土等干燥惰性物质，应采用等量递加法与药物混合均匀。有时为了便于观察混合均匀性，可加入少量着色剂。

2. 含液体或易吸湿性的组分的散剂　处方中含有液体组分时，可用处方中其他固体组分或吸收剂吸收液体组分至不显润湿为止。常用吸收剂有白陶土、蔗糖、葡萄糖、磷酸钙等。若含易吸湿性组分，则应针对吸湿原因加以解决：①如含结晶水的药物会因研磨放出结晶水而引起湿润，则可用等摩尔无水物代替；②若是含吸湿性很强的药物，则可在低于其临界相对湿度（CRH）条件下，迅速混合，并密封防潮包装；③若组分因混合引起吸湿，则不应混合，可分别包装，同时生产过程的相对湿度应控制在CRH以下。

3. 含共熔组分的散剂　将两种或两种以上药物按一定比例混合时，在室温条件下，出现的润湿与液化现象，称为低共熔现象。能产生低共熔现象的混合物，称为共熔组分，如薄荷脑与樟脑等。对于可形成低共熔物的散剂，应根据共熔后对药理作用的影响及处方中所含其他固体成分的数量而采取相应措施：①共熔后，药理作用较单独应用增强者，则宜采用共熔法。如氯霉素与尿素、灰黄霉素与PEG－6000形成共熔混合物均比单独成分吸收快、药效高，故处方设计时，应通过试验酌情减小剂量；②共熔后，如药理作用无变化，且处方中固体成分较多时，可将共熔成分先共熔，再以其他组分吸收混合，使分散均匀；③处方中如含有挥发油或其他足以溶解共熔组分的液体时，可无将共熔组分溶解，然后再借喷雾法或一般混合法与其他固体成分混匀；④共熔后，药理作用减弱者，应分别用其他成分（或辅料）稀释，避免出现低共熔。

（三）分剂量

分剂量是将混合均匀的物料，按所需剂量进行分装的操作，是决定剂量准确与否的关键操作之一。常用方法有目测法、重量法、容量法三种。

1. 目测法　是将一定重量的散剂，根据目测分成所需的若干等份。该法操作简便易行，但误差大，仅适用于药房小量散剂的配制。

2. 重量法　是用天平准确称取每个单剂量进行分装。该法分剂量准确，但操作麻烦，效率低。含少量毒性药或贵重药物散剂一般用重量法来分剂量。

3. 容量法 系用一定容量的器具对物料进行分剂量的方法。该法分剂量操作方便，效率高，但准确性不如重量法，必须注意粉末特性并保持操作条件一致，以减少误差。适用于对大多数散剂进行分剂量，在机械化生产中常用。

答案解析

即学即练 11－1

散剂的机械化生产中常用的分剂量方法为（　　）

A. 目测法　B. 重量法　C. 容量法　D. 小杯法　E. 对照法

三、散剂的质量检查与包装

（一）散剂的质量检查

1. 粒度 除另有规定外，化学局部用散剂和用于烧伤或严重创伤的中药局部用散剂及儿科用散剂，照《中国药典》2020 年版四部粒度和粒度分布测定法测定，化学药散剂通过七号筛（中药散剂通过六号筛）的粉末重量，不得少于 95%。

2. 外观均匀度 取供试品适量，置光滑纸上，平铺约 $5cm^2$，将其表面压平，在明亮处观察，应色泽均匀，无花纹与色斑。

3. 水分 中药散剂照水分测定法（通则 0832）测定，除另有规定外，不得超过 9.0%。

4. 干燥失重 化学药和生物制品散剂，除另有规定外，取供试品，照《中国药典》2020 年版四部干燥失重测定法测定，在 105℃干燥至恒重，减失重量不得超过 2.0%。

5. 装量差异 单剂量包装的散剂，均应检查装量差异，并不得超过规定。方法：取散剂 10 袋（瓶），除去包装，分别精密称定每袋（瓶）内容物的重量，将每袋（瓶）内容物重量与平均装量（或标示装量）相比较，按表 11－1 的规定，超过重量差异限度的不得多于 2 袋（瓶），并不得有 1 袋（瓶）超出限度的 1 倍。

表 11－1　散剂装量差异限度

平均装量或标示装量	装量差异限度/%（中药、化学药）	装量差异限度/%（生物制品）
0.1g 或 0.1g 以下	±15	±15
0.1g 以上至 0.5g	±10	±10
0.5g 以上至 1.5g	±8	±7.5
1.5g 以上至 6.0g	±7	±5
6.0g 以上	±5	±3

凡规定检查含量均匀度的化学药和生物制品散剂，一般不再进行装量差异的检查。

6. 装量 除另有规定外，多剂量包装的散剂，照《中国药典》2020 年版四部最低装量检查法检查，应符合规定。

7. 无菌 除另有规定外，用于烧伤、严重创伤或临床必须无菌的局部用散剂，照无菌检查法，应符合无菌要求。

8. 微生物限度 除另有规定外，照非无菌产品微生物限度检查。凡规定进行杂菌检查的生物制品散剂，可不进行微生物限度检查。

（二）散剂的包装与贮存

散剂可单剂量包（分）装，多剂量包装者应附分剂量工具。含有毒性药物的口服散剂应单剂量包装。

散剂的分散度大、比表面积大，其吸湿性和风化是影响散剂质量的重要因素。散剂的包装与贮存的重点在防潮，因为吸湿的散剂可出现潮解、结块、变色、霉变等一系列不稳定现象，严重者可影响用药安全。

散剂的防潮是保证散剂质量的重要措施，故应选用适当的包装材料和贮存条件来有效地延缓散剂吸湿。常用的包装材料有包药纸、纸袋、塑料袋、玻璃管、玻璃瓶，其中玻璃管或瓶的防潮性较好。复方散剂用瓶装时，瓶内药物应填满、压紧。

除另有规定外，散剂应密闭贮存，含挥发性原料药物或易吸潮原料药物的散剂应密封贮存。生物制品应采用防潮材料包装，除另有规定，一般应于2～8℃密封条件下储存和运输。

任务二　颗粒剂

PPT

一、颗粒剂的概述

（一）颗粒剂的概念

颗粒剂系指原料药物与适宜的辅料混合制成具有一定粒度的干燥颗粒状制剂。颗粒剂主要供内服，一般冲入水中使其分散或溶解后饮服。

（二）颗粒剂的分类

1. 可溶颗粒（通称为颗粒）　绝大多数为水溶性颗粒，用水冲服，如板蓝根颗粒；另外还有酒溶性颗粒，加一定量的饮用酒溶解后服用，如养血愈风酒冲剂，每包颗粒加一定饮用酒，溶解后即成药酒。

2. 混悬颗粒　系指难溶性原料药物与适宜辅料混合制成的颗粒剂。临用前加水或其他适宜的液体振摇即可分散成混悬液，如小儿感冒颗粒等。

3. 泡腾颗粒　系指含有碳酸氢钠和有机酸，遇水可放出大量气体而呈泡腾状的颗粒剂，如维生素C泡腾颗粒等。泡腾颗粒中的原料药物应是水溶性的，加水产生气泡后应能溶解。有机酸一般用枸橼酸、酒石酸等。泡腾颗粒一般不得直接吞服，应溶解或分散于水中后服用。

4. 肠溶颗粒　系指采用肠溶材料包裹颗粒或其他适宜方法制成的颗粒剂，如红霉素肠溶颗粒等。肠溶颗粒耐胃酸而在肠液中释放活性成分或控制药物在肠道内定位释放，可防止药物在胃内分解失效，避免对胃的刺激。

5. 缓释颗粒　系指在规定的释放介质中缓慢地非恒速释放药物的颗粒剂，如吲哚美辛缓释颗粒等。

6. 控释颗粒　系指在规定的释放介质中缓慢地恒速释放药物的颗粒剂，如美沙拉嗪控释颗粒等。

（三）颗粒剂的特点

1. 优点　①颗粒剂飞散性、附着性、聚集性、吸湿性等均相对较低，流动性好，有利于分剂量和含量准确。② 因使用黏合剂制成颗粒，避免了散剂中各成分的离析现象。③利于吸收，奏效快，生物利用度高。④可通过包衣使颗粒剂具有防潮、缓释或控释等功能，但包衣时需注意颗粒大小的均匀性以及表面光洁度，以保证包衣的均匀性。⑤服用方便，可根据需要加入着色剂、矫味剂、芳香剂等制成色、香、味俱全的颗粒剂，患者易接受，尤其适合小儿服用。⑥性质稳定，运输、携带、贮存方便。

2. 缺点 ①颗粒剂由于粒子大小不一，在用容量法分剂量时不易准确，且几种密度不同、数量不同的颗粒相混合时容易发生分层现象。②颗粒剂有易吸潮的缺点，在生产、贮存和包装密封性上应加以注意。

（四）颗粒剂的质量要求

颗粒剂的质量要求：①颗粒剂应干燥，颗粒均匀，色泽一致，无吸潮、软化、结块、潮解等现象；②含量均匀度应符合要求；③微生物限度应符合要求；④包衣颗粒剂必要时进行溶剂残留量检查，检查结果应符合规定等。

实例分析

实例 某小学一年级新生小明在秋冬季节患了感冒，出现了由感冒引起的头痛、鼻塞、流涕等症状。妈妈带小明到药店买药，发现治疗感冒的药物有颗粒、胶囊，还有片剂，不知道该如何选择。妈妈向药店药师进行咨询，药师在询问了小明的症状和年龄后，向小明妈妈推荐了小儿感冒颗粒。

问题 1. 请问药师推荐的理由是什么？

2. 颗粒剂在服用时需要注意什么事项？

答案解析

二、颗粒剂的制备

颗粒剂生产环境应符合D级控制区洁净度要求，配料、粉碎、筛分、混合、制粒、整粒等操作过程中会产生一定量的粉尘，操作间与外室形成相对负压，以防止粉尘扩散，避免交叉污染。凡遇光不稳定的原料药物应遮光操作。颗粒剂传统的制备工艺流程见图11－2。

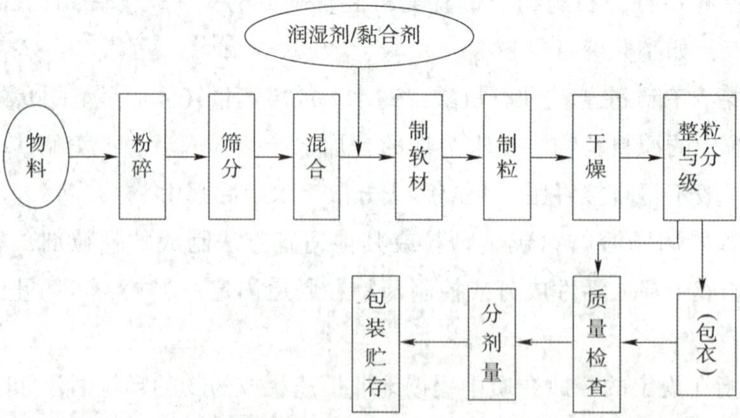

图11－2 颗粒剂制备工艺流程

1. 粉碎、过筛 根据需要颗粒剂可加入适宜的辅料，如稀释剂、黏合剂、分散剂、着色剂、矫味剂等。原料药物与辅料均需经过粉碎、过筛或干燥等处理，其细度以通过80～100目筛为宜。

2. 制软材　制软材是传统湿法制粒的关键技术，适宜的黏合剂和黏合剂的适宜用量对制备软材非常重要。将药物与适当的稀释剂（如淀粉、蔗糖、糊精或乳糖等）、崩解剂（如淀粉、纤维素衍生物等）等辅料充分混合均匀，加入适量的水或其他黏合剂制成“手握成团，轻压即散”的软材。含药量小或含毒、剧药物的颗粒剂，应根据原料药物的性质采用适宜方法使其分散均匀。

即学即练 11-2

答案解析

对颗粒剂软材质量判断的经验（软材标准）是（　　）

A. 硬度适中，捏即成型　　B. 手握成团，轻压即散

C. 手握不能成型　　D. 控制水分在 12% 以下

E. 手握成型，按之不散

3. 制颗粒　颗粒剂通常采用干法制粒、湿法制粒等方法制备。干法制粒可避免引入水分，尤其适合对湿热不稳定药物的颗粒剂的制备。传统制颗粒方法采用的是湿法制粒中的挤压制粒法。将合格软材用机械挤压方式通过筛网，即可制得湿颗粒。近年来，有许多新的制粒方法和设备应用于生产实践，详见项目八任务四。

4. 颗粒的干燥　除了流化（或喷雾制粒法）制得的颗粒已被干燥以外，其他方法制得的颗粒必须再用适宜的方法加以干燥，以除去水分、防止结块或受压变形。凡属挥发性药物或遇热不稳定的药物在制备过程应注意控制适宜的温度条件，常用的方法有箱式干燥法、流化床干燥法等，详见项目八任务五。

5. 整粒与分级　在干燥过程中，某些颗粒可能发生粘连，甚至结块。因此，要对干燥后的颗粒给予适当的整理，以使结块、粘连的颗粒分开，获得具有一定粒度的均匀颗粒，这就是整粒的过程。整粒采用筛分法，将干颗粒用一号筛除去黏结成块的颗粒，将通过一号筛的颗粒再用五号筛除去过细粉末，以使颗粒均匀。挥发油应均匀喷入干燥颗粒中，密闭至规定时间或用包合等技术处理后加入。

6. 包衣　为了防潮、掩盖原料药物的不良气味，达到矫味、矫嗅、稳定、缓释或肠溶等目的，可对颗粒进行包衣，一般常用薄膜包衣。

7. 分剂量　将制得的颗粒进行含量检查与粒度测定等，按剂量装入适宜袋中，利用自动颗粒分装机进行分剂量、包装。

处方解析 11-1：维生素 C 颗粒

【处方】	维生素 C	5.0g	主药
	糊精	50.0g	填充剂
	糖粉	45.0g	填充剂
	酒石酸	0.5g	金属离子络合剂
	50% 乙醇	适量	润湿剂

【制法】取维生素 C、糊精、糖粉分别粉碎，过 100 目筛；将过筛的维生素 C、糊精、糖粉均匀混合；将溶有酒石酸的乙醇液加入混合粉末，制成软材；将软材挤压过 16 目筛，制成湿颗粒；湿颗粒于 60℃条件下干燥，过 16 目筛、80 目筛进行整粒，即得。

【解析】①维生素 C 颗粒用于预防坏血病，也可用于各种急慢性传染疾病及紫癜等的辅助治疗。②填充剂与主药混合时，因剂量相差较大，可采用等量递加法混合均匀；湿法制粒的关键是制软材，润

湿剂的添加应适量，软材判断标准为“轻握成团，轻压即散”。

三、颗粒剂的质量检查与包装

（一）颗粒剂的质量检查

1. 粒度 除另有规定外，照《中国药典》2020年版四部粒度和粒度分布测定法（通则0982第二法双筛分法）测定，不能通过一号筛与能通过五号筛的总和不得超过15%。

2. 水分 中药颗粒剂照《中国药典》2020年版四部水分测定法（通则0832）测定，除另有规定外，水分不得超过8.0%。

3. 干燥失重 除另有规定外，化学药品和生物制品颗粒剂照《中国药典》2020年版四部干燥失重测定法（通则0831）测定，于105℃干燥（含糖颗粒应在80℃减压干燥）至恒重，减失重量不得超过2.0%。

4. 溶化性 除另有规定外，颗粒剂照下述方法检查溶化性，应符合规定。含中药原粉的颗粒剂不进行溶化性检查。

可溶颗粒检查法：取供试品10g（中药单剂量包装取1袋），加热水200ml，搅拌5分钟，立即观察，可溶颗粒应全部溶化或轻微浑浊。

泡腾颗粒检查法：取供试品3袋，将内容物分别转移至盛有200ml水的烧杯中，水温为15~25℃，应迅速产生气体而呈泡腾状，5分钟内颗粒均应完全分散或溶解在水中。

颗粒剂按上述方法检查，均不得有异物，中药颗粒不得有焦屑。

混悬颗粒以及已规定检查溶出度或释放度的颗粒剂可不进行溶化性检查。

5. 装量差异 单剂量包装的颗粒剂按下述方法检查，应符合规定（表11-2）。

表11-2 颗粒剂的装量差异限度

平均装量或标示装量	装量差异限度
1.0g及1.0g以下	±10%
1.0g以上至1.5g	±8%
1.5g以上至6.0g	±7%
6.0g以上	±5%

取供试品10袋（瓶），除去包装，分别精密称定每袋（瓶）内容物的重量，求出每袋（瓶）内容物的装量与平均装量。每袋（瓶）装量与平均装量相比较［凡无含量测定的颗粒剂或有标示装量的颗粒剂，每袋（瓶）装量应与标示装量比较］，超出装量差异限度的颗粒剂不得多于2袋（瓶），并不得有1袋（瓶）超出装量差异限度1倍。

凡规定检查含量均匀度的颗粒剂，一般不再进行装量差异检查。

6. 装量 多剂量包装的颗粒剂，照《中国药典》2020年版四部最低装量检查法（通则0942）检查，应符合规定。

7. 微生物限度 以动物、植物、矿物质来源的非单体成分制成的颗粒剂，生物制品颗粒剂，照非无菌产品微生物限度检查，应符合规定。规定检查杂菌的生物制品颗粒剂，可不进行微生物限度检查。

（二）颗粒剂的包装与贮存

1. 包装 颗粒剂通常采用复合膜袋包装，其优点是轻便、不透湿、不透气，可有效防止颗粒剂吸潮变质。单剂量包装和多剂量包装的颗粒剂均应在标签上标明活性成分的名称及含量，多剂量包装的颗粒剂还应有确切的分剂量方法。

2. 贮藏　颗粒剂贮存与散剂基本相同，关键是防潮，还应注意防止发生分层现象。除另有规定外，颗粒剂应密封，置干燥处贮存，防止受潮变质。

任务三　胶囊剂

PPT

一、胶囊剂的概述

（一）胶囊剂的概念

胶囊剂系指原料药物或与适辅料充填于空心胶囊或密封于软质囊材中制成的制剂。胶囊剂主要供口服用，也可用于其他部位，如直肠、阴道、植入等。构成硬质空心胶囊或软质胶囊壳的材料称囊材，其填充的物料称为内容物。

（二）胶囊剂的分类

胶囊剂可分为硬胶囊和软胶囊。根据释放特性不同还有缓释胶囊、控释胶囊、肠溶胶囊等。

1. 硬胶囊（通称为胶囊）　系指采用适宜的制剂技术，将原料药物或加适宜辅料制成的均匀粉末、颗粒、小片、小丸、半固体或液体等，充填于空心胶囊中的胶囊剂。

2. 软胶囊　系指将一定量的液体原料药物直接密封，或将固体原料药物溶解或分散在适宜的辅料中制备成溶液、混悬液、乳状液或半固体，密封于软质囊材中的胶囊剂。软胶囊剂可用滴制法或压制法制备。

3. 缓释胶囊　系指在规定的释放介质中缓慢地非恒速释放药物的胶囊剂。

4. 控释胶囊　系指在规定的释放介质中缓慢地恒速释放药物的胶囊剂。

5. 肠溶胶囊　系指用肠溶材料包衣的颗粒或小丸充填于胶囊而制成的硬胶囊，或用适宜的肠溶材料制备而得的硬胶囊或软胶囊。肠溶胶囊不溶于胃液，但能在肠液中崩解而释放活性成分。

（三）胶囊剂的特点

1. 可掩盖药物的不良臭味，提高药物稳定性　因药物包裹于胶囊中与外界隔离，避开了水分、空气、光线的影响，同时对不良臭味的药物有遮盖作用；对光敏感或遇湿热不稳定的药物有保护和稳定作用。

2. 药物吸收快，生物利用度较高　胶囊剂不像片剂、丸剂那样在制备时需要加黏合剂和压力，所以在胃肠液中分散快、吸收好、生物利用度高。如口服吲哚美辛胶囊后血中达高峰浓度较同等剂量的片剂早 1 小时。

3. 可将液态药物固体化　含油量高或液态的药物难以制成片、丸剂时，可制成软胶囊剂，使液态药物携带使用方便。

4. 可延缓药物的释放和实现定位释放　先将药物制成颗粒，然后用不同释放速度的高分子材料包衣（或制成微囊），按需要的比例混匀，装入空胶囊中，可制成缓释、控释、肠溶等多种类型胶囊剂。

5. 可使胶囊具有各种颜色或印字，有利于识别且外表美观。

（四）胶囊剂的局限性

1. 婴幼儿和老年患者口服此剂型的制剂有一定困难。

2. 胶囊剂的囊材成分主要是明胶，具脆性和水溶性，以下情况不宜制成胶囊剂：①会致囊壁溶化的药物的水溶液或稀乙醇溶液；②会使胶囊壁软化的易风化药物；③会使囊壁变脆的强吸湿的药物；④易溶性药物如氯化物、溴化物、碘化物等以及小剂量的刺激性药物；⑤会导致囊壁变软的 O/W 型乳剂；⑥会导致明胶变形的醛类药物。

（五）胶囊剂的质量要求

胶囊剂应整洁，不得有黏结、变形、渗漏或囊壳破裂等现象，并应无异臭。胶囊剂应符合《中国药典》2020 年版四部通则中胶囊剂各项要求以及各品种项下的检查规定。

二、胶囊剂的制备

（一）硬胶囊剂的制备

硬胶囊剂由内容物与胶囊壳组成。胶囊壳是由明胶或其他适宜药用材料制成的具有弹性的空心囊状物，由囊体和囊帽构成，两者能互相紧密套合。硬胶囊剂的制备工艺一般包括空胶囊的准备、充填内容物的制备、填充、抛光、包装等步骤，其制备工艺流程见图 11－3。

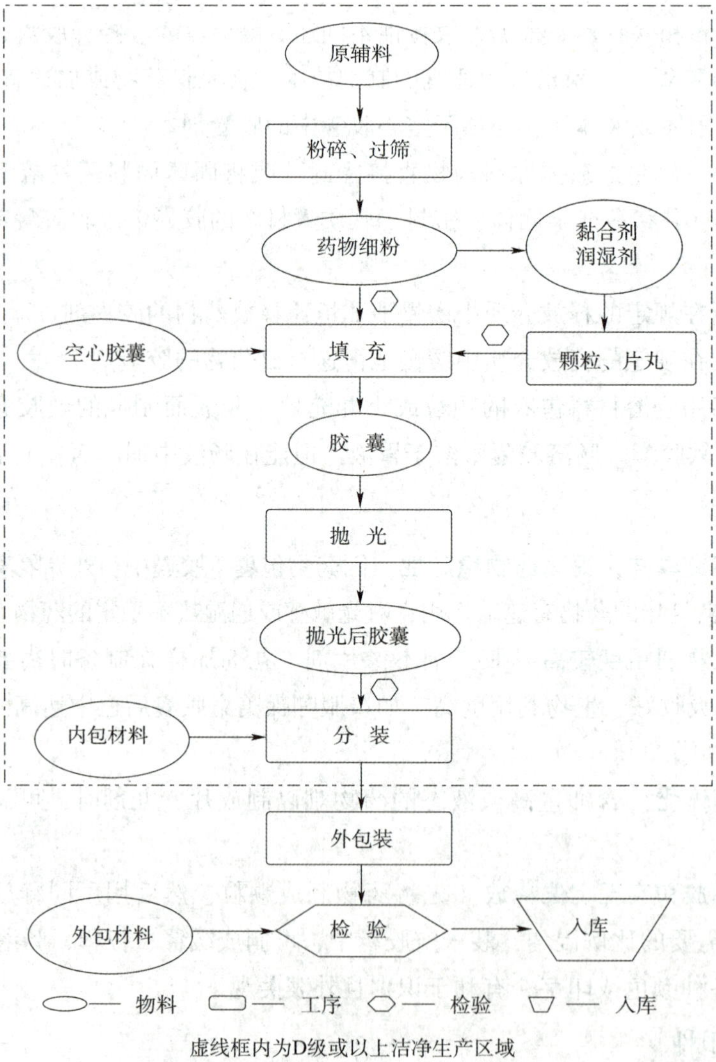

图 11－3　硬胶囊剂制备工艺流程

1. 空胶囊的准备

（1）空胶囊的组成　明胶是空胶囊的主要囊材，是由动物的皮、骨、腱与韧带中胶原蛋白不完全酸水解、碱水解或酶降解后纯化得到的制品，或为上述三种不同明胶制品的混合物。为改善空心胶囊的性能，在明胶的基础上可加入以下物质：①为了增加空胶囊的坚韧性与可塑性的增塑剂，如甘油、山梨醇、羧甲基纤维素钠（CMC-Na）、羟丙基纤维素（HPC）等；②为减小流动性、增加胶冻力的增稠剂，如琼脂等；③为保护对光敏感药物的遮光剂，如在胶液中加入的二氧化钛（2%~3%）、氧化铁等；④为美观和便于识别加入的着色剂，如胭脂红、苋莱红、柠檬黄、亮蓝等食用色素；⑤为防止霉变加入的防腐剂，如尼泊金等。

以上组分除明胶外，并不是任一种空胶囊都必须具备，而应根据具体情况加以选择。

知识链接

非动物源性胶囊（植物胶囊）

由于国际崇尚“绿色”“天然”产品的消费和素食主义饮食习惯人群的增加，导致非动物源性胶囊（植物性空心胶囊）市场需求快速增长；同时，某些可能会与明胶产生交联固化反应的胶囊填充物料，在胶囊剂的制备中也需要性质更为稳定的非动物源性胶囊。

《中国药典》2020年版收载的羟丙甲纤维素空心胶囊、羟丙基淀粉空心胶囊、普鲁兰多糖空心胶囊即是本类胶囊。其化学稳定性强，与药物配伍性好，不与填充物发生交联反应；水分含量低、韧性高，可以满足高吸湿性药物的充填；符合各种宗教及饮食习惯人群的要求，同时可规避动物源性疾病［牛海绵状脑病（疯牛病）、口蹄疫］风险。

按是否添加遮光剂植物胶囊分为透明、半透明和不透明三种；按颜色分为有色和无色两种。

（2）空胶囊的型号　硬胶囊呈圆筒形，分为平口型和锁口型两种，均由上下配套的两节组成，即囊体和囊帽。锁扣型囊体、囊帽有各自的凹槽和楔形，能紧密套合成一体，较为常用。我国药用明胶硬胶囊标准共分8个型号，分别是000、00、0、1、2、3、4、5号，其号数越大，容积越小（表11-3），常用的型号是0~5号。明胶硬胶囊的品种有透明、不透明及半透明三种，除透明的以外，其颜色有粉红、绿、黄、红等，也有上下两节不同颜色的胶囊。

表11-3　胶囊的号数与容积表

胶囊号数	000	00	0	1	2	3	4	5
容积/ml	1.37	0.95	0.75	0.55	0.40	0.30	0.25	0.15

由于药物填充多用容积分剂量，而药物的密度、晶型、粒度以及剂量不同，所占的容积也各不相同，故空心胶囊规格的选用应按药物剂量所占容积来选用适宜大小的空硬胶囊。

（3）空心胶囊的制备　空心胶囊的制备工艺主要包括溶胶、蘸胶（制坯）、干燥、脱模、截割、整理等工序。空胶囊一般由专业制造企业自动化生产线生产。

2. 充填内容物的制备　药物粉碎至适当粒度能满足硬胶囊剂的填充要求时，可直接填充；但更多的情况是在药物中添加适量的辅料制成粉末、颗粒、小丸、小片、液体或半固体等不同形式再填充。胶囊剂常用辅料有稀释剂（如淀粉、微晶纤维素、蔗糖、乳糖、氧化镁等）、润滑剂（如硬脂酸镁、硬脂酸、滑石粉、二氧化硅等）、助流剂（如微粉硅胶）等。

（1）内容物为粉末　当主药剂量小于所选用胶囊充填量的1/2时，常需加入淀粉类、PVP等稀释剂。当主药为粉末或针状结晶、引湿性药物时，流动性差给填充操作带来困难，常加入润滑剂如微粉硅胶或滑石粉等，以改善其流动性。

（2）内容物为颗粒、小丸　将原料药物加入适宜的辅料如稀释剂、黏合剂或润湿剂、崩解剂等，制成颗粒或小丸。以浸膏为原料制成中药颗粒时，因其引湿性强，富含黏液质及多糖类物质，可加入无水乳糖、微晶纤维素、预胶化淀粉等辅料以改善其引湿性。

（3）内容物为液体或半固体　硬胶囊剂亦可充填液体或半固体药物，往硬胶囊内充填液体药物，需要解决液体从囊帽到囊体接合处的泄漏问题。一般采用增加充填物黏度的方法，可加入增稠剂如硅酸衍生物等使液体变为非流动性软材，然后灌装入胶囊中。

3. 硬胶囊内容物的填充　硬胶囊填充操作室的洁净度一般为 D 级，室内相对室外呈正压，温度 18 ~ 26℃、相对湿度 45% ~ 65%。硬胶囊剂的填充方法有手工填充和机械填充。

（1）手工填充　小剂量制备硬胶囊时可采用模具进行手工填充药物，用有机玻璃或塑料制成胶囊分装器，由体板、帽板、导向排列盘、中间板组成。充填时将导向排列盘轮回放置于帽板或体板上，使定位锁定位于定位孔中，放上适量胶囊来回倾斜轻轻筛动，待胶囊基本落满后，倒出多余胶囊，补上空缺胶囊，将适量所需填充的囊心物倒在装满胶囊的体板上，用刮板来回刮动，使囊心物装满胶囊，刮净多余囊心物，将中间板扣在装满胶囊的帽板上，再将扣在一起的帽板和中间板反过来扣在体板上，对准位置轻轻地边摆动边下压使胶囊在预锁合状态，将整套板翻面（使帽板在下）用力下压到底，使体板与帽板压实至胶囊锁合成合格长度的产品，拿掉帽板端出中间板（可再把胶囊帽向上的中间板放在其他平面的地方下压一下中间板可使胶囊一次倒完）把胶囊倒入容器中即可。

图 11－4　全自动硬胶囊填充机

1. 填充物料斗带搅拌器；2. 空胶囊料斗；3. 玻璃门防护罩；4. 送囊板；5. 回转盘；6. 机座和传动部件；7. 电控箱；8. 填充计量盘；9. 人机界面

图 11－5　全自动硬胶囊填充机结构图

1. 回转台；2. 下囊板；3. 定向模块；4. 计量盘；5. 填充杆；6. 真空吸气管；7. 剔废杆；8. 上胶囊板；9. 下胶囊板；10. 锁合杆；11. 成品出口；12. 清洁装置

（2）机械填充　目前，硬胶囊的大量生产主要使用全自动胶囊填充机（图 11－4 和图 11－5）。全自动胶囊填充机主要由机架、回转台、传动系统、胶囊送进机构、内容物充填机构、胶囊分离机构、废胶囊剔除机构、胶囊封合机构、成品排除机构、清洁机构等组成。全自动胶囊填充机的工作过程见图 11－6。

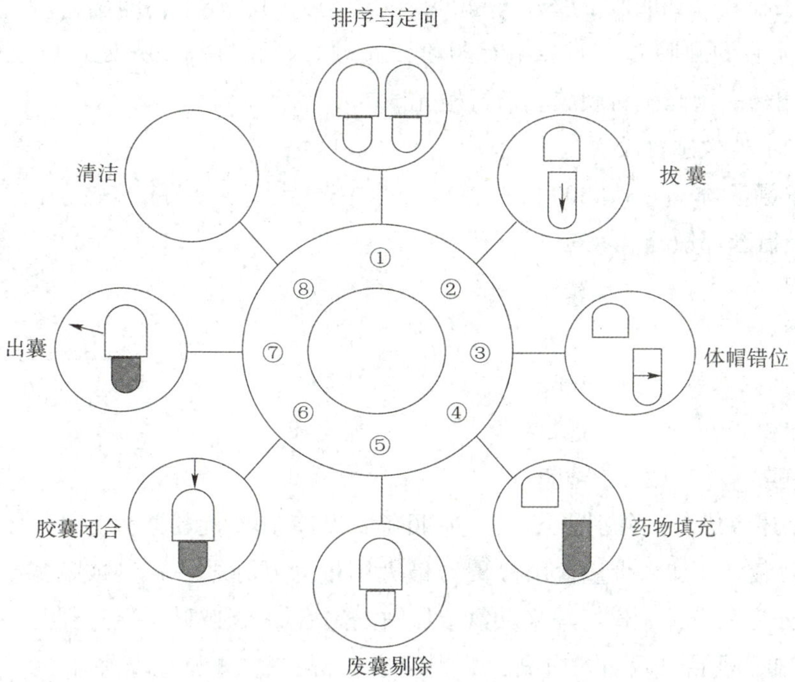

图 11－6　全自动硬胶囊机工作过程图

①空胶囊排序与定向，由进料斗送入的杂乱无序的空胶囊经整理排序与定向后，被排列成胶囊帽在上、胶囊体在下的状态，并逐个落入回转盘上的胶囊板（由上、下胶囊板组成）孔中。②拔囊，在真空吸力的作用下，胶囊体落入下胶囊板孔中，而胶囊帽则留在上囊板孔中。③体帽错位，下胶囊板连同胶囊体一起向外移开，胶囊体的上口置于定量填充装置的下方。④药物填充，由药物定量填充装置将药物（药粉、颗粒、小丸等）填充进胶囊体中。⑤废囊剔除，损坏或未拔开的空胶囊通过一个可上下往复运动的顶杆架从上胶囊板孔中剔除出去。如囊体和囊帽已分离，顶杆插入囊帽中；若囊体和囊帽未分离，顶杆把它们从模块中顶出，并由吸气管送到回收容器中。⑥胶囊闭合，装有囊体的下胶囊板向内移动，上、下胶囊板排列成直线，锁合杆顶住囊体上移，使囊体囊帽重新闭合并扣紧。⑦出囊，闭合胶囊被出囊装置顶出囊板孔，并从胶囊滑道进入成品桶。⑧清洁，用压缩空气喷头将上、下胶囊板孔中的药粉、胶囊皮屑等污染物清除。

知识链接

硬胶囊填充机的药物填充类型

填充灌装部分目前常用的有四种类型：①药物自由灌入；②在填充定量管内，由活塞下降并引起落体运动的滑动，将药物形成圆柱形芯子，再灌入下模套的胶囊体内；③填充管中的捣棒将药物压成块状单位量，再装入胶囊；④由柱塞杆上下往复运动将药物压入胶囊。

从充填原理看，①和②型填充机要求物料具有良好的流动性，常需要制粒才能达到填充要求；③型填充机适用于流动性差但混合均匀的物料；④型填充机对物料的要求不高，只要物料不易分层即可。

4. 封口与抛光

（1）封口　若采用锁口型空胶囊，因药物填充后，囊体、囊帽套上即咬合锁口，内容物不易泄漏，空气也不易在缝间流通，故不需封口；若采用平口式胶囊，为了防止囊体囊帽套合处泄漏，需在囊帽、囊体套合处封上一条胶液（如明胶20%、水40%、乙醇40%），烘干，即得。

（2）抛光　填充后的硬胶囊表面会粘有药粉，通过对硬胶囊剂抛光处理可以使胶囊外表无细粉、表面光滑。一般使用药品抛光机对硬胶囊进行抛光。

处方解析 11-2：速效感冒胶囊

【处方】	对乙酰氨基酚	300g	主药
	马来酸氯苯那敏	3g	主药
	咖啡因	3g	主药
	维生素 C	100g	主药
	胆汁粉	100g	主药
	10%淀粉浆	适量	黏合剂
	食用色素	适量	着色剂

【制法】①取上述各成分，分别粉碎，过 80 目筛；②将 10% 淀粉浆分为 A、B、C 三份，A 加入少量食用胭脂红制成红糊，B 加入少量食用橘黄（最大用量为万分之一）制成黄糊，C 不加色素为白糊；③将对乙酰氨基酚分为三份，一份与马来酸氯苯那敏混匀后加入红糊，一份与胆汁粉、维生素 C 混匀后加入黄糊，一份与咖啡因混匀后加入白糊，分别制成软材，过 14 目尼龙筛制粒，于 70℃ 干燥至水分 3% 以下；④将上述三种颜色的颗粒混匀后，填充入空胶囊中，即得。

【解析】本品为一种复方制剂，所含成分的性质、数量各不相同，为防止混合不均匀和填充不均匀，应首先采用适宜的制粒方法制得流动性良好的颗粒，混匀后再进行填充；由于维生素 C 易氧化，故制粒时不宜使用金属筛，宜用尼龙筛；加入食用色素可使颗粒呈现不同的颜色，便于观察到混合的均匀程度，而且若选用透明胶囊壳，不同颜色的颗粒会使本制剂看上去更为美观。

（二）软胶囊剂的制备

软胶囊是软质囊材包裹液态物料而成。其大小和形态有多种，如球形、椭圆形、筒形等，可根据临床需要制成内服或外用的不同品种，软质囊壳的弹性大，故又称胶丸。

1. 软胶囊壳的组成　软胶囊的囊壳主要由明胶、增塑剂、水构成，常用的增塑剂有甘油、山梨醇或两者的混合物，其他辅料如防腐剂（可用尼泊金类，其用量为明胶量的 0.2%～0.3%）、遮光剂、色素等可根据需要进行添加。软胶囊壳的弹性与明胶、增塑剂、水所占比例有关，通常明胶、增塑剂、水的重量比为 1∶(0.4～0.6)∶1 为宜。若增塑剂用量过低，则囊壳会过硬，反之，则较软。非动物源性软质囊材也有应用。

2. 内容物的要求　软胶囊填充的内容物应对明胶无溶解或变性作用。可以填充的内容物：①不溶于水的挥发性或非挥发性液体（如植物油、芳香油等）；②水溶性的不挥发或挥发性小的液体（如聚乙二醇 400、聚山梨酯 80、甘油、丙二醇、异丙醇等）；③pH 应控制在 2.5～7.5 且不溶解囊壳的溶液，因酸性过强会引起明胶水解，碱性条件会使明胶变性。

不宜填充的内容物：①含水量 5% 以上的内容物，会造成囊材溶解；②醛类，可引起明胶变性；③乙醇、丙酮、酸、酯等能使明胶软化或溶解的有机物。

3. 内容物的制备　将药物及辅料通过调配罐、胶体磨、乳化罐等设备制成符合软胶囊质量标准的溶液、混悬液或乳液等类型的囊心物。

（1）药物为油类　只需要加入适量抑菌剂或再添加一定数量的玉米油（或 PEG400），混匀即得。

（2）药物为固态　先粉碎过 100～200 目筛，再与玉米油等油脂或非油性辅料混合，经胶体磨研匀，使药物以极细腻的质点形式均匀地悬浮于玉米油中。

4. 软胶囊的制备方法　软胶囊的制备方法主要有滴制法和压制法。其中，滴制法制得的软胶囊一般为球形（如鱼肝油胶丸），且无缝，称为无缝胶丸；压制法制得的软胶囊中间有压缝，称为有缝胶丸。通常为椭圆形，也可以为球形或其他形状。生产软胶囊时，成型与填充药物是同时进行的。软胶囊剂的生产工艺流程见图 11－7。

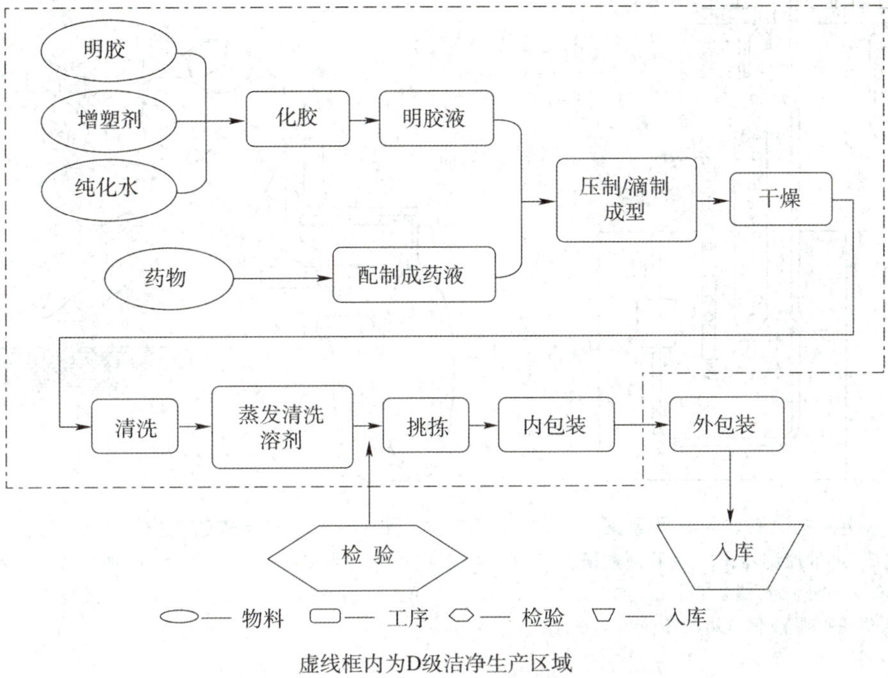

图 11－7　软胶囊剂制备工艺流程图

（1）滴制法　滴制法是由具有双层喷头的软胶囊机完成，其工作原理见图 11－8。

配制好的明胶液和药液分别盛装于明胶液槽与药液槽内，经柱塞泵吸入并计量后，明胶液从外层、药液从内层喷头喷出，两相在严格同心条件下有序同步喷出，使明胶液将药液包裹于中心。一定量的明胶液将定量的药液包裹后滴入与胶液互不相溶的冷却液（如液状石蜡）中，因表面张力作用，胶液接触冷却液形成球状体，并逐渐凝固成胶丸。该方法制备的软胶囊具有装量差异小、成品率高、产量大、成本较低的优点。

（2）压制法　压制法是将胶液制成厚薄均匀的胶皮，再将药液置于两个胶皮之间，用钢板模或旋转模压制成软胶囊的一种方法，常采用自动旋转轧囊机生产软胶囊，其工作原理见图 11－9 和图 11－10。

预先制备好的胶液，由涂胶机箱、鼓轮制出的两条胶带连续不断地向相反方向移动，在接近旋转模之前逐渐接近，一部分经加压结合，此时药液从填充泵经导管由楔形注入器，定量注入两胶皮之间。由于旋转模不停地转动，胶皮与药液被压入模槽中，模孔凸缘使胶皮全部轧压结合，并将药液包裹成软胶囊，剩余的胶带即自动切割分离。旋转压囊机通过更换模具可制成大小形状各异的密封软胶囊。

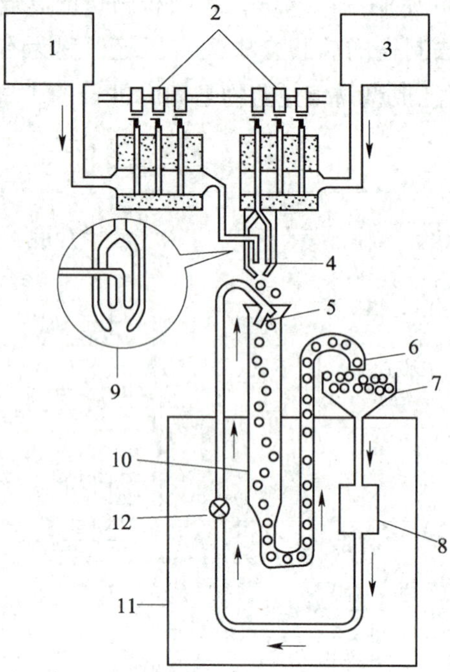

图 11－8　滴丸机滴制软胶囊示意图

1. 药液贮槽；2. 定量控制器；3. 明胶液贮槽；4. 喷头；5. 冷却液液状石蜡出口；6. 胶丸出口；7. 胶丸收集箱；8. 液状石蜡贮箱；9. 喷头放大；10. 冷却管；11. 冷却箱；12. 泵

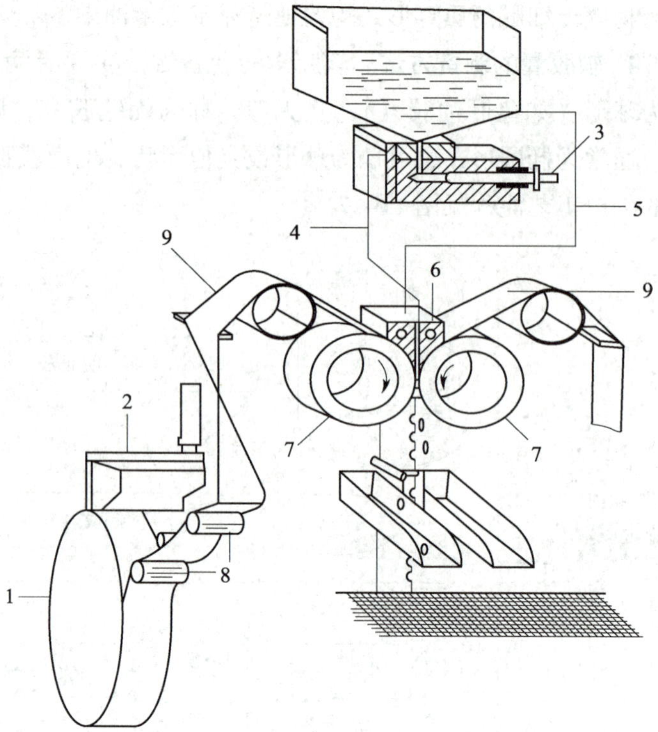

图 11－9　滚模式软胶囊压制机模压示意图

1. 胶皮轮；2. 明胶盒；3. 注射泵；4. 加料管；5. 余液返回导管；6. 楔形注液器；7. 滚模；8. 油滚轴；9. 胶皮

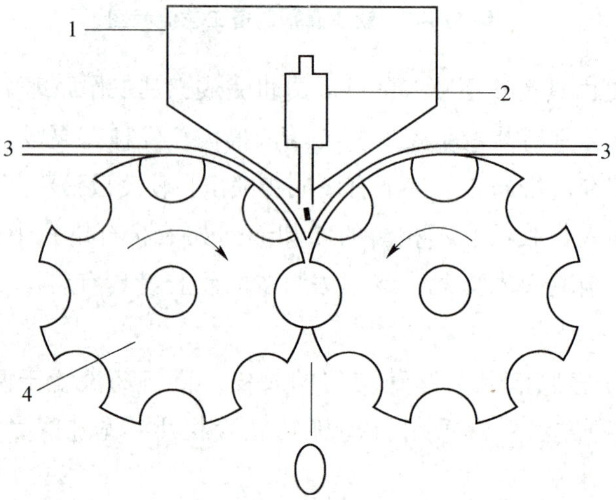

图 11－10　喷体喷出药液示意图

1. 贮液槽；2. 定量填充泵；3. 明胶软片；4. 轮状模

（3）干燥　在胶囊压制或滴制成型后，软胶囊胶皮内含有 40% ~50% 的水分必须进行干燥，使胶皮的含水量下降至 10% 左右而定型。因胶皮遇热易熔化，干燥过程应在常温或低于常温的条件下进行。

（4）清洗　为除去软胶囊表面的润滑液，在干燥后需用 95% 乙醇或石油醚进行清洗，清洗后在托盘上静置使清洗剂挥干。

处方解析 11－3：维生素 AD 软胶囊

【处方】维生素 A	3000U	主药
维生素 D	300U	主药
明胶	100 份	囊材
甘油	55～66 份	囊材
纯化水	120 份	囊材
鱼肝油（或精炼食用植物油）	适量	溶剂

【制法】将维生素 A、维生素 D 用鱼肝油或精炼食用植物油溶解，调整浓度使每丸含维生素 A 为标示量的 90.0%～120.0%，含维生素 D 为标示量的 85.0% 以上；另取明胶、甘油、纯化水制成胶浆，70～80℃保温 1～2 小时，消泡、过滤。采用滴制法制备，以液体石蜡为冷却液，收集冷凝的胶丸，用纱布拭去粘附的冷却液，室温下冷风吹 4 小时，放于 25～35℃下烘 4 小时，再经石油醚洗涤两次（每次 3～5 分钟），除去胶丸外层液状石蜡，用 95% 乙醇洗涤，最后经 30～35℃约 4 小时烘干，筛选弃除不合格的软胶囊，质检，包装即得。

【解析】制备注意：在制备胶浆时，可采取抽真空的方法以尽快除去胶浆中的气泡。

三、胶囊剂的质量检查与包装贮存

（一）胶囊剂的质量检查

1. 外观　胶囊剂应整洁，不得有黏结、变形、渗漏或囊壳破裂等现象，并应无异臭。

2. 水分　中药硬胶囊剂应做水分检查，取供试品内容物，按《中国药典》（2020 年版）四部水分测定法检查，除另有规定外，不得过 9.0%。硬胶囊内容物为液体或半固体者不检查水分。

3. 装量差异　除另有规定外，取供试品 20 粒（中药取 10 粒），分别精密称定重量，倾出内容物（不得损失囊壳），硬胶囊囊壳用小刷或其他适宜的用具拭净；软胶囊剂或内容物为半固体或液体的硬胶囊囊壳用乙醚等易挥发性溶剂洗净，置通风处使溶剂挥尽，再分别精密称定囊壳重量，求出每粒内容物的装量与平均装量。每粒装量与平均装量相比较（有标示装量的胶囊剂，每粒装量应与标示装量比较），超出装量差异限度的不得多于 2 粒，并不得有 1 粒超出限度的 1 倍（表 11－4）。

表 11－4　硬胶囊的装量差异限度

平均装量或标示装量	装量差异限度
0.30g 以下	±10%
0.30g 及 0.30g 以上	±7.5%（中药 ±10%）

凡规定检查含量均匀度的胶囊剂，一般不再进行装量差异的检查。

4. 崩解时限　崩解是指口服固体制剂在规定条件下全部崩解溶散或成碎粒，除不溶性包衣材料或破碎的胶囊壳外，应全部通过筛网。按照《中国药典》（2020 年版）四部崩解时限检查法进行，除另有规定外，硬胶囊应在 30 分钟内全部崩解；软胶囊应在 1 小时内全部崩解，如有 1 粒不能完全崩解，应另取 6 粒复试，均应符合规定。凡规定检查溶出度或释放度的胶囊剂，一般不再进行崩解时限检查。

5. 微生物限度　以动物、植物、矿物质来源的非单体成分制成的胶囊剂，生物制品胶囊剂，照非无菌产品微生物限度检查应符合规定；规定检查杂菌的生物制品胶囊剂，可不进行微生物限度检查。

6. 其他　溶出度、释放度、含量均匀度等应符合要求。必要时，内容物包衣的胶囊剂应检查残留溶剂。

（二）胶囊剂的包装与贮存

胶囊剂的包装通常采用泡罩式、玻璃瓶、塑料瓶包装。胶囊壳中的明胶在高温、高湿环境下不稳定，易造成胶囊壳吸湿、软化、粘连、膨胀，甚至熔化或溶化，并有利于微生物的生长；长期贮存胶囊剂时，其崩解时限会明显延长，溶出度也会有很大变化。当环境过于干燥时，胶囊易失去水分而变脆。因此，除另有规定外，胶囊剂应密封贮存，其存放的环境温度不高于30℃，湿度应适宜，防止受潮、发霉、变质。

实训八　散剂的制备

一、实训目的

1. 掌握散剂的制备工艺过程。
2. 熟悉散剂常用辅料及作用特点，熟悉散剂的实际生产场景。
3. 了解散剂的一般质量检查。

二、实训条件

1. 实训场地　GMP 模拟车间或制剂实训室。

2. 实训仪器与设备　物料勺、物料盆、电子天平、台秤、乳钵、100 目药筛、150 目药筛、万能粉碎机、球磨机、槽型混合机、热风循环烘箱、水分测定仪、散剂定量包装机等。

3. 药品与包材　冰片、硼砂（煅）、朱砂、玄明粉等。

三、实训操作

冰硼散	内容	
处方	冰片	0.5kg
	硼砂（煅）	5kg
	朱砂	0.6kg
	玄明粉	5kg
规　格	0.6g/袋	
功能主治	清热解毒，消肿止痛。用于热毒蕴结所致的咽喉疼痛、牙龈肿痛、口舌生疮	
用法用量	吹敷患处，每次少量，每日数次	

（一）岗位操作

1. 生产前准备

（1）检查生产场地、仪器、设备的准备情况，查验清洁合格标识和清场合格证，并校对其有效期。检查各设备上是否挂有“已清洁”“完好”的状态标记。

（2）检查温度、相对湿度、压差，要求均符合规定。

（3）检查各生产间没有与本次生产无关的文件和记录。

（4）检查是否有批生产记录和足够数量的标签。

（5）检查台秤和天平，进行水平调节调零。

（6）准备有生产所需的洁净且消毒过的容器具。

（7）核对物料，领取物料，核对品名、批号、数量等。

（8）确认符合要求后开始生产，及时填写《生产前确认记录》。

（9）取下“清场合格证（副本）”粘贴在生产记录中，更换生产间、设备的状态标识为“生产中”“运行中”。

2. 生产阶段

（1）粉碎、过筛　①按照生产指令上处方量准确称量所用原、辅料，称量须有QA复核。②将称量好的朱砂置于球磨机中，加适量水，采用水飞法进行粉碎制成极细粉。③选100目筛板安装于万能粉碎机内，紧固螺丝；在出粉口扎上布袋；将硼砂（煅）、玄明粉分别置于万能粉碎机中粉碎成细粉。④将冰片置于乳钵研细过六号筛。

（2）干燥　将水飞后的朱砂置于干燥器内，40℃以下干燥。

（3）混合　①用玄明粉饱和乳钵，用朱砂在乳钵中打底，再用配研法与部分玄明粉在乳钵中套研均匀。②将乳钵中已混匀的朱砂与部分玄明粉混合粉末转移至饱和后的槽型混合机后，继续用等量递加法将余量玄明粉加入混匀。③将硼砂粉加入混合机中，混匀。④最后将冰片粉与槽型混合机中三种成分的混合粉末按等量递加法混合，直至混合完全，全部混合粉末过6号筛，混匀。

（4）分剂量　将全部混匀粉末置于散剂定量包装机中，按规格进行分剂量。

（5）质量检查　根据《中国药典》2020年版四部通则中散剂项下的各项检查项目进行质量检查。

3. 生产后清场

（1）按本岗位清场标准操作规程对设备、场地、用具、容器等清洁消毒。

（2）清场后，经QA人员检查合格后发《清场合格证》，清场合格证正本归入本批生产记录，副本留在操作间。

（3）及时填写批生产记录、设备运行记录、交接班记录等，关好水、电及门。

（二）质量控制要点

工序	监控点	监控项目	频次
粉 碎	外观均匀度	色泽均匀，无花纹、色斑	随时
	水分	水分测定仪，水分含量符合要求	10分钟/次
	内包装	密封性、裁切情况	随时

四、质量检查

质量检查项目参照《中国药典》2020版规定，实训结果填写如下。

检查项目	检查结果
外观均匀度	
粒度	
水分	
装量	
结　论	

五、实训报告及思考

小组完成实训后，对实训过程、结果及收获进行讨论并总结，撰写实训报告。

1. 简述水飞法和等量递加法。
2. 如何对冰硼散进行粒度检查和结果判断?

实训九 颗粒剂的制备

一、实训目的

1. 掌握颗粒剂的制备工艺过程及操作要点。
2. 熟悉颗粒剂常用辅料及作用特点，熟悉颗粒剂的实际生产场景。
3. 了解颗粒剂的一般质量检查。

二、实训条件

1. 实训场地 GMP 模拟车间或制剂实训室。

2. 实训仪器与设备 物料勺、物料盆、电子天平、量筒、烧杯、14 目药筛、槽型混合机、摇摆式颗粒机、热风循环烘箱、水分测定仪、整粒机、颗粒包装机、一号筛、五号筛等。

3. 药品与包材 板蓝根清膏、蔗糖、糊精等。

三、实训操作

板蓝根颗粒	内容		
处方		板蓝根清膏（相对密度为 1.30～1.33）	10kg
		蔗糖	20kg
		糊精	13kg
规格	10g/袋		
功能主治	清热解毒、凉血利咽、消肿。用于扁桃腺炎、腮腺炎、咽喉肿痛等		
用法用量	开水冲服，一次一袋，每日 3～4 次		

（一）岗位操作

1. 生产前准备

（1）检查生产场地、仪器、设备的准备情况，查验清洁合格标识和清场合格证，并校对其有效期。检查各设备上是否挂有“已清洁”“完好”的状态标记。

（2）检查温度、相对湿度、压差，要求均符合规定。

（3）检查各生产间没有与本次生产无关的文件和记录。

（4）检查是否有批生产记录和足够数量的标签。

（5）检查台秤和天平，进行水平调节调零。

（6）准备有生产所需的洁净且消毒过的容器具。

（7）核对物料，领取物料，核对品名、批号、数量等。

（8）确认符合要求后开始生产，及时填写《生产前确认记录》。

（9）取下“清场合格证（副本）”粘贴在生产记录中，更换生产间、设备的状态标识为“生产中”“运行中”。

2. 制颗粒生产

（1）制软材 ①按照指令上处方量准确称量所用原、辅料，称量时须有 QA 复核。② 将称量好的物料和适量的70%乙醇置于CH－槽型混合机中混合，制成合格软材。

（2）制湿颗粒　①将清洁干燥的刮粉轴装入摇摆式颗粒机，装上刮粉轴前端的固定压盖，拧紧螺母。②安装筛网，调整松紧度使筛网紧布在刮粉轴上，固定好。③空机运转约20秒，观察设备是否有异常，无异常方可运行。④加入适量软材试制颗粒。⑤按下开机按钮，往料斗加入适量的软材制成合格的颗粒。⑥待软材全部通过筛网后，按下停机按钮。⑦取出盛装颗粒的料盘及时进行下一步的干燥环节操作。

（3）干燥　将制得的湿颗粒转移至热风循环烘箱中，于60～65℃干燥。

（4）整粒、分级　将干燥好的颗粒进行整粒与分级，剔除过粗和过细的颗粒。

（5）质量检查　根据《中国药典》2020年版中四部通则颗粒剂项下的各项检查项目进行质量检查。

（6）分剂量与包装　将各项质量检查符合要求的颗粒装入颗粒包装机，进行分剂量包装。

3. 生产后清场

（1）按本岗位清场标准操作规程对设备、场地、用具、容器等清洁消毒。

（2）清场后，经QA人员检查合格后发《清场合格证》，清场合格证正本归入本批生产记录，副本留在操作间。

（3）及时填写批生产记录、设备运行记录、交接班记录等，关好水、电及门。

（二）质量控制要点

颗粒剂生产过程质量控制点及检查要求

工序	监控点	监控项目	频次
粉碎过筛	原辅料	异物	1次/批 1次/批
	粉碎过筛	细度、异物	1次/班 随时/班
配料	称量	磅秤调零、有称量人、复核人，并签字	1次/班
制粒	颗粒	黏合剂外观、浓度与温度，润湿剂浓度，搅拌时间、速度，切割时间、速度 筛网无破损、筛网目数	1次/批
干燥	干燥箱	温度、风机	随时/班
	干粒	水分	1～2次/批
整粒	筛网	规格	1次/批
	干粒	无异物，粒度均匀	1次/批
内包材	铝塑	热封、批号、装量	随时/班
包装	装盒	批号、数量、说明书、封口签	随时/班
	标签、说明书	批号、内容、数量、使用记录	随时/班
	装箱	批号、数量、装箱单、印刷内容	随时/班
	标签、小盒、大箱	批号、生产日期、有效期	打印前核对

四、质量检查

质量检查项目参照《中国药典》2020版规定，实训结果填写如下。

检查项目	检查结果
外　观	
粒　度	

续表

检查项目	检查结果
水　分	
溶化性	
装量差异	
结　论	

五、实训报告及思考

小组完成实训后，对实训过程、结果及收获进行讨论并总结，撰写实训报告。

1. 请分析板蓝根颗粒剂处方中各成分的作用。

2. 制备颗粒剂的操作要点是什么？

答案解析

目标检测

一、单项选择题

1. 平均装量 0. 1g 或 0. 1g 以下散剂的装量差异限度是（　　）

A. ±15%　　B. ±10 %　　C. ±8%

D. ±7%　　E. ±5%

2. 有关散剂特点叙述错误的是（　　）

A. 粉碎程度大，比表面积大，易分散、起效快

B. 外用覆盖面积大，可以同时发挥保护和收敛作用

C. 粒径较小，较其他固体制剂更稳定

D. 制备工艺简单

E. 储存、运输、携带比较方便

3. 颗粒剂的粒度检查结果要求不能通过一号筛与能通过五号筛的总和不得超过（　　）

A. ±15%　　B. ±10 %　　C. ±8 %

D. ±7 %　　E. ±5 %

4. 有关颗粒剂叙述错误的是（　　）

A. 飞散性、附着性较小

B. 吸湿性，聚集性较小

C. 颗粒剂可根据需要进行包衣

D. 颗粒剂混合后不易发生分层现象

E. 可适当加入矫味剂、着色剂

5. 平均装量 0. 30g 以下硬胶囊剂的装量差异限度是（　　）

A. ±15%　　B. ±10%　　C. ±8%

D. ±7 %　　E. ±5%

6. 有关胶囊剂叙述错误的是（　　）

A. 常用硬胶囊的容积以 5 号为最大，0 号为最小

B. 硬胶囊是由囊体和囊帽组成的

C. 软胶囊的囊壳由明胶、增塑剂、水三者构成

D. 软胶囊中的液体介质可以使用植物油

E. 软胶囊中的液体介质可以使用 PEG 400

7. 软胶囊囊壳由明胶、增塑剂、水三者构成，其重量比例通常是（　　）

A. 1∶(0.2 ~0.4) ∶1　　B. 1∶(0.2 ~0.4) ∶2　　C. 1∶(0.4 ~0.6) ∶1

D. 1∶(0.4 ~0.6) ∶2　　E. 1∶(0.4 ~0.6) ∶3

二、多项选择题

1. 散剂的质量检查项目主要是（　　）

A. 外观　　B. 粒度　　C. 干燥失重

D. 融变时限　　E. 脆碎度

2. 不需制成倍散的是（　　）

A. 含毒性药品散剂　　B. 含液体成分散剂　　C. 含共熔成分散剂

D. 眼用散剂　　E. 儿科用散剂

3. 在《中国药典》（2020 年版）规定颗粒剂的质量检查项目有（　　）

A. 硬度　　B. 粒度　　C. 干燥失重

D. 融变时限　　E. 溶化性

4. 用喷雾制粒法制颗粒剂时，可同时完成的工序有（　　）

A. 粉碎　　B. 过筛　　C. 混合

D. 制粒　　E. 干燥

5. 一般不宜制成胶囊剂的药物是（　　）

A. 药物是水溶液　　B. 药物是油溶液　　C. 药物是稀乙醇溶液

D. 风化性药物　　E. 吸湿性很强的药物

6. 有关胶囊剂的特点包括（　　）

A. 能掩盖药物不良臭味，提高稳定性

B. 可弥补其他固体剂型的不足

C. 可将药物水溶液密封于软胶囊，提高生物利用度

D. 可延缓药物的释放和定位释药

E. 胶囊具有各种颜色或印字，有利于识别且外表美观

7. 软胶囊剂的制备方法常用（　　）

A. 滴制法　　B. 泛制法　　C. 压制法

D. 乳化法　　E. 塑型法

三、综合问答题

1. 简述散剂生产的工艺流程。

2. 散剂分剂量的方法有哪些？

3. 何为颗粒剂？颗粒剂有哪些类型？

4. 简述湿法制颗粒剂生产的工艺流程。
5. 简述全自动硬胶囊填充机药物填充的工作过程。
6. 软胶囊壳由哪些成分组成？软胶囊壳的弹性的取决因素是什么？

四、实例解析题

实例 快递员小王外出工作时，随身携带了大半瓶多剂量包装的复方散剂。由于工作忙，直到晚上，小王才想起需要服用药物。当将药物取出时，发现经过了一天的颠簸，瓶内药物粉末出现颜色不均匀的现象。

问题 1. 分析一下本事件的原因是什么？

2. 散剂储存有没有特殊要求？

书网融合……

重点回顾　微课　习题

（程似锦）

项目十二　片剂

学习引导

小张的爸爸牙痛，让小张帮他去药店买一盒甲硝唑片。小张到药店看到药架上有甲硝唑片、甲硝唑分散片、甲硝唑缓释片还有甲硝唑阴道泡腾片，价格也各不相同，小张不知道应该选哪种？经咨询，药店工作人员给他推荐了最便宜的甲硝唑片，还告诉他："甲硝唑缓释片和阴道泡腾片是治疗阴道炎的，不用来治牙疼。"小张很困惑：为什么都是甲硝唑，价格差异很大，而且治的病也不一样？

本项目主要介绍片剂的概念、特点、分类、常用的辅料、制备方法及质量检查；片剂包括包衣的目的、包衣方法及包衣物料。

学习目标

1. **掌握**　片剂的概念、特点与分类，片剂的质量要求与检查项目，片剂常用辅料和湿法制粒压片法。

2. **熟悉**　片剂包衣的目的、类型与质量要求、包衣方法及包衣常用材料；熟悉片剂生产过程常出现的问题及解决办法。

PPT

任务一　片剂基本知识

一、片剂的概念

片剂系指原料药物或与适宜的辅料制成的圆形或异形的片状固体制剂。主要供内服，亦可外用。片剂自 19 世纪 40 年代问世以来，随着药品生产技术的不断发展，片剂生产工艺的不断改进，新型药用辅料和压片机械的持续研发投产，片剂的产量和质量得到飞速提升。片剂已成为临床应用最为广泛的剂型之一。《中国药典》（2020 年版）共收载片剂 960 种，其中一部 320 种，二部 639 种，三部 1 种，占制剂总数 50% 以上。

二、片剂的分类

片剂的分类方法有很多种，按照制备工艺、给药途径及治疗用途的不同可分为以下几种。

（一）口服片剂

1. 普通片 系指原料药物与辅料均匀混合压制而成的普通常释片剂，不经包衣直接口服经胃肠道吸收而发挥治疗作用，又称素片或压制片。

2. 包衣片 系指在素片的外表包上衣膜的片剂。根据包衣材料不同，可分为糖衣片和薄膜衣片。

3. 泡腾片 泡腾片系指含有碳酸氢钠和有机酸（枸橼酸、酒石酸、富马酸等），遇水可产生气体而呈泡腾状的片剂。泡腾片中的药物应是易溶的，加水产生气泡后应能溶解，溶液中产生的大量二氧化碳气体在服用时可起到矫味作用。泡腾片尤其适用于儿童、老人及吞服药片有困难、不配合服药的患者服用，不得直接吞服，如维生素C泡腾片。

4. 咀嚼片 系指于口腔中咀嚼后吞服的片剂，如铝碳酸镁咀嚼片。

5. 多层片 系指由两层或多层组成的片剂，每层含不同的药物以避免药物之间的配伍变化，或每层中药物相同而辅料不同以达到缓释、控释的效果。如多酶片为肠溶衣与糖衣的双层包衣片，内层肠溶衣包裹胰酶，外层糖衣包裹胃蛋白酶，即可达到控制不同药物在不同部位释放的目的。

6. 分散片 系指在水中能迅速崩解并均匀分散的片剂。分散片可加水分散后口服，也可含于口中吮服或吞服。分散片中的药物应是难溶性的，应进行溶出度和分散均匀性检查。

7. 口崩片 系指在口腔内不需要用水即能迅速崩解或溶解的片剂。一般适合于小剂量原料药物，常用于吞咽困难或不配合服药的患者。口崩片应在口腔内迅速崩解或溶解、口感良好、容易吞咽，对口腔黏膜无刺激性。

8. 缓释片 系指在水中或规定的释放介质中缓慢地非恒速释放药物的片剂。具有药物作用时间长、血药浓度平稳、服用次数少等特点。除说明书标注可掰开服用外，一般应整片吞服。

9. 控释片 系指在规定的释放介质中缓慢地恒速释放药物的片剂。具有药物释放速度恒定，不随时间变化；吸收可靠，血药浓度平稳；药物作用时间长，副作用小、服药次数少等特点。除说明书标注可掰开服用外，一般应整片吞服。

10. 肠溶片 系指用肠溶性包衣材料进行包衣的片剂。为防止原料药物在胃内分解失效、对胃的刺激或控制药物在肠道内定位释放，可对片剂包肠溶衣；为治疗结肠部位疾病等，可对片剂包结肠定位肠溶衣。除说明书标注可掰开服用外，一般应整片吞服。

（二）口腔用片剂

1. 舌下片 系指置于舌下能迅速溶化，药物经舌下黏膜吸收发挥全身作用的片剂。舌下片中的原料药物应易于直接吸收，主要适用于急症的治疗，可避免肝脏对药物的首关消除作用，如硝酸甘油舌下片用于心绞痛的治疗。

2. 含片 系指含于口腔中缓慢溶化产生局部或全身作用的片剂。含片中的原料药物一般是易溶性的，主要起局部消炎、杀菌、收敛、止痛或局部麻醉等作用。含片的片重、片径、硬度一般较大，以起到持续缓慢释放药物的作用。

3. 口腔贴片 系指粘贴于口腔，经黏膜吸收后起局部或全身作用的片剂。

（三）其他给药途径的片剂

1. 阴道片与阴道泡腾片 系指置于阴道内使用的片剂。阴道片和阴道泡腾片的形状应易置于阴道内，可借助器具将其送入阴道。阴道片在阴道内应易溶化、溶散或融化、崩解并释放药物，主要起局部消炎杀菌作用，如克霉唑阴道片；也可给予性激素类药物，如雌二醇阴道片。具有局部刺激性的药物，不得制成阴道片。

实例分析 12－1

实例　实例小王是某医院门诊药房药师，一位老大妈在取药时咨询他："小伙子，你好！这是我从你们这里拿的药，吃了以后发现，排出的粪便会出现一个完整的药片。"小王听了以后立刻仔细查看大妈的药，原来是一种治疗高血压的不溶性骨架片。

问题　1. 你觉得这个药有问题吗？

2. 请你为这位老大妈解释一下原因。

3. 这次事故给你带来了什么启示？

答案解析

2. 可溶片　指临用前能溶解于水的非包衣片或普通薄膜包衣片剂。可供口服、外用、含漱等，该片剂的组成成分均应是可溶的，如复方硼砂漱口片、高锰酸钾外用片等。

答案解析

即学即练

下列属于口服片剂的是（　　）

A. 卡托普利片　B. 头孢克肟分散片　C. 甲硝唑阴道泡腾片

D. 西地碘含片　E. 维生素 C 泡腾片

三、片剂的特点

（一）片剂的优点

1. 剂量准确，含量均匀，使用方便。
2. 质量稳定，受外界环境影响较小，包衣后稳定性进一步增强。
3. 生产的机械化、自动化程度高，产量大，成本及售价较低。
4. 固体制剂，体积小，携带、运输方便。
5. 片剂种类较多，如口含片、肠溶片、分散片、缓释片、阴道片等，可以满足多种医疗或预防的需求。

（二）片剂的缺点

1. 幼儿和昏迷患者不易吞服。
2. 片剂中需加入各种辅料且需经过压制成形，如处方、工艺选择不当就会影响药物的崩解和溶出。
3. 含挥发性成分的片剂，久贮含量会有所下降。
4. 相对其他固体制剂如散剂、颗粒剂以及胶囊剂而言，普通片剂起效慢，生物利用度较低。

四、片剂的质量要求

《中国药典》（2020 年版）四部制剂通则要求片剂：外观应完整光洁、色泽均匀，有适宜的硬度，脆碎度、崩解时限或溶出度符合规定，重量差异小，含量均匀，片剂的微生物限度应符合要求，片剂应密封贮存，贮存期间物理、化学和微生物等方面的质量稳定。

任务二　片剂辅料

PPT

片剂由药物和辅料组成。辅料系指片剂内除药物以外的所有附加物质的总称。片剂所用辅料，均应符合《中国药典》（2020 年版）和国家药品标准中有关药用辅料标准的质量要求。

根据各种辅料在片剂中所起的作用不同，可将辅料分为填充剂、润湿剂、黏合剂、崩解剂、润滑剂和助流剂等。

一、填充剂

填充剂是稀释剂和填充剂的总称，主要用于增加片剂重量和体积。为了便于生产和确保片剂质量的均一、稳定，片剂的直径一般应大于 6mm，片重大于 100mg。对小剂量药物而言，加入填充剂和稀释剂不仅可以保证药片的体积达到一定大小，还可以减少主药成分的剂量偏差，改善药物的压缩成型性等，使压片过程得以顺利进行。当片剂处方中含有液体成分如挥发油时，需要加入吸收剂将液体吸收以利于压制成片。常用的填充剂种类有淀粉、蔗糖、糊精、乳糖等。

1. 淀粉　主要来自玉米、马铃薯、小麦，白色粉末，无臭，无味，性质稳定，可与大多数药物配伍。淀粉吸湿性小，价格便宜，但可压性较差，因此常与可压性较好的辅料混合使用，也可以作为外加崩解剂使用。

2. 蔗糖　主要来自甘蔗、甜菜；无色结晶或白色结晶性的松散粉末，无臭，味甜。蔗糖作药用辅料时通常应低温干燥粉碎成糖粉，优点是黏合力强，可作黏合剂，还可以作矫味剂，可压性较强，常与糊精、淀粉配合使用。缺点是蔗糖吸湿性较强，长期贮存，会使片剂的硬度过大，崩解或溶出困难。

3. 糊精　本品是淀粉水解的中间产物，白色或类白色无定型粉末，无臭，味微甜，在冷水中溶解较慢，沸水中易溶，不溶于乙醇。糊精具有较强的黏结性，也可作黏合剂，但使用不当会使片面出现麻点、水印及造成片剂崩解或溶出迟缓。

4. 预胶化淀粉　又称可压性淀粉，为白色或类白色粉末，无臭，无味。本品系淀粉通过物理方法加工制得，具有良好流动性和可压性，常用于粉末直接压片。加压后预胶化淀粉发生弹性变形，故压制的片剂硬度较差。在水中溶胀，也可作黏合剂、崩解剂。

5. 乳糖　本品为白色至类白色的结晶颗粒或粉末，味微甜，水中易溶。常用的是一水 α－乳糖。乳糖无吸湿性，具有很好的可压性，是一种优良的填充剂，可与大多数药物配伍，但与胺类药物（氨基酸、氨茶碱）之间会发生 Maillard 反应，使药物含量降低。

6. 微晶纤维素（MCC）　本品为白色或类白色粉末或颗粒状粉末。微晶纤维素具有较强的结合力与良好的可压性和流动性，亦有“干黏合剂”之称，可用于粉末直接压片的黏合剂、助流剂，兼有崩解剂作用。对强氧化性药物有配伍禁忌。

7. 糖醇类　常用品种有木糖醇、甘露醇及山梨醇。这些糖醇类多为白色结晶性粉末，味甜，溶解时吸热，口感凉爽，适于咀嚼片，但价格较高，流动性差，常与蔗糖配合使用。

8. 无机盐类　硫酸钙、磷酸钙、磷酸氢钙及碳酸钙等无机钙盐，性质稳定，可与多种药物配伍，制成的片剂外观光洁，硬度、崩解均好。

二、润湿剂

润湿剂系指本身没有黏性，但能诱发物料自身的黏性，以利于制粒的液体。制粒常用的润湿剂有水、乙醇。

润湿剂所用的水应为纯化水。对于本身黏性特别大的某些物料，遇水后可能会出现发黏、结块、湿润不均匀、干燥后颗粒发硬等现象，最终会影响颗粒大小以及各部分所含药物的均匀性。因此，应根据物料性质选用适当浓度的乙醇作为润湿剂以降低物料的黏性，改善颗粒性能。乙醇作润湿剂通常浓度范围在30%～70%。因乙醇为易燃易爆物，制粒、干燥时应注意防爆。

三、黏合剂

黏合剂系指一类使无黏性或黏性不足的物料粉末聚集成颗粒，促进压缩成型，具有黏性的固体粉末或溶液。黏合剂可改善颗粒性质，如流动性、强度、抗分离、降低含尘量、压缩性或药物释放等。黏合剂可分为湿黏合剂和干黏合剂。常用的黏合剂包括淀粉浆、糖粉、糖浆、纤维素衍生物、聚维酮、明胶等。

1. 淀粉浆 淀粉浆是最常用的一种片剂黏合剂，常用浓度为8%～15%，其中最常用的是10%的淀粉浆。淀粉浆的制法有煮浆法和冲浆法两种，煮浆法是将淀粉混悬于全部量的水中，在夹层容器中加热并不断搅拌，直至糊化。冲浆法是将淀粉混悬于1～1.5倍水中，然后根据浓度要求冲入一定量的沸水，不断搅拌糊化而成。

2. 糖粉与糖浆 糖粉可作干黏合剂，糖浆则为湿黏合剂。两者的黏合力较淀粉强，适合于纤维性及质地疏松的植物性药物。强酸、强碱性药物能引起蔗糖的转化而产生引湿性，故不宜采用。

3. 纤维素衍生物 纤维素衍生物在水中溶胀形成黏性较强的胶体溶液，因此可用作制粒时的黏合剂。常用品种有羟丙甲纤维素（HPMC）、甲基纤维素（MC）及羧甲基纤维素钠（CMC－Na）等。

羟丙甲纤维素为白色至类白色粉末或颗粒，在水、乙醇或丙二醇中溶胀成胶体溶液，在热水中几乎不溶。在片剂中用作黏合剂时，采用在冷水中溶胀的方法配制HPMC溶液，常用浓度为2%～4%。亦可用作缓控释制剂的亲水凝胶缓控释材料。

甲基纤维素为白色或类白色纤维状或颗粒状粉末，在水中溶胀成胶体溶液作湿黏合剂，亦可作助悬剂。制备时先将MC分散于热水中，然后冷却至逐渐形成澄清或微浑浊的胶体溶液。注意不能将MC直接放入冷水中溶解，以防其结块。

羧甲纤维素钠为白色至微黄色纤维状或颗粒状粉末，性质与MC类似，常用于可压性较差的药物，但易造成片剂硬度过大或崩解超时限。

4. 聚维酮（PVP） 为白色至乳白色粉末，无臭或稍有特臭。本品在水、甲醇、乙醇中均易溶，因此无论是水溶性药物、水不溶性药物还是对水敏感的药物，都可用其作为湿黏合剂进行制粒，同时亦可用做粉末直接压片的干黏合剂。

四、崩解剂

崩解剂是加入处方中促使制剂迅速崩解成小单元并使药物更快溶解的功能性成分。因为片剂是通过压片机的高压压制而成，质地致密、具有一定的硬度，药物难以快速溶解，所以加入崩解剂帮助片剂快速崩解十分必要，崩解时限也是片剂质量检查的主要项目之一。除了含片、缓（控）释片、咀嚼片等有特殊要求的口服片剂外，一般均需加入崩解剂。

（一）崩解剂作用机制

崩解剂遇体液后历经润湿、吸水膨胀、破碎等步骤完成片剂的崩解。不同崩解剂发挥作用的机制主要有膨胀作用、毛细管作用和产气作用等。在片剂中使用的崩解剂最好具有两种或两种以上上述机制。

（二）常用的崩解剂

1. 干淀粉 将淀粉于100~105℃下干燥1小时，含水量在8%以下即为干淀粉，是最常用的崩解剂之一。仅适用于水不溶性或微溶于水的药物，对易溶性药物的崩解作用较差。用量一般为配方总量的5%~20%。

2. 羧甲淀粉钠（CMS-Na） 为白色或类白色粉末，吸水膨胀后可达原体积的300倍，是一种性能优良的崩解剂。本品可压性和流动性好，可有效增加片剂的硬度而不会影响其崩解性能，既适用于水不溶性药物，也适用于水溶性药物，在湿法制粒压片与粉末直接压片中均可使用。一般用量2%~8%。

3. 低取代羟丙纤维素（L-HPC） 为白色或类白色粉末、无臭、无味。在水中溶胀成胶体溶液，在乙醇、丙酮或乙醚中不溶。L-HPC具有很好的吸水性，其吸水膨胀率为500%~700%，与微晶纤维素联用崩解性能更好。常用量为2%~5%。可与碱性药物发生反应，当片剂处方中含有碱性物质，经过长时间贮藏，崩解时间可能延长。

4. 交联羧甲纤维素钠（CCNa） 为白色或类白色粉末，不溶于水和乙醇，能吸收数倍于本身重量的水而溶胀形成混悬液，具有较好的崩解作用；与羧甲基淀粉钠合用，崩解性能更佳，与干淀粉合用崩解作用降低。常用量为2%~5%。

5. 交联聚维酮（PVPP） 为白色或类白色粉末，不溶于水、乙醇及各种有机溶剂。具有吸湿性，遇水迅速溶胀但不会出现高黏度的凝胶层，因而是一种性能优良的崩解剂。常用量为2%~5%。

6. 泡腾崩解剂 是用于泡腾片的特殊崩解剂，是由有机酸（柠檬酸、酒石酸等）和碱式碳酸（氢）盐（如碳酸钠与碳酸氢钠）组成的混合物，遇水后释放大量二氧化碳气体，使片剂迅速崩解。

7. 表面活性剂 是一种崩解辅助剂，能增加疏水性药物片剂的润湿性，使水分迅速渗透到片剂内部加速片剂崩解和药物的溶出。常用聚山梨酯80、十二烷基硫酸钠等，单独使用崩解效果不好，常与干淀粉等混合使用。

（三）崩解剂的加入方法

1. 内加法 崩解剂在制粒前加入，存在于颗粒内部，崩解发生后直接成粉粒，但崩解速度较慢。

2. 外加法 崩解剂加入压片之前的干颗粒中，片剂的崩解发生在颗粒之间，崩解速度快。但颗粒内部无崩解剂，不能崩解成粉粒，药物溶出较差。

3. 内外加法 是将崩解剂分为两部分，约占总量三分之二的崩解剂内加，其余的崩解剂外加，崩解既发生在颗粒内部又发生在颗粒之间，从而达到良好的崩解效果。

五、润滑剂与助流剂

润滑剂是指固体制剂制备中的润滑性辅料，其作用为减小颗粒间、颗粒和固体制剂生产设备金属接触面之间（如压片机冲头和冲模）的摩擦力。在压片过程中，润滑剂往往具有抗黏着的作用，可降低颗粒与冲头的粘连，以防止压片物料黏着于冲头表面。

助流剂主要作用是增加颗粒的流动性，提高粉末流速，提高制剂的均匀度；用于直接压片时，还可防止粉末的分层现象。

常用的润滑剂有硬脂酸镁、微粉硅胶、滑石粉、氢化植物油、聚乙二醇类、十二烷基硫酸钠等。

1. 硬脂酸镁　为白色轻松无砂性的细粉，微有特臭，与皮肤接触有滑腻感。在水、乙醇或乙醚中不溶，为疏水性润滑剂，用量过大时，会影响片剂崩解，且与阿司匹林及多数有机碱盐类药物有配伍禁忌。常用量为0.3%～1%。

2. 胶态二氧化硅　又称微粉硅胶，为白色疏松粉末。常用作粉末直接压片的助流剂。由于本品质轻，极易飞扬，生产时尤其注意防尘。常用量为0.1%～0.5%。

3. 滑石粉　为白色或灰白色、无砂性的微细粉末，有滑腻感。与多数药物不起作用，但与季铵化合物有配伍禁忌。本品不溶于水，但具有亲水性，对片剂的崩解作用影响不大，常与硬脂酸镁合用。常用量为0.1%～3%。最多不超过5%，过量会造成流动性降低。

4. 氢化植物油　常用氢化大豆油，为白色至淡黄色块状物或粉末，应用时应将其溶于轻质液状石蜡制成稀溶液，再喷于干颗粒表面以利于均匀分布。常用量为1%～5%。与强酸和氧化剂有配伍变化。

5. 聚乙二醇（PEG）类　常用PEG 4000和PEG 6000，为白色蜡状固体薄片或颗粒状粉末，略有特臭，在水中易溶，是水溶性润滑剂。常用量为1%～5%。

6. 十二烷基硫酸钠　为白色至淡黄色结晶或粉末，有特征性微臭。在水中易溶。本品是水溶性润滑剂，并可促进片剂的崩解和药物的溶出。

六、其他辅料

片剂还可加入一些着色剂、矫味剂等辅料以改善外观和口味、便于识别，所加入的辅料，都应符合药用规格标准。

任务三　片剂的制备

PPT

片剂经压片机压制而成。欲顺利制得合格片剂，通常要求压片物料（颗粒或粉末）具备良好的流动性、可压性及润滑性。其中流动性好能使物料顺利地流入压片机的模孔，减小片重差异；可压性好能使压好的药片不会因辅料回弹而松片、裂片，获得硬度、脆碎度适宜的片剂；润滑性好，片剂不黏冲，设备不卡冲，压出的药片表面光洁，出片顺利，生产效率高。

片剂的制备工艺分为制粒压片法和直接压片法。制粒压片法分为湿法制粒压片和干法制粒压片法。直接压片法分为粉末直接压片、结晶药物直接压片和空白颗粒压片法。其中湿法制粒压片应用最为广泛，本任务将重点介绍湿法制粒压片法。

一、湿法制粒压片法

当药物或辅料的性能不能满足压片所需的条件时，就需要通过制粒改善其性能使压片顺利进行，如药物本身对湿、热稳定，即可采用湿法制粒压片工艺制备片剂。湿法制粒压片工艺流程见图12－1。

在湿法制粒压片工艺中，药物与辅料的粉碎、过筛、混合、制软材、制湿颗粒、干燥、整粒等工序详见固体制剂单元操作及颗粒剂相关内容。

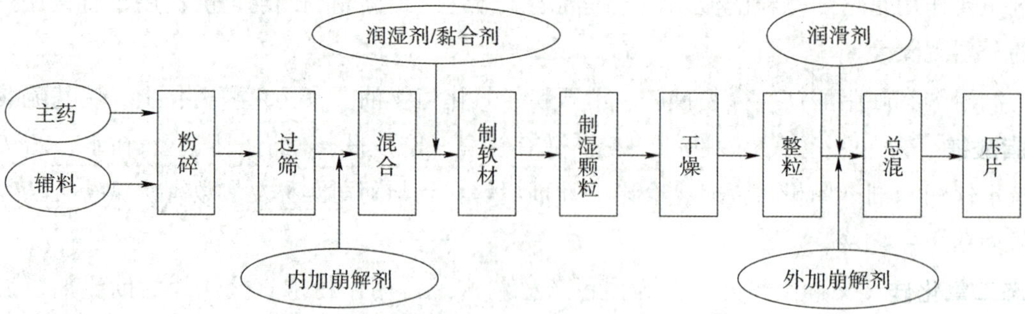

图 12－1　湿法制粒压片工艺流程

（一）总混

在压片之前，应在制得的干颗粒中加入润滑剂与外加的崩解剂，置于混合设备中进行总混。同一台混合设备一次混合后的中间品压片制得的药片划分为一个批次。按照《药品生产质量管理规范》的要求，药品生产应按批次进行生产管理，以保证药品质量的均一及可追溯，因此总混对保证同一批次药品质量的均一性有至关重要的作用。

当处方中含有挥发性成分的药物，应在颗粒干燥整粒后再加入，以免造成损失。如果药物是挥发油，可将其加入总混的细粉中（如润滑剂、外加的崩解剂或者是整粒时筛出的细粉）混合均匀再与其余成分进行总混。如果是固体的挥发性药物（如樟脑、冰片等），则需用适量乙醇溶解或与其他共熔成分研磨熔融后喷入干颗粒中，在密闭状态下混合均匀并维持一定时间，使挥发性药物能充分渗透入干颗粒中。

如果处方中主药剂量小或者对湿热不稳定，也可将其在总混工序加入制好的空白颗粒中混合均匀，再进行下一步压片。

总混得到的干颗粒混合物的质量应符合以下几点要求，以保证后续压片工序的顺利进行：①主药含量应符合相应规定；②含水量一般为1%～3%，过多过少均不利于压片；③细粉含量应控制在20%～40%，细粉过多可能会造成松片、裂片，细粉过少片剂表面可能会比较粗糙，片重差异也比较大；④疏散度适宜，它与颗粒的大小、松紧程度和黏合剂用量多少有关。疏散度大表示颗粒较松，振摇后部分变成细粉，压片时易出现松片、裂片和片重差异大等现象。

（二）片重的计算

1. 按主药含量确定片剂的理论片重　按照下式计算片重。

$$\text{片重} = \frac{\text{每片主药含量(标示量)}}{\text{颗粒中主药的百分含量(实测值)}} \qquad \text{式(12-1)}$$

例如：头孢呋辛酯片每片含头孢呋辛酯0.25g，测得颗粒中含主药量为0.652%，现计算理论片重范围？

根据公式：片重＝0.25/0.652＝0.383g

0.3g以上的片剂重量差异限度为±5.0%，所以该片理论重量范围应为：

0.383±0.383×5.0%＝0.364g（下限）～0.402g（上限）

2. 按干颗粒总重计算片重　对于成分复杂、无含量测定方法时（中草药片剂），则按照下式计算片重。

$$片重 = \frac{干颗粒重 + 压片前加入的辅料量}{预定的片数} \quad 式(12-2)$$

例如：天舒片，处方工艺为川芎 784g，天麻 196g，粉碎提取、浓缩后加入适量糊精，真空干燥，粉碎成细粉，加蔗糖适量制粒，干燥得干颗粒 650g，加入滑石粉 10g，混合均匀，共制 1000 片，现计算理论片重范围？

根据公式：片重 =（650 + 10）/1000 = 0.66g

0.3g 以上的片剂重量差异限度为 ±5.0%，所以该片理论重量范围应为：

0.66 ± 0.66 × 5.0% = 0.627g（下限）~ 0.693g（上限）

（三）压片机及压片过程

压片机是将粉末或者颗粒通过模具压制成各种形状的片剂的设备。压片机按其结构不同分为单冲压片机和旋转式压片机。

1. 单冲压片机　单冲压片机由一副模具做垂直往复运动的压片机（图 12-2）。

单冲压片机由冲模、加料机构、填充调节机构、压力调节机构和出片控制机构等组成。电机通过皮带轮、齿轮将动力传递给主轴上的三个偏心轮，带动冲模及加料器等部件工作。其中左偏心轮连接下冲连杆，带动下冲头上升、下降，起填料和出片的作用；中偏心轮连接上冲连杆，带动上冲头上升、下降，起压片的作用；右偏心轮带动饲料靴在中模平台上做往复摆动，起填料、刮粉和出片的作用。片重调节器装在下冲的下部，用来调整下冲下降的深度，控制中模孔内物料的容积即片重，当片重不足时，调节片重调节器，使下冲杆下降，增加模孔容积来增加片重，反之减轻片重；出片调节器装在下冲的上部，用来调整下冲升起的高度位置，一般调整至与中模上缘相平；压力调节器安装在中偏心轮或上冲连杆上，它的作用是调整上冲下降的距离，在充填一定的情况下，上冲下降愈多，上下冲之间的距离愈近，压力就大，反之就愈小（图 12-3）。

图 12-2　单冲压片机

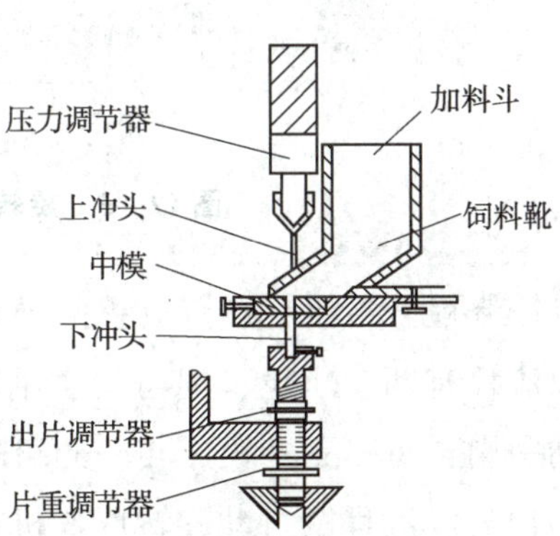

图 12-3　单冲压片机的结构

单冲式压片机为小型台式电动连续压片的机器，产能小，片剂单侧受压，受力不均匀，药片内部密度和硬度不均匀，容易产生松片、裂片等质量问题，不适合大规模生产。但单冲式压片机有结构简单、操作方便、价格低廉等优点，一般用于实验室试制和小批量生产等场合。

2. 旋转式压片机　旋转式压片机是由均布于旋转转台的多副模具按一定轨迹作垂直往复运动的压片机（图 12-4）。

图 12-4　ZP-27 型旋转压片机

旋转压片机按冲数不同可分为 16 冲、19 冲、27 冲、33 冲、55 冲、75 冲等不同型号。压片的主要工作部件有工作转台、压轮、片重调节器、压力调节器、加料斗、饲粉器、吸尘器、保护装置等。

旋转式压片机工作时，由转台的旋转带动多组冲模作顺时针旋转。物料由加料斗通过月形栅式加料器流入位于其下方旋转平台的模圈的中模孔中。在转盘回转到压片部分时，上冲与下冲在两个压轮的作用下将物料压制成片。压片后，下冲上升将药片从中模孔内顶出，在转盘运转到加料器处靠加料器的圆弧形侧边推出转盘。每副冲模通过月形栅式加料器、上下导轨及上下压轮等机构而形成加料、充填、压片及出片等连续制片的工艺过程（图 12-5）。

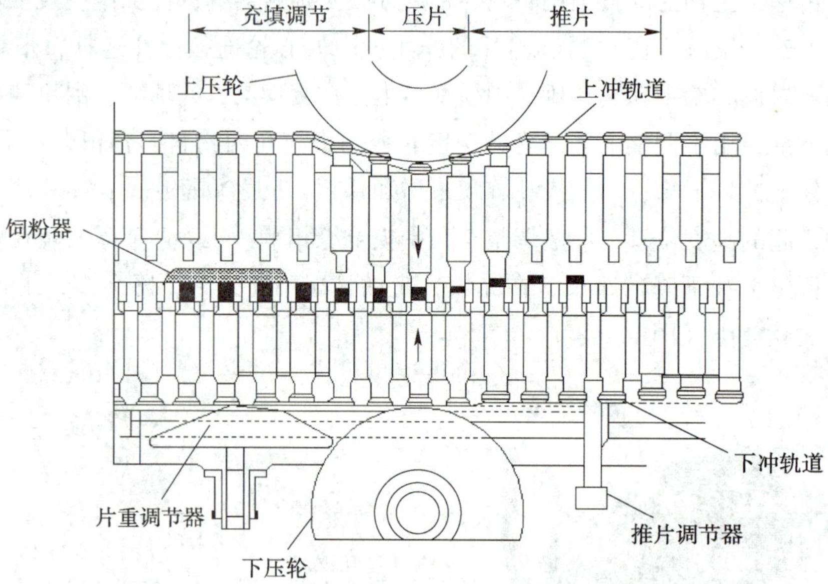

图 12-5　旋转式压片机工作过程

旋转式压片机按流程分单流程和双流程两种。单流程仅有一套上、下压轮，旋转一周每个模孔仅压出一个药片；双流程有两套压轮、饲粉器、刮粉器、片重调节器和压力调节器等，均装于对称位置，模圈转台转动一周，每一副冲模旋转一圈可压出两个药片或者一个双层片。以 ZP-27 型旋转压片机为例，该机结构为双流程全自动旋转压片机，有两套加料装置和两套压轮。转盘上可装 27 副冲模，机台旋转一周即可压制 54 片。压片时转盘的速度、物料的充填深度、压片厚度均可调节。该机饲粉方式合理，片重差异小、压力分布均匀、生产效率高，还能对缺角、松裂片等不良片剂也能自动鉴别并剔除。

对旋转式压片机进行改良升级，将模具轴心随转台旋转的线速度提升至不低于 60m/min 时，称为高速旋转压片机。高速压片机采用了粉粒强制填充机构、两次压缩压片及压片缓冲机构，解决了填充速度慢、冲头冲击力大、片子顶裂等问题。

二、干法制粒压片法

当药物对湿、热不稳定，可压性、流动性都不能满足压片要求时，可采用干法制粒压片法。干法制粒压片法是将药物和适宜的辅料混合均匀、用适宜设备压制成片状或板状后，粉碎成所需大小颗粒，最后压制成片。干法制粒压片工艺流程见图 12－6。

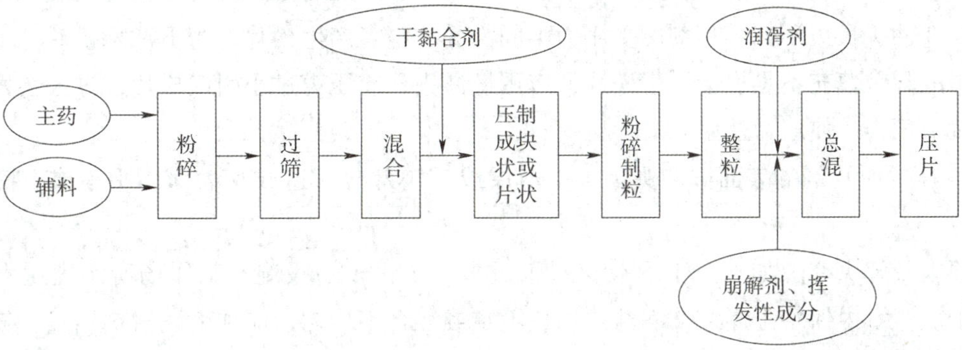

图 12－6 干法制粒压片工艺流程

三、直接压片法

直接压片法是将药物的细粉（结晶）与适宜的辅料混匀后，不制粒而直接压制成片的方法，可分为粉末直接压片法和结晶压片法。

1. 粉末直接压片法 是指药物与适当的辅料混合后，不经过制粒过程直接压片的方法。其生产工艺流程见图 12－7。

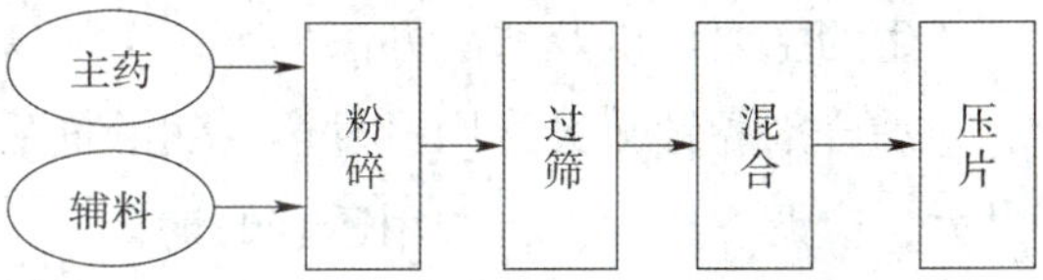

图 12－7 粉末直接压片工艺流程

对于某些流动性和可压性较差，不具备直接压片物料性质的药物，可通过加入微晶纤维素、微粉硅胶、喷雾干燥乳糖、可压性淀粉、L－HPC 等多功能辅料改善压片物料的性能。粉末直接压片法工艺简单，有利于片剂生产的自动化和连续化，具有工序少，设备简单，辅料用量少，产品崩解或溶出较快等特点，适用于对湿热不稳定的药物。不足之处是粉末流动性差、片重差异大，压片时粉尘较多，易造成裂片，再者本法所用辅料价格较贵等，使其应用受到一定限制。

为适应粉末直接压片的需要，除通过加入适宜的辅料改善压片物料的流动性和可压性外，还应从以下三个方面改进压片设备：① 改进饲粉装置；② 增加预压装置；③ 改进除尘设备。近些年来随着片剂生产新技术、新辅料、新设备的应用，各国的粉末直接压片品种不断增加，有的国家可达到 60% 以上。

2. 结晶药物直接压片法 有些结晶性药物（如氯化钠、氯化钾、溴化钾、硫酸亚铁等）的流动性和可压性较好，只需经适当粉碎、筛分处理，再加入适量的崩解剂和润滑剂混合均匀即可满足压片机生产条件直接压成片剂。

四、片剂制备过程中可能出现的问题及解决的办法

1. 裂片 片剂发生裂开的现象称裂片。裂开的位置在片剂顶部称顶裂，裂开的位置在片剂中部称腰裂。产生的原因有物料可压性差、黏合剂黏性较弱或用量不足、颗粒中细粉过多、颗粒过干、片剂过

厚、加压过快、冲头与模圈不符等。

防止裂片的措施：选用弹性小、可塑性大的辅料，选择适宜的制粒方法，选用适宜的压片机和相应的零部件、适当调节压片操作参数等。

2. 松片 松片指片剂的硬度不够，受到震动后松散成粉末的现象。

产生松片原因及解决办法如下。①颗粒过干，应控制适宜的颗粒含水量。②黏合剂或润湿剂用量不足或选择不当。颗粒质松，细粉多，压片时即使加大压力也不能克服，应选择黏性较强的黏合剂或润湿剂重新制粒。③冲头长短不齐，片剂所受压力不同，受压小者产生松片。当下冲塞模时，下冲不能灵活下降，模孔中的颗粒填充不足也会产生松片，应调换冲头。④压力过小引起松片，过大会发生崩解困难或裂片。应调节压力，使压力适中。

3. 黏冲 压片时片剂的表面被冲头黏去一薄层或一小部分，造成片表面不平整或有凹痕的现象称为黏冲。

产生的原因及解决办法如下。①颗粒含水量过多、物料较易吸湿、工作场所湿度过大都易造成黏冲。应重新干燥，室内保持干燥。②润滑剂用量不足或混合不均匀。应加大润滑剂用量，充分混合，有些药物容易黏冲、开始压片时加大压力并适当增加润滑剂。③冲头表面粗糙、刻字粗糙不光滑。应调换冲头或擦亮使之光滑，冲头上的防锈油用前未擦净，可用汽油洗净。

4. 重量差异超限 指片重差异超过《中国药典》规定的限度。

产生的主要原因及解决办法如下。①颗粒大小相差悬殊，压片时流动速度不一样，填入模孔的颗粒量不均匀造成。应重新制粒或者筛去过多细粉。②加料器内颗粒过多或过少，加料器不平衡。应控制加料器内的颗粒量。③塞模时下冲下降不灵活，导致模孔中的颗粒填充量不同。应及时更换、调整下冲。

5. 崩解迟缓 片剂崩解时间超过《中国药典》规定的崩解时限。

产生的主要原因及解决办法如下。①崩解剂选用不当或用量不足。应更换崩解剂，加大崩解剂的用量。②黏合剂黏性太大，用量过多，润滑剂的疏水性太强与用量多。应适当调整处方。③压力和片剂硬度过大，应调整压片力，选用适宜的辅料。

6. 溶出超限 片剂在规定的时间内未能溶出规定的药物，也称溶出度不合格。主要原因有片剂不崩解、颗粒过硬、药物的溶解度差，应根据实际情况加以解决。如果是处方因素，可选用亲水性辅料，加入优良的崩解剂和表面活性剂提高疏水性药物的崩解和溶出。在工艺上，可适当减小冲头压力。如果是难溶性的药物，可采用微粉化、制备固体分散体或包合物等新技术提高药物的溶出度。

7. 变色与色斑 片剂表面的颜色发生改变或出现色泽不一致的斑点称为变色或色斑。主要原因有混料不匀、颗粒过硬以及接触金属离子或压片机的油污等，应针对具体原因进行处理解决。

8. 含量不均匀 片间的药物含量均匀度不符合《中国药典》规定。主要原因有：片重差异超限；小剂量的药物，原辅料混合不均匀；颗粒干燥过程中发生了可溶性药物成分颗粒间的迁移，产生含量不均匀。

9. 迭片 两个药片迭压在一起的现象称为迭片。主要原因有片机出片调节器调节不当、上冲黏片，加料斗故障等。如不及时处理，将损坏机器，故应立即停机检修。

10. 麻点 片剂表面产生许多小凹点称为麻点。主要原因有润滑剂和黏合剂用量不当、颗粒受潮、大小不匀、粗粒或细粉量多，冲头表面粗糙或刻字太深、有棱角及机器异常发热等，可针对原因处理解决。

任务四　片剂的包衣

PPT

一、概述

片剂包衣是指在片剂（片芯、素片）的表面包裹适宜的衣层。根据包衣材料不同可分为糖衣和薄膜衣。薄膜衣又分为胃溶型、肠溶型和胃肠不溶型。

包衣的片芯或者素片，外形应具有适宜的弧度，以利于边缘部位覆盖衣层和保持衣层完整；片芯要有一定的硬度，能承受包衣过程的滚动、碰撞和摩擦。

衣层的厚薄应均匀、牢固；衣料与片芯不起任何反应；崩解时限符合规定；贮藏过程包衣仍能保持光洁、美观、色泽一致并无裂片现象出现。

二、包衣的目的

1. 避光、防潮、隔绝空气，提高药物的稳定性。
2. 掩盖药物的不良气味。
3. 控制药物的释放部位和释放速度，如胃溶、肠溶、结肠溶、缓控释。
4. 隔离有配伍禁忌的成分。
5. 改善片剂的外观，增加药物的识别能力，提高用药的安全性。

知识链接

片剂包衣的其他目的

在个别情况下，对片剂包衣还有其他目的：防止他人不小心接触片剂而造成药物吸收。如非那雄胺片就是为此包薄膜衣，非那雄胺片用于治疗和控制良性前列腺增生。标签和说明书上都警示，怀孕或备孕女性禁止接触。接触包衣破裂的药片有可能使药物吸收进入体内，如果非那雄胺被怀有男婴的妇女吸收，药物将会影响男婴的发育。

作为药学人员，在药品生产中要有认真敬业的工匠精神，严格把好质量关；在用药指导中应不断提高自身专业水平，科学、精准指导患者正确合理使用药品。

三、包衣过程与包衣材料

1. 包糖衣工艺流程　见图 12－8。

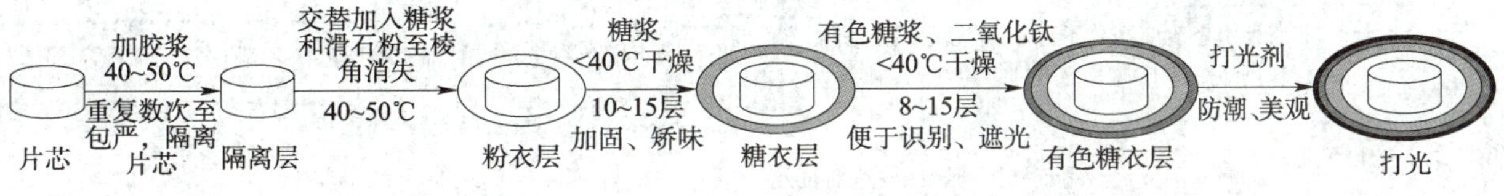

图 12－8　糖衣包衣生产工艺流程

2. 糖衣材料　包糖衣工艺的各工序目的及常用的包衣材料见表 12－1。

表 12－1　包糖衣工艺的各工序目的及常用的包衣材料

工序	目的	常用材料	备注
隔离层	隔绝药物与外界环境，防止糖浆中的水分渗入片芯、药物吸潮、糖衣被酸性药物破坏、增加片剂硬度	10%玉米朊乙醇溶液 15%～20%虫胶乙醇溶液 10%邻苯二甲酸醋酸纤维素（CAP）乙醇溶液 10%～20%明胶浆 30%～35%阿拉伯胶浆	
粉衣层	消除片芯的棱角，增加片剂的洁白度	滑石粉 65%（g/g）糖浆作黏合剂	滑石粉中加入15%～20%的碳酸钙或碳酸镁等，可作油类吸收剂，但酸性的药物不能使用
糖衣层	增加衣层牢固性、矫味（甜味）、使外观光洁圆整，细腻美观	65%～75%（g/g）的糖浆	
有色糖衣层	美观、便于识别	含有可溶性食用色素的糖浆	加入二氧化钛起遮光作用
打光	增加片剂光泽、美观、提高表面疏水性、防潮	虫蜡	80～100℃熔化过100目筛，除杂，加2%的硅油混匀，冷却制成80目细粉备用

3. 薄膜包衣工艺流程　见图 12－9。

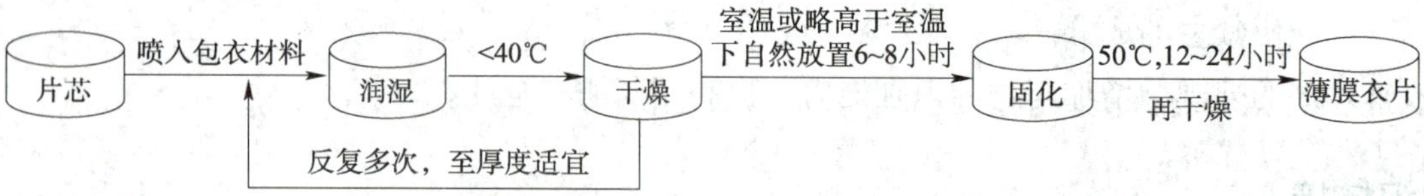

图 12－9　薄膜包衣生产工艺流程

4. 薄膜包衣材料　薄膜包衣材料由高分子成膜材料、增塑剂、速度调节剂、着色剂与遮光剂等组成。薄膜衣成膜材料根据溶解性不同可分为胃溶型、肠溶型和水不溶型。常用薄膜衣包衣材料见表 12－2。

表 12－2　常用薄膜衣包衣材料

组成		特点	常用物质
高分子成膜材料	胃溶型	在水中或胃液中可以溶解的材料	羟丙甲纤维素（HPMC）、羟丙纤维素（HPC）、丙烯酸树脂Ⅳ号、聚乙烯吡咯烷酮（PVP）、聚乙烯缩乙醛二乙氨乙酸等
	肠溶型	在胃中不溶，但可以在pH较高的水或者肠液中溶解的成膜材料	虫胶、醋酸纤维素酞酸醋法酯（CAP）、丙烯酸树脂类（Ⅰ、Ⅱ、Ⅲ类号）、羟丙甲纤维素酞酸酯（HPMCP）
	不溶型	在水中不溶解的高分子薄膜材料	乙基纤维素（EC）、醋酸纤维素（CA）
增塑剂		一种用来改变高分子薄膜的物理机械性质，使其更具柔顺和弹性，增加可塑性的物质	水溶性增塑剂主要有丙二醇、甘油、聚乙二醇PEG等； 非水溶性增塑剂主要有甘油三醋酸酯、乙酰化甘油酸酯、邻苯二甲酸酯等
速度调节剂		也称释放调节剂，用于调控药物释放达到长效释放或控制释放目的的辅料。一般为水溶性物质，加入到水不溶型成膜材料中，调节药物的释放速度。	蔗糖、氯化钠、表面活性剂和PEG等

续表

组成	特点	常用物质
着色剂	增强片剂的识别性，改善片剂外观	根据包衣材料水溶性不同可相应加入水溶性色素、非水溶性色素等
遮光剂	增强药物对光的稳定性	二氧化钛

实例分析 12－2

实例　小王是包衣工序实习工，因工期紧急，将包隔离层的干燥温度从40℃调至60℃，干燥时间从30分钟调至20分钟。包衣结束后将产品暂存在中间站，结果第二天包装时发现很多药片表面崩裂，不能使用。

问题　1. 请分析暂存间的药片出现崩裂现象的原因？

2. 此事件给你哪些启示？

答案解析

薄膜包衣材料应溶解在相应溶剂中配成溶液使用。溶剂的选择遵循“相似相溶”原则，常用水和有机溶剂。用有机溶剂配液，包衣材料用量少，包衣表面光洁美观，但是易燃易爆并有一定的毒性。生产时应注意防爆，系指片剂中有机溶剂的残留量应符合要求。

四、包衣方法与设备

常用的包衣方法有滚转包衣法、流化床包衣法和压制包衣法等。

1. 滚转包衣法　片剂在包衣锅中滚转运动，使包衣材料均匀黏附于片剂的表面形成包衣的方法。此法使用的设备是普通包衣锅和高效包衣机。

（1）普通包衣机（图12－10）　包衣锅一般用不锈钢或紫铜衬锡等性质稳定的材料制成，锅应具有良好的导热性。包衣锅有莲蓬形和荸荠形等。其构造主要包括包衣锅、动力部分、加热鼓风及吸粉装置等。包衣锅的中轴与水平面的夹角一般为30°～50°，在适宜转速下，使物料既能随锅的转动方向滚动，又能沿轴的方向运动，做均匀而有效的翻转，有助于包衣材料均匀地分布于片面，有利于干燥。药片在锅内借助于离心力和摩擦力的作用，随锅内壁向上移动至药片的重力大于离心力后滚落。在生产实践中还可在锅内加挡板来改善药片的运动状态，以达到更佳的包衣效果。

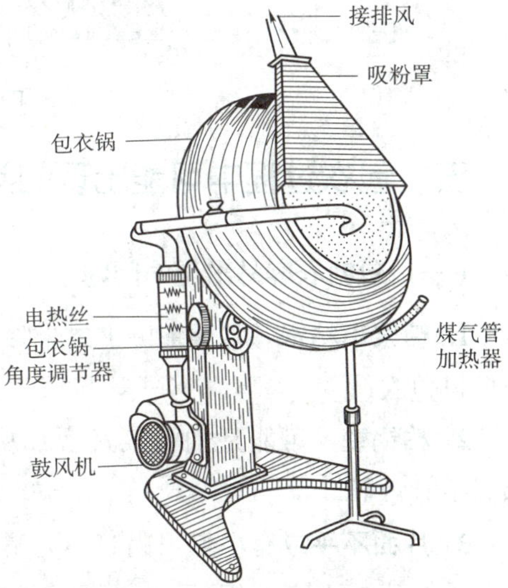

图12－10　普通包衣机示意图

（2）高效包衣机（图12－11）　高效包衣机干燥时，热风穿过片芯间隙与表面的水分或者有机溶剂进行热交换，热能利用率更高，片芯表面的湿分挥发速度更快，干燥效率更高。目前在制药生产中应用广泛。主要部件有主机、热风柜、排风柜、电源控制系统、糖衣部件、喷嘴装置、送液装置、薄膜溶液供液桶和出料装置等。

2. 流化床包衣法　即将片芯置于流化床中，从下部通入加热的空气，借助急速上升的气流使片剂悬浮于包衣室的空间上下翻腾处于流化（沸腾）状态，与此同时，从流化床的底部或顶部或侧面喷入雾化包衣液，使片芯的表面均匀黏附包衣液，片芯上包裹的包衣液与热空气进行热交换干燥，如此喷液、干燥操作包衣数层，达到所需厚度衣层的方法即为流化包衣法，又称沸腾包衣法。

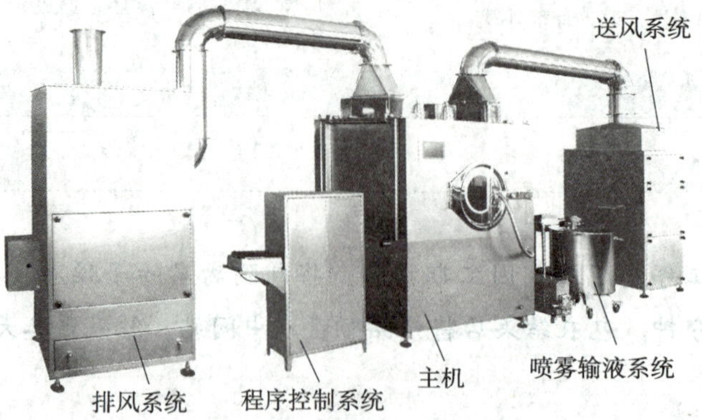

图 12－11　高效包衣机外形图

3. 压制包衣法　与双层片压制相似，但需用两台压片机以特制的传动器连接配套进行压制包衣。如图 12－12，其中一台压片机压制的片芯由传动器输送至另一台压片机的模孔中，模孔中已填入适量的包衣材料作为底层，随着转台的转动，在片芯的上面再加入约等量的包衣材料，然后加压，将片芯压入包衣材料中间形成压制的包衣片剂。该法可以避免水分和高温对药物的影响，无需干燥，生产流程短，自动化程度高，但对压片机械的精度要求较高。

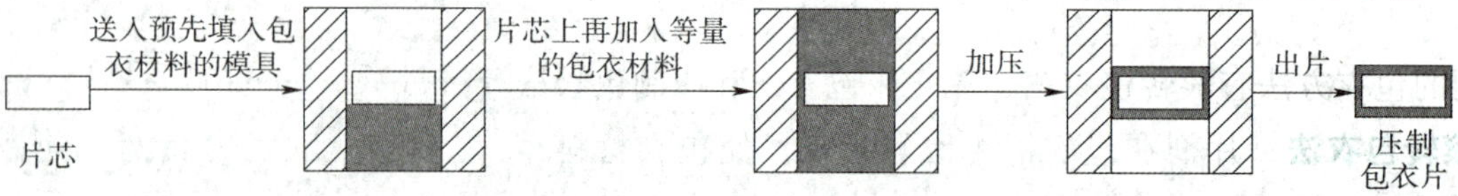

图 12－12　压制包衣流程示意图

五、包衣过程中可能出现的问题及解决办法

（一）包糖衣容易出现的问题

1. 糖浆不粘锅　常因锅壁上蜡未除尽。应洗净锅壁或再涂一层热糖浆，撒一层滑石粉使黏上锅壁，干后再包衣。

2. 粘锅壁　可能是加糖浆过多，黏性大，搅拌不匀。可将糖浆含量恒定，且一次用量不宜过多，锅温不宜过低。

3. 片面不平或有小点　锅壁不光滑，加浆液及干燥温度过高，水分蒸发快，使锅壁粗糙不平，粗粒落入，片末或碎片未除去，再加浆液就包入片面。针对原因适当掌握加浆及干燥时温度及速度，保持锅壁光滑，及时洗锅，必要时洗去小点，再重新包衣。

4. 色泽不匀　片面粗糙、有色糖浆用量过少且未搅匀、温度过高、干燥太快、糖浆在片面上析出过快，衣层未干就加蜡打光。可采用浅色糖浆，增加包衣层数“少量多次”，控制温度，情况严重时洗去衣层，重新包衣。

5. 龟裂与爆裂　可能由于糖浆与滑石粉用量不当、芯片太松、温度太高、干燥太快、析出粗糖晶体，使片面留有裂缝，酸性药物与滑石粉碳酸盐反应生成二氧化碳。针对原因在包衣操作时控制糖浆和滑石粉用量，注意干燥温度和速度，必要时更换片芯。

6. 露边与麻面 由于衣料用量不当，温度过高或吹风过早。应注意糖浆用量以均匀润湿片芯为度，粉料用量以能在片面均匀黏附一层为宜，片面不见水分和产生光亮时再吹风。

7. 膨胀磨片或剥落 片芯层与糖衣层未充分干燥，崩解剂用量过多，包衣时应注意干燥，控制胶浆或糖浆的用量。

（二）包薄膜衣容易出现的问题及解决办法

1. 起泡 固化条件不当，干燥速度过快，或衣膜与底层表面附着力差。注意控制成膜条件，降低干燥温度和速度。

2. 皱皮 包衣液用量太多，干燥不当，衣膜未铺均匀就干燥；或选择衣料不当，干燥条件不当。注意选择适当的干燥条件，控制包衣液用量，掌握好溶剂蒸发速度或选择其他成膜材料。

3. 花斑 增塑剂或色素选择不当，干燥时可溶性成分随溶剂迁移到衣膜表面。应改变包衣处方，选择适宜的增塑剂，调节空气温度和流量，减慢干燥速度。

4. 剥落 选择衣料不当，两次包衣间隔时间太短。应更换衣料，延长包衣间隔时间，调节干燥温度和适当降低包衣溶液的浓度。

5. 色泽不均 喷雾设备未调节好，喷雾不均匀，色素在包衣浆中分布不均匀。应将薄膜衣材料配成稀溶液，少量多次喷雾或将色素与包衣材料在球磨机中研磨均匀再喷入。

6. 肠溶衣不能安全通过胃部 衣料选择不当，衣层太薄，衣层机械强度不够。应选择适宜衣料，重新调整包衣处方。

7. 肠溶衣片肠内不溶解 衣料选择不当，衣层太厚，贮存变质等。针对原因，选择适宜衣料，或重新调整包衣工艺、贮存条件。

处方解析 12－1：胃蛋白酶片（糖衣片）批量 10 000 片

【处方】组分	用量	作用
胃蛋白酶	不少于 1.2×10^6U	主药
淀粉	500g	填充剂
糖粉	300g	填充剂
羧甲淀粉钠	10g	崩解剂
硬脂酸镁	5g	润滑剂
包衣用蔗糖	450g	糖衣材料
滑石粉	200g	粉衣层材料
丙烯酸树脂	4g	隔离层材料
虫蜡	1g	打光剂
柠檬黄	0.4g	色素
共制 10000 片		

【制法】蔗糖粉碎过 100 目筛，胃蛋白酶过 80 目筛，按处方量称量配料，将淀粉、糖粉、胃蛋白酶细粉混合均匀，计入适量纯化水制软材，过 16 目筛至颗粒，40℃干燥、16 目筛整粒，加入硬脂酸镁、羧甲淀粉钠混合均匀，测定颗粒药物含量，计算片重，压片，制得片芯。

配制糖浆：将蔗糖加入纯化水中，加热搅拌 120 目过滤，配制成 65% 单糖浆。配制隔离层溶液：丙烯酸树脂加入 40ml 纯化水浸泡 12 小时，充分溶胀后加热融化，过 80 目筛，按照丙烯酸树脂∶单糖浆 1∶15 的比例加入单糖浆搅拌均匀即得。配制混浆：将滑石粉加入适量单糖浆配制 30% 粉浆。配制有色糖浆：将柠檬黄用少量纯化水加热分散，再加入单糖浆 40g，配制有色糖浆。虫蜡粉碎过 80 目筛备用。包衣：将合格的片芯投入包衣锅，调节进风温度为 40℃ ±5℃，转速为 4r/min，预热 30 分钟后开始喷包衣材料，调节包衣转速为 5r/min，依次包隔离层、粉衣层、糖衣层、有色糖衣层，最后加入虫蜡打光。包衣结束后晾片 8 小时包装即得。

【解析】胃蛋白酶是从猪、羊、牛的胃黏膜提取制得，适应证为助消化，临床上主要用于胃蛋白酶缺乏或消化功能减退引起的消化不良。本制剂为黄色糖衣片，除去包衣后先微黄色。每片含胃蛋白酶活力不少于 120U。

任务五　片剂的质量检查与包装

PPT

一、片剂的质量检查

按《中国药典》（2020 年版）通则 0101 片剂的要求，除另有规定外，片剂应进行以下相应检查。

1. 外观　片剂表面应完整光洁，色泽均匀。

2. 重量差异　片重差异照下述方法检查，应符合表 12－3 的规定。

表 12－3　片剂的重量差异限度

平均片重或标示片重	重量差异限度
0.30g 以下	±7.5%
0.30g 及 0.30g 以上	±5%

检查方法：取药片 20 片，精密称定总重量，求得平均片重后，再分别精密称定每片的重量。每片重量与平均片重相比较，按表 12－3 的规定，超出重量差异限度的药片不得多于 2 片，并不得有 1 片超出限度 1 倍。

糖衣片的片芯应检查重量差异并符合规定，包糖衣后不再检查重量差异。薄膜衣片应在包薄膜衣后检查重量差异并符合规定。此外，凡规定检查含量均匀度的片剂，一般不再进行重量差异检查。

3. 硬度与脆碎度 微课 1　硬度和碎脆度会影响片剂的生产、包装、运输以及崩解和溶出等过程。药典对硬度虽未作统一规定，但各制药企业都有各自的内控标准，一般应能承受 30～40N 的压力即认为合格。测定硬度的仪器见图 12－13。

《中国药典》（2020 年版）规定片剂脆碎度测定方法：片重为 0.65g 或以下者取若干片，使其总重约为 6.5g；片重大于 0.65g 者取 10 片。用吹风机吹去片剂脱落的粉末，精密称重，置圆筒中，转动 100 次。取出，同法除去粉末，精密称重，减失重量不得超过 1%，且不得检出断裂、龟裂及粉碎的片。本试验一般仅做 1 次，如减失重量超过 1% 时，应复测 2 次，3 次的平均减失重量不得过 1%，并不得检出断裂、龟裂及粉碎的片。脆碎度检测仪见图 12－14。

4. 崩解时限 微课 2 微课 3　崩解系指片剂等固体制剂在规定条件下全部崩解溶散或成碎粒，除不溶性包衣材料或破碎的胶囊壳外，应全部通过筛网。崩解时限检测仪的主要结构是一个可以升降的吊篮，吊篮中有 6 根玻璃管。测定时，取药片 6 片，分别置于吊篮的玻璃管中，启动崩解仪进行检查，各片均应在规定时间内全部崩解（崩解时限见表 12－4）。如有 1 片崩解不完全应另取 6 片复试，均应符合规定。

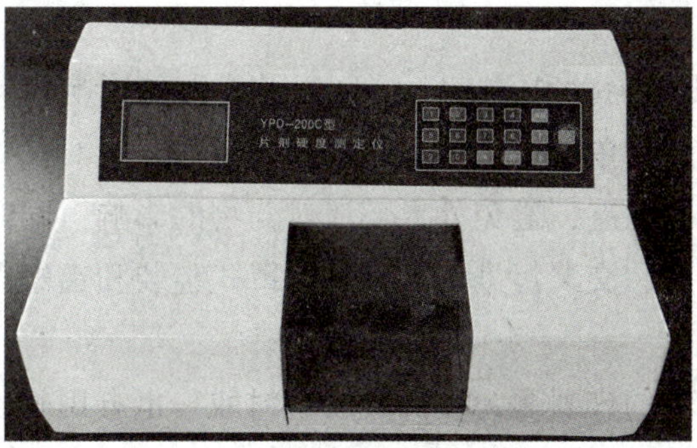

图 12－13　硬度测定仪

图 12－14　脆碎度检测仪

表 12－4　《中国药典》2020 年版规定的片剂的崩解时限

片　剂	崩解时限
普通片	15 分钟
糖衣片	1 小时
薄膜衣片	盐酸溶液（9→1000）中 30 分钟内全部崩解
中药薄膜衣片	管内加挡板，盐酸溶液（9→1000）中 1 小时内全部崩解
肠溶衣片	盐酸溶液（9→1000）2 小时不得有裂缝、崩解或软化现象 磷酸盐缓冲溶液（pH 6.8）中 1 小时内应全部崩解
结肠定位肠溶片	盐酸溶液（9→1000）及 pH 6.8 以下的磷酸盐缓冲液中均不得有裂缝、崩解或软化现象 在 pH 7.8～8.0 的磷酸盐缓冲液中 1 小时内应完全崩解
中药浸膏片 半浸膏片	管内加挡板，1 小时
中药全粉片	管内加挡板，30 分钟
泡腾片	250ml 烧杯中，200ml，温度 20℃ ±5℃，5 分钟
含片	不应在 10 分钟内全部崩解或溶化
舌下片	5 分钟内全部崩解并溶化
可溶片	水温 20℃ ±5℃，3 分钟内全部崩解并溶化
口崩片	按照《中国药典》（2020 年版）规定的装置和方法 60 秒全部崩解并通过筛网

除另有规定外，凡规定检查溶出度、释放度或融变时限或分散均匀性的制剂，不再进行崩解时限检查。

5. 溶出度　溶出度是指活性药物从片剂、胶囊剂或颗粒剂等普通制剂在规定条件下溶出的速率和程度。在缓控释制剂、肠溶制剂及透皮制剂中称为释放度。对以下情况的片剂要进行溶出度的测定以控制或评定其质量：①消化液中难溶性的药物；②与其他成分容易发生相互作用的药物；③剂量小、药效强、副作用大的药物。测定溶出度的方法有转篮法 、浆法 、小杯法、浆碟法、转筒法、流池法和往复筒法等。具体按照《中国药典》（2020 年版）四部 0931 通则中规定方法进行测定。

6. 含量均匀度　用于检查单剂量固体、半固体和非均相液体制剂含量符合标示量的程度。对片剂而言，每片标示量小于 25mg 或主药含量小于每片重量 25% 的片剂应进行含量均匀度检查。常规生产中的片剂含量测定只测定平均含量，易掩盖小剂量药物由于混合不匀而造成的各片之间的含量差异，因此《中国药典》规定了含量均匀度的检查方法及判断标准，取供试品 10 片，照各品种项下规定的方法检查，根据标准进行判断，应符合规定。凡检查含量均匀度的制剂，不再检查重量差异。

7. 微生物限度 口腔贴片、阴道片、阴道泡腾片和外用可溶片等局部用片剂应检查微生物限度，具体测定方法详见《中国药典》（2020年版）四部有关的规定。

二、片剂的包装

《中国药典》（2020年版）规定，片剂应注意贮存环境中温度、湿度以及光照的影响，除另有规定外，片剂应密封贮存。根据包装剂量，片剂的包装分为单剂量包装和多剂量包装。

单剂量包装将片剂单个隔开，使每片均处于密封状态，避免外界环境对药物的影响，同时也避免了多个药片在贮存、运输和使用过程中的相应碰撞摩擦、交叉污染。主要有泡罩式包装和铝塑条形复核膜包装两种形式。

多剂量包装将多个药片包装在一个容器内。常用的容器多为玻璃瓶或塑料瓶，也有用软性薄膜、纸塑复合膜、金属箔复合膜等制成的药袋。各种包装形式的特点见表12－5。

表12－5 片剂不同包装形式的特点

包装形式	优点	缺点
泡罩式	罩泡透明，坚硬美观	工序复杂，成本较高
铝塑条形复核膜	比泡罩式包装成本低、工序简便	不适用小片，片剂易受压破碎
玻璃瓶	密封性好，化学惰性，价格低廉，有色玻璃瓶可避光	重量较大，性脆，易破碎
塑料瓶	质地轻，不易破碎，易制成各种形状，避光，美观	密封性不如玻璃瓶，非完全惰性，高温可能变形。
各种软袋	价格低廉，工序简单	密封性较差，片剂易受压破碎或磨损。

实训十 片剂的制备与质量检查

一、实训目的

1. 掌握湿法制粒压片的工艺过程、操作要点以及片剂的质量检查方法。
2. 熟悉片剂常用辅料的分类及特点，熟悉片剂的生产环境。
3. 了解高速压片机的机构与工作原理。

二、实训条件

1. 实训场地 GMP模拟车间或制剂实训室。

2. 实训仪器与设备 台秤、天平、槽型混合机、旋转挤压式制粒机、沸腾干燥机、高速压片机、崩解时限检测仪、脆碎度检测仪、硬度检测仪等。

3. 原辅料 乳酶生、淀粉、蔗糖、滑石粉、硬脂酸镁等。

三、实训操作

（一）药品概况

乳酶生片概况

项目	内容	
原辅料	乳酶生	15.0kg/10万片
	淀粉	6.0kg/10万片
	蔗糖	6.0kg/10万片
	滑石粉	2.5kg/10万片
	硬脂酸镁	0.5kg/10万片

续表

<table>
<tr><th>项目</th><th>内容</th></tr>
<tr><td>规　格</td><td>150mg/片</td></tr>
<tr><td>功能主治</td><td>助消化药。用于消化不良、腹胀及小儿饮食失调所引起的腹泻、绿便等</td></tr>
<tr><td>用法用量</td><td>口服。12 岁以上儿童及成人一次 2～6 片，一日 3 次，饭前服
12 岁以下儿童用法用量见下表
<table>
<tr><th>年龄（岁）</th><th>体重（kg）</th><th>一次用量（片）</th><th>一日次数</th></tr>
<tr><td>1～3</td><td>10～15</td><td>1～2</td><td rowspan="4">一日 3 次，饭前服</td></tr>
<tr><td>4～6</td><td>16～21</td><td>2～3</td></tr>
<tr><td>7～9</td><td>22～27</td><td>2～4</td></tr>
<tr><td>10～12</td><td>28～32</td><td>3～4</td></tr>
</table>
</td></tr>
</table>

（二）工艺流程图

乳酶生片生产工艺流程见图 12-15。

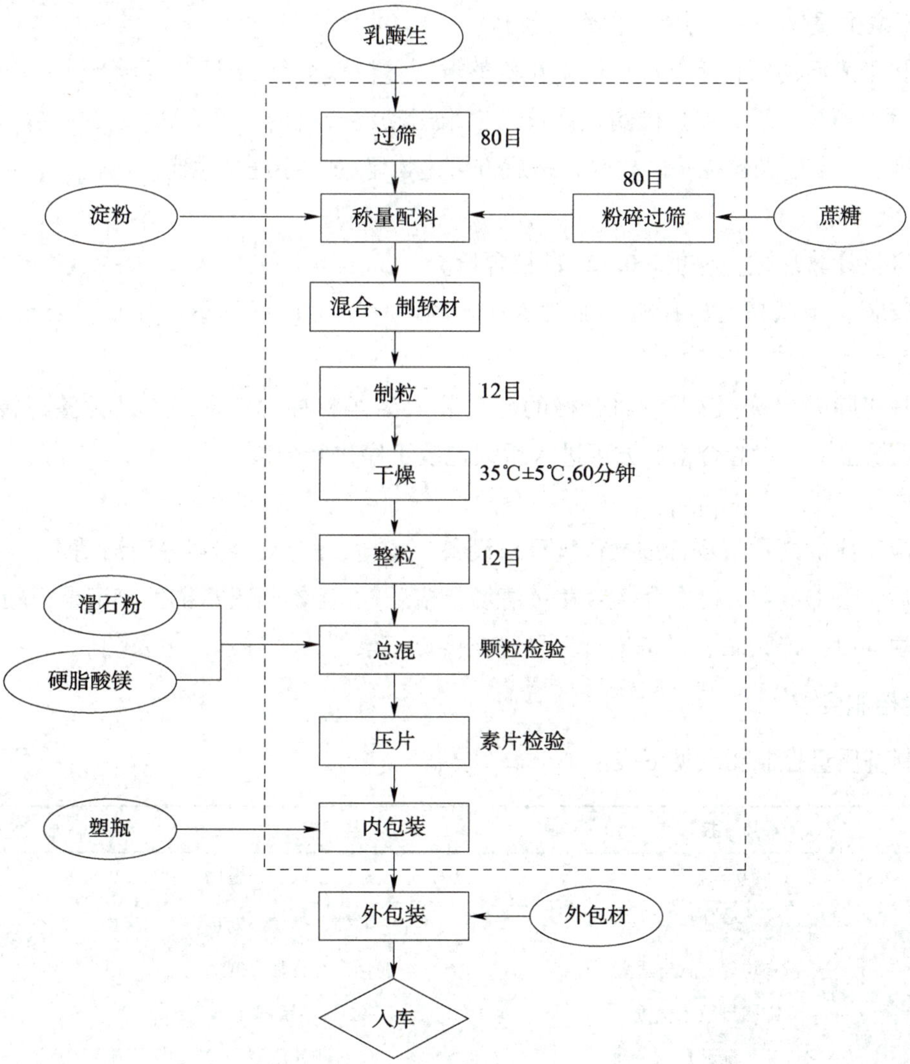

注：[虚线框] 虚线框内为 D 级洁净区

图 12-15　乳酶生片生产工艺流程图

（三）岗位操作

1. 粉碎过筛

（1）检查筛网完好，将蔗糖粉碎过 80 目筛；乳酶生直接过 80 目筛。

（2）过筛后再次检查筛网完好后，称量过筛后粉末，分别用转运桶收集，贴好标签送至称量配料间。

2. 称量、配料 按照指令上处方量准确称量所用原、辅料，称量时须有 QA 复核。

3. 混合、制软材

（1）混合 将淀粉、蔗糖、乳酶生置草型混合机内混合 15 分钟使其均匀。

（2）制软材 逐渐加入纯化水适量，使制成干湿适宜、均匀的软材（可停机取样，凭经验判断“握之成团、轻触即散”）。

4. 制粒 将旋转挤压制粒机装上 12 目不锈钢筛网，加入软材制粒，控制加料斗的软材存量，制成均匀的颗粒。

5. 干燥 制粒结束后，将湿颗粒加入沸腾干燥机进行干燥，温度控制为 35℃ ±5℃。干燥 60 分钟后，停机检测干燥失重应为≤2.0%，合格后收料。

6. 整粒 将干燥后的颗粒用旋转挤压制粒机整粒，整粒筛网为 12 目。

7. 总混 将干颗粒、滑石粉、硬脂酸镁投入三维运动混合机内，混合 30 分钟，装入料桶内，贴上标签，送入中间站，申请颗粒检验。检验合格后方可进入下一工序进行生产。

8. 压片

（1）根据含量计算片重，片重 =0.15/颗粒含量。

（2）正确安装、调试高速压片机，加料压片，调节片重至计算片重，片重符合要求后调节压力，使药片硬度适宜。

（3）用筛片机除去细粉、残品，将合格的药片装入洁净料桶中，密封，贴标签，转运至中间站暂存，申请素片质量检测，检验合格后方可进入后续包装工序进行包装。

9. 清场

（1）按相应工序的岗位清场标准操作规程对设备、场地、用具、容器等清洁消毒。

（2）清场后，经 QA 人员检查合格后发《清场合格证》，正本归入本批生产记录，副本留在操作间。

（3）及时填写批生产记录、设备运行记录、交接班记录等，关好水、电及门。

（四）质量控制要点

乳酶生片制备质量控制要点见下表。

工　序	监　控　点	监　控　项　目	频　　次
粉碎过筛	粉末粒径	筛网目数、完整性	每批一次
称量配料	原辅料	品种、批号、数量	每批一次
混合、制软材	粉末均匀、软材适宜	混合时间、黏合剂用量	每批一次
制粒	筛网目数、材质	12 目不锈钢筛网	每批一次
	湿颗粒	颗粒成型	每批一次
干燥	干燥温度、时间	35℃ ±5℃，60 分钟	每批一次
	干燥失重	≤2.0%	每批一次

续表

工序	监控点	监控项目	频次
整粒	筛网目数、材质	12 目不锈钢筛网	每批一次
总混	混合时间	30 分钟	每批一次
	外加辅料	品种、批号、数量	每批一次
	外观、含量、干燥失重	中间产品（颗粒）质量标准	每批一次
压片	外观	外观完整光洁，色泽均匀	随时
	片重差异	符合片重差异限度要求	1 次/15 分钟
	外观、片重差异、崩解时限	中间产品（素片）质量标准	每批一次

四、质量检查

质量检查项目参照《中国药典》（2020 年版）规定，实训结果填写下表。

检查项目	检查结果
外　观	
片重差异	
脆碎度	
崩解时限	
成品质量	
结　论	

五、实训报告及思考

小组完成实训后，对实训过程、结果及收获进行讨论并总结，撰写实训报告。

1. 本实训选用的各种辅料起什么作用？
2. 湿颗粒干燥温度为什么选择 35℃ ±5℃？
3. 如何评定栓剂的质量？

实训十一　参观药品生产企业

一、实训目的

1. 掌握药品生产企业的厂区和车间的布局、人物通道。
2. 熟悉药品生产管理的各种文件要求及现场执行情况。
3. 了解车间洁净空气等级分布、设备布置及管理。

二、实训条件

1. 实训场地　药品生产企业厂房、车间。

2. 实训人员　经过培训的学生。

3. 实训材料　提前发布让学生收集的药品生产管理相关文件，如相关岗位的工艺规程、标准操作规程、生产记录、检验记录、质量标准等。

三、实训内容

（一）参观前准备

1. 组织学生复习项目四关于制剂洁净区的要求、空气净化等内容，组织学生进行药品生产管理相关培训，使学生掌握进入不同洁净生产区正确更衣及行动的能力，确保学生能遵守企业规定的相关纪律要求。

2. 实训前应按照不同的药品生产车间安排学生提前分小组进行，并发布课前预习准备任务，让学生收集各自要参观的车间岗位的资料，充分做好参观学习的准备。带着问题去参观。

参观车间名称：

生产哪些品种：

各品种的生产工艺流程：

各生产工序的洁净级别：

各岗位的生产管理文件：

对参观的药品生产企业及车间有哪些问题？

（二）参观内容

1. 全体学生参观厂区，请药品生产企业人员讲解厂区布局、各分区的职能、人物流网络系统，了解药品生产企业的整体运行情况，完成下列任务。

（1）拍摄厂区分布图，并在图上标出人物流走向、区域划分、各区域或单体的功能。

（2）简述药品生产企业的整体运行情况。

（3）随时向专业人员提出自己的问题，并记录回复详情及自己的思考。

2. 在药品生产企业专业人员带领下分组参观不同的生产车间和岗位，了解所参观生产车间的生产工艺流程，车间布局、车间内人物流走向、车间内洁净区的划分、生产管理过程中各种人员的资质和职责。进入车间后自仔细观察车间内布局、车间内设施设备的布置及状态标识、生产过程的组织流程，查阅车间生产管理文件，完成下列任务。

（1）拍摄或绘制车间布局图，在图上标注人物流走向、洁净区及洁净等级。

（2）绘制车间生产工艺流程。

（3）查阅的车间生产文件有哪些？

（4）详细描述本车间的生产过程及人员工作内容与职责。

（5）绘制本车间内设备布置图，注意设备在生产前、生产中和生产结束后如何进行管理。

四、实训报告及思考

小组完成参观后，对参观过程遇到问题及收获进行讨论并总结，撰写实训报告。

1. 药品生产企业厂区布局有哪些要求？

2. 药品生产车间内都有哪些防止污染、交叉污染、混淆和差错的措施？

五、实训考核

考核内容	技能要求	分值
参观前准备	知识、能力准备： 1. 掌握制剂洁净区的各项要求 2. 熟悉药品生产企业参观期间的纪律要求 3. 能正确进行洁净区人员更衣 4. 提前做好分组明确参观目标 资料搜集： 1. 参观车间名称 2. 生产哪些品种 3. 各品种的生产工艺流程 4. 各生产工序的洁净级别 5. 各岗位的生产管理文件 6. 对参观的药品生产企业及车间有哪些问题 7. 分组展示课前准备情况	20
参观厂区	1. 拍摄厂区分布图，并在图上标出人物流走向、区域划分、各区域或单体的功能 2. 随时向专业人员提出自己的问题，并记录回复详情及自己的思考 3. 严格遵从企业人员的要求进行有序参观	20
参观车间	1. 拍摄或绘制车间布局图，在图上标注人物流走向、洁净区及洁净等级 2. 绘制车间生产工艺流程 3. 查阅的车间生产文件有哪些 4. 绘制本车间内设备布置图，在图上标注生产过程	
记录	按照要求记录参观期间的各种数据资料	30
参观结束后总结	各小组成员分享参观成果： 1. 标注人物流走向、区域划分、单体功能的厂区分布图 2. 标注人物流走向、洁净区及洁净等级的车间布局图 3. 车间生产工艺流程图，车间设备布置图并对照流程图和车间布局图详细描述本车间的生产过程及人员工作内容与职责 4. 分享参观过程中的各种疑问与得到的回复，并给出自己的思考	20
其他	将以上内容进行详细汇总后完成实训报告	10

目标检测

答案解析

一、单项选择题

1. 关于片剂特点的说法，错误的是（　　）

A. 用药剂量相对准确，服用方便

B. 易吸潮，稳定性差

C. 幼儿及昏迷患者不易吞服

D. 种类多，运输、携带方便，可满足不同临床需要

E. 易于机械化、自动化生产

2. 以下片剂辅料中，主要起崩解作用的是（　　）

A. 羟丙甲纤维素（HPMC）　B. 淀粉　C. 羧甲淀粉钠（CMS－Na）

D. 糊精　E. 羧甲纤维素钠（CMC－Na）

3. 根据片剂中各亚剂型设计特点，起效速度最快的剂型是（　　）

A. 普通片　B. 控释片　C. 多层片

D. 分散片　E. 肠溶片

4. 包糖衣时包隔离层的目的是（　　）

A. 为了形成一层不透水的屏障，防止糖浆中的水分浸入片芯

B. 为了尽快消除片剂的棱角

C. 使其表面光滑平整、细腻坚实

D. 为了片剂的美观和便于识别

E. 为了增加片剂的光泽和表面的疏水性

5. 属于非经胃肠道给药的制剂是

A. 维生素 C 片　B. 西地碘含片　C. 盐酸环丙沙星胶囊

D. 布洛芬混悬滴剂　E. 氯雷他定糖浆

6. 药物的剂型对药物的吸收有很大的影响，下列剂型中药物吸收最慢的是（　　）

A. 溶液型　B. 散剂　C. 胶囊剂

D. 包衣片　E. 混悬液

7. 主要辅料是碳酸氢钠和有机酸的剂型是（　　）

A. 气雾剂　B. 酊剂　C. 泡腾片

D. 口腔贴片　E. 栓剂

二、B 型题（配伍选择题）

1～2 题

A. 含片　B. 普通片　C. 泡腾片

D. 肠溶片　E. 薄膜衣片

1.《中国药典》规定崩解时限为 5 分钟的剂型是（　　）

2.《中国药典》规定崩解时限为 30 分钟的剂型是（　　）

3～5 题

A. 硝苯地平渗透泵片　B. 利培酮口崩片　C. 利巴韦林胶囊

D. 注射用紫杉醇酯质体　E. 水杨酸乳膏

3. 属于靶向制剂的是（　　）

4. 属于缓控释制剂的是（　　）

5. 属于口服速释制剂的是（　　）

6～7 题

A. 表面活性剂　B. 络合剂　C. 崩解剂

D. 稀释剂　E. 黏合剂

6. 能够使片剂在胃肠液中迅速破裂成细小颗粒的制剂辅料是（　　）

7. 若使用过量可能导致片剂崩解迟缓的制剂辅料是（　　）

8～10 题

A. 丙二醇　B 二氧化钛　C. 醋酸纤维素

D. 蔗糖　E. 乙基纤维素

片剂的薄膜包衣材料通常由高分子成膜材料组成，并可添加增塑剂、致孔剂（释放调节剂）、着色剂与遮光剂等

8. 常用的致孔剂是（　　）

9. 常用的增塑剂是（　　）

10. 常用的遮光剂是（　　）

三、多项选择题

1. 可作为咀嚼片的填充剂和黏合剂的辅料有（　　）

A. 丙烯酸树脂　　B. 甘露醇　　C. 蔗糖

D. 山梨醇　　E. 乳糖

2. 硝酸甘油可以制成多种剂型，进而产生不同的吸收速度、起效时间、达峰时间和持续时间（相关参数如下）。关于该药物不同剂型特点与用药注意事项，说法正确的有（　　）

剂型	常用剂量（mg）	起效时间（分钟）	达峰时间（分钟）	持续时间（小时）
舌下片	0.3～0.8	2～5	4～8	0.16～0.5
缓释片	6～20	20～45	45～120	2～6
软膏	0.5～2	15～60	30～120	3～8
贴片	5～10	30～60	60～180	24

A. 舌下片用于舌下含服，不可吞服

B. 舌下给药血药浓度平稳，适用于缓解心绞痛急性发作

C. 缓释片口服后释药速度慢，能够避免肝脏的首过代谢

D. 贴片药效持续时间长，适用于稳定性心绞痛长期治疗

E. 舌下片和贴片均可避免肝脏的首过代谢

书网融合……

重点回顾　微课 1　微课 2　微课 3　习题

（刘艺萍）

PPT

项目十三　丸剂与滴丸

学习引导

王女士近日郁闷不舒、胸胁胀痛、头晕目眩、食欲减退，经中医诊断为肝郁脾虚，建议服用逍遥丸治疗。王女士遵医嘱到药店购买，但发现逍遥丸有水丸、蜜丸、浓缩丸等多种类型，王女士感到很疑惑，什么是丸剂？不同类型的丸剂有什么区别？丸剂又是怎样制备出来的？

本项目主要介绍丸剂的概念、特点、分类、常用的辅料、制备方法及质量检查，滴丸的概念、特点、常用的基质与冷凝液、制备方法及质量检查。

学习目标

1. **掌握**　丸剂与滴丸的特点、制备方法及质量检查要求。

2. **熟悉**　丸剂与滴丸的概念、临床应用及分类；丸剂常用的辅料，滴丸常用的基质与冷凝液。

3. **了解**　丸剂与滴丸的发展历程；丸剂与滴丸主要生产设备。

任务一　丸剂

一、丸剂概述

（一）丸剂的概念

丸剂系指原料药物与适宜的辅料制成的球形或类球形固体制剂，主要供内服。

丸剂是中药传统剂型，在《黄帝内经》《太平惠民和剂局方》《伤寒杂病论》等古医籍中对丸剂的名称、剂量、服用方法、制备方法等都有记载。近年来，在继承的基础上丸剂制备工艺、生产设备、药理作用、质量控制等方面有了很大的发展，已成为中药成方制剂中应用最广泛的剂型。

（二）丸剂的特点

1. 作用缓和持久　传统丸剂溶散缓慢，逐渐释放药物，使药效缓和持久，适用于慢性病治疗或病后调和气血。

2. 可降低药物毒性或刺激性　对有毒或有刺激性的药物，可制成糊丸、蜡丸等，以延缓其吸收，从而减弱其毒性或刺激性。

3. 可容纳多种形态、性质的药物　丸剂可容纳各种固体、半固体及黏稠性的液体药物，芳香性药物可通过泛在丸剂内层来防止挥散，有特殊不良气味的药物可通过包衣来掩盖。

4. 其他　制法简单，既可小量制备，也适用于工业大生产。

但丸剂也具有一些缺点。如传统丸剂多以药粉入药，服用剂量大，尤其是小儿服用困难；制备技术不当易造成崩解、溶散迟缓；以药粉入药，且生产工艺时间长，易造成微生物超标。

二、丸剂的分类

丸剂包括蜜丸、水蜜丸、水丸、糊丸、蜡丸、浓缩丸、滴丸和糖丸等。

（一）蜜丸

蜜丸系指饮片细粉以炼蜜为黏合剂制成的丸剂。其中每丸重量在0.5g（含0.5g）以上的称大蜜丸，每丸重量在0.5g以下的称小蜜丸。蜜丸性质柔润，作用缓和持久，并有补益和矫味作用，常用于治疗慢性病和虚弱性疾病，需要长期服用。

（二）水蜜丸

水蜜丸系指饮片细粉以炼蜜和水为黏合剂制成的丸剂。水蜜丸丸粒小，光滑圆整，易于吞服；以蜜水为黏合剂，可节省蜂蜜，降低成本。

（三）水丸

水丸系指饮片细粉以水（或根据制法用黄酒、醋、稀药汁、糖液、含5%以下炼蜜的水溶液等）为黏合剂制成的丸剂。水丸服用后较易崩解、溶散，吸收起效快，丸粒较小，便于吞服，适用于多种疾病。

（四）糊丸

糊丸系指饮片细粉以米粉、米糊或面糊等为黏合剂制成的丸剂。糊丸黏合力强，质地坚硬，崩解与溶散迟缓，内服可延长药效，减小毒性药物的不良反应和对胃肠道的刺激。

（五）蜡丸

蜡丸系指饮片细粉以蜂蜡为黏合剂制成的丸剂。蜡丸在体内难溶散，药物释放极慢，可延长药效，并减小药物的毒性和刺激性，此外还可通过调节蜂蜡含量，发挥肠溶效果。

（六）浓缩丸

浓缩丸系指饮片或部分饮片提取浓缩后，与适宜的辅料或其余饮片细粉，以水、炼蜜或炼蜜和水等为黏合剂制成的丸剂。根据所用黏合剂的不同，分为浓缩水丸、浓缩蜜丸和浓缩水蜜丸等。浓缩丸体积小，有效成分含量高，服用剂量小，使用、携带及贮运均较方便。

（七）糖丸

糖丸系指以适宜大小的糖粒或基丸为核心，用糖粉和其他辅料的混合物作为撒粉材料，选用适宜的黏合剂或润湿剂制丸，并将原料药物以适宜的方法分次包裹在糖丸中而制成的制剂。如将脊髓灰质炎减毒活疫苗以奶粉、奶油、葡萄糖等混合物为辅料制成糖丸，通过口服给药，用于预防小儿麻痹症，服用方便，并有糖果般甜味，小儿乐于接受。

三、丸剂常用的辅料

（一）润湿剂

处方中药材粉末本身具有黏性，仅需加润湿剂诱发其黏性，便能制备成丸，常用的润湿剂有水、酒、醋、水蜜、药汁等。

1. 纯化水 水是水丸中应用最广、最主要的赋形剂。凡临床治疗上无特殊要求，处方中未明确规定赋形剂的种类，药物遇水不变质、不溶解，而药材粉末本身又有一定黏性者，皆可选用水作赋形剂。

2. 酒 常用白酒与黄酒两种。酒穿透力强，有活血通络、引药上行及降低药物寒性作用，故舒筋活血之类的处方常以酒作赋形剂泛丸。

3. 醋 常用米醋，含乙酸为3%～5%。醋能散瘀血、消肿痛，引药入肝经，故消瘀止痛的处方制丸常以醋作赋形剂。

4. 药汁 处方中某些药材不易制粉，可制成药汁，作赋形剂泛丸，既有利于保存药性、提高疗效，也便于泛丸操作。

（二）黏合剂

一些含纤维、油脂较多的药材细粉，需加适当的黏合剂才能成型。常用的黏合剂有蜂蜜、米糊或面糊、药材浸膏、糖浆等。

1. 蜂蜜 蜂蜜作黏合剂独具特色，兼有一定的药理作用，是蜜丸的重要辅料之一。蜂蜜使用前需经炼制，根据炼制程度不同分为嫩蜜（含水量17%～20%，相对密度1.35左右）、中蜜（含水量14%～16%，相对密度1.37左右）、老蜜（含水量10%以下，相对密度1.4左右）三种规格，可根据处方中药材性质、气候等具体情况选用。

知识链接

炼蜜的目的与方法

蜂蜜中含有较多的水分和死蜂、蜡质等杂物，故应用前须加以炼制，其目的是除去杂质，破坏酶类，杀死微生物，降低水分含量，增加黏合力。

传统炼蜜多采用常压炼制，即在蜂蜜中加入沸水（或蜂蜜加水煮沸），使溶化，并适当稀释，通过三至四号筛网以滤除杂质，滤液置铜锅中加热，并不断去沫、搅拌，炼制至需要程度。现代制药多采用减压法炼制，即将蜂蜜经稀释滤过除去杂质后引入减压罐中炼制至需要程度。该法时间短，工效高，卫生条件好，蜜液澄明清亮、色橙红，气味芳香，黏度适宜。

2. 米糊或面糊 系以黄米、糯米、小麦及神曲等磨成细粉制成糊，可用调糊法、煮糊法、冲糊法制备。所制得的丸剂一般较坚硬，胃内崩解较慢，常用于含毒剧药和刺激性药物的制丸。

3. 药材浸膏 植物性药材用浸出方法制得的浸膏，大多具有较强的黏性。因此，可同时兼作黏合剂使用，与处方中其他药材细粉混合后制丸。

4. 糖浆 常用蔗糖糖浆或液状葡萄糖，既具黏性，又具有还原作用，适用于黏性弱、易氧化药物的制丸。

（三）吸收剂或稀释剂

当处方中含浸出物、挥发油等液体组分时，常将处方中出粉率较高的药材制成细粉作为其吸收剂或稀释剂，可避免或减少其他辅料的用量。

四、丸剂的制备

（一）泛制法

泛制法系指在转动的适宜的容器或机械中将药材细粉与赋形剂交替润湿、撒布、不断翻滚，逐渐增大的一种制丸方法，小量制备可用圆竹匾手工泛制，大量生产多用泛丸锅。以泛制法制备的丸剂称为泛制丸。泛制法常用于水丸、水蜜丸、糊丸、浓缩丸等制备。泛制法制备丸剂的一般生产工艺流程见图 13－1。

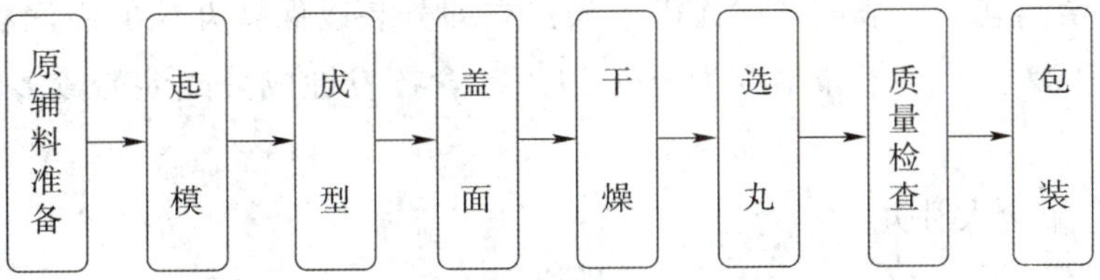

图 13－1　泛制法制丸生产工艺流程图

1. 原辅料的准备　根据药材性质，选择适宜的方法和设备对药材进行粉碎和过筛，除另有规定外，供泛丸用的药粉一般应为细粉或最细粉。

2. 起模　系指制备丸剂基本母核的操作，是泛丸成型的关键操作。主要利用水的润湿作用诱发药粉黏性，使药粉黏聚成细小颗粒，并不断滚动使之成为 0.5～1mm 圆整的母核。起模的方法有传统的粉末直接起模法和改进后的湿粉制粒起模法。

3. 成型　在已经筛选均匀的丸模上反复加水润湿、上粉滚圆、筛选，使其逐渐增大至接近成品的操作。在加速增大的过程中，加水、加粉量应适宜，分布应均匀，滚动时间应适当，使丸粒坚实致密、圆整均匀。

4. 盖面　是指将已经增大成型的丸粒采用适当方法继续增大至成品大小，并使丸粒表面致密、光洁、色泽一致。盖面常用的方法有干粉盖面、清水盖面、清浆盖面等。

5. 干燥　为防止发霉，盖面后丸粒应及时采用烘箱或其他适宜设备干燥，一般干燥温度为 80℃以下，含挥发性成分或淀粉较多的丸剂应在 60℃以下干燥。

6. 选丸　泛丸过程中常出现丸粒大小不均匀和畸形，为保证丸粒圆整均匀、剂量准确，干燥后常用过筛法或利用丸粒圆整度不同滚动的差异进行丸粒的筛选。

（二）塑制法 e 微课

塑制法系指药材细粉加入适量黏合剂混合均匀，制成软硬适宜、可塑性较大的丸块，再依次制丸条、分粒、搓圆而成丸粒的一种制丸方法。以塑制法制备的丸剂称为塑制丸。塑制法常用于蜜丸、糊丸、浓缩丸、蜡丸等制备。塑制法制备丸剂的一般生产工艺流程见图 13－2。

1. 原辅料准备　除另有规定外，将药材粉碎至细粉或最细粉，并均匀混合。根据处方中药材性质，将蜂蜜炼制成适宜程度的炼蜜。

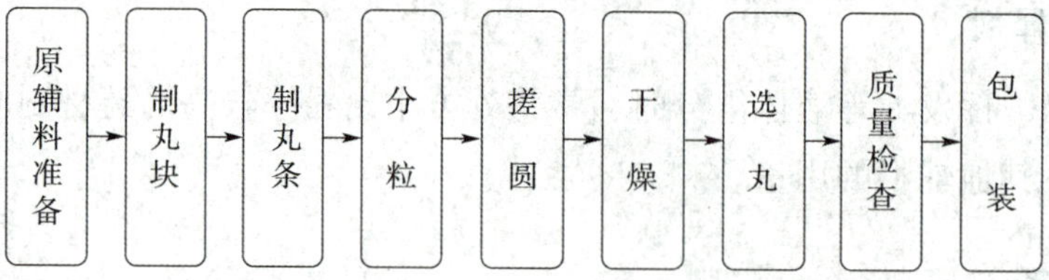

图 13-2　塑制法制丸生产工艺流程图

2. 制丸块　又称和药、合坨，是指向药粉中加入适量炼蜜，反复搅拌混合，制成软硬适宜，具有一定可塑性的丸块的操作，是塑制法制丸的关键操作。大量生产采用捏合机、槽型混合机等设备完成。

3. 制丸条、分粒、搓圆　将制好的丸块制成粗细适宜、表面光滑、内无空隙的丸条，再将丸条切割并搓成一定大小的圆形丸粒。目前大生产多采用全自动制丸机，在一台设备上完成制丸条、分粒及搓圆三个操作。

4. 干燥　若以老蜜制丸，一般成丸后无需干燥，立即分装以保持丸粒的滋润状态，若以嫩蜜制丸，含水量较高，则需要干燥，一般干燥温度为 80℃以下，含挥发性成分或淀粉较多的丸剂应在 60℃以下干燥。

处方解析 13-1：十全大补丸

【处方】	党参	80g	炒白术	80g
	茯苓	80g	炙甘草	40g
	当归	120g	川芎	40g
	酒白芍	80g	熟地黄	120g
	炙黄芪	80g	肉桂	20g

【制法】以上十味，粉碎成细粉，过 100 目筛，混匀。每 100g 粉末加炼蜜 35～50g 与适量的开水，泛丸，干燥，制成水蜜丸；或加炼蜜 100～120g 制成小蜜丸或大蜜丸，即得。

【解析】①十全大补丸温补气血，主治气血两虚病症，这类温补性方剂制成蜜丸或水蜜丸可增强其药效。②由于本方既含有熟地黄等滋润性成分，又含有茯苓等粉性较强的成分，所以制成蜜丸时宜用中蜜制丸，粉蜜之比为 1:1～1:1.2，和药时的蜜温以温蜜为宜。

五、丸剂的质量检查

根据《中国药典》（2020 年版）四部通则对丸剂的质量检查的有关规定，需对丸剂进行如下质量检查。

1. 外观　除另有规定外，丸剂外观应圆整，大小、色泽应均匀，无粘连现象。蜡丸表面应光滑无裂纹，丸内不得有蜡点和颗粒。

2. 水分　照《中国药典》（2020 年版）四部水分测定法测定，除另有规定外，蜜丸和浓缩蜜丸中所含水分不得过 15.0%；水蜜丸和浓缩水蜜丸不得过 12.0%；水丸、糊丸、浓缩水丸不得过 9.0%；蜡丸不检查水分。

3. 重量差异

（1）糖丸　除另有规定外，取供试品 20 丸，精密称定总重量，求得平均丸重后，再分别精密称定每丸的重量。每丸重量与标示丸重相比较（无标示丸重的，与平均丸重比较），按表 13-1 规定，超出重量差异限度的不得多于 2 丸，并不得有 1 丸超出限度 1 倍。

表 13-1 糖丸重量差异限度

标示丸重或平均丸重	重量差异限度
0.03g 及 0.03g 以下	±15%
0.03g 以上至 0.3g	±10%
0.3g 以上	±7.5%

（2）除糖丸、滴丸外的其他丸剂　除另有规定外，以 10 丸为 1 份（丸重 1.5g 及 1.5g 以上的以 1 丸为 1 份），取供试品 10 份，分别称定重量，再与每份标示重量（每丸标示量 × 称取丸数）相比较（无标示重量的丸剂，与平均重量比较），按表 13-2 规定，超出重量差异限度的不得多于 2 份，并不得有 1 份超出限度 1 倍。

表 13-2 除糖丸、滴丸外的其他丸剂重量差异限度

标示重量或平均重量	重量差异限度
0.05g 及 0.05g 以下	±12%
0.05g 以上至 0.1g	±11%
0.1g 以上至 0.3g	±10%
0.3g 以上至 1.5g	±9%
1.5g 以上至 3g	±8%
3g 以上至 6g	±7%
6g 以上至 9g	±6%
9g 以上	±5%

包糖衣丸剂应检查丸芯的重量差异并符合规定，包糖衣后不再检查重量差异，其他包衣丸剂应在包衣后检查重量差异并符合规定；凡进行装量差异检查的单剂量包装丸剂及进行含量均匀度检查的丸剂，一般不再进行重量差异检查。

4. 装量差异　除糖丸外，单剂量包装的丸剂，照下述方法检查装量差异应符合规定。取供试品 10 袋（瓶），分别称定每袋（瓶）内容物的重量，每袋（瓶）装量与标示装量相比较，按表 13-3 规定，超出装量差异限度的不得多于 2 袋（瓶），并不得有 1 袋（瓶）超出限度 1 倍。

表 13-3 单剂量包装丸剂装量差异限度

标示装量	装量差异限度
0.05g 及 0.05g 以下	±12%
0.05g 以上至 1g	±11%
1g 以上至 2g	±10%
2g 以上至 3g	±8%
3g 以上至 6g	±6%
6g 以上至 9g	±5%
9g 以上	±4%

5. 装量　以重量标示的多剂量包装丸剂，照《中国药典》（2020 年版）四部最低装量检查法检查，应符合规定。以丸数标示的多剂量包装丸剂，不检查装量。

6. 溶散时限 除另有规定外，取供试品 6 丸，选择适当孔径筛网的吊篮（丸剂直径在 2.5mm 以下的用孔径约 0.42mm 的筛网；2.5～3.5mm 的用孔径约 1.0mm 的筛网；在 3.5mm 以上的用孔径约 2.0mm 的筛网），照《中国药典》（2020 年版）四部崩解时限检查法片剂项下的方法加挡板进行检查。除另有规定外，小蜜丸、水蜜丸和水丸应在 1 小时内全部溶散；浓缩水丸、浓缩蜜丸、浓缩水蜜丸和糊丸应在 2 小时内全部溶散。蜡丸照《中国药典》（2020 年版）四部崩解时限检查法片剂项下的肠溶衣片检查法检查，应符合规定。除另有规定外，大蜜丸及研碎、嚼碎后或用开水、黄酒等分散后服用的丸剂不检查溶散时限。

7. 微生物限度 以动物、植物、矿物质来源的非单体成分制成的丸剂，生物制品丸剂，照非无菌产品微生物限度检查，应符合规定。生物制品规定检查杂菌的，可不进行微生物限度检查。

答案解析

即学即练 13－1

溶散时限要求为 1 小时的丸剂是（　　）

A. 糊丸　B. 浓缩丸　C. 滴丸　D. 大蜜丸　E. 水丸

任务二　滴丸

一、滴丸概述

（一）滴丸的概念

滴丸系指原料药物与适宜的基质加热熔融混匀，滴入不相混溶、互不作用的冷凝介质中制成的球形或类球形制剂。

滴制法制丸始于 1933 年丹麦一家药厂制备的维生素 A、D 滴丸，我国自 20 世纪 60 年代开始应用滴丸，《中国药典》（1977 年版）开始收载滴丸。近年来，合成、半合成基质及固体分散体技术的应用使滴丸有了迅速的发展，上市品种近 100 种，如复方丹参滴丸、苏冰滴丸、芸香油滴丸等在临床都有较广泛的应用。

（二）滴丸的特点

滴丸既可供内服，也可供外用和局部使用，是一种临床使用具有独特优势，具有良好发展前景的剂型，主要具有以下特点。

1. 药效迅速，生物利用度高 采用固体分散技术制备的滴丸，药物以分子、胶态微晶等形式高度分散在基质中，药物易于溶出，具有速效和高效的显著特点，适用于临床上发病较急的病症。

2. 某些滴丸可发挥缓释长效作用 以非水溶性基质制备的滴丸，或采用缓控释制剂技术制成缓释或控释滴丸，使药物在体内缓慢释放，达到长效作用。

3. 可增加药物的稳定性 药物被包埋在基质中，减少氧化和挥发的机会。若基质为脂溶性的，还可避免药物的水解。

4. 其他 滴丸制备设备简单、操作方便、利于劳动保护，工艺周期短、生产效率高。

但滴丸也存在一些缺点，如目前可供选用的滴丸基质和冷凝液品种少；难以制成大丸，含药量低，所以只能应用于剂量较小的药物。

实例分析

实例　在某单位健步登山比赛现场，老张突然捂住胸口，表情痛苦，满头汗珠，心悸气短，憋闷。周围的同事立即拨打120急救电话，并在老张紧握的上衣口袋里取出了速效救心丸，随即将药丸放到了老张舌下，不到5分钟，老张的症状就缓解了。

问题　1. 速效救心丸为什么能发挥速效作用？

2. 查阅资料，了解使用速效救心丸有哪些注意事项？

答案解析

二、滴丸常用的基质和冷凝液

（一）常用的基质

滴丸的基质是药物的载体与赋形剂，它与滴丸的成型性、溶散时限、溶出度、稳定性、药物含量等密切相关。作为滴丸的基质应具备以下条件：①不与主药发生作用，不影响主药的疗效与检验；②熔点较低或加一定量热水（60～100℃）能溶化成液体，而遇骤冷后又能凝成固体（在室温下仍保持固体状态），并在加进一定量的药物后仍能保持上述性质；③对人体安全无毒害。

滴丸的基质可以分为两大类：①水溶性基质，如聚乙二醇类（PEG6000、PEG4000）、硬脂酸钠、泊洛沙姆、硬脂酸聚烃氧（40）酯、明胶等；②非水溶性基质，如硬脂酸、单硬脂酸甘油酯、氢化植物油等。

（二）常用的冷凝液

冷凝液的作用是冷却滴出的液滴，使凝固成固体球形丸粒。作为滴丸的冷凝液应具备以下条件：①安全无害；②既不与主药相混溶，也不与基质、药物发生作用；③要有适当的密度，即与液滴密度要相近，以利于液滴逐渐下沉或缓缓上升，充分凝固，丸形才圆整；④有适当的黏度，使液滴与冷凝液间的黏附力小于液滴的内聚力而能收缩凝固成丸。

根据基质不同，常用的冷凝液分为以下两大类：①水溶性基质的冷凝液，如液状石蜡、植物油、甲基硅油等；②非水溶性基质的冷凝液，如水、不同浓度的乙醇、酸性或碱性水溶液等。

即学即练 13－2

以 PEG4000 为基质的滴丸可选择的冷凝液为（　）

A. 乙醇　　B. 水　　C. 水与乙醇的混合溶剂

D. 甘油　　E. 液状石蜡

答案解析

三、滴丸的制备

滴丸一般采用滴丸机经滴制法制备而成。将基质加热熔化，药物溶解、混悬或乳化在熔融的基质中，药液保持恒定的温度，经一定大小管径的滴头匀速滴入冷凝液中冷却并收缩成丸，丸粒缓缓沉于容器底部或漂浮于冷凝液的表面，取出，洗去冷凝液，干燥，即成滴丸。其一般生产工艺流程见图 13－3。

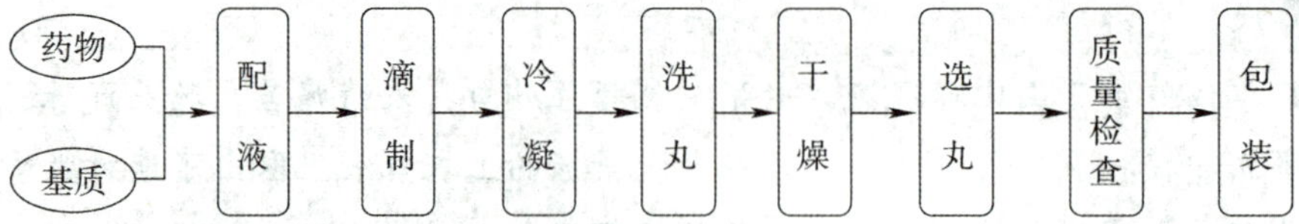

图 13－3　滴制法制丸生产工艺流程图

1. 配液　基质加热融化后，将药物溶解、混悬或乳化在已熔融的基质中，混匀制成药液。药液保持恒定的温度（一般 80～90℃）脱气，便于滴制。

2. 滴制、冷凝　滴制前选择适当的冷凝液，调节好冷凝液的温度、药液的温度、滴头速度等，将药液均匀滴入冷凝液中，冷却凝固的丸粒徐徐沉于底部或浮于冷凝液表面。

3. 洗丸、干燥　从冷凝液中捞出丸粒，拣去废丸，先用纱布擦去冷凝液，然后用适宜的溶液和方法搓洗除去冷凝液，干燥至规定程度即可。

4. 选丸　用适宜的药筛筛选均匀一致的丸粒，过小或过大的畸形丸应分离出来处理。

知识链接

影响滴丸丸重与圆整度的因素

影响滴丸丸重的因素：①保温温度不恒定。②滴液滴速不恒定。③滴管与冷却剂液面的距离。④料液的变化导致滴管口静压改变。

影响滴丸圆整度的因素：①液滴在冷却液中移动速度。②液滴的大小。③冷凝液性质。④冷凝液温度。

处方解析 13－2：穿心莲内酯滴丸

【处方】穿心莲内酯　　1 份　　PEG 6000　　3 份

【制法】取 PEG 6000 加热至约 145～150℃熔融为澄清液体，加入比例量穿心莲内酯混匀，药液 90℃保温，用滴头直径 3mm 滴管滴制，滴入 6℃甲基硅油中冷凝成丸，洗丸，晾干，即得。

【解析】①穿心莲内酯具有清热、解毒、抗菌、消炎的药理作用，传统穿心莲内酯片剂口服后药物崩解及溶出缓慢，不能很好地发挥药效，制成穿心莲内酯滴丸，解决了由于穿心莲内酯类成分疏水性较强而造成穿心莲内酯片溶出度过低的问题，有效地提高了生物利用度。②PEG 6000 是目前较为理想的水溶性基质，其熔点低，具有良好分散力和较大内聚力，能够得到质量较好的滴丸，且有利于有效成分的溶出，使药物发挥速效作用，故选用 PEG 6000 作为穿心莲内酯滴丸的基质。

四、滴丸的质量检查

1. 外观　除另有规定外，滴丸外观应圆整，大小、色泽应均匀，无粘连现象，表面应无冷凝介质黏附。

2. 重量差异　除另有规定外，取供试品 20 丸，精密称定总重量，求得平均丸重后，再分别精密称定每丸的重量。每丸重量与标示丸重相比较（无标示丸重的，与平均丸重比较），按表 13－4 规定，超出重量差异限度的不得多于 2 丸，并不得有 1 丸超出限度 1 倍。

表 13－4　滴丸重量差异限度要求

标示丸重或平均丸重	重量差异限度
0.03 g 及 0.03 g 以下	±15%
0.03 g 以上至 0.1 g	±12%
0.1 g 以上至 0.3 g	±10%
0.3 g 以上	±7.5%

3. 溶散时限　按丸剂溶散时限检查方法不加挡板检查，滴丸应在 30 分钟内全部溶散，包衣滴丸应在 1 小时内全部溶散。

4. 微生物限度　与丸剂要求一致。

实训十二　大山楂丸的制备

一、实训目的

1. 掌握塑制法制备丸剂的工艺过程及操作要点。
2. 能够按照 SOP 正确操作设备完成丸剂的制备。
3. 能够按照《中国药典》要求对丸剂进行质量检查。

二、实训条件

1. 实训场地　GMP 模拟车间或制剂实训室。

2. 实训仪器与设备　万能粉碎机、振荡筛、三维运动混合机、槽型混合机、炼蜜罐、热压灭菌柜、全自动大蜜丸机、水分测定仪、天平、台秤等。

3. 药品与包材　山楂、六神曲（麸炒）、麦芽（麸炒）、蔗糖、炼蜜、蜡盒等。

三、实训操作

大山楂丸	内容	
处方	山楂	36kg
	六神曲（麸炒）	5.4kg
	麦芽（麸炒）	5.4kg
	蔗糖	21.6kg
	炼蜜	21.6kg
	共制	10 000 丸
规　格	9g	
功能主治	开胃消食。用于食积内停所致的食欲减退、消化不良、脘腹胀闷	
用法用量	口服，一次 1～2 丸，每日 1～3 次	

（一）岗位操作

1. 生产前准备

（1）操作人员按 D 级洁净区要求进行人员净化，进入丸剂生产各操作间。

（2）检查操作间、工具、容器、设备等是否有清场合格标志，并核对是否在有效期内。

（3）检查环境温度、湿度、压差是否符合要求。

（4）检查设备是否具有“完好”及“已清洁”状态标志，并按设备标准操作规程做好开机前准备工作。

（5）对设备及所需容器、工具进行消毒。

（6）取下“已清洁”状态标牌，更换设备运行状态标志牌，开始生产操作。

2. 粉碎、过筛

（1）填写领料单，领取山楂、六神曲（麸炒）、麦芽（麸炒），并核对品名、规格、数量、质量是否符合要求。

（2）启动粉碎机，待运行平稳后加入以上3味药材，开始粉碎。

（3）粉碎结束，关停粉碎机，打开接料袋，检查粉碎后药粉色泽、粒度均匀，无异物。

（4）启动振荡筛，运行平稳后均匀加入粉碎后药粉，过100目筛。

（5）筛分结束，关停设备，打开接料袋，检查药粉外观、色泽、粒度是否均匀。

3. 灭菌

（1）将药粉平铺于高压灭菌柜托盘，厚度5～8cm。

（2）设定灭菌参数，温度120～130℃，压力0.18～0.2MPa，时间1小时，启动灭菌柜，开始灭菌。

（3）灭菌结束，关停设备，取出药粉，放凉，粉碎。

4. 总混

（1）将药粉装入三维运动混合机中，启动设备，混合30分钟。

（2）混合结束，放出药粉装入洁净塑料袋中，移交中间站。

5. 炼蜜

（1）打开炼蜜罐真空阀门，将处方量生蜜抽入炼蜜罐中。

（2）打开蒸汽进气阀门，控制蒸汽压力在0.06～0.1MPa，炼蜜80～120分钟，测得炼蜜相对密度为1.43～1.46即可。

（3）关闭蒸汽进气阀门，打开蒸汽排气阀、真空排气阀，排掉管内蒸汽及真空。

（4）打开罐底放料阀，将炼蜜放入置有40～60目筛网的过滤罐内进行过滤。

（5）打开过滤罐放料阀和贮蜜罐真空抽气阀，将炼蜜抽入贮蜜罐中保温80℃备用。

6. 制丸块

（1）将药粉加至槽型混合机中，启动设备。

（2）分次加入处方量炼蜜、蔗糖及纯化水，搅拌使与药粉混合均匀。

（3）检查丸块质量，要求软硬适中，均匀一致。

7. 制丸

（1）启动全自动大蜜丸机，将丸块均匀加入制丸机加料仓中，制成粗洗均匀的丸条，不断加入润湿剂（95%乙醇）防止粘连，丸条经制丸刀切割成丸粒，再滚圆制成大蜜丸。

（2）制丸过程中随时注意检查丸粒的外观、丸重等是否符合要求。

8. 包装

（1）内包装：领取蜡盒，核对待包装丸剂品名、批号、数量、中间产品合格证无误后进行包装，每盒装1丸，重9g。

（2）外包装：将每10丸装一中盒并附一张说明书，每100中盒装一箱并附合格证，注意检查说明书、合格证上信息印字清晰、准确无误。

（二）质量控制要点

工序	监控点	监控项目	频次
粉碎	药粉	外观、异物、细度	每批
灭菌	灭菌参数	灭菌温度、压力、时间	随时
	药粉	微生物限度	每批
总混	药粉	均匀度	每批
炼蜜	生蜜	无杂质、无死蜂等异物	每批
	炼蜜	相对密度	每批
制丸块	丸块	软硬适中、均匀一致	每批
制丸	外观	圆整均匀、色泽一致、细腻滋润、软硬适中	随时
	丸重	重量差异符合规定	每30分钟
包装	包材	符合质量要求	每批
	印字	清晰、准确	随时
	数量	每中盒、每箱数量准确无误	随时
	外观	美观、密封，标签贴正、贴牢	随时

四、质量检查

质量检查项目参照《中国药典》（2020版）规定，实训结果填写下表。

检查项目	检查结果
外观	
水分	
重量差异	
结　论	

五、实训报告及思考

小组完成实训后，对实训过程、结果及收获进行讨论并总结，撰写实训报告。

1. 本实训大山楂丸是哪种类型的丸剂？处方中各辅料的作用是什么？
2. 本实训大山楂丸采用的是哪种制备方法，请根据制备过程绘制其工艺流程图。
3. 如何评定丸剂的质量？

答案解析

目标检测

一、单项选择题

1. 塑制法制备丸剂的关键工序是（　　）

A. 起模　　B. 成型　　C. 和药

D. 制丸条　　E. 盖面

2. 下列属于滴丸剂水溶性基质的是（　　）

A. 硬脂酸　　B. PEG 6000　　C. 氢化植物油

D. 单硬脂酸甘油酯　　E. 十八醇

3. 关于丸剂的溶散时限要求正确的是（　　）

A. 水蜜丸应在 30 分钟内溶散限

B. 蜜丸应在 1 小时内溶散

C. 浓缩丸应在 2 小时内溶散

D. 水溶性基质滴丸应在 30 分钟内溶散，脂溶性基质滴丸应在 1 小时内溶散

E. 水丸应在 1 小时内溶散限

4. 蜜丸制备常用的方法是（　　）

A. 滴制法　　B. 泛制法　　C. 塑制法

D. 压制法　　E. 溶解法

5. 关于丸剂的特点叙述错误的是（　　）

A. 传统丸剂作用缓和持久

B. 制成糊丸、蜡丸等可降低药物毒性或刺激性

C. 丸剂仅可容纳固体药物

D. 丸剂制法简便，既可小量制备，也适用于工业大生产

E. 传统丸剂服用剂量大，尤其是小儿服用困难

6. 含水量 14% ~16%，相对密度 1.37 左右的炼蜜为（　　）

A. 嫩蜜　　B. 中蜜　　C. 水蜜

D. 老蜜　　E. 焦蜜

7. 当滴丸的基质为硬脂酸时，冷凝液可选择（　　）

A. 水　　B. 液状石蜡　　C. 二甲基硅油

D. PEG 4000　　E. 植物油

8. 泛制法制丸的一般工艺流程为（　　）

A. 原辅料准备→起模→成型→盖面→干燥→选丸→质量检查→包装

B. 原辅料准备→起模→成型→干燥→选丸→质量检查→包装

C. 原辅料准备→制丸块→制丸条→分粒→搓圆→选丸→干燥→质量检查→包装

D. 原辅料准备→制丸条→制丸块→分粒→搓圆→干燥→选丸→质量检查→包装

E. 原辅料准备→成型→盖面→起模→干燥→选丸→质量检查→包装

二、多项选择题

1. 丸剂的制备方法有（　　）

A. 滴制法　　B. 塑制法　　C. 热熔法

D. 压制法　　E. 泛制法

2. 水溶性基质制备滴丸剂时可选用的冷凝液有（　　）

A. 水　　B. PEG 4000　　C. 甲基硅油

D. 液状石蜡　　E. 植物油

3. 丸剂常用的润湿剂有（　　）

A. 蜂蜜　　B. 水　　C. 酒

D. 醋　　E. 药汁

4. 关于溶散时限检查正确的说法为（　　）

A. 供试品为6丸

B. 照片剂崩解时限检查法加挡板检查

C. 小蜜丸、水蜜丸和水丸应在1小时内全部溶散

D. 大蜜丸及研碎、嚼碎后或用开水、黄酒等分散后服用的丸剂不检查溶散时限

E. 所用吊篮筛网孔径约为2.0mm

三、综合问答题

1. 简述丸剂采用塑制法生产的工艺流程，塑制法常用于哪种类型丸剂的制备？

2. 灰黄霉素滴丸

【处方】灰黄霉素　　1份　　PEG 6000　　9份

（1）将灰黄霉素制成滴丸有何优点？

（2）对处方进行分析，并分析该制剂制备时应该选择哪种冷凝液？

（3）请为该制剂设计合理的工艺路线。

书网融合……

重点回顾　　微课　　习题

（周朝桂）

模块五

黏膜给药系统

项目十四　栓剂

PPT

学习引导

患儿，女，4 岁，近日因感冒引起咳嗽、鼻塞影响睡眠，一日半夜醒来哭闹不止，测体温 39.4℃。为防止患儿出现高热惊厥，家长立即喂服布洛芬混悬剂，因多次呕吐未果，家长取出一粒对乙酰氨基酚栓顺利将其塞入患儿肛门内 2cm，30 分钟后孩子体温降至 37.2℃。什么是栓剂？栓剂是怎么制备的？如何正确指导患者使用栓剂？

本项目主要介绍栓剂的基本知识和技能，熟练操作栓剂的制备工序和应用。

学习目标

1. **掌握**　栓剂的特点与分类；栓剂基质分类、主要品种及其应用；栓剂质量要求与检查项目；栓剂的临床应用指导。

2. **熟悉**　栓剂的概念；栓剂常见制备方法；栓剂吸收途径及影响因素。

3. **了解**　栓剂作用特点；常见中成药栓剂。

一、栓剂概述

（一）栓剂的概念

栓剂系指原料药物与适宜基质等制成供腔道给药的固体制剂。栓剂在常温下为固体，塞入人体腔道后，在体温下能迅速软化、融化或溶解，并与分泌液相混合，逐渐释放药物产生局部或全身作用。

（二）栓剂的分类

1. 按施用腔道不同分类　栓剂分为直肠栓、阴道栓和尿道栓。为适应机体应用部位，栓剂的形状各不相同。直肠栓为鱼雷形、圆锥形或圆柱形等，以鱼雷型较常用（图 14－1）；阴道栓为鸭嘴形、球形或卵形等，以鸭嘴形较适宜（图 14－2）；尿道栓一般为棒状。阴道栓可分为普通栓和膨胀栓。阴道膨胀栓系指含药基质中插入具有吸水膨胀功能的内芯后制成的栓剂；膨胀内芯系以脱脂棉或粘胶纤维等经加工、灭菌制成，应符合有关规定，以保证其安全性。

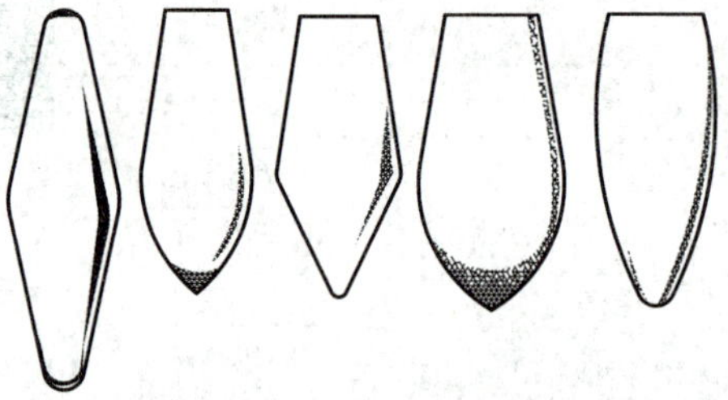

图 14－1　直肠栓外形示意图

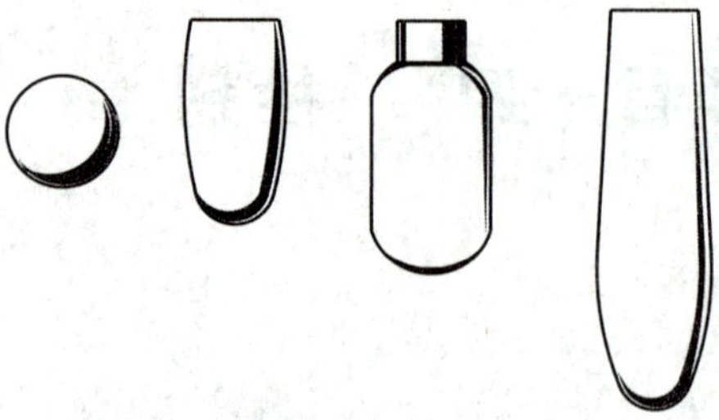

图 14－2　阴道栓外形示意图

2. 按作用性质分类　栓剂分为局部作用栓和全身作用栓。局部作用栓在腔道局部起润滑、杀虫、抗菌、收敛、止痒、局麻等作用，如甘油栓、克霉唑栓等。全身作用栓是药物经腔道（多为直肠）吸收至体循环而发挥全身作用，主要有镇静、镇痛、解热、平喘、扩血管等作用，如对乙酰氨基酚栓、吲哚美辛栓等。

知识链接

直肠栓药物吸收途径

直肠栓中药物的吸收途径主要有以下三条：①经门肝系统：塞入肛门口约 6cm 处，通过直肠上静脉，经肝脏代谢等作用（首过作用）再进入体循环；②非经门肝系统：塞入距肛门口约 2cm 处，通过直肠中、下静脉和肛管静脉直接进入体循环，从而绕过肝脏，药物免受肝脏的首过作用；③经淋巴系统：通过直肠淋巴系统，经胸导管直接进入体循环。

答案解析

即学即练

为避免肝脏首过效应，临床上使用栓剂时应塞入距离肛门口约（　　）

A. 1cm　　B. 2cm　　C. 4cm　　D. 6cm　　E. 8cm

除普通栓剂外，近些年开发了不同释药速率（速释、缓释或控释）的新型栓剂，如双层栓、中空栓、渗透泵栓、微囊栓、凝胶栓等。

（三）栓剂的特点

1. 栓剂的优点　①药物不受消化道 pH 或酶的影响而破坏。②避免某些药物对胃肠道的刺激性。③直肠吸收比口服吸收干扰因素少，使用得当，可有效避免肝脏首关消除。④适用于不愿或不能口服给药的患者，如婴幼儿、儿童及伴有呕吐者。⑤栓剂直接到达病灶部位，见效快，治疗效果好。

2. 栓剂的缺点　①使用不如口服方便。②生产成本较高，生产效率较低。③受压后易变形或折断，遇高温时会发生融化（或软化），所以在贮存、携带及使用时应予以注意。

知识链接

栓剂的使用方法及注意事项

栓剂使用前，应排空大小便，洗净双手，除去栓剂外封物（若发现栓剂软化变形，则应在去除外封物之前置于冰箱冷却片刻，使其变硬）；用适当润滑剂涂于栓剂尖端部，借助推入器或带指套操作，缓慢将栓剂塞入腔道。

1. 阴道栓 ①清洗外阴，清除过多分泌物。②患者取仰卧位，曲双膝并双腿分开，将栓剂自阴道口塞入，轻轻推入阴道深处。③合并双腿，保持仰卧姿势约20分钟。④临睡前给药，1～2小时尽量不排尿。⑤月经期停用，有过敏史慎用。

2. 直肠栓 ①肛门清洗干净。②患者取侧卧位，成人大腿向前屈曲，贴着腹部，小腿伸直，儿童可趴伏于大人腿上。③推拉臀部，露出肛门，把经过润滑的栓剂尖端塞入肛门，并用手指缓缓推进，深度距幼儿肛门口约2cm，成人约3cm，合拢双腿并保持侧卧姿势15分钟。④用药后1～2小时尽量不排便（刺激性泻药除外）。

由于栓剂给药部位特殊，患者受传统观念影响，不愿意咨询医生或药师，栓剂正确使用率较低。作为药师，要努力做到无一药不精通其性，无一方不洞悉其理。急患者之所急，想患者之所想，做好药学服务。

（四）栓剂的质量要求

实例分析

实例 小王是药品仓库保管员，7月份公司接到一批药品，因为小王家里有事，匆忙验收后，就放到常温库。结果第二天发货后，接到商家投诉，这批药品当中的化痔栓软化变形，已不能使用。

问题 1. 请问本次事故的原因是什么？

2. 栓剂储存有没有特殊要求？

3. 这次事故给你带来了什么启示？

答案解析

栓剂中的原料药物与基质应混合均匀，外形应完整光滑，符合《中国药典》的有关质量要求；塞入腔道后应无刺激性，应能融化、软化或溶化，并与分泌液混合，逐渐释放出药物，产生局部或全身作用；栓剂应具有适宜的硬度，以免在包装、贮存和使用时变形。

二、栓剂基质

常用的栓剂基质有油脂性基质和水溶性基质两大类。

（一）油脂性基质

1. 可可脂 梧桐科植物可可树种子提炼得到的固体脂肪，为淡黄白色固体，25℃以下微具脆性，在体温时能迅速融化，具有良好的可塑性、安全性，无刺激性，能与大多数药物配伍，是一种较为理想的栓剂基质。可可脂存在同质多晶型，有α、β、β'、γ四种晶型，其中以β型最稳定，熔点为34℃左右。因可可豆脂产量少，价较贵，化学性质不稳定，现多以半合成或全合成脂肪酸甘油酯代替。

2. 半合成或全合成脂肪酸甘油酯 这类基质化学性质稳定，不易酸败，成型性能良好，具有适宜的熔点，是代替天然油脂较理想的栓剂基质。目前主要产品有半合成椰油酯、半合成山苍子油酯、混合脂肪酸甘油酯（硬脂）、硬脂酸丙二醇酯等。

3. 氢化植物油 是普通植物油在一定温度和压力下加氢催化得到的固态或半固态油脂，其熔点可以调至与体温相近。此类基质性质稳定，无毒无刺激，价廉，主要用于直肠栓的生产。

（二）水溶性基质

1. 甘油明胶 通常将明胶∶甘油∶水按70∶20∶10的比例在水浴上加热融合，蒸去大部分水后放冷凝固而成。多用作阴道栓剂基质，起局部作用。其优点是弹性好，不易折断，塞入腔道后在体温下不融化但能软化且缓慢溶于分泌液中释放药物发挥作用。该基质溶解度与明胶、甘油、水三者的比例量有关，甘油和水含量越高越易溶解，甘油还能防止栓剂干燥。

2. 聚乙二醇类 系聚乙二醇的高分子聚合物总称，将不同聚合度的PEG以一定比例加热融合，可得适当硬度的栓剂基质。本品无生理作用，遇体温不熔化，但能缓缓溶解于分泌液中而释放药物。具有较强的吸湿性，储存中应注意防潮。使用时因其较强的吸湿性对腔道黏膜有刺激性，加入20%的水可以减轻刺激，也可在塞入腔道前先用水润湿，也可在栓剂表面涂一层鲸蜡醇或硬质醇薄膜。

3. 硬脂酸聚烃氧（40）酯 又名聚氧乙烯（40）单硬脂酸酯，商品代号为S－40，呈白色或微黄色，为无臭或稍有脂肪臭味的蜡状固体，在水中能溶解，可作为直肠和阴道栓剂的基质。

在栓剂的制备过程中，为改善药物吸收、提高栓剂稳定性、便于成型或识别，除选择适宜的基质外，还可添加一些附加剂（表14－1）。

表14－1 常用栓剂附加剂

种类	作用	常用物质
硬化剂	避免栓剂在贮藏或使用时过软	白蜡、蜂蜡、鲸蜡醇、巴西棕榈蜡、硬脂酸
增稠剂	增加基质稠度	氢化蓖麻油、单硬脂酸甘油酯
吸收促进剂	促进药物释放吸收	非离子型表面活性剂、氮酮、水杨酸钠、尿素
吸收阻滞剂	减缓药物吸收	硬脂酸、蜂蜡、HPMC、海藻酸
抗氧剂	防止药物氧化	叔丁基对羟基茴香醚（BHA）、叔丁基对甲酚（BHT）、没食子酸酯
防腐剂	防止生霉变质	对羟基苯甲酸酯类
着色剂	改变栓剂颜色	水溶性或脂溶性着色剂
乳化剂	有利于与基质不相混合的液相成分的混合均匀	聚山梨酯类、脂肪酸山梨坦类
增塑剂	降低脆性，防止栓剂破裂	聚山梨酯80、蓖麻油、甘油、丙二醇

三、栓剂的制备

栓剂常用的制备方法有两种，即模制成型法（热熔法）和挤压成型法（冷压法）。油脂性基质可以采用任意方法制备，水溶性基质多采用模制成型法。

（一）模制成型法 微课

模制成型法又称热熔法，是药品生产企业生产栓剂普遍采用的制法。

1. 模制成型法生产工艺流程 见图14－3。

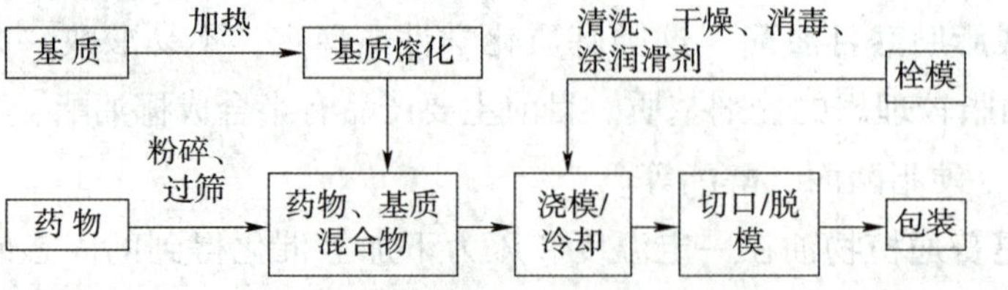

图14－3 热熔法制备栓剂工艺流程

小量制备栓剂一般使用不同规格和形状的栓剂模具（图 14－4）。大量生产栓剂多采用全自动制栓机，是集填充、成型、包装等操作于一体的栓剂生产线。

成卷的铝箔、PE、PVC 等材料经制壳机吹塑形成一定形状的空壳，空壳既可作为栓剂成型的模具，也可作为栓剂的包装容器，药液通过连有高精度计量泵的灌装头灌注至空壳，再被剪切成多条等长片段，经冷却，封尾，打码、剪切等工序，制成栓剂成品。

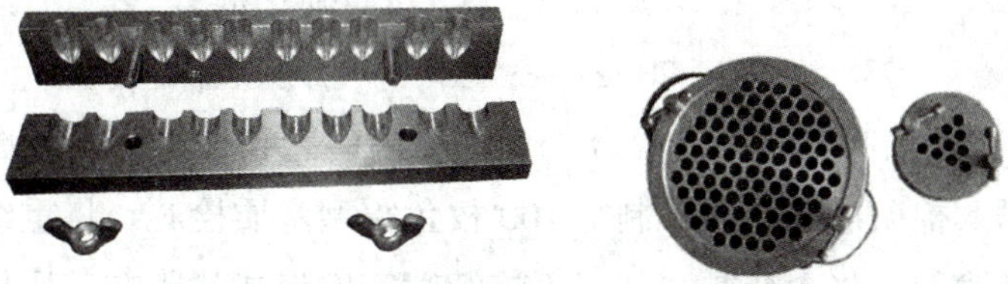

图 14－4　栓剂制备常用模具

2. 基质的用量　栓剂基质的用量可根据置换价（DV）进行计算。置换价是指药物的重量与同体积基质重量之比。处方不同，用同一栓模制得的栓剂容积是相同的，但栓剂的重量因药物和基质的密度不同而变化。置换价的计算公式为：

$$DV = \frac{W}{G - (M - W)} \qquad 式(14-1)$$

式中，W 为每个栓剂的平均含药量，G 为纯基质栓的平均栓重，M 为含药栓的平均栓重。

用测定的置换价可以计算出制备含药栓需要的基质重量 x：

$$x = \left(G - \frac{W}{DV}\right) \times n \qquad 式(14-2)$$

式中，n 为拟制备栓剂的枚数。

3. 药物与基质的混合方法　①油溶性药物：可直接溶于油脂性基质中，若得到的栓剂过软可加入适量蜂蜡或石蜡调节。②水溶性药物：可加入少量水制成浓溶液，用适量羊毛脂吸收后再与基质混匀。③不溶性药物，先制成细粉，再与基质均匀混合。

4. 生产过程应注意问题

（1）制备栓剂的固体原料药物，除另有规定外，应预先用适宜方法制成细粉或最细粉。

（2）加热基质时勿使温度过高，可在基质熔融达 2/3 时即停止加热，以减少基质理化性质改变。

（3）注意药物与基质要混合均匀。

（4）浇模要求一次完成（以免产品出现层断面）并至稍溢出模口为度。

（5）栓模所涂的润滑剂通常有两类。①油脂性基质的栓剂常用肥皂 1 份、甘油 1 份、90% 乙醇 5 份制成的醇溶液（肥皂醑）为润滑剂。②水溶性基质的栓剂则常用液状石蜡或植物油等油脂性物质为润滑剂。

（二）挤压成型法

挤压成型法又称冷压法，主要用于油脂性基质制备栓剂。先将基质磨碎或锉末，再与主药混合均匀，装入压栓机中压制。冷压法可以避免药物和基质受热，有利于提高制剂稳定性；冷压法还可以克服不溶性药物在基质中沉降。但该法生产效率较低，制剂中易存在气泡，现在生产上很少采用此方法。

处方解析 14－1：重组人干扰素 α2a 阴道膨胀栓

【处方】重组人干扰素 α2a	0.3g	主药
乙酰柠檬酸三乙酯	7g	保护剂
乙酰柠檬酸三丁酯	8g	保护剂
半合成山苍子酯	100g	基质
阿拉伯胶	30g	基质
十六醇	1g	硬化剂
棉条	200g	膨胀载体

【制法】将半合成山苍子酯和阿拉伯胶混合，置水浴锅中融化，加入十六醇，混匀，熔融，制得基质，然后倒入栓模中，插入棉条冷却定型，制得100枚鱼雷型基质栓芯。将重组人重组人干扰素 α2a 与保护剂混匀，制得含药黏膜剂。将含药黏膜剂以不连续喷雾的形式喷附在基质栓芯上，制得所述重组人干扰素 α2a 阴道膨胀栓，每枚栓剂重量约3.4g。

【解析】重组人干扰素 α2a 是一类由白细胞和淋巴细胞产生的诱生蛋白，临床上主要用于对于宫颈炎的治疗。所述栓剂在36个月的长期试验中，颜色未发生变化，表面光滑，无斑点、破裂现象。膨胀前平均直径为12.34mm，膨胀后平均直径为23.41mm，膨胀1.9倍，为合格产品。该制剂对宫颈炎的有效治疗率为97.1%，在治疗过程中未发现不良反应，安全可靠，疗效显著。

四、栓剂的质量检查与包装

（一）栓剂的质量检查

除另有规定外，栓剂应进行以下质量检查。

1. 外观 要求完整光滑、无裂缝、不起霜、不变色，混合均匀。

2. 重量差异 取栓剂10粒，精密称定总重量，求得平均粒重后，再分别精密称定各粒的重量。每粒重量与平均粒重相比较（有标示粒重的中药栓剂，每粒重量与标示粒重比较），超出重量差异限度的不得多于1粒，并不得超出限度1倍。《中国药典》现行版四部通则规定栓剂重量差异限度见表14－2。

表14－2 栓剂重量差异限度规定

平均粒重或标准粒重	重量差异限度
1.0g及1.0g以下	±10%
1.0g以上至3.0g	±7.5%
3.0g以上	±5%

凡规定检查含量均匀度的栓剂，一般不再进行重量差异检查。

3. 融变时限 照融变时限检查法（《中国药典》现行版第四部通则0922）检查。除另有规定外，油脂性基质的栓剂3粒均应在30分钟内全部融化、软化或触压时无硬芯；水溶性基质的栓剂3粒均应在60分钟内全部溶解。如有1粒不符合规定，应另取3粒复试，均应符合规定。

4. 膨胀值 除另有规定外，阴道膨胀栓应检查膨胀值，并符合规定。取本品3粒，用游标卡尺测其尾部棉条直径，滚动约90°再测一次，每粒测两次，求出每粒测定的2次平均值（R_i）；将上述3粒栓用于融变时限测定结束后，立即取出剩余棉条，待水断滴，均轻置于玻璃板上，用游标卡尺测定每个棉条的两端以及中间三个部位，滚动约90°后再测定三个部位，每个棉条共获得六个数据，求出测定的6次平均值（r_i），计算每粒的膨胀值（P_i），3粒栓的膨胀值均应大于1.5。

$$P_i = \frac{r_i}{R_i}$$ 式(14－3)

5. 微生物限度　除另有规定外，照非无菌产品微生物限度检查应符合规定。

（二）栓剂的包装与贮存

目前，栓剂的包装形式主要有塑料壳包装、塑料袋包装、铝塑包装盒和双铝包装等方式，并对一些易吸湿的栓剂采用双层包装；每粒栓剂应为独立包装，以防栓剂在储存、运输时出现相互黏结或撞击破碎等现象。

除另有规定外，栓剂应在30℃以下密闭贮存和运输，防止因受热、受潮而变形、发霉、变质。油脂性基质的栓剂最好贮存在20℃以下的环境，以防储存温度高使基质液化。甘油明胶类基质的栓剂，要防止这类栓剂吸湿软化、变形、生霉等不良现象发生。栓剂在储存过程中易发生老（硬）化现象，使致栓剂的熔点升高或液化时间延长而影响药物疗效。

实训十三　栓剂的制备

一、实训目的

1. 建立栓剂的实际生产场景，掌握热熔法制备栓剂的工艺过程及操作要点。
2. 熟悉栓剂常用基质的分类及特点。
3. 了解栓剂的一般质量检查。

二、实训条件

1. 实训场地　GMP模拟车间或制剂实训室。

2. 实训仪器与设备　台秤、天平、灌装机、冷冻机、封切机等。

三、实训操作

项目	内容	
原辅料	双氯芬酸钠	0.50kg/10 000粒
	混合脂肪酸甘油酯	17.6kg/10 000粒
功能主治	消炎镇痛类药。用于类风湿性关节炎，手术后疼痛及各种原因所致的发热	
用法用量	用时将栓剂取出，以少量温水湿润后，轻轻塞入肛门2cm处	

（一）岗位操作

1. 操作准备

（1）查总电源及操作盘上各开关须扳到关断位置，检查各工作站等运动部件间有无杂物，确保无误后接通电源开关。

（2）检查台秤和天平，进行水平调节调零。

（3）将灌装机储料桶上的塞子拔下，倒进约27kg的纯化水，打开加热器开关，待水温上升到50～80℃，以保持药液所需的灌装温度。

2. 配料

（1）按照指令上处方量准确称量所用原、辅料，称量时须有QA复核。

（2）将称量好的混合脂肪酸甘油酯放入水浴中加热，水温为50～80℃。

（3）待基质完全融化后将双氯芬酸钠细粉缓缓加入并搅拌至完溶解。

（4）将配好的药液加入灌装机加料器中，打开搅拌开关，搅拌25分钟左右开始灌装。

3. 灌装

（1）先将冷冻温度设定好（-5℃左右），然后将冷冻开启。

（2）根据容器容积，调整好计量旋钮，并读出数据。

（3）将壳带卷置于灌装机承料盘上，旋动中间旋钮，以调整盘的高度与送带轨道下轨在一条水平线上。

（4）将壳带引入计量块下跑动导板，拨动旋钮调整下导件高度，使容器上部边缘接近销子底部并调整上轨道使之能自由滑动，调整好后将壳带开口对准喷嘴。

（5）打开变频器开关和走带开关，开始灌装。

4. 冷冻

（1）将冷冻开启，设定好所需固化的温度（-5℃以下），观察冷冻线内承料盘旋转台是否正常转动。

（2）待旋转台正常运转后将灌装后的栓剂壳带送入冷冻机口，在冷机中停留20~30分钟，承料盘转至出口位置与封切机相连进入封切机。

5. 封切

（1）开启主电机，调整好预热温度及热封温度（在正常生产条件下，预热温度应适当）。

（2）设定剪切的数量，将冷冻机中已冻结的栓剂壳带拉出送入封切机口，开始封切。

（3）将封切后合格的栓剂转入中转站。

6. 清场

（1）按本岗位清场标准操作规程对设备、场地、用具、容器等清洁消毒。

（2）清场后，经QA人员检查合格后发《清场合格证》，正本归入本批生产记录，副本留在操作间。

（3）及时填写批生产记录、设备运行记录、交接班记录等，关好水、电及门。

（二）质量控制要点及及其检查要求

工序	监控点	监控项目	频次
粉碎过筛	性状	斑点、气泡、亮度、完整性	随时
	栓重	供试品10粒，称重	20分钟/次

四、质量检查

质量检查项目参照《中国药典》2020版规定，实训结果填写下表。

检查项目	检查结果
外　观	
重量差异	
融变时限	
成品质量	
结　论	

五、实训报告

1. 实训结束后，分组进行讨论。
2. 撰写实训报告。
3. 教师及时查阅实训报告并总结。

答案解析

目标检测

一、单项选择题

1. 属于天然物质的栓剂基质是（　　）

A. 可可酯　　B. 氢化植物油　　C. 甘油明胶

D. 聚乙二醇类　　E. 硬脂酸甘油酯

2. 栓剂中含有的不溶性药物细粉，要求全部通过（　　）

A. 二号筛　　B. 四号筛　　C. 六号筛

D. 八号筛　　E. 九号筛

3. 发挥局部作用的栓剂是（　　）

A. 阿司匹林栓　　B. 对乙酰氨基酚栓　　C. 吲哚美辛栓

D. 甘油栓　　E. 右旋布洛芬栓

4. 制备栓剂最常用的方法是（　　）

A. 模制成型法　　B. 挤压成型法　　C. 流涎法

D. 冷压法　　E. 泛制法

5. 置换价是（　　）

A. 基质的重量与同体积药物重量之比

B. 药物的重量与同体积基质重量之比

C. 药物的体积与同重量基质体积之比

D. 基质的体积与同重量药物体积之比

E. 药物的密度与基质密度之比

6. 具有同质多晶性的栓剂基质是（　　）

A. 可可脂　　B. 氢化植物油　　C. 甘油明胶

D. 聚乙二醇类　　E. 半合成脂肪酸甘油酯

7. 栓剂应进行的质量检查项目是（　　）

A. 可见异物　　B. 脆碎度　　C. 细菌内毒素

D. 融变时限　　E. 无菌

二、多项选择题

1. 全身作用的肛门栓剂通过哪些静脉的吸收可以避免肝脏的首过作用（　　）

A. 直肠上静脉　　B. 直肠中静脉　　C. 直肠下静脉

D. 肛管静脉　　E. 上腔静脉

2. 属于油脂性栓剂基质的物质有（　　）

A. 可可豆脂　　B. 泊洛沙姆　　C. 半合成脂肪酸甘油酯

D. 聚乙二醇类　　E. 甘油明胶

3. 属于水溶性栓剂基质是（　　）

A. 甘油明胶

B. 聚氧乙烯（40）单硬脂酸酯

C. 氢化植物油

D. 聚乙二醇类

E. 泊洛沙姆

4. 栓剂制备中，栓模孔内涂液状石蜡润滑剂适用的基质有（　　）

A. 可可脂　　B. 甘油明胶　　C. 半合成脂肪酸甘油酯

D. 硬脂酸钠　　E. 泊洛沙姆

三、综合问答题

1. 简述栓剂采用热熔法生产的工艺流程。

2. 发挥全身作用的直肠栓剂为什么不应在使用时塞入直肠深部？

书网融合……

重点回顾　　微课　　习题

（崔娟娟　王文心）

项目十五　气雾剂、粉雾剂与喷雾剂

PPT

学习引导

患者，男，16 岁，在学校运动时软组织挫伤，经冰块冷敷后缓解。回家后疼痛加重，家长用云南白药气雾剂喷涂患处后症状减轻。什么是气雾剂？气雾剂是怎么制备的？如何正确指导患者使用气雾剂？

本项目主要介绍气雾剂、粉雾剂与喷雾剂的概念、特点与组成。

学习目标

1. **掌握**　气雾剂、粉雾剂和喷雾剂的概念、特点、分类、组成。
2. **熟悉**　气雾剂的阀门系统、制备方法。
3. **了解**　常用抛射剂、气雾剂和粉雾剂、喷雾剂的质量评价。

任务一　气雾剂

一、概述

气雾剂系指原料药物或原料药物和附加剂与适宜的抛射剂共同装封于具有特制阀门系统的耐压容器中，使用时借助抛射剂的压力将内容物呈雾状物喷至腔道黏膜或皮肤的制剂。药物喷出形式多为雾状气溶胶，其雾滴一般小于 50μm。气雾剂可用于肺部吸入或直接喷至腔道黏膜及皮肤起局部或全身作用。

近几年来，该领域的研究越来越活跃，产品越来越多，包括局部治疗药、抗生素、抗病毒药等。目前国外胰岛素肺部给药制剂研究已进入了临床试验阶段，如胰岛素的气雾剂、喷雾剂及粉末吸入剂等。此外，一些疫苗及其他生物制品的喷雾给药系统也在研究中。近年来新技术在气雾剂中的应用越来越多，首先是给药系统本身的完善，如新的吸入给药装置等，使气雾剂应用越来越方便，患者更易接受。其次是新的制剂技术，如脂质体、前体药物、高分子载体等的应用，使药物在肺部的停留时间延长，起到缓释的作用。

（一）气雾剂的特点

气雾剂的主要优点：①具有速效和定位作用，如治疗哮喘的气雾剂可使药物粒子直接进入肺部，吸入两分钟即能显效。②药物密闭于容器内能保持药物清洁无菌，且由于容器不透明，避光且不与空气中的氧或水分直接接触，增加了药物的稳定性。③使用方便，药物可避免胃肠道的破坏和肝脏首过作用。④可以用定量阀门准确控制剂量。⑤以雾状气溶胶等形式喷于患处，可减小局部用药的机械性刺激和疼痛。

气雾剂的缺点：①若患者无法正确使用，将会造成肺部剂量较低和/或不均一。②因气雾剂需要耐压容器、阀门系统和特殊的生产设备，故生产成本较高。③抛射剂有高度挥发性因而具有制冷效应，多次用于受伤皮肤上可引起不适与刺激。④气雾剂内压较高，遇热或受撞击后易发生爆炸。⑤阀门系统对药物剂量有所限制，无法递送大剂量药物。

（二）气雾剂的分类

1. 按分散系统分类 气雾剂可分为溶剂型、混悬型和乳剂型气雾剂。

（1）溶液型气雾剂 系指药物（固体或液体）溶解在抛射剂中，形成均匀溶液，喷出后抛射剂挥发，药物以固体或液体微粒状态达到作用部位。

（2）混悬型气雾剂 药物（固体）以微粒状态分散在抛射剂中形成混悬液，喷出后抛射剂挥发，药物以固体微粒状态达到作用部位。此类气雾剂又称为粉末气雾剂。

（3）乳剂型气雾剂 药物水溶液和抛射剂按一定比例混合可形成 O/W 型或 W/O 型乳剂。O/W 型乳剂以泡沫状态喷出，因此又称为泡沫气雾剂。W/O 型乳剂，喷出时形成液流。

2. 按气雾剂组成分类 按容器中存在的相数可分为二相气雾剂和三相气雾剂两类。

（1）二相气雾剂 一般指溶液型气雾剂，由气、液两相组成。气相是抛射剂所产生的蒸气；液相为药物与抛射剂所形成的均相溶液。

（2）三相气雾剂 一般指混悬型气雾剂与乳剂型气雾剂，由气－液－固或气－液－液三相组成。在气－液－固中，气相是抛射剂所产生的蒸气，液相是抛射剂，固相是不溶性药粉；在气－液－液中两种不溶性液体形成两相，即 O/W 型或 W/O 型。

3. 按医疗用途分类

（1）呼吸道吸入用气雾剂 吸入气雾剂系指药物与抛射剂呈雾状喷出时随呼吸吸入肺部的制剂，可发挥局部或全身治疗作用。

（2）皮肤和黏膜用气雾剂 皮肤用气雾剂主要起保护创面、清洁消毒、局部麻醉及止血等作用。阴道黏膜用气雾剂，常用 O/W 型泡沫气雾剂，主要用于治疗微生物、寄生虫等引起的阴道炎，也可用于节制生育。鼻黏膜用气雾剂主要是一些肽类的蛋白类药物，用于发挥全身作用。

（3）空间消毒用气雾剂 主要用于杀虫、驱蚊及室内空气消毒。喷出的粒子极细，一般在 10μm 以下，能在空气中悬浮较长时间。

（三）气雾剂的吸收

1. 肺部的吸收 气雾剂主要通过肺部吸收，吸收的速度很快，不亚于静脉注射，如异丙肾上腺素气雾剂吸入后 1～2 分钟即可起平喘作用。肺部吸收迅速的原因主要是肺部吸收面积巨大。肺由气管、支气管、细支气管、肺泡管和肺泡囊组成。肺泡囊的数目估计达 3 亿～4 亿，总表面积可达 70～100m^2，为体表面积的 25 倍。肺泡囊壁由单层上皮细胞所构成，这些细胞紧靠着致密的毛细血管网（毛细血管总表面积约为 90m^2，且血流量大），细胞壁或毛细血管壁的厚度只有 0.5～1μm，因此肺泡囊是气体与血液进行快速扩散交换的部位，药物到达肺泡囊即可迅速吸收显效。

2. 影响药物在呼吸系统吸收的因素

（1）呼吸的气流　正常人每分钟呼吸15～16次，每次吸气量为500～600cm^3（1cm^3 = 1ml），其中约200cm^3存在于咽、气管及支气管之间，气流常呈湍流状态，呼气时可被呼出。当空气进入支气管以下部位时，气流速度逐渐减慢，多呈层流状态，易使气体中所含药物细粒沉积。药物进入呼吸系统的分布还与呼吸量及呼吸频率有关，通常粒子的沉积率与呼吸量成正比而与呼吸频率成反比。吸入呼吸道的微粒沉积受重力沉降、惯性嵌入和布朗运动三种作用的影响。

（2）微粒的大小　粒子大小是影响药物能否深入肺泡囊的主要因素。较粗的微粒大部分落在上呼吸道黏膜上，因而吸收慢；如果微粒太细，则进入肺泡囊后大部分由呼气排出，而在肺部的沉积率也很低。通常吸入气雾剂的微粒大小以在0.5～5μm范围内最适宜。《中国药典》2020年版四部制剂通则规定吸入气雾剂的雾粒或药物微粒的粒度大小应控制在10μm以下，其中大多数应小于5μm。

（3）药物的性质　吸入的药物最好能溶解于呼吸道的分泌液中，否则成为异物，对呼吸道产生刺激。药物从肺部吸收是被动扩散，吸收速率与药物的分子量及脂溶性有关。小分子化合物吸收快，而分子量大的糖、酶、高分子化合物等，难以由肺泡囊吸收；脂溶性药物吸收速度也快；吸湿性大药物，因微粒通过湿度很高的呼吸道时会聚集而妨碍吸收。

答案解析

即学即练

吸入气雾剂中药物的主要吸收部位是（　　）

A. 口腔　B. 气管　C. 肺泡　D. 咽喉　E. 鼻黏膜

二、气雾剂的组成

气雾剂是由抛射剂、药物与附加剂、耐压容器和阀门系统所组成。抛射剂与药物（必要时加附加剂）一同装封在耐压容器内，器内产生压力（抛射剂气体），若打开阀门，则药物、抛射剂一起喷出而形成气雾。雾滴中的抛射剂进一步汽化，雾滴变得更细。雾滴的大小决定于抛射剂的类型、用量、阀门和揿钮的类型，以及药液的黏度等。

（一）抛射剂

抛射剂是喷射药物的动力，有时兼有药物的溶剂作用。抛射剂多为液化气体，在常压下沸点低于室温。因此，需装入耐压容器内，由阀门系统控制。在阀门开启时，借抛射剂的压力将容器内药液以雾状喷出达到用药部位。抛射剂的喷射能力直接受其种类和用量的影响，同时也要根据气雾剂用药目的和要求加以合理的选择。对抛射剂的要求：①在常温下的蒸气压大于大气压。②无毒、无致敏反应和刺激性。③惰性，不与药物等发生反应。④不易燃、不易爆炸。⑤无色、无臭、无味。⑥价廉易得。但一个抛射剂不可能同时满足以上各个要求，应根据用药目的适当选择。

1. 抛射剂的分类　主要种类有氟氯烷烃类、氢氟烷烃类、碳氢化合物、压缩气体及二甲醚。

（1）氟氯烷烃类　又称氟利昂（Freon），其特点是沸点低，常温下蒸气压略高于大气压，易控制，性质稳定，不易燃烧，液化后密度大，无味，基本无臭，毒性较小，不溶于水，可作脂溶性药物的溶剂。常用的有F_{11}（CCl_3F）、F_{12}（CCl_2F_2）和F_{114}（$CClF_2-CClF_2$）。氟利昂的性质做抛射剂比较理想，但由于其对大气臭氧层的破坏，国际有关组织已要求停用。

（2）氢氟烷烃类（HFA） 氢氟烷烃类为饱和烷烃，极性小，无毒，在常温下是无色无臭的气体，具有较高蒸气压，不易燃易爆，不破坏大气臭氧层，已成为氟氯烷烃类的主要代用品。常用的有四氟乙烷（HFA 134a）和七氟丙烷（HFA 227）。由于此类抛射剂化学稳定性较差，极性比氟氯烷烃小，故传统的以氟氯烷烃为抛射剂的气雾剂在替换为 HFA 时，应根据药物与辅料在氢氟烷烃中的溶解度，重新筛选处方和制订工艺。

（3）二甲醚（DME） 二甲醚在常温常压下为无色、具有轻微醚味的气体，可溶于水、醇、乙醚和丙酮。DME 常温下惰性，不易自动氧化，无腐蚀性，无致癌性，对大气臭氧层无破坏；对极性和非极性物质均有良好溶解性能，在气雾剂处方中兼具溶剂和抛射剂的作用。但因其易燃、易爆、制冷产生的刺激性等缺点，其应用受到一定限制。

（4）压缩气体类 主要有二氧化碳、氮气和一氧化氮等，化学性质稳定，不与药物发生反应，不燃烧。但液化后的沸点很低，常温时蒸气压过高，对容器耐压性能要求高。若在常温下充入此类非液化压缩气体，则压力容易迅速降低，达不到持久喷射的效果，因而在吸入气雾剂中不常用，主要用于喷雾剂。

（5）碳氢化合物类 主要有丙烷、正丁烷、异丁烷。此类抛射剂虽然稳定，毒性不大，密度低及沸点低，但易燃、易爆，不宜单独使用，可与其他抛射剂合用。

2. 抛射剂的用量 气雾剂的喷射能力决定于抛射剂的用量及其蒸气压。一般说，用量大，蒸气压高，喷射能力强，反之则弱。根据医疗要求选择适宜抛射剂的组分及用量。一般多采用混合抛射剂，并通过调整用量和蒸气压来达到调整喷射能力的目的。

（二）药物与附加剂

1. 药物 供制备气雾剂的药物有液体、半固体或固体粉末。目前临床上应用较多的主要是呼吸道系统用药（如支气管扩张剂、糖皮质激素类）、心血管系统用药、解痉药及烧伤用药等，近年来多肽类药物的气雾剂研究也逐渐增多。

2. 附加剂 为保证气雾剂的稳定性、有效性和安全性，根据需要常在处方中加入适宜的附加剂。在溶液型气雾剂中可加入乙醇、丙二醇等作潜溶剂，使药物与抛射剂均匀混合成均相溶液。在混悬型气雾剂有时加固体润湿剂如滑石粉、胶体二氧化硅等，以使药物微粉易分散混悬于抛射剂中；或加入适量低 HLB 的表面活性剂（如三油酸山梨坦、司盘 85）及高级醇类（如月桂醇），使药物不聚集和重结晶，在喷雾时不会阻塞阀门。在乳剂型气雾剂常加入聚山梨酯类、司盘类等作乳化剂。

此外，可根据药物性质和剂型的特点还可添加抗氧剂、矫味剂、防腐剂等附加剂。

（三）耐压容器

气雾剂的容器必须不与药物和抛射剂起作用、耐压（有一定的耐压安全系数）、轻便、价廉等。耐压容器有金属容器和玻璃容器，玻璃容器较常用。

1. 玻璃容器 化学性质稳定，但耐压和耐撞击性差。因此，在玻璃容器外面裹一层塑料防护层，以弥补这种缺点。

2. 金属容器 包括铝、马口铁、不锈钢等容器，其耐压性强，易于机械化生产，但价格较贵，成本较高，对药液不稳定，需内涂聚乙烯或环氧树脂等。

（四）阀门系统

气雾剂的阀门系统，是控制药物和抛射剂从容器喷出的主要部件，其中设有供吸入用的定量阀门，或供腔道或皮肤等外用的泡沫阀门等特殊阀门系统。阀门系统坚固、耐用和结构稳定与否，直接影响到制剂的质量。阀门系统一般由封帽、阀杆（包含内孔和膨胀室）、橡胶封圈、弹簧、定量杯（室）、浸入管和推动钮等组成（图 15－1～图 15－3）。

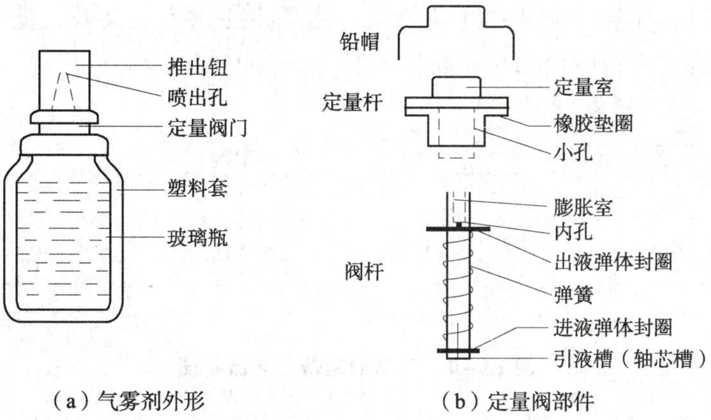

图 15－1　气雾剂的定量阀门系统装置外形及部件示意图

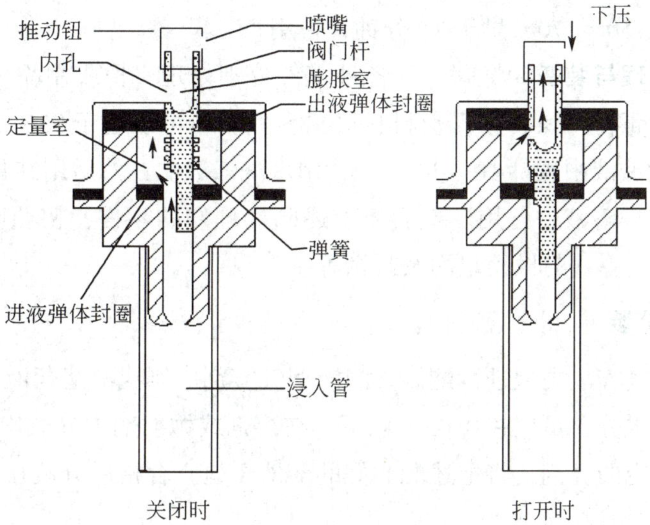

图 15－2　有浸入管的气雾剂阀门系统结构示意图

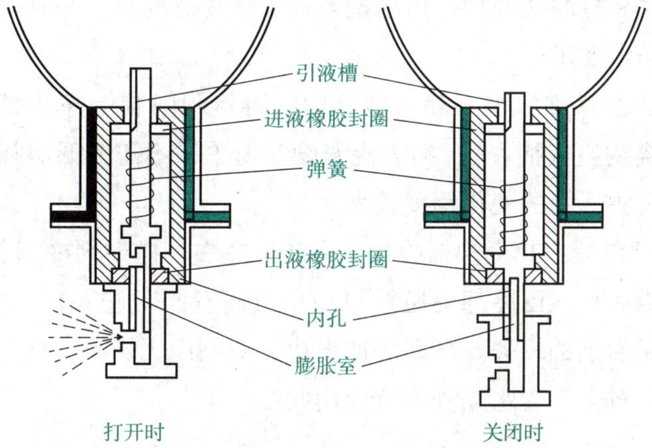

图 15－3　无浸入管的气雾剂阀门启闭示意图

三、气雾剂的制备

气雾剂应在规定的洁净环境条件下进行制备，通常不低于D级。各种用具、容器等需用适宜的方法清洁、灭菌，整个操作过程应注意防止微生物污染，灌装室必须安装高效过滤器，对尘埃粒子、微生物、换气次数、温度、湿度进行监控。气雾剂制备工艺流程见图15－4。

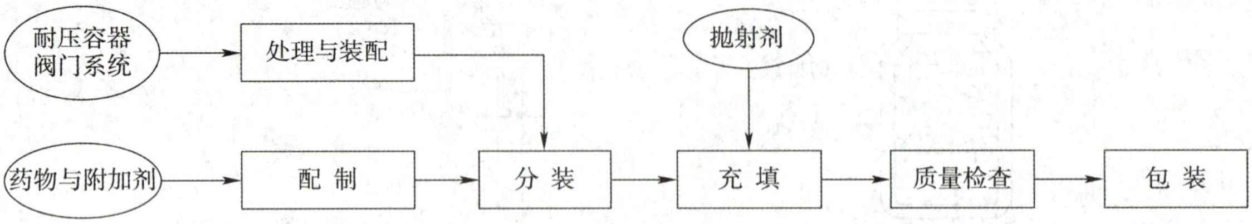

图15－4 气雾剂制备工艺流程图

（一）容器与阀门系统的处理与装配

1. 玻璃搪塑 先将玻璃瓶洗净烘干，预热至120～130℃，趁热浸入塑料黏浆中，使瓶颈以下黏附一层塑料浆液，倒置，在150～170℃烘干15分钟，备用。

2. 容器阀门系统的处理与装备 将阀门的各种零件分别处理。橡胶制品可在75%乙醇溶液中浸泡24小时，以除去色泽并消毒，干燥备用；塑料、尼龙零件洗净可浸泡于95%乙醇溶液中备用；不锈钢弹簧在1%～3%氢氧化钠碱液中煮沸10～30分钟，用水洗涤数次，然后用纯化水洗涤2～3次，直至无油腻为止，浸泡于95%乙醇溶液中备用。最后将上述已处理好的零件，按照阀门结构装配，定量室与橡胶垫圈套合，阀门杆装上弹簧与橡胶垫圈及封帽等。

（二）药物的配制与分装

按处方组成及要求的气雾剂类型进行配制。溶液型气雾剂应制成澄清药液；混悬型气雾剂的药物应微粉化并保持干燥状态，水分含量应在0.03%以下，在溶剂或抛射剂中分散均匀，稳定性好；乳剂型气雾剂应乳化完全、制成稳定的乳剂。将上述配制好的药液经检查合格后分装在已准备好的容器内，安装阀门，轧紧封帽。

（三）抛射剂的填充 微课

抛射剂的填充有压灌法和冷灌法两种。由于抛射剂大多易燃易爆，故在车间的墙壁、插座、开关和灯具等设计上，均需符合防爆要求。

1. 压灌法 先将配好的药液在室温下灌入容器内，再将阀门装上并轧紧，然后通过压装机压入定量的抛射剂（最好先将容器内空气抽去）。本法所需设备简单，不需要低温操作，抛射剂损耗较少。但生产速度较慢，且使用过程中压力的变化幅度较大。

2. 冷灌法 药液借冷灌装置中热交换器冷却至－20℃左右，抛射剂冷却至沸点以下至少5℃。先将冷却的药液灌入容器中，随后加入已冷却的抛射剂（也可两者同时进入），立即将阀门装上并轧紧。本法操作必须迅速，以减少抛射剂的损失。冷灌法速度快，对阀门无影响，成品压力较稳定。但需制冷设备和低温操作，抛射剂损失较多。含水品种不宜使用此法。

四、气雾剂的质量评价

气雾剂的质量评价按照《中国药典》2020 版第四部制剂通则 0113 规定项目和方法进行，除另有规定外，气雾剂应进行以下相关检查。

1. 递送剂量均一性　定量气雾剂照吸入制剂（通则 0111）相关项下方法检查，递送剂量均一性应符合规定。

2. 每瓶总揿次　定量气雾剂照吸入制剂（通则 0111）相关项下方法检查，每罐（瓶）总揿次应符合规定。

3. 每揿主药含量　定量气雾剂每揿主药含量照气雾剂项下方法进行检查，每揿主药含量应为每揿主药含量标示量的 80% ~120% 。

4. 喷射速率　非定量气雾剂照气雾剂项下方法检查，喷射速率应符合规定。

5. 喷出总量　非定量气雾剂照气雾剂项下方法检查，每罐喷出量均不得少于标示装量的 85% 。

6. 每揿喷量　定量气雾剂照气雾剂项下方法检查，除另有规定外，均为标示喷量的 80% ~120% 。凡进行每揿递送剂量均一性检查的气雾剂，不再进行每揿喷量检查。

7. 粒度　除另有规定外，混悬型气雾剂应作粒度检查。具体检查方法照气雾剂项下方法进行，应符合各品种项下的规定。

8. 装量　非定量气雾剂照最低装量检查法（通则 0942）检查，应符合规定。

9. 无菌　除另有规定外，用于烧伤（除程度较轻的烧伤）、严重创伤或临床必需无菌的气雾剂，照无菌检查法（通则 1101）检查，应符合规定。

10. 微生物限度　应符合规定。

另气雾剂还应进行泄漏检查，以确保使用安全。

处方解析 15 -1：异丙托溴铵气雾剂

【处方】

异丙托溴铵	0. 37g	主药
无水乙醇	150. 00g	潜溶剂
HFA -134α	844. 59g	抛射剂
枸橼酸	0. 04g	pH 调节剂
纯化水	5. 00g	稳定剂
共制	1000g	

【制法】将处方量的异丙托溴铵和枸橼酸溶解在纯化水与无水乙醇组成的混合液体中；将配制好的药液分装于气雾剂容器中，容器上部空间用 HFA -134α 蒸气填充，并安装上阀门系统密封；用压灌法将抛射剂 HFA -134α 充填于密闭耐压容器中，即得。

【解析】异丙托溴铵气雾剂用于慢性阻塞性支气管炎伴或不伴有肺气肿、轻到中度支气管哮喘。本品为溶液型气雾剂，为增加主药的溶解度，加入无水乙醇作潜溶剂。异丙托溴铵为一水合物，少量纯化水可降低药物因脱水引起的分解。枸橼酸调节 pH 亦可抑制主药分解。本品为含水制剂，故采用压灌法充填抛射剂。

实例分析

实例 患者，男，7岁。某年冬天偶感风寒，刚开始打喷嚏、流鼻涕、鼻塞，后咳嗽、喘息剧烈、夜不安枕，气息不畅、有喘息声。到医院就诊后，医生诊断为喘息气管炎，用沙丁胺醇气雾剂进行肺部雾化治疗，每日2次，同时口服止咳平喘药和抗菌药物，患者病情逐渐好转，7天后出院。

问题 1. 作为药师你应该如何指导该患者及家属正确使用沙丁胺醇气雾剂？

2. 气雾剂贮存时需注意哪些问题？、

答案解析

任务二 粉雾剂

一、概述

粉雾剂按用途可分为吸入粉雾剂、非吸入粉雾剂和外用粉雾剂。吸入粉雾剂又称干粉吸入剂（DPI），系指固体微粉化原料药物单独或与合适载体混合后，以胶囊、泡囊或多剂量贮库形式，采用特制的干粉吸入装置，由患者吸入雾化药物至肺部的制剂，如布地奈德吸入粉雾剂。非吸入粉雾剂系指药物或与载体以胶囊或泡囊形式，采用特制的干粉给药装置，将雾化药物喷至腔道黏膜的制剂。如鲑降钙素鼻用粉雾剂，主治骨质疏松。外用粉雾剂系指药物或与适宜的附加剂灌装于特制的干粉给药器具中，使用时借助外力将药物喷至皮肤或黏膜的制剂。本项目重点介绍吸入粉雾剂。

吸入粉雾剂与气雾剂比较具有以下优点：①患者主动吸入药粉，使用方法易于掌握；②药物以胶囊或泡囊形式给药，剂量准确；③无抛射剂，既不存在因高内压高带来隐患的，亦可避免对大气环境的污染；④不含防腐剂及乙醇等溶剂，可避免对病变黏膜带来刺激；⑤药物呈干粉状，稳定性好，尤其适用于多肽和蛋白类药物给药。

吸入粉雾剂在生产与贮藏期间应符合以下规定：①吸入粉雾剂中药物粒子的大小应控制在10μm以下，其中大多数应在5μm以下；②为改善吸入粉雾剂的流动性，可加入适宜的载体和润滑剂，所有附加剂均应为生理可接受物质，且对呼吸道黏膜和纤毛无刺激性、无毒性；③胶囊型、泡囊型吸入粉雾剂应标明每粒胶囊或泡囊中的药物含量、应置于吸入装置中吸入（而非吞服）；多剂量贮库型吸入粉雾剂应标明：每瓶总吸次、每吸主药含量；④应置于凉暗处保存，有助于防止粉末的吸湿，以保持粉末的细度，分散性和良好的流动性。

二、吸入粉雾剂的组成

（一）药物与附加剂

1. 药物 药物微粉化是吸入粉雾剂的关键。采用的粉碎方法有气流粉碎、喷雾干燥、球磨粉碎、超临界粉碎、水溶胶、控制结晶等。吸入粉雾剂中药物粒子的大小应控制在10μm以下，其中大多数应在5μm以下。

2. 附加剂 药物经微粉化后，易发生聚集；粉末的荷电性和吸湿性也会对其分散造成影响。为了得到流动性和分散性良好的粉末，以保证吸入的剂量更加准确，可加入对呼吸道黏膜和纤毛无刺激性、无毒性的附加剂，如载体、润滑剂、助流剂、抗静电剂等。常用的载体物质有乳糖、木糖醇等，在吸入粉雾剂中药物附着于载体物质上，可阻止微粉化药物聚集，改善其流动性，提高机械填充时剂量的准确度。当药物剂量较小时，载体物质可以作稀释剂。

（二）干粉吸入装置

干粉吸入装置是肺部给药系统的重要组成，在吸入粉雾剂的使用中起着关键作用。近年来，随着药物制剂技术的发展，干粉吸入装置由原来靠患者的主动呼吸吸入气溶胶的单剂量被动激发给药系统发展到依靠动力驱动的多剂量主动式激发给药系统。根据干粉的计量形式，干粉吸入装置一般分为胶囊型、泡囊型和多剂量贮库型。

1. 胶囊型　其结构主要有雾化器的主体、扇叶推进器和口吸器三部分组成，内部装有可刺破胶囊的不锈钢针。使用时首先将装有极细粉的胶囊置于装置中，然后使不锈钢针刺破胶囊，通过患者主动吸气，空气由另一端进入，经过胶囊将粉末带出，并由推进器扇叶，扇动气流，将粉末分散成气溶胶后吸入患者呼吸道起治疗作用。反复操作 3～4 次，使胶囊内粉末充分吸入，以提高治疗效果。最后应清洁粉末雾化器，并保持干燥状态。此装置为单剂量给药装置，每次用前必须在装置内塞入一个胶囊，对急性哮喘发作和老年患者使用不便，且装置需要经常清理。

2. 泡囊型　其结构由转盘、底座和针头固定装置组成，转盘上装有 4 个或 8 个药物泡囊，使用时先用针头刺破 1 个泡囊的铝箔，泡囊内的药物干粉随吸气流进入肺内发挥作用。此装置为单元型多剂量给药装置，内含有多个药物泡囊，患者无需每次使用前安装载药单元，通过旋转转盘可自动转向下一个泡囊，它的防潮作用也优于胶囊型。但此给药装置含有的单元剂量有限，一般 2～3 天需要更换药物转盘。

3. 贮库型　其结构由贮库、定量装置和口器组成。药物粉末全部装于一个贮库中，通过激光打孔的转盘精确定量，使用时旋转底座，药物即由贮库中分散出一定剂量经由口器给予患者吸入。口器部分的内部结构采用了独特的双螺旋通道，气流在局部产生湍流，以利于药物颗粒的分散，增加了小粒子的输出量和肺部沉积药量。该装置可免除多次填装药物的麻烦，但给药剂量的准确性、均一性及贮库中药物的稳定性不如泡囊型给药装置。由于储药室位于装置的底座一端，使用时必须垂直（口器向上）旋转。

目前还有一类干粉吸入装置，患者在吸入干粉时，不是借助呼吸气流，是利用外加能量（如压缩空气或电机驱动的涡轮或利用电压等）来分散或传递药物的主动吸入装置，实现了药物的准确定量传递与呼吸气流和呼吸频率无关的设计要求。使用此类装置对患者的协调性要求较低，患者无需用力吸气。

三、吸入粉雾剂的质量评价

吸入粉雾剂在生产与贮存期间应符合《中国药典》2020 年版四部（通则 0111）的有关规定。除另有规定，吸入粉雾剂应进行以下相应检查。

1. 递送剂量均一性　照 2020 年版《中国药典》吸入粉雾剂项下规定的方法检查，应符合规定。

2. 微细粒子剂量　照吸入制剂微细粒子空气动力学特性测定法（《中国药典》2020 年版通则 0951）检查，应符合规定。

3. 多剂量吸入粉雾剂总吸次　在设定的气流下，将吸入剂揿空，记录揿次，不得低于标示的总揿次（该检查可与递送剂量均一性测定结合）。

4. 微生物限度 除另有规定外，照微生物限度检查：微生物计数法（2020 年版《中国药典》通则 1105）和控制菌检查法（《中国药典》2020 年版通则 1106）及非无菌药品微生物限度标准（《中国药典》2020 年版通则 1107）检查，应符合规定。

任务三 喷雾剂

一、概述

（一）概念

喷雾剂系指原料药物或与适宜辅料填充于特制的装置中，使用时借助手动泵的压力、高压气体、超声振动或其他方法将内容物呈雾状物释出，直接喷至腔道黏膜或皮肤等的制剂。如人干扰素 α2b 喷雾剂。

吸入喷雾剂系指通过预定量或定量雾化器产生供吸入用气溶胶的溶液、混悬液或乳液。使用时借助手动泵的压力、高压气体、超声振动或其他方法将内容物呈雾状物释出，可使一定量的雾化液体以气溶胶的形式在一次呼吸状态下被吸入。

鼻用喷雾剂系指由原料药物与适宜辅料制成的澄明溶液、混悬液或乳状液，供喷雾器雾化的鼻用液体制剂。

（二）分类

1. 按内容物组成 喷雾剂分为溶液型、乳状液型或混悬型。

2. 按用药途径 喷雾剂可分为吸入喷雾剂、鼻用喷雾剂及用于皮肤、黏膜的非吸入喷雾剂。

3. 按给药定量与否 喷雾剂还分为定量喷雾剂和非定量喷雾剂。

（三）喷雾剂的特点

1. 主要优点 ①药物呈细小雾滴能直达病灶，局部浓度高，起效迅速；②不含抛射剂，对容器耐压性要求不高，也不污染空气；③工艺简单、成本低，使用方便；④带有新型喷雾装置的喷雾剂，其使用不受患者呼吸功能影响，适用于肺功能损伤的患者。

2. 缺点 普通喷雾装置的气雾剂随使用次数增加，容器内压力逐渐降低可影响喷出雾滴的大小及喷射剂量的恒定。药效强、安全指数小的药物不宜制成喷雾剂。

（四）喷雾剂的质量要求

1. 喷雾剂应在相关品种要求的环境配制，如一定的洁净度、灭菌条件和低温环境等。

2. 根据需要可加入溶剂、助溶剂、抗氧剂、抑菌剂、表面活性剂等附加剂，所加附加剂对皮肤或黏膜应无刺激性。

3. 喷雾剂装置中各组成部件均应采用无毒、无刺激性、性质稳定、与原料药物不起作用的材料制备。

4. 溶液型喷雾剂的药液应澄清；乳状液型喷雾剂的液滴在液体介质中应分散均匀；混悬型喷雾剂应将原料药物细粉和附加剂充分混匀、研细，制成稳定的混悬液。

5. 除另有规定外，喷雾剂应避光密封贮存。

二、喷雾装置

喷雾剂的喷雾装置主要由喷射装置和容器两部分组成。各组成部件均应采用无毒、无刺激性、性质稳定、与原料药物不起作用的材料制备。普通喷雾剂的喷射装置是类似气雾剂中的阀门系统（手动泵），主要由泵杆、支持体、密封垫、固定杯、弹簧、活塞、泵体、弹簧帽、活动垫或舌状垫及浸入管等基本元件组成（图 15－5）。手动泵采用的材料多为聚丙烯、聚乙烯、不锈钢弹簧及钢珠。该系统是采用手压触动器产生压力，仅需很小的触动力即可使喷雾器内含药液以所需形式释放至全喷量，使用方便，适宜范围广。喷雾剂常用的容器有塑料瓶和玻璃瓶两种，前者一般由不透明的白色塑料制成，质轻但强度较高，便于携带；后者一般由不透明的棕色玻璃制成，强度略差。

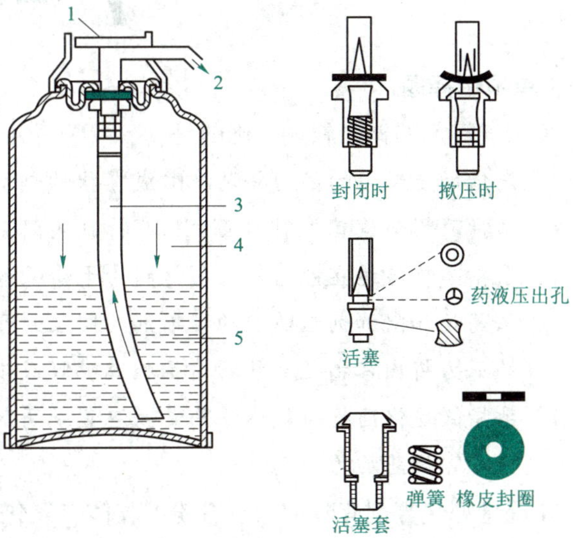

图 15－5　普通喷雾剂非定量阀门系统结构示意图
1-揿压处；2-出气管；3-导管；4-压缩气体；5-药液

新型的喷雾装置与普通喷射装置相比，采用喷射式雾化、超声波雾化等技术大大提高了雾化传递效率，治疗时患者平静呼吸即可，不需要调整呼吸配合吸入，使用方便，适用于儿童或呼吸功能障碍的患者。对于不稳定的药物溶液，还可以封装在一种特制的安瓿中，在使用前打开安瓿瓶，装上一种安瓿泵，即可进行喷雾给药。

三、喷雾剂的质量评价

《中国药典》（2020 年版）四部通则指出，除另有规定外，喷雾剂应进行以下相应检查：每瓶总喷次、每喷喷量、每喷主药含量、递送剂量均一性、微细粒子剂量、装量差异、装量、无菌、微生物限度，并符合各项检查规定。

处方解析 15－2：莫米松喷雾剂

【处方】

莫米松糠酸酯	3g	主药
聚山梨酯 80	适量	润湿剂
注射用水	适量	分散介质
共制	6000ml	

【制法】将处方量的莫米松糠酸酯与适量聚山梨酯 80 充分研磨均匀至糊状物；加水至 100ml，灌装于喷雾瓶中。

【解析】本品为混悬型喷雾剂，用于鼻腔给药。每次使用前应充分振摇。每揿可喷射莫米松糠酸酯混悬液 0.1ml，含莫米松糠酸酯 50μg。莫米松糠酸酯是一种皮质激素类抗变态反应药，用于治疗季节性或成年鼻炎，对过敏性鼻炎有较好的预防作用。处方中的聚山梨酯 80 是主要的润湿剂，有利于莫米松糠酸酯分散均匀。

答案解析

目标检测

一、单项选择题

1. 关于气雾剂的概念叙述正确的是（　　）

A. 是借助手动泵的压力将药液喷成雾状的制剂

B. 系指药物与适宜抛射剂装于具有特制阀门系统的耐压容器中而制成的制剂

C. 系指药物与适宜抛射剂采用特制的干粉吸入装置，由患者主动吸入雾化药物的制剂

D. 系药物和附加剂与适宜的抛射剂共同装封于具有特制阀门系统的耐压容器中，使用时借助抛射剂的压力将内容物呈雾状物喷至腔道黏膜或皮肤的制剂

E. 系指微粉化药物与载体以胶囊、泡囊或高剂量储库形式，采用特制的干粉吸入装置，由患者主动吸入雾化药物的制剂

2. 在混悬型气雾剂有时加入滑石粉、胶体二氧化硅等的作用是（　　）

A. 潜溶剂　　B. 润湿剂　　C. 乳化剂

D. 抗氧剂　　E. 防腐剂

3. 奏效速度可与静脉注射相媲美的剂型是（　　）

A. 栓剂　　B. 软膏剂　　C. 气雾剂

D. 膜剂　　E. 滴丸

4. 抛射剂是气雾剂喷射药物的动力，有时兼有的作用是（　　）

A. 药物溶剂　　B. 防腐剂　　C. 乳化剂

D. 起泡剂　　E. 润湿剂

5. 气雾剂制备应在规定的洁净环境下进行，通常不低于（　　）洁净级环境。

A. A 级　　B. B 级　　C. C 级

D. D 级　　E. E 级

6. 粉雾剂按用途分类，不包括（　　）。

A. 吸入粉雾剂　　B. 干粉吸入剂　　C. 非吸入粉雾剂

D. 外用粉雾剂　　E. 内服粉雾剂

7. 吸入粉雾剂中药物粒子的大小应控制在（　　）以下。

A. 1μm　　B. 5μm　　C. 10μm

D. 20μm　　E. 50μm

8. 粉雾剂质量评价应进行的检查项目不包括（　　）。

A. 递送剂量均一性　　B. 微细粒子剂量　　C. 喷射速率

D. 总吸次　　E. 微生物限度

9. 借助手动泵的压力，使药液成雾状的制剂是（　　）

A. 气雾剂　　B. 粉雾剂　　C. 注射剂

D. 搽剂　　E. 喷雾剂

10. 喷雾剂的优点不包括（　　）

A. 药物呈细小雾滴能直达病灶，起效迅速

B. 不含抛射剂，对容器耐压性要求不高

C. 工艺复杂、成本高

D. 借助手动泵内容物呈雾状物释出，不污染空气

E. 使用新型喷雾装置不受患者呼吸功能影响

二、多项选择题

1. 对于气雾剂的特点的叙述正确的是（　　）

A. 具有速效和定位作用

B. 可以用定量阀门准确控制剂量

C. 使用操作复杂，老人、儿童不宜使用

D. 药物能避免胃肠道的破坏和肝脏首过作用

E. 容器不透光、不透水，能增加药物的稳定性

2. 对于气雾剂的缺点的叙述正确的是（　　）

A. 患者不容易规范操作，无法正确使用

B. 生产成本较高

C. 受伤皮肤上可引起不适与刺激

D. 遇热或受撞击后易发生爆炸

E. 可递送大剂量药物

3. 下列气雾剂类型属于按分散系统分类的是（　　）

A. 溶液型气雾剂　　B. 混悬型气雾剂　　C. 乳剂型气雾剂

D. 粉末气雾剂　　E. 两相气雾剂

4. 下列是气雾剂组成的有（　　）

A. 药物与附加剂　　B. 抛射剂　　C. 耐压容器

D. 阀门系统　　E. 胶塞

5. 气雾剂质量评价应进行的检查项目有（　　）。

A. 每瓶总揿次　　B. 每揿主药含量　　C. 喷射速率

D. 喷出总量　　E. 每揿喷量

6. 吸入粉雾剂与气雾剂比较，具有的优点有（　　）

A. 患者主动吸入药粉，使用方法较难掌握

B. 药物以胶囊或泡囊形式给药，剂量准确

C. 无抛射剂，不存在因高内压高带来的隐患

D. 不含防腐剂，可避免对病变黏膜带来刺激

E. 药物稳定性好，适用于多肽和蛋白类药物给药

7. 吸入粉雾剂组成的有（　　）

A. 药物与附加剂　　B. 抛射剂　　C. 吸入装置

D. 阀门系统　　E. 胶塞

8. 吸入粉雾剂的吸入装置类型有（　　）

A. 粉末型　　B. 胶囊型　　C. 包衣型

D. 泡囊型　　E. 多剂量贮库型

9. 喷雾剂按用药途径分类包括（　　）

A. 吸入喷雾剂　　B. 鼻用喷雾剂　　C. 皮肤喷雾剂

D. 耳用喷雾剂　　E. 黏膜喷雾剂

10. 喷雾剂质量评价应进行的检查项目包括（　　）

A. 递送剂量均一性　　B. 微细粒子剂量　　C. 每瓶总喷次

D. 粒度　　E. 微生物限度

三、综合问答题

1. 抛射剂有何作用？常用的是哪些？
2. 简述气雾剂的制备工艺流程。
3. 喷雾剂与气雾剂比较，有哪些优点？

四、实例分析题

盐酸异丙肾上腺素气雾剂

【处方】	盐酸异丙肾上腺素	2.5g
	维生素 C	1.0g
	乙醇	296.5g
	F12	适量
	制成	1000g

问题　1. 按分散系统分类，请问本品为那种类型气雾剂？

2. 处方中各种成分的作用是什么？

3. 请设计制备工艺？

书网融合……

重点回顾　　微课　　习题

（刘增智　李忠文）

项目十六 眼用制剂

PPT

学习引导

容某，男，40 岁，在某公共游泳池连续游泳健身几日后，出现了眼痒、畏光、流泪、眼部有异物感、眼睛发红等症状。医院眼科医师诊断为细菌性急性结膜炎，建议其使用氧氟沙星滴眼液和氧氟沙星眼膏进行治疗。容某遵医嘱白天多次滴眼药水，夜晚睡前涂抹眼膏，一周后病情好转。滴眼剂和眼膏剂作为常用的眼用制剂其概念和特点是什么？如何进行制备和质量评价？

本项目主要介绍滴眼剂、眼膏剂的概念、特点、质量要求、附加剂的种类、制备方法及质量检查。

学习目标

1. **掌握** 滴眼剂与眼膏剂的概念、特点、眼用制剂的质量要求。
2. **熟悉** 滴眼剂附加剂和眼膏剂的基质的种类；滴眼剂与眼膏剂的制备工艺与制法要求。
3. **了解** 滴眼剂与眼膏剂的质量检查、眼部药物的吸收及影响因素。

任务一 眼用制剂概述

一、定义、分类与作用

眼用制剂是指直接用于眼部发挥治疗作用的无菌制剂。眼用制剂可分为眼用液体制剂（滴眼剂、洗眼剂、眼内注射溶液等）、眼用半固体制剂（眼膏剂、眼用乳膏剂、眼用凝胶剂等）、眼用固体制剂（眼膜剂、眼丸剂、眼内插入剂等）。眼用液体制剂也可以固态形式包装，另备溶剂，在临用前配成溶液或混悬液。

眼用制剂直接作用于眼部主要发挥消炎、杀菌、散瞳、降低眼压、局部麻醉等局部作用，也有经眼部吸收进入体循环发挥全身作用的制剂。

二、眼部药物吸收

（一）药物眼部吸收途径

眼用制剂局部给药后，眼部黏膜吸收药物主要经过角膜和结膜两条途径。

1. 角膜途径 绝大多数药物借助毛细管力、扩散力、眨眼反射等方式与角膜表面接触并渗入角膜，透过角膜至前房，再进入虹膜和睫状肌，发挥局部治疗作用。

2. 结膜途径 药物也可通过结膜、巩膜转运至眼球后部，对睫状肌、脉络膜、视网膜发挥作用。但由于结膜渗透性较强，药物可经结膜血管网进入体循环，致使在眼球内不能达到有效浓度，还有可能引起全身性不良反应。如临床应用噻吗咯尔滴眼剂后可产生心动过缓、房室传导阻滞、血压下降、支气管痉挛等不良反应。

药物应用滴入方式给药很难到达眼后部的作用靶点，可将其注射入结膜下或眼较后部的眼球筋膜（特农氏囊），药物可通过巩膜进入眼内，对睫状体、脉络膜和视网膜发挥作用。若将药物作玻璃体内注射，则药物可对球后的神经及其他结构发挥作用。

此外，药物尚可通过眼以外的部位给药，然后分布到达眼组织。但由于血液与眼组织之间存在着血管壁和各种厚度的眼组织构成的屏障，阻止了某些药物在眼前段达到有效治疗浓度，若全身给药往往需用到中毒剂量才能达到有效治疗浓度。因此，作用于眼部的药物，多数情况下仍以局部应用为好。

（二）药物眼部吸收特点

药物通过眼黏膜吸收，有许多优点：①与注射给药相比，眼部给药同样有效，且眼部给药方便、简单、经济，患者易于接受；②经眼部吸收的药物可避免肝脏的首过效应；③眼部组织与其他组织或器官相比，对于免疫反应不敏感；适用于蛋白质类、肽类药物，这些药物往往口服吸收不理想。

药物通过眼部吸收存在的缺点：①如果药物有刺激性，不仅会损伤眼组织，而且会引起流泪，使药物稀释；②眼部用药流失量大，眼部容量小（一般仅有 7μl）；③常用的滴眼剂在眼部滞留时间短影响药效，而眼膏剂可至视线障碍。

三、影响药物眼部吸收的因素

1. 药物从眼睑缝隙的损失 人结膜囊内泪液容量约为 7μl，若不眨眼可容纳约 30μl。一般一滴滴眼液为 50～75μl，估计约 70% 的药液从眼溢出而造成损失；若眨眼药液的损失将达到 90%。因此，增加滴药次数，有利提高主药的利用率。

2. 药物外周血管消除 眼用制剂的刺激性较大时，可使结膜的血管和淋巴管扩张，增加了药物从外周血管的消除，并有可能引起全身性不良反应。应尽量减少药用制剂的刺激性，减少药物的外周血管消除。

3. 药物的脂溶性与解离度 角膜的化学组成为脂肪－水－脂肪三层。因此两相都能溶解的药物较易透过角膜，完全解离或完全不解离的药物不能透过完整的角膜。生物碱类药物在泪液 pH 为 7.4 环境中，其分子态与离子态共存，易于透过角膜。

而当角膜有某种程度的损伤时，药物的透过可发生很大的改变，通透性将大大增加。

4. 刺激性 刺激性较大在增加了药物从外周血管的消除的同时能使泪液分泌增多，泪液不仅将药物浓度稀释，而且增加了药物流失，从而影响药物的吸收利用，降低药效。

5. 表面张力 滴眼剂的表面张力愈小，愈有利于泪液与滴眼剂的充分混合，也有利于药物与角膜上皮层接触，使药物容易渗入。适量的表面活性剂能显著增加某些药物的角膜渗透性。

6. 药物眼部滞留时间 增加黏度可延长滴眼剂中的药物与角膜的接触时间，从而有利于药物的眼部吸收，同时减低药物的刺激性。使用能延长药物眼部滞留时间的剂型，如眼膏剂、眼膜剂以及含纳米粒、脂质体、微乳等贮库剂型均能增加药物的角膜透过率，提高治疗效果。

四、质量要求

眼用制剂在生产与贮藏期间应符合下列有关规定。

1. 眼用制剂一般可采用溶解、乳化、分散等方法制备。

2. 滴眼剂中可加入调节渗透压、pH、黏度及增加原料药物溶解度和制剂稳定性的辅料，所用辅料不应降低药效或产生局部刺激。

3. 除另有规定外，滴眼剂应与泪液等渗，并进行渗透压摩尔浓度测定。混悬型滴眼剂的沉降物不应结块或聚集，经振摇应易再分散，并应检查沉降体积比。除另有规定外，滴眼剂每个容器的装量应不超过10ml。

4. 洗眼剂属用量较大的眼用制剂，应基本与泪液等渗并具相近的pH。除另有规定外，洗眼剂每个容器的装量应不超过200ml。

5. 多剂量眼用制剂一般应加适当的抑菌剂，尽量选用安全风险小的抑菌剂，产品标签应标明抑菌剂种类和标示量。

6. 眼内注射溶液、眼内插入剂、供外科手术用和急救的眼用制剂，均不得加抑菌剂或抗氧剂或不适当的附加剂，且应采用一次性使用包装。

7. 包装容器应无菌、不易破裂，其透明度应不影响可见异物检查。

8. 眼用制剂应遮光密封贮存，启用后最多可使用4周。

即学即练

答案解析

除另有规定外，下列有关滴眼剂质量要求的叙述正确的是（　　）

A. 应与泪液等渗　　B. 一般应加适当的抑菌剂

C. 每个容器的装量应不超过10ml　　D. 溶液型滴眼剂应检查沉降体积比

E. 启用后最多可使用4周

任务二　滴眼剂

一、滴眼剂基础知识

（一）概念

1. 滴眼剂　系指由原料药物与适宜辅料制成的供滴入眼内的无菌液体制剂。可分为溶液、混悬液或乳状液。通常以水为溶剂，极少用油。滴眼剂用于眼黏膜，每次用量一般1～2滴，主要发挥消炎、杀菌、散瞳、降低眼压、治疗白内障、诊断以及局部麻醉等作用。

2. 洗眼剂　系指由原料药物制成的无菌澄明水溶液，供冲洗眼部异物或分泌液、中和外来化学物质的眼用液体制剂。如生理氯化钠溶液，2%硼酸溶液等。

3. 眼内注射溶液　系指由原料药物与适宜辅料制成的无菌液体，供眼周围组织或眼内注射的无菌眼用液体制剂。可用于结膜下、球后、前房及玻璃体内注射等局部给药，提高眼内的药物浓度，增加疗效。

滴眼剂是最常用的眼用液体制剂，本任务重点介绍滴眼剂。

知识链接

滴眼剂的安全使用

滴眼剂使用前，应仔细阅读药品说明书，并且查看药品有无异常，如重组人干扰素α2b滴眼液如出现浑浊、异物等异常现象，则不得使用。混悬剂型的滴眼剂，如醋酸可的松滴眼液，用前要摇匀。滴眼剂使用前要洗净双手，将头部尽量后仰或平躺，将药液滴在结膜囊内，一次1～2滴即可；滴药时勿使滴管口触及眼睑或睫毛，以免污染；滴后轻轻闭眼1～2分钟；有全身反应的药物，如阿托品、毛果芸香碱等，点眼后还应用手指轻轻按压眼内眦，以防药液经鼻泪管流入口腔而引起不适。如需使用2种以上的滴眼液时，间隔时间应在5分钟以上，原则上，希望发挥最大效果的眼药应后滴。

保质期内的滴眼剂开封后超过1个月未用完也不能继续使用。而生物药物如重组人干扰素α2b、重组人表皮生长因子滴眼剂，开启后的保质时间在1周左右，且需2～8℃冷藏保存。

（二）质量要求

详见任务一眼用制剂质量要求中有关滴眼剂的具体要求。

二、滴眼剂的附加剂

（一）pH调节剂

正常眼可以耐受的pH范围是5.0～9.0。为了保证药物的稳定性、避免过强的刺激性，可选用适当的缓冲液作眼用溶剂，可使滴眼剂的pH稳定在一定范围内。

1. 硼酸盐缓冲液 为将硼酸与硼砂分别配成酸性（含硼酸1.24%）和碱性（含硼砂1.91%）两种贮备液，临用时将两液按不同比例配合（加氯化钠调成等渗），可得pH为6.7～9.1的缓冲溶液。硼酸盐缓冲液能使磺胺类药物的钠盐溶液稳定而不析出结晶。适用于磺胺类药物，其钠盐在硼酸盐缓冲溶液中稳定而不析出结晶。

2. 硼酸缓冲溶液 为1.9%的硼酸溶液，pH为5。适用于盐酸可卡因、盐酸丁卡因、盐酸普鲁卡因、盐酸乙基吗啡、去氧肾上腺素（新福林）、硫酸锌等药物。

3. 磷酸盐缓冲液 将无水磷酸二氢钠和无水磷酸氢二钠分别配成酸性（含0.8%无水磷酸二氢钠）和碱性（含无水磷酸氢二钠0.947%）的贮备液，临用时两液按不同比例混合（加适量的氯化钠调节等渗）后得到pH 5.9～8.0的缓冲溶液。适用于抗生素、阿托品、麻黄碱、后马托品、毛果芸香碱、东莨菪碱等滴眼液，与硫酸锌有配伍禁忌。

（二）等渗调节剂

滴眼剂应与泪液等渗。眼球能适应的渗透压范围相当于浓度为0.6%～1.5%的氯化钠溶液，超过耐受范围就有明显的不适。低渗溶液可选用氯化钠、葡萄糖、硼酸等调成等渗，等渗的计算法与注射剂调整等渗的计算方法相同。如因治疗目的确需用高渗溶液，如30%磺胺醋酰钠滴眼剂可不加以调整。

（三）抑菌剂

一般滴眼剂采用多剂量包装形式，包装一经打开，在使用过程中无法始终保持无菌，因此需要加入适当抑菌剂。所选的抑菌剂应抑菌作用迅速，抑菌效果可靠（1 小时内能杀死对眼组织损害严重的金黄色葡萄球菌和铜绿假单胞菌）。在常用浓度范围内，抑菌剂应对眼组织无毒、无刺激性、不损伤角膜上皮，不引起过敏反应，性质稳定，可与主药和附加剂配伍用。常用的抑菌剂见表 16－1。眼用制剂标签上应标明抑菌剂种类和标示量。

表 16－1　滴眼剂常用的抑菌剂

抑菌剂	名称	作用特点	常用浓度（%）
有机汞类	硫柳汞	弱酸或弱碱溶液中抑菌效果较好	0.01～0.02
	硝酸苯汞	pH 6.0～7.5 时作用最强，与氯化钠、碘化物、溴化物有配伍禁忌	0.002～0.005
季铵盐类	苯扎氯铵 苯扎溴铵 消毒净	均为阳离子表面活性剂，抑菌力强，稳定，但配伍禁忌多，pH 小于 5 时作用减弱，遇阴离子表面活性剂或阴离子胶体化合物失效	0.01
醇类	三氯叔丁醇	常用于微酸性溶液，与碱性药物有配伍禁忌	0.35～0.5
	苯氧乙醇	对铜绿假单胞菌有特殊的抑菌力	0.3～0.6
	苯乙醇	偏酸和偏碱的溶液中稳定，与其他抑菌剂合用有良好协同作用	0.25～0.5
羟苯酯类	羟苯甲酯 羟苯乙酯 羟苯丙酯	对羟基苯甲酸甲酯、乙酯、丙酯，对真菌有较好的抑菌能力；甲酯与丙酯合用在弱酸中作用强，但某些患者感觉有刺激性	0.015～0.03
酸类	山梨酸	对霉菌有较好的抑菌力，适用于含有吐温的滴眼剂	0.15～0.2

使用单一的抑菌剂，抑菌效果常不理想；两种以上的抑菌剂联合应用可达到强效、速效的抑菌作用，如依地酸二钠能增强苯扎氯铵和三氯叔丁醇对铜绿假单胞菌的抑制作用。

（四）助悬剂与增稠剂

黏度调节剂又称增稠剂、延效剂，是一类具有黏性的亲水胶体物质，可适当增加滴眼剂的黏度（一般适宜的黏度为 4.0～5.0cPa·s），在混悬型滴眼剂中还可减慢微粒的沉降和合并速度，起助悬剂作用。常用甲基纤维素（MC）、聚乙烯醇（PVA）、聚维酮（PVP）等。增稠剂可使药物在眼内停留时间延长，同时缓和刺激性，提高药效。

（五）稳定剂、增溶剂与助溶剂

对于不稳定药物，需加抗氧剂和金属螯合剂；溶解度小的药物需加增溶剂或助溶剂；大分子药物吸收不佳时可加吸收促进剂。

实例分析

实例　混悬型醋酸可的松滴眼液可用于治疗急性和亚急性虹膜炎、交感性眼炎、单纯疱疹性角膜炎、角膜炎等。其处方组成是醋酸可的松（微晶）、聚山梨酯 80、硝酸苯汞、硼酸、羧甲基纤维素钠、注射用水。

问题　1. 请说出处方中各成分的作用？

2. 为何醋酸可的松要选用微晶？如何制得微晶？

答案解析

三、滴眼剂的制备 微课

滴眼剂的制备工艺与小容量注射剂基本相同，主药对热稳定的，采用过滤除菌和灭菌工艺制备，生产工艺流程见图 16－1。

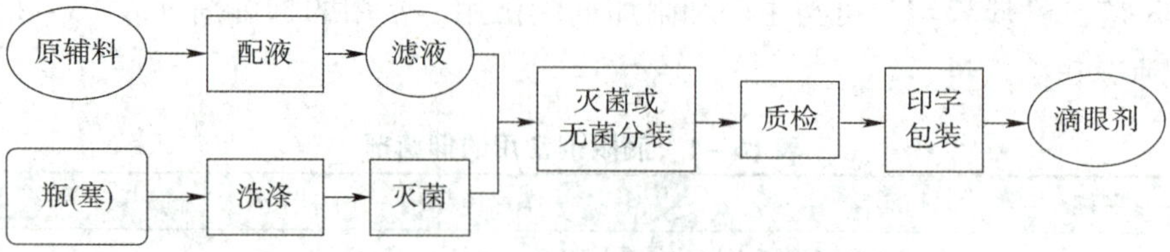

图 16－1　滴眼剂制备工艺流程图

主药不耐热的品种，全部采用无菌操作法进行制备。用于眼部手术和眼外伤的滴眼剂必须采用单剂量包装，不得添加抑菌剂。洗眼液用输液瓶包装，按输液工艺制备。

（一）包装容器的处理

滴眼剂包装容器应无菌、不易破裂，其透明度应不影响可见异物检查，目前主要有塑料瓶和玻璃瓶两种包装形式。

玻璃滴眼瓶一般为中性玻璃瓶，贮存药液稳定，以橡胶帽塞、铝盖密封，并配有滴管，可使滴眼剂保存较长时间，故易氧化药物多用玻璃瓶。玻璃滴眼瓶、塞的洗涤灭菌方法与注射剂容器的洗涤灭菌方法相同。

塑料滴眼瓶轻便、价廉、不易碎，亦常用。但塑料中的增塑剂或其他成分会溶入药液中；同时塑料瓶也会吸附某些药物，使含量降低；塑料瓶有一定的透气性，不适宜盛装对氧敏感的药物溶液。塑料滴眼瓶的洗涤可按下法进行：①切开封口，按安瓿洗涤法处理，最后用环氧乙烷气体灭菌，避菌保存备用；②在高洁净度环境中用聚烯烃塑料颗粒吹塑制成塑料瓶，检验合格后洗净再经环氧乙烷气体灭菌。

（二）药液的配制

配制滴眼剂所用器具应洗净后干热灭菌，或用杀菌剂（用 75% 乙醇配制的 0.5% 度米芬溶液）浸泡灭菌，用前再用纯化水及新鲜的注射用水洗净。

滴眼剂的原料药物应无符合注射用原料药物标准。滴眼剂常用溶剂水必须符合《中国药典》对注射用水的质量要求，在配制过程中应定期进行质量检查，合格后方可使用；注射用非水溶剂必须符合注射用标准，一般用花生油、芝麻油、橄榄油、蓖麻油等。

眼用溶液的配制多采用浓配法，即将药物、附加剂依次加入适量溶剂中溶解，配成浓溶液，必要时可加用活性炭（0.05% ~0.3%）处理，经过滤至澄明后再稀释至所需浓度，灭菌后作半成品检查。此法适用于需加热助溶的滴眼剂。也可采用稀配法，即将药物与附加剂加入所需要的溶剂中，一次配成所需要的浓度。

眼用混悬液的配制，可先将药物微粉化处理后灭菌，另取表面活性剂（如聚山梨酯 80）、助悬剂（如甲基纤维素、羧甲基纤维素）加适量注射用水配成黏稠液，再与主药用乳匀机匀化，添加注射用水至全量。

配制完成后，要进行半成品检验，包括 pH、含量等，合格后才能过滤、灭菌、分装。

（三）过滤

滴眼剂的过滤与注射剂几乎相同，经滤棒、垂熔玻璃滤球或微孔滤膜过滤至澄明。如工艺仅要求单纯除去异物时，滤膜可选用 0.8μm 孔径；如需除菌过滤，滤膜宜选用 0.22μm 孔径。

（四）无菌灌装

目前生产上均采用减压灌装设备用无菌操作法进行分装和封口，灌装封口方式随瓶（塞）的类型和生产量大小而改变。如将配制好的药液经过滤除菌后，将已洗净灭菌的滴眼空瓶，瓶口向下，排列在一平底盘中，将盘放入真空箱内，由管道将药液从贮液瓶定量地放入盘中，稍多于实际灌装量后密闭箱门，抽气并调节真空度，即可调节灌装量，瓶中空气从液面下的小口逸出，然后通入滤净的空气，恢复常压，药液即灌入滴眼瓶中，取出盘子，立刻封口并旋紧罩盖即可。一般滴眼剂，每一容器的装量，除另有规定外应为 5～8ml，不应超过 10ml。

四、滴眼剂的质量评价

（一）可见异物

除另有规定外，滴眼剂照《中国药典》（2020 年版）四部通则 0904 可见异物检查法中滴眼剂项下的方法检查，应符合规定。

（二）粒度

除另有规定外，按《中国药典》（2020 年版）四部制剂通则 0105 眼用制剂项下有关规定，对含饮片原粉的滴眼剂和混悬型滴眼剂进行粒度检查，应符合规定。

检查方法：取供试品强力振摇，立即取适量（相当于主药 10μg）置于载玻片上，涂成薄层，薄层面积相当于盖玻片面积，共涂 3 片；照粒度和粒度分布测定法（通则 0982 第一法）检查，每个图片大于 50μm 的粒子不得超过 2 个，且不得检出大于 90μm 的粒子。

（三）沉降体积比

混悬型滴眼剂沉降体积比应不低于 0.90。

（四）无菌

除另有规定外，照无菌检查法（《中国药典》（2020 年版）四部通则 1101）检查，应符合规定。

（五）其他

滴眼剂按《中国药典》（2020 年版）通则中规定的装量或最低装量检查应符合规定；水溶液型滴眼剂还应测定渗透压摩尔浓度，应符合规定。

处方解析 16－1：重组牛碱性成纤维细胞生长因子（rb－bFGF）滴眼液

【处方】

rb－bFGF	2.1×10^{6} IU	主药
人血白蛋白	0.1g	蛋白保护剂
聚乙烯醇	5g	增稠剂
氯化钠	4g	渗透压调节剂
磷酸氢二钠	0.275g	pH 调节剂

磷酸二氢钠	0.6g	pH 调节剂
注射用水	加至500ml	溶剂

【制法】①将聚乙烯醇分散于适量90℃注射用水中，在121℃热压灭菌，冷却至室温，备用；②将重组牛碱性成纤维细胞生长因子、人血白蛋白、氯化钠、磷酸氢二钠和磷酸二氢钠溶于适量注射用水中，用0.22μm的微孔滤膜过滤；③在无菌条件下将①②两步骤所得溶液混匀，用无菌注射用水定容至500ml，用0.22μm的微孔滤膜再次过滤；④收集滤液，滤液按照规格进行无菌分装。

【解析】本品适用于各种原因引起的角膜上皮缺损和点状角膜病变，复发性浅层点状角膜病变、轻中度眼干燥症、大疱性角膜炎、角膜擦伤、轻中度化学烧伤、角膜手术及术后愈合不良、地图状（或营养性）单疱性角膜溃疡等。本品为蛋白类药物，不能加热灭菌，应采用过滤除菌和无菌操作法得到符合无菌要求的滴眼液。贮藏时应避免置于高温或冰冻环境，应置于2～8℃避光保存。

任务三　眼膏剂

一、眼膏剂基础知识

（一）概念与特点

眼膏剂系指由原料药物与适宜基质均匀混合，制成溶液型或混悬型膏状的无菌眼用半固体制剂。眼膏剂较一般滴眼剂在用药部位滞留时间长，疗效持久，可减少给药次数，并能减轻眼睑对眼球的摩擦。眼膏剂的油脂性基质适用于遇水不稳定的药物，如某些抗生素。但其油腻性使在用后造成一定程度视物模糊，故多用于临睡前。

知识链接

眼用乳膏剂、眼用凝胶剂

眼用乳膏剂系指由原料药物与适宜基质均匀混合，制成乳膏状的无菌眼用半固体制剂。眼用凝胶剂系指由原料药物与适宜辅料制成的凝胶状无菌眼用半固体制剂，如小牛血去蛋白提取物眼用凝胶、硫酸阿托品眼用凝胶。

（二）质量要求

眼膏剂应均匀、细腻、无刺激性，并易涂布于眼部，便于原料药物分散和吸收。每个容器的装量应不超过5g。眼膏剂还应符合《中国药典》2020年版四部制剂通则0106眼用制剂相关规定，且粒度、金属性异物、装量差异、装量和无菌检查均应合格。

二、眼膏剂的基质

眼膏剂常用的基质是黄凡士林8份、液状石蜡1份、羊毛脂1份混合物。根据气候季节可适当增减液状石蜡的用量调节软硬度。基质中羊毛脂有表面活性作用，具有较强的吸水性和黏附性，使眼膏剂与泪液容易混合，并附着于眼黏膜上，有利于基质中药物渗入眼内。

眼膏基质应加热熔化后用适当滤材保温滤过，并在150℃干热灭菌1～2小时，备用。也可将各组分分别灭菌后使用。

三、眼膏剂的制备

眼膏剂与一般软膏剂的制备方法基本相同，但因两者应用部位和质量要求的不同，眼膏剂在制备时尚需注意以下事项。

1. 配制、灌装（灌封）等工序必须在 C 级的洁净区环境中进行，严防微生物污染。

2. 所用基质、药物、器械与包装容器等均应严格灭菌处理。配制容器、用具均需经热水、洗涤剂、纯化水反复清洗，最后用75%乙醇擦拭或干热灭菌。

3. 包装用软膏管出厂时均已灭菌密封，使用时除去外包装后，对内包装袋可采用适当方法灭菌处理。

4. 眼膏配制时，如主药易溶于水而且性质稳定的，宜先配成少量水溶液，用适量灭菌基质或灭菌羊毛脂研磨吸收后，再逐渐递加其余基质，研匀即可；若为不溶性药物应粉碎过九号筛制成极细粉，用少量的灭菌液状石蜡研匀，再逐渐递加其余基质，混合分散均匀，最后灌装于灭菌容器中，密封。

四、眼膏剂的质量评价

1. 粒度　混悬型眼膏剂需进行粒度检查。取供试品 3 个，将内容物全部挤于合适的容器中，搅拌均匀，取适量（相当于主药 10μg）置于载玻片上，涂成薄层，薄层面积相当于盖玻片面积，共涂 3 片；每个涂片中大于 50μm 的粒子不得超过 2 个（含饮片原粉的除外），且不得检出大于 90μm 的粒子。

2. 金属性异物　取供试品 10 个，分别将全部内容物置于底部平整光滑、无可见异物和气泡、直径为 6cm 的平底培养皿中，加盖。在 10 个供试品中，含金属性异物超过 8 粒者，不得过 1 个，且其总数不得过 50 粒。具体方法见详见《中国药典》2020 年版四部通则 0105 眼用制剂项下金属性异物检查法。

另外，除另有规定外，眼膏剂还应进行装量差异检查（单剂量包装）、最低装量检查（多剂量包装）、无菌检查等，均应符合规定。

处方解析 15－2：复方碘苷眼膏

【处方】

碘苷	5.0g	主药
硫酸新霉素	5.0g（500 万 U）	主药
无菌注射用水	20ml	溶剂
黄凡士林	800g	基质
羊毛脂	100g	基质
液状石蜡	100g	基质
眼膏基质	加至 1000g	基质

【制法】取碘苷、硫酸新霉素置于灭菌乳钵中，加灭菌注射用水研成细腻糊状，再按等量递加法加入灭菌后眼膏基质使成全量，研匀，无菌分装即得。

【解析】本品为抗病毒药和抗生素类药，用于纯疱疹性角膜炎、牛痘病毒性角膜炎及其他病毒、细菌感染。油脂性基质可减轻药物对角膜和结膜的刺激。本品药物与基质的比例量相差悬殊，为保证主药含量的均匀性，制备时要严格按照等量递加原则进行药物与基质的混合。

目标检测

答案解析

一、单项选择题

1. 药物通过眼黏膜吸收的优点不包括（　　）
   A. 起效迅速，使用方便，患者易于接受
   B. 可避免肝脏的首过效应
   C. 工艺简单，生产成本低
   D. 对于免疫反应不敏感
   E. 适用于蛋白质类、肽类药物
2. 药物通过眼部吸收，一般眼部容量为（　　）
   A. 1μl　B. 3 μl　C. 5 μl
   D. 7 μl　E. 9 μl
3. 眼用制剂应遮光密封贮存，启用后最多可使用（　　）。
   A. 1 周　B. 2 周　C. 4 周
   D. 6 周　E. 8 周
4. 滴眼液中用到 MC 其作用是（　　）
   A. 调节等渗　B. 调节 pH　C. 调节黏度
   D. 助悬剂　E. 助溶剂
5. 一般不用作滴眼剂的抑菌剂的是（　　）
   A. 醋酸氯己定　B. 三氯叔丁醇　C. 硫柳汞
   D. 苯扎氯铵　E. 羟苯甲酯
6. 滴眼剂的制备过程一般为（　　）
   A. 容器处理—配液—滤过—无菌分装—灭菌—质检—包装
   B. 容器处理—配液—滤过—灭菌—无菌分装—质检—包装
   C. 容器处理—灭菌—配液—滤过—质检—包装
   D. 容器处理—配液—灭菌—滤过—无菌分装—质检—包装
   E. 容器处理—配液—滤过—无菌分装—质检—包装
7. 滴眼剂灌装时，每一容器的装量应不超过（　　）
   A. 5ml　B. 8ml　C. 10ml
   D. 15ml　E. 20ml
8. 滴眼剂质量检查项目中，混悬液型滴眼剂（　　）
   A. 不得有超过 70μm 的颗粒
   B. 不得有超过 65μm 的颗粒
   C. 不得有超过 60μm 的颗粒
   D. 不得有超过 55μm 的颗粒
   E. 不得有超过 90μm 的颗粒

9. 眼膏剂常用基质凡士林、羊毛脂和液状石蜡比例为（　　）
A. 1:8:1　　B. 8:1:1　　C. 1:1:1
D. 4:2:1　　E. 1:2:4

10. 下列关于眼膏剂质量要求的说法不正确的为（　　）
A. 眼膏剂应均匀、细腻、无刺激性，易涂布于眼部
B. 每个容器的装量应不超过5g
C. 混悬型眼膏剂需进行粒度检查
D. 眼膏剂应进行粒度、金属性异物、装量差异、装量和无菌检查
E. 眼膏剂粒度检查不得检出大于50μm的粒子

二、多项选择题

1. 药物眼部吸收的主要途径包括（　　）
A. 虹膜　　B. 角膜　　C. 视网膜
D. 结膜　　E. 巩膜

2. 药物通过眼黏膜吸收存在的问题包括（　　）
A. 药物有刺激性，会损伤眼组织
B. 药物流失量大，眼部容量小
C. 药物在眼部滞留时间短，影响药效
D. 滴眼液用药剂量小，可不加抑菌剂
E. 眼膏剂可至视线障碍

3. 影响药物眼部吸收的因素包括（　　）
A. 药物从眼睑缝隙的损失　　B. 药物外周血管消除　　C. 药物的脂溶性与解离度
D. 药物眼部滞留时间　　E. 药物的刺激性

4. 滴眼剂中通常添加的附加剂包括（　　）
A. 乳化剂　　B. 抑菌剂　　C. 增溶剂
D. 着色剂　　E. 抗氧剂

5. 下列可用作调整滴眼剂等渗调节剂的是（　　）
A. 氯化钠　　B. 葡萄糖　　C. 枸橼酸盐
D. 醋酸盐　　E. 硼酸

6. 下列关于滴眼剂制备的说法正确的有（　　）
A. 玻璃滴眼瓶一般为中性玻璃瓶，可贮存易氧化药物溶液
B. 塑料滴眼瓶有一定的透气性，不适宜盛装对氧敏感的药物溶液
C. 眼用溶液的配制多采用稀配法，也可采用浓配法
D. 滴眼剂的过滤与注射剂几乎相同，经过滤至澄明
E. 滴眼剂生产采用减压灌装设备以无菌操作法进行分装和封口

7. 下列可用作滴眼剂pH调节剂的是（　　）
A. 硼酸盐缓冲液　　B. 磷酸盐缓冲液　　C. 硼酸缓冲液
D. 醋酸盐缓冲液　　E. 盐酸

8. 滴眼剂质量检查项目包括（　　）

A. 可见异物　　B. 粒度　　C. 无菌

D. 无热原　　E. 装量

9. 下列关于滴眼剂的说法正确的有（　　）

A. 眼膏剂系指由原料药物与适宜基质均匀混合，制成的无菌眼用半固体制剂

B. 眼膏剂较一般滴眼剂在用药部位滞留时间长，疗效持久，可减少给药次数

C. 眼膏剂由油脂性基质制成，适用于遇水不稳定的药物

D. 眼膏剂起效迅速，使用方便，患者易于接受

E. 眼膏剂使用后造成一定程度视物模糊，宜临睡前使用

10. 下列关于滴眼剂的制备说法正确的有（　　）

A. 眼膏剂与一般软膏剂的制备方法相同，两者的质量要求也相同

B. 配制、灌装（灌封）等工序必须在C级洁净区环境进行

C. 所用基质、药物、器械与包装容器等均应严格灭菌处理

D. 包装用软膏管出厂时已灭菌密封，使用时内包装袋可直接使用

E. 眼膏配制时，若为不溶性药物应粉碎过九号筛制成极细粉

三、综合问答题

1. 滴眼剂常用的附加剂有哪些？
2. 眼膏剂有哪些质量要求？

四、实例分析题

氯霉素滴眼剂

【处方】	氯霉素	0.25g
	硼酸	1.9g
	硼砂	0.038g
	硫柳汞	0.004g
	注射用水	100ml

问题　1. 请进行处方分析，并简要说明投料时应注意什么问题？为什么？

2. 氯霉素滴眼剂的最佳pH值为多少？为什么？

书网融合……

重点回顾　　微课　　习题

（刘增智　李忠文）

模块六
经皮给药系统

项目十七　软膏剂、乳膏剂与凝胶剂

PPT

学习引导

王某，女，因会阴部不适前去医院就诊，确定为人乳头瘤病毒感染引起的尖锐湿疣，在患处连续涂抹抗病毒外用膏剂重组人干扰素 α2b 近 2 个月后，症状基本消失。常用的抗病毒外用膏剂有重组人干扰素 α2b 软膏、乳膏和凝胶三种制剂，请思考：软膏剂、乳膏剂与凝胶剂有什么不同？如何选用？

本项目主要介绍软膏剂、乳膏剂、凝胶剂的概念、特点、分类、常用的基质、制备方法、质量要求与质量控制。

学习目标

1. **掌握**　软膏剂、乳膏剂、凝胶剂的概念、特点与制备方法。
2. **熟悉**　软膏、乳膏、凝胶基质的种类和应用特点。
3. **了解**　软膏剂、乳膏剂、凝胶剂的质量要求与质量控制。

任务一　软膏剂与乳膏剂

一、软膏剂与乳膏剂的基本知识 微课

（一）概念与分类

软膏剂系指原料药物与油脂性或水溶性基质混合制成的均匀的半固体外用制剂。因原料药物在基质中分散状态不同，分为溶液型软膏剂和混悬型软膏剂。溶液型软膏剂为原料药物溶解（或共熔）于基质或基质组分中制成的软膏剂；混悬型软膏剂为原料药物细粉均匀分散于基质中制成的软膏剂。

乳膏剂系指原料药物溶解或分散于乳状液型基质中形成的均匀半固体制剂。由于基质不同，可分为水包油型乳膏剂和油包水型乳膏剂。

知识链接

糊剂

糊剂系指大量的原料药物固体粉末（一般 25% 以上）均匀地分散在适宜的基质中所组成的半固体外用制剂，可分为含水凝胶性糊剂和脂肪糊剂。

糊剂基质应均匀、细腻，涂于皮肤或黏膜应无刺激性。含水凝胶性糊剂以淀粉及水溶性高分子物质等为基质；脂肪糊剂以凡士林、羊毛脂或其混合物为基质。

糊剂粉末含量较高，常用淀粉、氧化锌、白陶土等，与一般软膏剂相比，稠度大、吸水能力强，主要起吸湿、收敛、保护作用。

（二）特点

软膏剂、乳膏剂、凝胶剂、糊剂均属于半固体外用膏剂。软膏剂、乳膏剂在临床上较为常用，《中国药典》（2020年版）收载软膏剂和乳膏剂共70多个品种。其主要特点如下。

1. 具有热敏性、触变性和黏附性　热敏性是指遇热熔化流动性增加；触变性是指施加外力时黏度降低，静止时黏度增加，从而阻止或减弱其流动性；黏附性使膏体可以长时间紧贴、黏附或铺展在用药部位而发挥作用。软膏剂、乳膏剂的物理性状符合外用制剂的要求。

2. 直接作用于疾病部位，主要发挥局部治疗作用　多数软膏剂、乳膏剂对皮肤、黏膜及创面起保护、润滑、防腐、杀菌、收敛、消炎等局部治疗作用，如红霉素软膏、莫匹罗星软膏、复方醋酸地塞米松乳膏等。

3. 可发挥全身作用，避免肝脏首关消除和胃肠因素干扰　少数软膏剂、乳膏剂中的某些药物可透皮吸收，产生全身治疗作用。如用于治疗心绞痛的硝酸甘油软膏，用于更年期综合征的苯甲酸雌二醇软膏。

4. 缺点　不适用于对皮肤有刺激性和过敏性的药物；使用不当会污染衣物；给药后起效较慢；可能影响皮肤正常功能。

（三）质量要求

软膏剂、乳膏剂应无酸败、异臭、变色、变硬等变质现象。乳膏剂不得有油水分离及胀气现象；具有适当的黏稠度，应易涂布于皮肤或黏膜上，不融化，黏稠度随季节变化应很小；用于严重烧伤或创伤的软膏剂与乳膏剂，应无菌。

二、软膏剂与乳膏剂的基质

软膏剂与乳膏剂由药物和基质两部分组成，基质不仅是软膏剂与乳膏剂的赋形剂，还是药物的载体，直接影响制剂质量以及药物的释放与吸收，是制备优良软膏剂与乳膏剂的关键。理想的基质应符合以下要求：①应均匀、细腻，涂于皮肤或黏膜上应无刺激性，不妨碍皮肤的正常功能和伤口的愈合；②性质稳定，不与主药或附加剂发生配伍变化；③具有一定的稠度，黏稠度随季节的变化小，易涂布于皮肤或黏膜上且易于洗除；④能作为药物的良好载体，有利于药物的释放和吸收。

目前还没有完全满足以上要求的基质，在实际应用中，根据药物与基质的性质和用药目的进行具体分析，合理选择几种基质进行混合使用，确保产品的疗效、稳定性和安全性。

（一）软膏剂的基质

常用的软膏剂的基质有油脂性基质和水溶性基质两类。

1. 油脂性基质　包括烃类、类脂类、油脂类和硅酮类。此类基质的特点是润滑，涂于皮肤表面能形成封闭性油膜，减少皮肤水分蒸发和促进皮肤水合作用，对皮肤有保护和软化的作用，不易长菌，较稳定。但油腻性大，吸水性和释药性差，不易洗除。主要用于遇水不稳定的药物制备软膏剂。

（1）烃类 ①凡士林：是从石油中得到的多种烃的半固体混合物，又称软石蜡，有黄、白两种，后者由黄凡士林漂白制得。本品无臭味，熔程38～60℃，性质稳定，无刺激性，能与多数药物配伍，特别适用于遇水不稳定的药物（如抗生素）等，是最常用的软膏剂基质。因凡士林油腻性大且吸水性差，形成封闭性油膜妨碍皮肤水性分泌物的排出，故不适用于有大量渗出液的患处。为改善凡士林吸水性较差的性质，常采用加入适量的羊毛脂的方法如凡士林中加入15%的羊毛脂可吸收水分达其重量的50%。②石蜡与液状石蜡：无臭无味，常用于调节软膏剂的稠度，或利于药物与基质均匀混合。石蜡为各种固体烃的混合物，呈无色或白色半透明块状；液状石蜡是各种液体烃的混合物，为无色透明油状液体，可用作药物粉末加液研磨的液体。

（2）类脂类 ①羊毛脂：为淡黄色至棕黄色的蜡状物，有黏性而滑腻，臭微弱而特异。主要成分为胆固醇类的棕榈酸酯及游离的胆固醇类，熔点为36～42℃。羊毛脂黏性较大，不单独用作软膏剂基质。因羊毛脂吸水性强，能吸收其自身重量2倍的水分形成W/O型软膏剂基质，故常与凡士林合用以改善凡士林的吸水性和通透性。②蜂蜡与鲸蜡：蜂蜡有黄、白之分，由黄蜂蜡精制得到白蜂蜡，熔点为62～67℃。鲸蜡熔点为42～50℃，为白色蜡状物。蜂蜡与鲸蜡均不易酸败，两者均为弱W/O型乳化剂，常用于增加软膏的稠度和O/W型乳膏的稳定剂。

（3）油脂类 是来源于动物或植物中的高级脂肪酸甘油酯及其混合物。油脂类基质不稳定，易受温度、光线、氧气等影响而氧化酸败，需酌情加入抗氧剂、防腐剂，应用较少。①植物油，如花生油、麻油、棉籽油，常与熔点较高的蜡类基质融合制成稠度适宜的基质。②氢化植物油，是植物油在催化作用下加氢制得的饱和或部分饱和的脂肪酸甘油酯，根据氢化程度不同，形态各不同，完全氢化的植物油呈蜡状固体。稳定性好，不易酸败，可与其他基质混合，作为软膏剂基质。

（4）硅酮 是由不同分子量的聚二甲基硅氧烷的总称，常用二甲硅油。均为无臭、无味，无色或淡黄色透明油状液体，其化学性质稳定，疏水性强，不溶于水，溶于甲苯、汽油等非极性溶剂。硅酮无毒性、无刺激性，润滑且易于涂布，不影响皮肤的正常功能，常用于乳膏剂的润滑剂，且可提高药物对皮肤的渗透能力。可与油脂性基质合用制成防护性软膏。本品对眼睛有刺激性，不宜作为眼膏剂基质。

2. 水溶性基质 由天然或合成的水溶性高分子物质组成，由于基质能与水溶液混合，吸收组织渗出液，释药快，无油腻感，具有易于涂布和洗除等特点，多用于湿润、糜烂创面，以利于分泌物的排除。本品缺点是容易霉变，基质中所含水分蒸发会导致软膏剂变硬，对皮肤的润滑和保护作用较差，故常加入保湿剂（如甘油）和防腐剂（如三氯叔丁醇、羟苯乙酯等）。主要有聚乙二醇类、甘油明胶、淀粉甘油、纤维素衍生物等。最常用的为聚乙二醇（PEG）类，为高分子聚合物，其分子量为300～6000，能溶于水，性质稳定。低分子量的为液体，高分子量的为半固体至蜡状固体。实际使用中常用适当比例不同分子量的聚乙二醇融合物，从而得到适宜稠度的基质。

答案解析

即学即练

下列属于油脂性基质的是（　　）

A. 凡士林　B. 聚乙二醇　C. 甘油　D. 明胶　E. CMC－Na

（二）乳膏剂的基质

乳膏剂的基质简称乳膏基质，由水相、油相和乳化剂三部分组成。油、水两相借助乳化剂的作用在一定温度时乳化分散，冷却至室温时形成的半固体基质。本类基质油腻性小或无，稠度适宜，容易涂布；对皮肤表面的分泌物和水分的蒸发无影响，对皮肤的正常功能影响较小。一般乳剂型基质适用于亚急性、慢性、无渗出液的皮损和皮肤瘙痒症，忌用于糜烂、溃疡、水疱及脓肿症。

乳膏基质分为水包油（O/W）型和油包水（W/O）型两类。O/W 型基质，色白如雪，有“雪花膏”之称，药物在其中的释放和透皮吸收较快；外相含水量多，在储存过程中易霉变和失水变硬，常需加入防腐剂和甘油、丙二醇、山梨醇等保湿剂。W/O 型基质因水分在皮肤表面缓慢蒸发带走热量而感到凉意，有“冷霜”之称。

乳膏基质常用的油相多数为半固体或固体，如凡士林、羊毛脂、硬脂酸、蜂蜡、石蜡、高级脂肪醇、液状石蜡等油脂性基质；常用的水相一般为纯化水或药物水溶液。

乳膏基质常用的乳化剂：

1. 肥皂类　①一价皂类，如钠皂、钾皂和三乙醇胺皂，均为 O/W 型乳化剂。作为阴离子型乳化剂，与阳离子型药物（硫酸新霉素、硫酸庆大霉素、盐酸丁卡因、醋酸氯己定）配伍禁忌。②多价皂类，一般为多价金属钙、镁、锌、铝的氧化物与脂肪酸发生皂化反应制得，均为 W/O 型乳化剂，如钙皂、铝皂。

2. 高级脂肪醇、脂肪醇硫酸酯类　①高级脂肪醇，如十六醇（鲸蜡醇）、十八醇（硬脂醇），吸水后为弱 W/O 型乳化剂，用于 O/W 型软膏剂基质，增加其稳定性和稠度。②脂肪醇硫酸酯，如十二烷基硫酸钠（SDS），为 O/W 型乳化剂。

3. 多元醇酯类　单硬脂酸甘油酯为白色蜡状固体，乳化能力弱，为 W/O 型辅助乳化剂；吐温和司盘类为非离子表面活性剂，吐温为 O/W 型乳化剂，司盘为 W/O 型乳化剂。

其他还有平平加 O、乳化剂 OP 等均为 O/W 型乳化剂。

知识链接

硬脂酸

硬脂酸系从动、植物油脂中得到的固体脂肪酸，为白色或类白色有滑腻感的粉末或结晶性硬块，其剖面有微带光泽的细针状结晶；有类似油脂的微臭。在水中几乎不溶。凝点不低于 54℃。在乳状液基质中硬脂酸一部分可与碱性物质如三乙醇胺发生皂化反应生成有机胺皂起乳化作用，另一部分起稳定增稠作用并使膏体亮白。硬脂酸还可作为润滑剂，为常用药用辅料。

处方解析 17－1：含三乙醇胺皂的乳膏基质

【处方】	硬脂酸	150g
	白凡士林	250g
	羊毛脂	20g
	三乙醇胺	20g
	甘油	50g
	羟苯乙酯	1g
	纯化水	适量
	共制 1000g	

【问题】①请问这个处方属于那一类型的乳剂基质？②请分析处方中各成分的作用？③乳化剂是什么？

【解析】①本品为 O/W 型乳膏基质。②部分硬脂酸与三乙醇胺发生皂化反应生成三乙醇胺皂作为 O/W 型乳化剂，剩余未发生皂化反应的硬脂酸作为油相起增稠和稳定作用；白凡士林用以调节稠度、增加润滑性；羊毛脂可增加油相吸水性和药物的穿透性；羟苯乙酯为防腐剂；甘油为保湿剂。③硬脂酸与三乙醇胺发生皂化反应生成三乙醇胺皂为 O/W 型乳化剂。

处方解析 17－2：含十二烷基硫酸钠的乳膏基质

【处方】硬脂醇	220g
十二烷基硫酸钠	15g
白凡士林	250g
羟苯甲酯	0. 25g
羟苯丙酯	0. 15g
丙二醇	120g
纯化水	适量
共制 1000g	

【问题】①请问这个处方属于那一类型的乳剂基质？②请分析处方中各成分的作用？③乳化剂是什么？

【解析】①本品为 O/W 型乳膏基质。②处方中的十二烷基硫酸钠为 O/W 型乳化剂，是主要乳化剂；而硬脂醇与白凡士林同为油相，前者还起辅助乳化及稳定作用，后者防止基质水分蒸发并留下油膜，有利于角质层水合并具有润滑作用；羟苯甲酯、羟苯丙酯为防腐剂；丙二醇为保湿剂。

处方解析 17－3：含聚山梨酯类的乳膏基质

【处方】硬脂酸	60g
聚山梨酯	8044g
油酸山梨坦	16g
硬脂醇	60g
液状石蜡	90g 白凡士林60g
甘油	100g
山梨酸	2g
纯化水	适量
共制 1000g	

【问题】①请问这个处方属于哪一类型的乳剂基质？③请分析处方中各成分的作用？③乳化剂是什么？

【解析】①本品为 O/W 型乳膏基质。②处方中聚山梨酯 80 是主要乳化剂，为 O/W 型；油酸山梨坦为 W/O 型乳化剂，用以调节适宜的 HLB 而形成稳定的 O/W 型乳膏基质；硬脂醇为弱的 W/O 型乳化剂，在处方中起稳定和增稠作用，且可使膏体光亮细腻，也可用单硬脂酸甘油酯代替得到同样效果；甘油为保湿剂；山梨酸为防腐剂。③乳化剂有聚山梨酯 80、油酸山梨坦。

三、软膏剂与乳膏剂的制备

软膏剂的制备方法，应根据软膏剂的类型、制备量采用不同的方法和相应的生产设备。制备过程遵循相应的工艺流程，生产全过程符合 GMP 要求。

（一）软膏剂与乳膏剂生产工艺流程

软膏剂、乳膏剂的生产工艺流程见图 17－1。

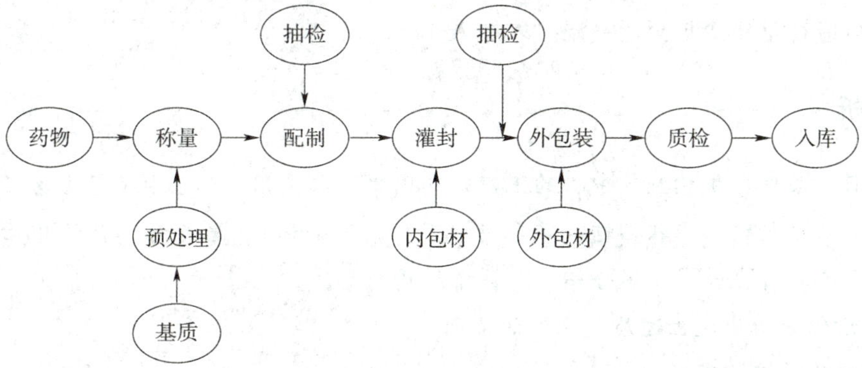

图 17－1　软膏剂、乳膏剂生产工艺流程图

（二）基质的处理和基质中药物的加入方法

1. 基质的处理　质量符合要求的基质可以直接使用；若混有异物或有无菌要求的，应采用加热熔融后通过多层细布或 120 目筛过滤以除去杂质，150℃干热灭菌 1 小时，同时可以除去基质中的水分。

2. 基质中药物的加入方法

（1）药物溶于基质　油溶性药物溶于液体油脂性基质中，再与余下的油脂性基质混匀；水溶性药物先用少量水溶解，然后与水溶性基质混匀；也可以加少量水溶解后，用羊毛脂吸收，再与油脂性基质混匀。

（2）药物不溶于基质　先将药物粉碎后过 120 目筛（眼膏中药粉细度为 75μm 以下），再与少量基质研匀或与少量液状石蜡、植物油、甘油等液体组分研成糊状，最后与余下基质混合均匀。

（3）处方中含有薄荷脑、樟脑、冰片等挥发性共熔成分　先将其共熔后液化后再与基质混匀；单独使用时，可用少量溶剂溶解后加入基质中混匀。

（4）药物在处方中含量极少　为避免药物损失，与少量基质混匀，为达到最终混合均匀采取等量递加法。

（5）加入对热敏感、挥发性药物和容易氧化、水解的药物时，基质的温度不宜过高，以减少对药物的破坏和损失。

（6）中药水煎液、流浸膏应适当浓缩后再与其他基质混匀。固体浸膏可加少量水或稀醇软化，研成糊状后与基质混匀。

（三）膏体的制备

1. 软膏剂的制备方法

（1）研和法　研和法是指在常温下通过研磨或搅拌能使药物和基质均匀混合的方法。此法适用于对热不稳定、不溶于基质的药物。制备时，在常温下将药物与适量基质研磨、混匀，然后按等量递加法加入余下基质混匀，直至均匀细腻无颗粒感为止。小量制备可以用软膏刀在软膏板上调制或在研钵中研制，大量制备可采用软膏研磨机。

（2）熔和法　熔和法是指基质在加热熔化的状态下将药物加入混合均匀的方法。此法适用于常温下不能与药物混匀的基质和熔点较高的基质。制备时，先将熔点较高的基质熔化，然后按熔点高低依次加入其余基质熔化，最后加入液体成分和药物，以免低熔点物质受热分解。制备过程应注意：①冷却速度不能过快，以免基质中高熔点组分析出过快；②冷凝成膏状后应停止搅拌，防止带入过多气泡；③如含有不溶性药物，必须先研成细粉，再与基质混合均匀；若膏体不够细腻，则通过软膏研磨机进一步研磨。④挥发性成分应在基质冷却至近室温时才加入。

实例分析

实例 某日，某医疗机构制剂中心的王药师和同事一起采用熔和法制备了复方苯甲酸软膏（处方组成：苯甲酸、水杨酸、液状石蜡、羊毛脂、石蜡、凡士林）。送检后，药检中心给出的报告是该批号复方苯甲酸软膏主药含量不合格、膏体不够均匀细腻。

问题 1. 请你分析出现上述质量问题的原因？

2. 给你的启示有哪些？

答案解析

2. 乳膏剂的制备方法 乳化法是专门用于制备乳膏剂的方法。将处方中油脂性和油溶性组分一并加热熔化，作为油相，保持油相温度在70～80℃；另将水溶性组分溶于水，并加热至与油相相同温度，或略高于油相温度；油、水两相混合，不断搅拌，直至乳化完成并冷凝。乳化法中油、水两相的混合方法有三种：①两相同时混合，适用于大量生产的机械操作；②内相加到外相中，适用于含小体积分散相的乳剂系统；③外相加到内相中，适用于多数乳剂系统，在混合过程中可引起乳剂的转型，从而产生更为细小的分散相粒子。如制备O/W型乳剂基质时，水相在搅拌下缓缓加到油相中，形成W/O型乳剂，当更多的水相加入时，发生转型生成O/W型乳剂，使油相得以更细地分散。

处方解析17－4：尿素乳膏（尿素霜）

【处方】	尿素	16.7g
	单硬脂酸甘油酯	3.17g
	硬脂酸	6.33g
	白凡士林	3.17g
	液状石蜡	9.5ml
	甘油	6.33g
	三乙醇胺	0.3g
	羟苯乙酯	0.05g
	香精	适量
	纯化水加至50g	

【制法】称量油相成分：硬脂酸、白凡士林、液状石蜡、单硬脂酸甘油酯；称量水相成分：尿素、羟苯乙酯、甘油、三乙醇胺、纯化水；分别将油相、水相置于水浴加热至80℃；将水相缓缓加入油相，同一方向不断搅匀；60℃时加入香精不断搅拌至凝固；质检分装。

【解析】尿素霜乳膏剂主要用于去除皮肤表皮角质层、保温护肤，防冻愈裂。处方中尿素为主药，有软化皮肤角质层和促进皮肤的水合作用。硬脂酸、白凡士林、液状石蜡、单硬脂酸甘油酯为油相，纯化水为水相，硬脂酸与三乙醇胺发生皂化反应生成的三乙醇胺皂为乳化剂，甘油为保湿剂，羟苯乙酯为防腐剂，香精为芳香剂。

（四）主要生产设备

1. 软膏剂的配膏设备　软膏剂的配膏工序是软膏剂制备的关键操作，对软膏剂成品的质量有很大的影响。简单的制膏设备采用装有锚式或框式搅拌器的不锈钢罐，并采用可移动的不锈钢盖以便清洁，但制备的软膏不够细腻。现常采用的软膏剂配制设备有胶体磨、三滚筒软膏机、真空乳化搅拌机。

三滚筒软膏机可用于软膏的进一步研磨，使膏体更加均匀、细腻，其滚筒旋转方向见图 17－2。真空乳化搅拌机组由预处理锅、主锅、真空泵、液压、电器控制系统等组成（图 17－3），可完成软膏剂基质的加热、熔化和均质乳化等操作。整个工序在超低真空环境中进行，防止物料在高速搅拌后产生气泡。

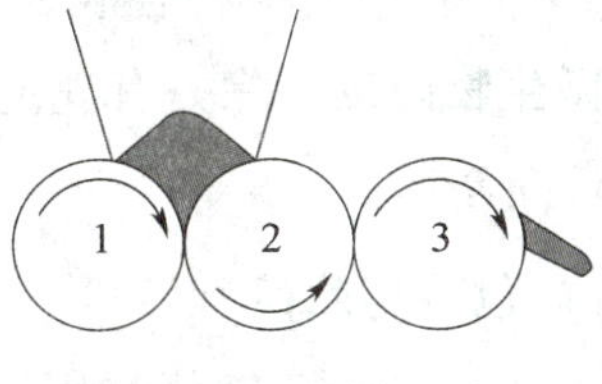

图 17－2　三滚筒软膏机滚筒旋转方向示意图

2. 软膏剂与乳膏剂的灌封设备　软膏剂的灌封工序是将配制合格的软膏或乳膏应用软膏灌封机灌装于不同规格的金属或塑料管中经密封制得合格的软膏剂的操作。现常用的软膏剂灌封设备为自动软膏灌封机（图 17－4）。

图 17－3　真空乳化搅拌机组

图 17－4　自动软膏灌装封尾机

自动软膏灌封机的工作过程包括自动上管、识标定位、软膏灌装、压合封尾、批号日期打印、切尾和成品排出，整个生产工序全部自动完成。

四、软膏剂与乳膏剂的质量评价与包装

（一）质量检查

根据《中国药典》（2020 年版），软膏剂、乳膏剂应作主药含量、性状、粒度、装量、微生物和无菌等项目检查。此外，质量评价还包括软膏剂的物理性质、刺激性、稳定性等方面的检测。

1. 外观性状　软膏剂、乳膏剂应色泽均匀一致，质地细腻，无酸败、异臭、变色、变硬等变质现象。乳膏剂不得有油水分离及胀气现象。

2. 主药含量　采用适宜的溶剂将药物从基质中提取出来，再进行药物的含量测定。按照药典各品种项下的测定方法进行，含量应符合规定。

3. 粒度　除另有规定外，混悬型软膏剂应取适量的供试品，涂成薄层，薄层面积相当于盖玻片面

积，共涂3片，照《中国药典》(2020年版) 粒度和粒度分布测定法（通则0982第一法）检查，均不得检出大于180μm的粒子。

4. 装量 依据《中国药典》(2020年版)，照最低装量检查法（通则0942）检查，应符合规定。

5. 无菌 依据《中国药典》(2020年版)，严重烧伤或重度损伤用软膏剂要求无菌。照无菌检查法（通则1101）检查，应符合规定。

6. 微生物限度 除另有规定外，依据《中国药典》(2020年版) 微生物限度检查法（通则1106）检查，应符合规定。

（二）包装与贮存

软膏剂多采用锡管、铝管、塑料管等多种材料的软膏管作为内包装，也可包装于塑料盒、金属盒或广口玻璃瓶中。一般软膏剂应遮光密闭贮存，乳剂型软膏剂除遮光密封外，宜置25℃以下贮存且不得冷冻。含生物药物的软膏剂和乳膏剂一般应于2～8℃避光保存。

任务二　凝胶剂

一、凝胶剂的基本知识

凝胶剂系指原料药物与能形成凝胶的辅料制成的具凝胶特性的稠厚液体或半固体制剂。除另有规定外，凝胶剂限局部用于皮肤及体腔（鼻腔、阴道和直肠等），如对乙酰氨基酚凝胶、甲硝唑凝胶、人干扰素α2b凝胶、人表皮生长因子凝胶等。

凝胶剂制备工艺简单、形状美观、易于涂布使用；局部给药后易吸收，不污染衣物，稳定性较好。凝胶剂具有良好的生物相容性，对药物释放具有缓释、控释作用。

按分散系统，凝胶剂可分为单相凝胶和双相凝胶。单相凝胶又可分为水性凝胶与油性凝胶。水性凝胶的基质为水溶性高分子基质，如西黄蓍胶制成的凝胶剂也可称为胶浆剂。双相凝胶又分为乳状液型凝胶剂（又称乳胶剂）和混悬型凝胶剂。小分子无机原料药物如氢氧化铝凝胶剂是由分散的药物小粒子以网状结构存在于液体中形成的混悬型凝胶剂。混悬型凝胶剂可有触变性，静止时形成半固体而搅拌或振摇时成为液体。

凝胶剂在生产与贮藏期间应符合下列有关规定：①凝胶剂应均匀、细腻，在常温时保持胶状，不干涸或液化；②混悬型凝胶剂中胶粒应分散均匀，不应下沉、结块；③凝胶剂根据需要可加入保湿剂、抑菌剂、抗氧剂、乳化剂、增稠剂和透皮促进剂等；④凝胶剂一般应检查pH；⑤除另有规定外，凝胶剂应避光，密闭贮存，并应防冻。⑥用于严重烧伤或创伤的凝胶剂，应无菌。

二、凝胶剂的基质

凝胶剂基质属单相分散系统，有水性与油性之分。水性凝胶基质一般由水、甘油或丙二醇与纤维素衍生物、卡波姆和海藻酸盐、西黄蓍胶、明胶、淀粉等构成；油性凝胶基质由液状石蜡与聚乙烯或脂肪油与胶体硅或铝皂、锌皂等构成。

临床上应用较多的是水性凝胶基质。本类基质一般无油腻感，易涂布和洗除，能吸收组织渗出液不妨碍皮肤正常功能，还由于黏度较小有利于药物，特别是水溶性药物的释放。其缺点是润滑作用较差，易失水和生霉，故常需加入保湿剂、防腐剂等附加剂。最常用的水性凝胶基质主要是卡波姆和纤维素衍生物。

1. 卡波姆　为白色疏松粉末，有特征性微臭，有引湿性，在水中能迅速溶胀，但不溶解。水分散体呈酸性，黏度较低；当用碱中和时，在水中逐渐溶解，黏度迅速增大，形成半透明的凝胶，在 pH 6～11 时，达到最大黏度和稠度，稳定。本品无油腻感，涂布润滑舒适，特别适宜于治疗脂溢性皮肤病。盐类电解质、强酸可使卡波姆凝胶黏度下降，碱土金属离子及阳离子聚合物等可与之结合形成不溶性盐。

实例解析 17－5：卡波姆水性凝胶基质

【处方】卡波姆 940	10g
乙醇	50g
甘油	50g
聚山梨酯 80	2g
山梨酸	2g
氢氧化钠	4g
纯化水加至 1000g	

【制法】将卡波姆 940 与聚山梨酯 80 及 300ml 纯化水混合，将氢氧化钠溶于 100ml 水后加入上液搅匀；将山梨酸溶于乙醇后逐渐加入上液搅匀，加纯化水至全量，搅拌均匀，即得透明状半固体凝胶基质。

【解析】①本品为水性凝胶基质。②卡波姆有多种规格的，如 934、940 等，其规格不同分子量不同，黏度也不同。③氢氧化钠为 pH 调节剂，甘油为保湿剂，山梨酸为防腐剂。

2. 纤维素衍生物　常用的品种是甲基纤维素（MC）、羟丙甲纤维素（HPMC）和羧甲基纤维素钠（CMC－Na），常用浓度为 2%～6%。这类基质涂布于皮肤时附着性较强，较易失水、干燥而有不适感，易霉败，通常都需要加保湿剂（如 10%～15% 的甘油）和防腐剂（如 0.2%～0.5% 的羟苯乙酯）。

3. 其他　甘油明胶、海藻酸钠和泊洛沙姆也可作为水溶性凝胶基质使用。

三、凝胶剂的制备

水性凝胶剂的一般制法是将由基质材料经溶胀制成的凝胶基质，再将药物与基质混合。水溶性药物先溶于部分水或甘油中，若药物不溶于水可先用少量水或甘油研细、分散后，再加入凝胶基质中混匀即得。其制备工艺流程如图 17－5。

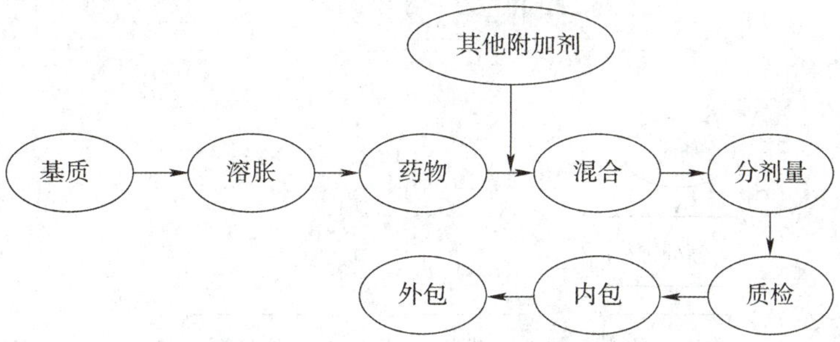

图 17－5　凝胶剂生产工艺流程图

四、凝胶剂的质量评价

凝胶剂应均匀、细腻，常温时保持胶状，不干涸或液化。其制剂需进行鉴别、含量测定等检查。

依照《中国药典》2020年版四部制剂通则，除另有规定外，凝胶剂应进行粒度（混悬型凝胶剂）、装量、无菌（用于烧伤和严重创伤的凝胶剂）、微生物限度等检查。具体检查方法同软膏剂、乳膏剂。

实训十四　水杨酸乳膏的制备

一、实训目的

1. 掌握水杨酸乳膏配制岗位与灌封岗位操作法。
2. 熟悉水杨酸乳膏生产工艺管理要点及质量控制要点。
3. 了解真空乳化搅拌机、软膏灌封机的标准操作规程和清洁、保养标准操作规程。

二、实训条件

1. 实训场所　GMP制剂实训车间。
2. 实训仪器与设备　台秤、天平、ZJR型真空乳化搅拌机、GZC40型、B·GF-40软膏灌封机。
3. 原辅料　水杨酸、硬脂酸、单硬脂酸甘油酯、甘油、液状石蜡、十二烷基硫酸钠、羊毛脂、纯化水、羟苯乙酯等。

三、实训操作

（一）药品概况

水杨酸乳膏概况

项目	内容			
原辅料	水杨酸	1.0kg	甘油	1.0kg
	硬脂酸	1.0kg	十二烷基硫酸钠	0.1kg
	单硬脂酸甘油酯	4.0kg	三乙醇胺	0.5kg
	液状石蜡	2.0kg	羟苯乙酯	5g
	羊毛脂	1.0kg	纯化水	10kg
规格	2%；5%			
功能主治	本品适用于头癣、足癣及局部角质增生			
用法用量	局部外用，取适量本品涂于患处，一日2次			

（二）工艺流程图

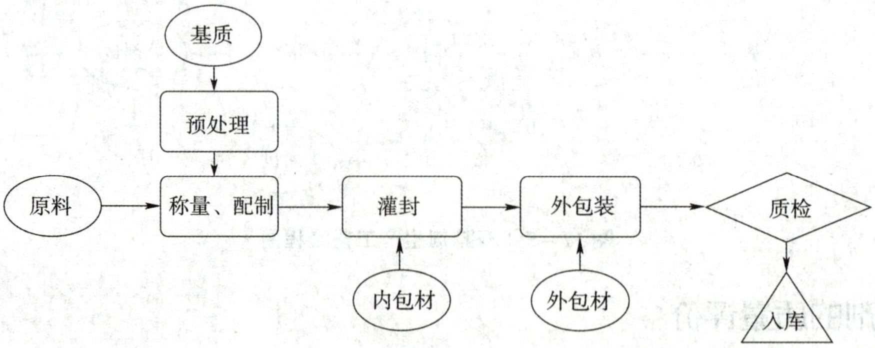

水杨酸乳膏生产工艺流程图

（三）岗位操作

1. 配制岗位

（1）生产前准备

①检查操作间、工具、容器、设备等是否有清场合格标志，并核对是否在有效期内。否则按清场标准程序进行清场并经 QA 人员检查合格后，填写清场合格证，方可进入下一步操作。

②根据要求选择适宜软膏剂配制设备，设备要有“合格”标牌，“已清洁”标牌，并对设备状况进行检查，确证设备正常，方可使用。

③检查水、电供应正常，开启纯化水阀放水 10 分钟。

④检查配制容器、用具是否清洁干燥，必要时用 75% 乙醇溶液对乳化罐、油相罐、配制容器、用具进行消毒。

⑤根据生产指令填写领料单，从备料称量间领取原、辅料，并核对品名、批号、规格、数量、质量无误后，进行下一步操作。

⑥操作前检查加热、搅拌、真空是否正常，关闭油相罐、乳化罐底部阀门，打开真空泵冷却水阀门。

⑦挂本次运行状态标志，进入配制操作。

（2）配制操作

①配制油相　加入油相基质（硬脂酸、单硬脂酸甘油酯、液状石蜡、羊毛脂、羟苯乙酯），控制温度在 70℃。待油相开始熔化时，开动搅拌至完全熔化。

②配制水相　将水相基质（甘油、十二烷基硫酸钠）投入处方量的纯化水中，加热搅拌，控制温度在 70℃，使溶解完全。

③乳化　保持上述油相、水相的温度，将油相、水相通过带过滤网的管路压入乳化锅中，启动搅拌器、真空泵、加热装置。乳化完全后，降温，停止搅拌，真空静置。

④加入水杨酸细粉　要求过 120 目筛网。

⑤静置　将乳膏静置 24 小时后，称重，送至灌封工序。

（3）生产结束　按《操作间清洁标准操作规程》《真空乳化搅拌设备清洁标准操作规程》，对场地、设备、用具、容器进行清洁消毒，经 QA 人员检查合格，发清场合格证。

（4）记录　如实填写生产操作记录。

2. 灌封岗位

（1）生产前准备

①检查操作间、工具、容器、设备等是否有清场合格标志，并核对是否在有效期内。否则按清场标准程序进行清场并经 QA 人员检查合格后，填写清场合格证，方可进入下一步操作。

②根据要求选择适宜软膏剂灌封设备，设备要有“合格”标牌，“已清洁”标牌，并对设备状况进行检查，确证设备正常，方可使用。

③检查水、电、气供应正常。

④检查储油箱的液位不超过视镜的 2/3，润滑油涂抹阀杆和导轴。

⑤用 75% 乙醇溶液对贮料罐、喷头、活塞、连接管等进行消毒后按从下到上的顺序安装，安装计量泵时方向要准确、扭紧，紧固螺母时用力要适宜。

⑥检查抛管机械手是否安装到位。

⑦手动调试 2 ~ 3 圈，保证安装、调试到位。

⑧检查铝管，表面应平滑光洁，内容清晰完整，光标位置正确，铝管内无异物，管帽与管嘴配合；检查合格后装机。

⑨装上批号板，点动灌封机，观察灌封机运转是否正常；检查密封性、光标位置和批号；

⑩按生产指令称取物料，复核各物料的品名、规格、数量。

⑪ 挂本次运行状态标志，进入操作。

（2）灌封操作

①加料　将料液加满贮料罐，盖上盖子，生产中当贮料罐内料液不足贮料灌总容积的 1/3 时，必须进行加料。

②灌封操作　开启灌封机总电源开关；设定每小时产量、是否注药等参数，按“送管”开始进空管，通过点动设定装量合格并确认设备无异常后，正常开机；每隔 10 分钟检查一次密封口、批号、装量。

（3）清场　按《洁净区操作间清洁标准操作规程》《软膏剂灌封机清洁标准操作规程》，对设备、场地、用具、容器进行清洁消毒，经 QA 人员检查合格，发清场合格证，填写清场记录。

（4）记录　如实填写生产操作记录。

（四）质量控制点

乳膏剂生产过程质量控制点及检查要求详见下表。

乳膏剂生产过程质量控制点及检查要求

工序		监控点	监控项目	频次
基质准备		原料	色泽、异物及合格证	1 次/批
称量		物料	品名、重量	1 次/批
配制		原料	外观、黏稠度、粒度	1 次/批
灌封		物料	密封性、软管外观、装量	1 次/批
包装	内包装	在线包装品	外观、气密性	每班
	外包装	标签、说明书	印刷内容、标签和说明书使用数量、批号、有效期的打印清晰、正确	随时/每班
		装盒	数量	
		装箱	数量、产品合格证及其内容	

四、质量检查

质量检查项目参照《中国药典》2020 年版规定，实训结果填写下表。

检查项目	检查结果
外观	
粒度	
黏稠度	
密封性	
管外观	
装量	

五、实训报告及思考

小组完成实训后，对实训过程、结果及收获进行讨论并总结，撰写实训报告。

1. 本实训选用的各种辅料起什么作用？
2. 油相温度为什么70℃为最合适温度？
3. 如何评定软膏的质量？

答案解析

目标检测

一、单项选择题

1. 关于乳剂基质的叙述错误的是（　　）

A. O/W 型乳剂型软膏剂也称为“冷霜”

B. 乳剂型基质有水包油（O/W）型和油包水（W/O）型两种

C. 乳剂基质的油相多为固相

D. O/W 型基质软膏中的药物释放与透皮吸收较快

E. 一价皂为 O/W 型乳剂基质的乳化剂

2. 关于凡士林基质的叙述错误的是（　　）

A. 凡士林性质稳定，无刺激性

B. 凡士林是常用的油脂性基质

C. 凡士林吸水性很强

D. 凡士林常与羊毛脂配合使用

E. 凡士林是由液体和固体烃类组成的半固体状混合物

3. 下列关于水性凝胶剂的叙述错误的是（　　）

A. 水性凝胶剂基质易于涂展与清除，无油腻感

B. 水性凝胶剂基质能吸收组织液，不妨碍皮肤正常生理

C. 水性凝胶剂基质对药物释放快

D. 水性凝胶剂基质润滑性好

E. 水性凝胶剂基质易失水与霉变，常需要加保湿剂和防腐剂

4. 软膏剂的物理性质检查不包括（　　）

A. 熔点　　B. 装量　　C. 黏度与稠度

D. 酸碱度　　E. 物理外观

5. 甘油在乳剂型软膏剂中的作用是（　　）

A. 乳化　　B. 防腐　　C. 分散

D. 促渗　　E. 保湿

6. 用来增加油性基质吸水性的物质是（　　）

A. 凡士林　　B. 石蜡　　C. 二甲基硅油

D. 羊毛脂　　E. 十八醇

7. 常用来调节油性基质稠度的物质是（　　）

A. 蜂蜡　　B. 液状石蜡　　C. 羊毛脂

D. 鲸蜡　　E. 肥皂

二、多项选择题

1. 液状石蜡可用作（　　）

A. 油脂性栓剂的脱模剂

B. 水性基质栓剂的脱模剂

C. 调节凡士林的稠度

D. 乳剂型基质的油相稠度调节剂

E. 非极性溶剂

2. 下列哪些方法可用于软膏剂的制备（　　）

A. 乳化法　　B. 溶解法　　C. 研和法

D. 稀释法　　E. 熔和法

3. 下列哪些物质可以作为水性凝胶基质（　　）

A. 卡波姆　　B. 聚乙烯　　C. 阿拉伯胶

D. 海藻酸钠　　E. 甘油明胶

4. 甘油可用作（　　）

A. 保湿剂　　B. 黏合剂　　C. 助悬剂

D. 乳化剂　　E. 增塑剂

5. PEG 4000 可用作（　　）

A. 栓剂基质　　B. 皮肤吸收促进剂　　C. 软膏基质

D. 不溶性包衣膜的致孔剂　　E. 乳化剂

三、综合问答题

1. 叙述制备乳膏剂的常用方法乳化法。

2. 写出软膏剂制备的工艺流程。

3. 软膏剂制备过程中，要注意制备的温度，这是什么原因造成的？

书网融合……

重点回顾　　微课　　习题

（计竹娃）

项目十八　膜剂、涂膜剂与贴剂

PPT

学习引导

赵某患有口腔溃疡俗称“口疮”，口腔溃疡发作时疼痛剧烈，局部灼痛明显，严重者还会影响饮食、说话，对日常生活造成极大不便；可并发口臭、慢性咽炎、便秘、头痛、头晕、恶心、乏力、烦躁、发热、淋巴结肿大等全身症状，就医后，医生给予蜂胶膜剂治，1 周后效果显著。请问：蜂胶膜剂的作用特点是什么？有没有可以代替的其他药物剂型？

本项目主要介绍膜剂、涂膜剂和贴剂的概念、特点、分类、组成、制法、质量要求与质量评价。

学习目标

1. **掌握**　膜剂、涂膜剂、贴剂概念、特点、质量要求。
2. **熟悉**　膜剂、贴剂成膜材料的种类、应用特点。
3. **了解**　膜剂、涂膜剂、贴剂的制备。

任务一　膜剂

一、膜剂的基本知识

膜剂系指原料药物与适宜的成膜材料经加工制成的膜状制剂。供口服或黏膜用，可用于口腔科、眼科、耳鼻喉科、创伤、烧伤、皮肤科及妇科等。

膜剂的厚度和面积视用药部位的特点和含药量而定，一般为 0.1～0.2mm，面积为 $1cm^2$ 者供口服，$0.5cm^2$ 者供眼用，$5cm^2$ 者供阴道用，其他部位应用者可根据需要剪成适宜大小，通常膜剂的厚度不超过 1mm。除另有规定外，膜剂应密封贮存，防止受潮、发霉和变质。

（一）膜剂的特点

膜剂的特点包括：①药物含量准确，应用方便，适合多种给药途径；采用不同的成膜材料可制成不同释药速度的膜剂；②稳定性好，体积小，重量轻，便于携带、运输与贮存；③生产工艺简单，成膜材料用量少，无粉尘飞扬，有利于劳动保护和毒药物的生产；④多层复方膜剂可解决药物之间的配伍禁忌及分析上的干扰问题；⑤不适于剂量较大的药物，故在品种上受到很大限制。

（二）膜剂的分类

1. 按膜剂的结构类型分类

（1）单层膜　药物分散在成膜材料中所形成的膜剂，可分水可溶性膜剂和水不溶性膜剂两类。

（2）多层膜　又称复合膜，为复方膜剂，系由多层药膜迭合而成，可解决药物配伍禁忌问题，另外也可制备成缓释和控释膜剂。

（3）夹心膜　即在两层不溶性的高分子膜中间，夹着含有药物的药膜，以零级速度释放药物。这种膜剂实际属于控释膜剂，这是一类新型制剂。

2. 按膜剂的给药途径分类

（1）口服膜剂　指供口服、口含、舌下给药的膜剂。如安定膜剂、丹参膜剂，用法同口服片剂；舌下膜剂如硝酸甘油膜剂。

（2）口腔膜剂　是目前临床用得最多的一种膜剂，常用于口腔溃疡和牙周疾病，如甲硝唑牙用膜剂、口腔溃疡双层膜剂等。

（3）植入膜剂　指埋植于皮下发挥持久药效的膜剂。

（4）眼用膜剂　用于眼结膜囊内，可延长药物在眼部的停留时间，并维持一定的浓度。它能克服滴眼液及眼药膏作用时间短及影响视力的缺点，以较少的药物达到局部高浓度，可维持较长的作用时间，如毛果芸香碱眼用膜剂等。

（5）阴道膜剂　包括局部治疗用和避孕。主要用于治疗阴道疾患或用于避孕，如克霉唑药膜、避孕膜剂等。

（6）皮肤、黏膜用膜剂　用于皮肤或黏膜的创伤或炎症，膜剂既可起治疗作用又可起保护作用，有利于创面愈合，如止血消炎药膜、冻疮药膜等。

（三）膜剂的质量要求

膜剂外观应完整光洁、厚度一致、色泽均匀、无明显气泡。多剂量的膜剂，分格压痕应均匀清晰，并能按压痕撕开。膜剂所用的包装材料应无毒性，能够防止污染，方便使用，并不能与原料药物或成膜材料发生理化作用。除另有规定外，照《中国药典》2020 年版通则膜剂项下的各项质量检查进行检查，应符合规定。

二、成膜材料

成膜材料是膜剂中药物的载体，对膜剂的成型和药效发挥有着重要影响。理想的成膜材料应具备以下条件：①生理惰性、无毒、无刺激性，无不良嗅味；外用不妨碍组织愈合，无致敏性；②性质稳定，不降低药效、不影响主药的含量测定；③有良好的成膜、脱膜性能，制成的膜具有一定的抗拉强度和柔韧性；④口服、腔道、眼用膜剂的成膜材料应具有良好的水溶性，能逐渐降解、吸收或排泄；外用膜剂的成膜材料应能迅速、完全释放药物；⑤来源广、价格低廉。

常用的成膜材料按来源分为天然高分子化合物和合成高分子化合物两大类。

（一）天然高分子成膜材料

主要包括明胶、阿拉伯胶、虫胶、琼脂、海藻酸及其盐、淀粉、糊精、玉米朊等，其中多数可生物降解或溶解，但成膜、脱膜性能较差，故常与其他成膜材料合用。

（二）合成高分子成膜材料

主要包括聚乙烯醇类化合物、丙烯酸共聚物、纤维素衍生物类、聚维酮、硅橡胶、聚乳酸等，此类成膜材料成膜性能、成膜后的抗拉强度和柔韧性均较好。以聚乙烯醇（PVA）为最好。

1. 聚乙烯醇（PVA）　系白色或淡黄色粉末状颗粒，是由醋酸乙烯在甲醇溶剂中进行聚合反应生成聚醋酸乙烯，然后再与甲醇发生醇解反应而得。其性质主要由其聚合度和醇解度来决定。相对分子量越大，水溶性越差，水溶液的黏度就大，成膜性能好。目前国内使用的PVA以05－88和17－88两种规格为多（前面一组数字×100表示的是聚合度，即500和1700；后面表示的是醇解度88%）。这两种规格均能溶于水，两者比较，前者聚合度小，则水溶性大而柔韧性差；后者聚合度大，则水溶性小而柔韧性好。若两者以适当的比例（如1∶3）混合则能制得很好的膜剂。

PVA的特点是毒性和刺激性都很小，其水溶液对眼组织不仅无刺激性，还是一种良好的眼球润湿剂，能在角膜表面形成保护膜，而且不会影响角膜的生理活性，不影响视力，不易被微生物破坏，也不易长霉菌，口服后在消化道很少吸收，48小时后80%的PVA随粪便排出体外。PVA是目前国内最常用的成膜材料，适用于制成各种途径给药的膜剂。

2. 聚乙烯吡咯烷酮（PVP）　本品为白色或淡黄色粉末，是一种新型高分子表面活性剂。它具有优良的溶解性、生物相容性、低毒性、成膜性及高分子表面活性、胶体保护能力和与许多化合物的复合能力，是性能优良、用途广泛的水溶性高分子化合物，对酸、盐及热较稳定，无毒、无刺激性，其水溶液黏度随着分子量的增加而提高，有着广泛的用途。

3. 乙烯－乙酸乙烯共聚物（EVA）　是乙烯和乙酸乙烯在一定条件下共聚而成的高分子聚合物，按醋酸乙烯的含量不同EVA可分成释药性能不同的多种规格。本品为无色粉末或颗粒，无毒、无刺激性，与人体组织有良好的相容性；不溶于水，能溶于氯仿等有机溶剂；成膜性能良好，膜柔软、强度大，常用于制备眼、阴道、子宫等控释膜剂。

此外，还有羟丙基甲基纤维素（HPMC）、醋酸纤维素（CA）、羟丙基纤维素（HPC）、乙基纤维素（EC）等纤维素类衍生物。

三、膜剂的制备

（一）膜剂的处方组成

膜剂中除主药和成膜材料外，还含有增塑剂、着色剂、表面活性剂、脱膜剂等，各成分比例见表18－1。

表18－1　膜剂一般组成

成分	含量（g/g）
主药	0%～70%
成膜材料（PVA、PVP、EVA等）	30%～100%
增塑剂（甘油、山梨醇、丙二醇等）	0%～20%
表面活性剂（聚山梨酯80、十二烷基硫酸钠、豆磷脂等）	1%～2%
填充剂（$CaCO_3$、SiO_2、淀粉等）	0%～20%
着色剂（色素）和遮光剂（TiO_2等）	0%～2%
脱膜剂（液状石蜡、滑石粉等）	适量

（二）膜剂的制备方法

1. 匀浆制膜法 又称流涎法、涂膜法，是目前国内制备膜剂常用的方法。本法系将成膜材料溶于适当的溶剂中滤过，与药物溶液或细粉及附加剂充分混合成药浆（必要时放置一段时间以除气泡），然后用涂膜机涂膜成所需要的厚度，烘干后根据主药含量计算出单位剂量膜的面积，剪切成单剂量的小格，包装即得。其工艺流程见图 18－1。

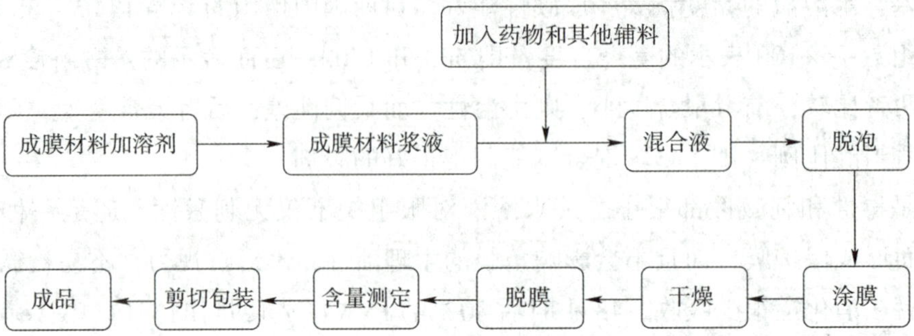

图 18－1 膜剂工艺流程图

小量制备时，可将药浆倾于洁净的平板玻璃上涂成宽厚一致的涂层即可。

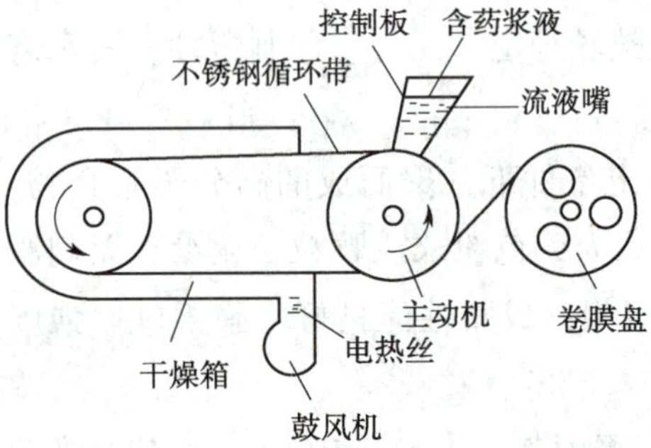

图 18－2 匀浆涂膜剂示意图

大量制备时，采用涂膜机设备见图 18－2，将已配好的含药成膜材料浆液置于薄膜机的料斗中，匀浆经流液嘴流出，涂布在预先涂抹有液体石蜡或聚山梨酯 80 的不锈钢循环带上，涂成宽度和厚度一定的涂层，经热风（80～100℃）干燥成药膜带，外面用聚乙烯膜或涂塑纸、涂塑铝箔、金属箔等包装材料烫封，按剂量热压或冷压划痕成单剂量的分格，再行外包装即得。

膜剂的干燥温度不宜过高，以免起泡，开始干燥的温度应在溶剂的沸点以下，而且应由低到高，以免引起药浆外干内湿的现象。另外药膜也不能过于干燥，以防剥离困难。

2. 热塑制膜法 系将药物细粉和成膜材料如 EVA 颗粒相混合，用橡皮滚筒混炼，热压成膜，随即冷却，脱膜即得。或将热熔的成膜材料如聚乳酸等，在热熔状态下加入药物细粉，使其溶解或均匀混合，在冷却过程中成膜。本法的特点是可以不用或少用溶剂，机械生产效率高，难溶性药物分散好，但高温可能会影响某些活性成分的稳定性。

3. 复合制膜法 以不溶性的热塑性成膜材料如 EVA 为外膜，分别制成具有凹穴的膜带，另将水溶性的成膜材料如 PVA 用匀浆制膜法制成含药的内膜，剪切成单位剂量大小的小块，置于 EVA 的两层膜带中，热封即得。此法一般用来制备缓控释膜剂。

答案解析

即学即练 18－1

膜剂常用的制备方法是（ ）

A. 涂膜法 B. 喷雾干燥法 C. 模压法 D. 滚压法 E. 剪切法

处方解析 18－1：复方替硝唑口腔膜

【处方】替硝唑	0.2g	氧氟沙星	0.5g
聚乙烯醇（17－88）	3.0g	羧甲纤维素钠	1.5g
甘油	2.5g	糖精钠	0.05g
纯化水加至	100g		

【制法】先将聚乙烯醇、羧甲纤维素钠分别浸泡过夜、溶解，加甘油混匀，再将替硝唑溶于15ml热纯化水中、氧氟沙星溶于适量稀醋酸中加入混匀，最后加入糖精钠、纯化水补至足量，搅匀；放置，待气泡除尽后，涂膜，干燥分格。每格含替硝唑0.5mg，氧氟沙星1mg。

【解析】①本品为黄白色薄片，局部用于口腔黏膜溃疡。②替硝唑、氧氟沙星为主药，聚乙烯醇、羧甲纤维素钠为成膜材料，甘油为增塑剂，糖精钠为矫味剂。③氧氟沙星为白色至微黄色结晶性粉末，在水或甲醇中微溶或极微溶解，故加入适量稀醋酸溶解。

处方解析 18－2：毛果芸香碱眼用膜剂

【处方】硝酸（或盐酸）毛果云香碱	15g	PVA 05－88	28g
甘油	2g	纯化水	30ml

【制法】称取PVA 28g，加药用甘油2g作增塑剂，纯化水30ml，搅拌膨胀后于90℃水浴上加热使溶解，溶液趁热过滤（80目筛网），滤液放冷后加入硝酸毛果芸香碱15g，搅拌使溶解，然后在涂膜机上制成宽约0.15mm，含主药约30%的药膜带，封闭包装在聚乙烯薄膜中，经含量测定后划痕分格（每格面积为10mm×5mm），每格含毛果芸香碱2.5mg（±10%），相当于同样含主药为2%的滴眼液2～3滴。最后用紫外灯消毒30分钟（正反面各15分钟），即得。

【解析】眼用膜多采用PVA、PVP、CMC－Na、海藻酸及其盐类等可溶性高分子成膜材料制成单层薄膜。使用时药膜在眼结膜囊内被泪液逐渐溶解，形成黏稠液体附着在角膜上，不易流失，也减少从鼻泪管流失，因而能使药物在眼结膜囊中维持较长时间的高浓度，使药效明显持久。本品用于治疗青光眼，处方中毛果云香碱为主药，PVA 05－88为成膜材料，甘油为增塑剂，纯化水为溶剂。

四、膜剂的质量评价

1. 外观　应完整光洁，厚度一致，色泽均匀，无明显气泡。多剂量的膜剂，分格压痕应均匀清晰，并能按压痕撕开。

2. 重量差异　除另有规定外，取供试品20片，精密称定总质量，求得平均重量，再分别精密称定各片的重量。每片重量与平均重量相比较，超出重量差异限度的不得多于2片，并不得有1片超出限度的1倍。膜剂的重量差异限度见表18－2。

表18－2　膜剂的重量差异限度

平均质量	质量差异限度
0.02g及0.02g以下	±15%
0.02g以上至0.20g	±10%
0.20g以上	±7.5%

凡进行含量均匀度检查的膜剂，一般不再进行重量差异检查。

3. 无菌检查　眼膜剂按照《中国药典》2020年版“无菌检查法”检查，应符合规定。

4. 微生物限度 按照《中国药典》2020年版有关膜剂微生物限度要求进行检查，应符合相关规定。

5. 其他 酸度、溶化时限、有关物质、含量等均应符合各制剂项下的规定。

任务二 涂膜剂

一、涂膜剂的基本知识

涂膜剂是指原料药物溶解或分散于含成膜材料的溶剂中，涂搽患处后形成薄膜的外用液体制剂。一般用于慢性无渗出液的损害性皮肤病。

用时涂于患处，溶剂挥发后形成薄膜，对患处有保护作用，同时能逐渐释放所含药物起治疗作用，例如伤湿涂膜剂，冻疮、烫伤涂膜剂等。

涂膜剂是在硬膏剂、火棉胶剂及膜剂的基础上发展起来的剂型，其制备工艺简单，不用裱褙材料，无需特殊的机械设备，使用方便，不易脱落，容易洗除，在某些皮肤病、职业病等防治上有较好的作用。

按照《中国药典》2020年版四部制剂通则（0119）要求，涂膜剂在生产与贮藏期间应符合以下规定：应稳定，根据需要可加入抑菌剂或抗氧剂。除另有规定外，涂膜剂应采用非渗透性容器和包装，避光、密闭贮存；在启用后最多可使用4周。涂膜剂应符合《中国药典》2020年版装量检查、微生物限度检查的规定。用于烧伤［除程度较轻的烧伤（Ⅰ度或浅Ⅱ度外）］或严重创伤的涂膜剂应符合《中国药典》2020年版无菌检查的规定。

二、涂膜剂的处方组成

涂膜剂处方由药物、成膜材料和挥发性有机溶剂三部分组成。常用的成膜材料有聚乙烯醇、聚乙烯吡咯烷酮、乙基纤维素和聚乙烯醇缩甲乙醛等。增塑剂有甘油、丙二醇、三乙酸甘油酯等。挥发性有机溶剂常用乙醇、丙酮或两者混合液。

三、涂膜剂的制法

涂膜剂通常采用溶解法制备。首先将成膜材料溶解，再与药物、附加剂等混合均匀。若药物可溶于溶剂，将药物溶解后与成膜材料溶液混合；若药物不溶于溶剂，应先加少量溶剂充分研磨后与成膜材料溶液混合；若为中药，应先以适宜方法提取制成乙醇提取液或提取物的乙醇－丙酮溶液再与成膜材料溶液混合。

处方解析18－3 癣净涂膜剂

【处方】	水杨酸	400g	硼酸	40g
	鞣酸	300g	苯甲酸	400g
	薄荷脑	10g	月桂氮䓬酮	10ml
	甘油	100ml	纯化水	400ml
	苯酚	20g	聚乙烯醇－124	40g
	95%（V/V）乙醇加至	10 000ml		

【制法】取聚乙烯醇－124加入纯化水和甘油中充分膨胀后，在水浴上加热使完全溶解；另取水杨酸、苯甲酸、硼酸、鞣酸、苯酚及薄荷脑依次溶于适量95%乙醇中，加入月桂氮䓬酮，再添加乙醇使成500ml，搅匀后缓缓加至聚乙烯醇－124溶液中，随加随搅拌，搅匀后迅速分装，密封即得。

【解析】本制剂用于治疗手、足癣，体、股癣。其中水杨酸3%～6%浓度具有抗真菌、止痒作用，与苯甲酸配伍两者均能与蛋白质的氨基酸结合而增强杀灭真菌作用；鞣酸有良好的收敛和抗炎作用；硼酸、苯酚对皮肤及创面有消毒杀菌作用；薄荷脑能选择性地刺激皮肤或黏膜的冷觉感受器，产生冷觉反射而具清凉、止痒及轻微局麻的作用；薄荷脑和月桂氮䓬酮（氮酮）为渗透促进剂，对水杨酸的渗透均有促进作用；聚乙烯醇－124为优良的涂膜材料，成膜性能好，速度快，易洗脱，不污染衣物等。

任务三　贴剂

一、药物经皮吸收的基本知识 微课

（一）药物经皮吸收机制

经皮给药制剂（经皮吸收制剂）亦称经皮给药系统（transdermal drug delivery system，TDDS或TTS），系指通过皮肤敷贴等方式给药，药物以一定的速率经由皮肤吸收进入全身血液循环并达到有效血药浓度，从而实现治疗或预防疾病作用的一类制剂，常用的剂型为贴剂。此外，广义的经皮给药制剂还包括软膏剂、硬膏剂、巴布剂、涂剂等。

经皮给药制剂药物的透皮吸收包括释放、穿透和吸收进入血液循环三个阶段。释放是指药物从制剂基质中脱离出来并扩散到皮肤或黏膜表面。穿透是指药物通过表皮进入真皮、皮下组织，对局部起治疗作用，如治疗皮肤破损、炎症、肿痛等。吸收是指药物通过皮肤微循环或与黏膜接触后，通过血管或淋巴管进入体循环而产生全身作用。

知识链接

药物经皮吸收的主要途径

1. 经由完整的表皮途径吸收　一般认为透过皮肤的完整表皮是药物的主要吸收途径，表皮具类脂膜性质，脂溶性药物以非解离型透过表皮的角质层细胞及其细胞间隙，解离型药物较难透过。

2. 经皮肤附属器吸收　药物通过毛囊、皮脂腺和汗腺等吸收。由于皮肤附属器只占皮肤表面极小部分，多数情况下不是主要吸收途径。离子型药物或极性大分子药物主要经此途径吸收。

（二）影响药物经皮吸收的因素

1. 皮肤条件

（1）皮肤的用药部位　各部位皮肤角质层的厚度、毛孔的多少均与药物的穿透吸收有较大关系。一般角质层厚的部位药不易透入，毛孔多的部位则较易透入。不同部位的皮肤渗透性大小顺序：耳郭后部＞腋窝区头皮＞手臂＞腿部＞胸部。选择角质层薄、给药方便的皮肤部位对全身作用的透皮吸收制剂的有效性尤为重要。此外，人的年龄、性别、种族不同，其皮肤的差异与药物的穿透吸收也有较大关系。

（2）皮肤的状况　若皮肤屏障功能受损，如湿疹、溃疡或烧伤等，药物吸收速度大大增加，但易引起疼痛、过敏等副作用。一般来说，溃疡皮肤对药物的渗透性为正常皮肤的3～5倍。某些皮肤病使角质层致密硬化，药物的渗透性降低，如银屑病（牛皮癣）及老年角化病等。

（3）皮肤的温度与湿度　皮肤温度升高，由于血管扩张，血流量增加，吸收也增加。皮肤湿度大，有利于角质层的水合作用，提高药物进入皮肤的透过率而促进吸收。

2. 药物性质　皮肤细胞具有类脂质性质，一般脂溶性药物比水溶性药物易穿透皮肤，而组织液是具极性的，因此既有一定脂溶性又有一定水溶性的药物（分子有极性基团和非极性基团）更易穿透。

药物分子的大小对药物透皮吸收也有影响，小分子药物易在皮肤中扩散，分子量大于600的药物较难透过角质层。因此，经皮给药宜选用分子量小、药理作用强的小剂量药物。

3. 基质性质

（1）基质的类型　一般认为药物在乳剂型基质中吸收最好，如果基质的组成与皮脂分泌物相似，也有利于某些药物透过皮肤。

（2）基质的pH　可影响有机弱酸和有机弱碱类药物的解离程度，离子型药物一般不易透过角质层，非解离型药物有较高的渗透性。故可根据药物的pK_a来调节介质的pH，使其离子型和非离子型的比例发生改变，提高其渗透性。

（3）基质对药物的亲和力　若亲和力大，药物的皮肤/基质分配系数小，药物难以从基质向皮肤转移，不利于吸收。

（4）基质对皮肤的水合作用　角质层具有一定的吸水能力，基质对皮肤的水合作用大，角质层细胞膨胀，致密程度降低，有利于药物的穿透吸收。角质层含水量达50%时，药物的渗透性可能增加5～10倍。油脂性强的基质封闭性强，有利于皮肤的水合作用。

4. 渗透促进剂　也称透皮吸收促进剂，系指能够渗透进入皮肤，降低药物通过皮肤的阻力及屏障作用，促进药物透过皮肤的一类物质。应用渗透促进剂是改善药物透皮吸收的首选方法。理想的渗透促进剂不应对皮肤产生生理性损害或严重刺激，应无药理活性、无毒、无致敏性，与药物、基质和皮肤有良好的相容性，无臭无味。

常用的透皮吸收促进剂：表面活性剂（阳离子型、阴离子型、非离子型和卵磷脂）；有机溶剂类（乙醇、丙二醇、乙酸乙酯、二甲基亚砜及二甲基甲酰胺等）；月桂氮䓬酮及其同系物；有机酸、脂肪醇（油酸、亚油酸及月桂醇）；角质保湿与软化剂（尿素、水杨酸及吡咯酮类）；萜烯类（薄荷醇、樟脑、柠檬烯）等。

5. 其他因素　如药物浓度、用药面积、应用次数及时间等一般与药物的吸收量呈正比。其他如气温、相对湿度、局部摩擦、脱脂及离子渗透作用等均有助于药物的透皮吸收。

实例分析

实例　患者林某，女，45岁，采用雌二醇片剂进行雌激素替代疗法，治疗和预防更年期综合征，每天给药3次，每次口服1.5mg，使用一段时间后，出现肝功能异常等不良反应。改用雌二醇贴剂，每三天贴1剂，每剂含雌二醇4mg，疗效与口服给药一致，不良反应消失。

问题　1. 长期口服雌二醇为什么会导致肝功能异常？

2. 改用贴剂后给药剂量大大降低，疗效却没有下降，不良反应也消失，为什么？

答案解析

二、贴剂概述

贴剂系指原料药物与适宜的材料制成的供贴敷在皮肤上的、可产生全身性或局部作用的一种薄片状柔性制剂。贴剂可用于完整皮肤表面，也可用于有疾患或不完整的皮肤表面。其中用于完整皮肤表面能将药物输送透过皮肤进入血液循环系统起全身作用的贴剂称为透皮贴剂。透皮贴剂通过扩散而起作用，其释放速度受到药物浓度影响。

（一）贴剂的特点

1. 贴剂的优点　①避免口服给药发生的肝脏首过效应及胃肠道的降解，药物的吸收不受饮食、运动、体位等因素影响，减少用药的个体差异。②一次给药可以长时间维持恒定速率进入体内，避免了口服给药等引起的血药浓度峰－谷现象，降低了毒副反应，还可以延长作用时间，减少给药次数。③患者可自行用药或随时中断给药，避免了注射时的疼痛和口服给药时可能的危险与不便，易被患者接受，顺应性好，特别适合于婴儿、老人或不宜口服的患者。

2. 贴剂的缺点　①药物起效慢，一般给药数小时后才能起效。②多数药物不易达到有效治疗浓度。③载药量不大，若大面积给药会对皮肤产生刺激性和过敏性。④某些制剂的生产工艺和条件较复杂，成本较高。⑤存在皮肤代谢与贮库作用。

（二）贴剂的结构组成与类型

贴剂的基本结构一般包括背衬层、药物贮库层、控释膜层、粘贴层（胶黏层）和保护层（防黏层）五层。背衬层多为复合铝箔，起支撑和阻隔作用；药物贮库层由药物、高分子基质材料、透皮吸收促进剂等组成，主要用以负载药物；控释膜层具有一定的渗透性和厚度，可用以控制药物的释放速度；粘贴层由无刺激和无过敏的黏合剂组成，主要起粘贴作用；防黏层是一种可剥离的衬垫膜，起防粘和保护制剂的作用，当除去时，应不会引起贮库及粘贴层等的剥离。贴剂的保护层活性成分不能透过，通常水也不能透过。

按结构不同，贴剂可分为四种类型，即黏胶分散型、骨架型、储库型和周边黏胶型（图 18－3）。

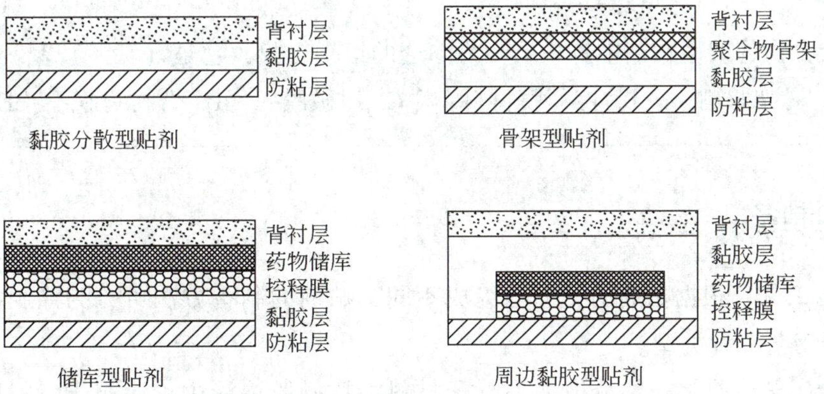

图 18－3　贴剂的类型

知识链接

贴剂的临床应用与注意事项

临床使用贴剂时应仔细阅读产品说明书，并按每种产品说明书中推荐的较佳皮肤部位使用。并注意轮换用药部位，避免对皮肤产生刺激。贴剂使用时应注意：①给药部位应当为清洁、干燥、几乎无毛发的皮肤，避免使用皮肤洗剂。②贴剂使用前不可撕破或割破单位剂量。③透皮贴剂应当贴在不被衣服经常摩擦或移动的位置。④透皮贴剂应根据产品说明书所示的推荐使用时间，到时应立即除去。⑤如果对透皮贴剂有过敏、不能耐受或有较强的皮肤刺激时，应当暂时中断使用。⑥贴剂不可切割使用。

（三）贴剂的辅助材料

1. 骨架材料 ①聚合物骨架材料：天然与合成的高分子材料都可作聚合物骨架材料，如疏水性的聚硅氧烷与亲水性聚乙烯醇。②微孔骨架材料：合成高分子材料均可作微孔骨架材料，运用较多的是醋酸纤维素。

2. 控释膜材料 控释膜分均质膜与微孔膜。用作均质膜的高分子材料有乙烯－乙酸乙烯共聚物和聚硅氧烷等；微孔膜有聚丙烯拉伸微孔膜等。

3. 压敏胶 压敏胶是指在轻微压力下即可实现粘贴，同时又容易剥离的一类胶黏材料，以保证释药面与皮肤紧密接触，同时形成药库，并起着控释等作用。压敏胶应满足对皮肤无刺激、不致敏、与药物相容及具有防水性能等要求。常用的压敏胶有聚异丁烯类、丙烯酸类和硅橡胶类三类。

4. 背衬材料 背衬材料是用于支持药库或压敏胶等的薄膜，应对药物、胶液、溶剂、湿气和光线等有较好的阻隔性能，同时应柔软舒适，并有一定的强度。常用多层复合铝箔，此外还有聚对苯二甲酸乙二酯、高密度聚乙烯、聚苯乙烯等。

5. 防黏材料 主要用于对粘贴层的保护，常用聚乙烯、聚苯乙烯、聚丙烯、聚碳酸酯、聚四氟乙烯等高聚物的膜材，有时也使用表面经石蜡或甲基硅油处理过的光滑厚纸。

6. 药库材料 可以使用的药库材料很多，可用单一材料，也可用多种材料配制的软膏、水凝胶、溶液等，如卡波姆、羟丙甲纤维素、聚乙烯醇等均较为常用，各种压敏胶和骨架膜材也同时可以作药库材料。

即学即练 18－2

答案解析

聚合物骨架型贴剂中有一层不易渗透的铝塑合膜，它是（　　）

A. 骨架材料　B. 控释膜材料　C. 压敏胶　D. 背衬材料　E. 防黏材料

三、贴剂的制备

1. 贴剂的制备工艺 根据贴剂的类型与组成不同，贴剂的制备方法可分为涂膜复合工艺、充填热合工艺、骨架黏合工艺三种类型。

（1）涂膜复合工艺　是将药物分散在高分子材料如压敏胶溶液中，涂布于背衬膜上，加热烘干得高分子材料膜，再与各层膜叠合或黏合（图 18－4）。

（2）填充热合工艺　是在定型机械中，于背衬膜与控释膜之间定量充填药物贮库材料，热合封闭，覆盖上涂有胶黏层的保护膜（图 18－5）。

（3）骨架黏合工艺　是在骨架材料溶液中加入药物，浇铸冷却成型，切割成小圆片，粘贴于背衬膜上，加保护膜而成（图 18－6）。

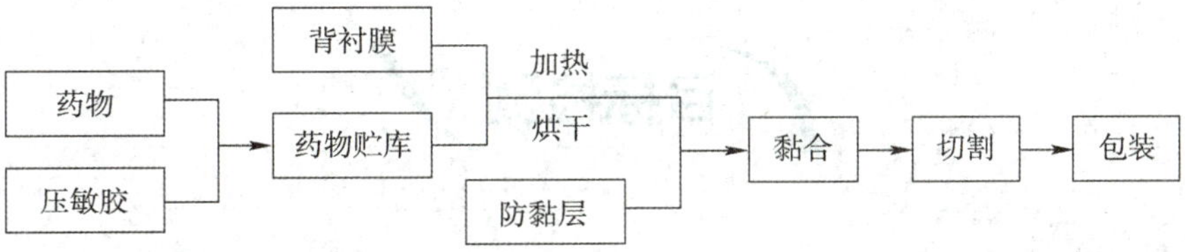

图 18－4　涂膜复合工艺制备贴剂工艺流程

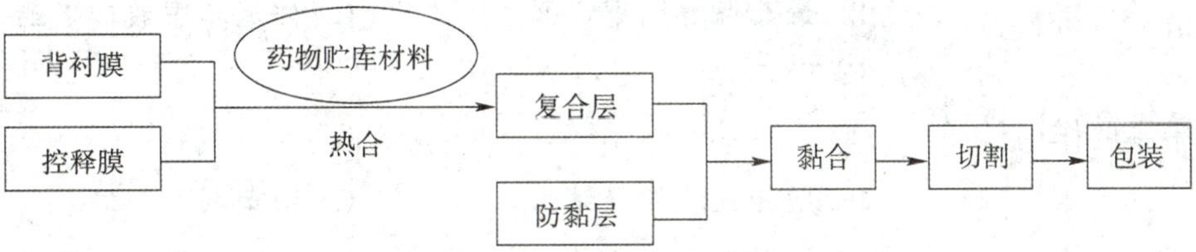

图 18－5　填充热合工艺制备贴剂工艺流程

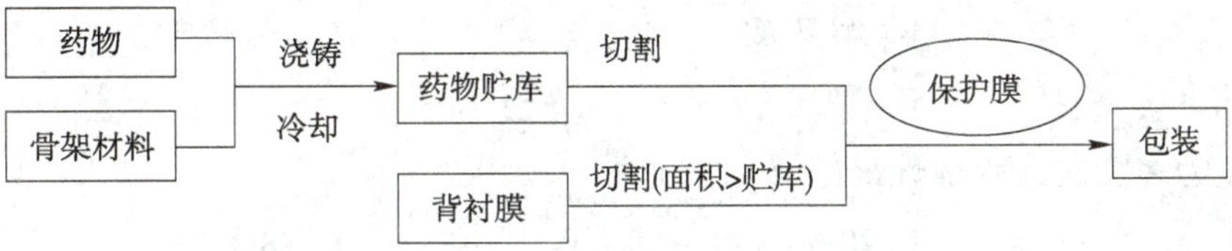

图 18－6　骨架黏合工艺制备贴剂工艺流程

2. 贴剂生产贮藏要求　①贴剂所用的材料及辅料应符合国家标准有关规定。②根据需要可加入表面活性剂、乳化剂、保湿剂、抑菌剂、抗氧剂或透皮促进剂等。③原料药物可以溶解在溶剂中（采用乙醇等溶剂应在标签中注明过敏者慎用），填充入贮库，贮库应无气泡和泄漏。原料药物如混悬在制剂中则必须保证混悬和涂布均匀。④粘贴层涂布应均匀。⑤除另有规定外，贴剂应在标签和/或说明书中注明每贴所含药物剂量、总的作用时间及药物释放的有效面积。⑥除另有规定外，贴剂应密封贮存。

四、贴剂的质量评价

除另有规定外，贴剂外观应完整光洁，有均一的应用面积，冲切口应光滑、无锋利的边缘，贴剂的黏附力等应符合要求，用有机溶剂涂布的贴剂，应对残留溶剂进行检查。贴剂照《中国药典》2020 年版进行以下相应检查。

1. 黏附力　除另有规定外，照贴剂黏附力测定法（通则 0952）测定，应符合规定。

2. 含量均匀度　除另有规定或来源于动、植物多组分且难以建立测定方法的贴剂外，照含量均匀度检查法（通则 0941）测定，应符合规定。

3. 重量差异　中药贴剂按如下重量差异检查法测定，应符合规定（进行含量均匀度检查的品种，可不进行重量差异检查）。

除另有规定外，取供试品 20 片，精密称定总重量，求出平均重量，再分别称定每片的重量，每片重量与平均重量相比较，重量差异限度应在平均重量的 ±5% 以内，超出重量差异限度的不得多于 2 片，并不得有 1 片超出限度 1 倍。

4. 释放度　除另有规定或来源于动、植物多组分且难以建立测定方法的贴剂外，照溶出度与释放度测定法（通则 0931 第四、五法）测定，应符合规定。

5. 微生物限度　除另有规定外，照非无菌产品微生物限度检查应符合规定。

答案解析

目标检测

一、单项选择题

1. 涂膜剂常用的成膜材料是（　　）

A. 甘油　　B. 聚乙烯醇缩甲乙醛　　C. 邻苯二甲酸二丁酯

D. 丙酮　　E. 丙二醇

2. 甘油在膜剂中主要作用是（　　）

A. 黏合剂　　B. 增加胶液的凝结力　　C. 增塑剂

D. 促使基溶化　　E. 保湿剂

3. 膜材 PVA05－88 中，88 表示（　　）

A. 聚合度　　B. 醇解度　　C. 水解度

D. 酸解度　　E. 黏度

4. PVA 在其醇解度为多少时，水溶性最好（　　）

A. 68%　　B. 78%　　C. 88%

D. 98%　　E. 100%

5. 膜剂的制备中，需要（　　）

A. 脱泡后涂膜　　B. 涂膜后脱泡　　C. 需脱泡

D. 两者无先后之分　　E. 可以不必脱泡

6. 下列因素中，不影响药物经皮吸收的是（　　）

A. 皮肤因素　　B. 经皮吸收促进剂的浓度　　C. 背衬层的厚度

D. 基质的 pH　　E. 药物相对分子质量

7. 下列物质中，不能作为经皮吸收促进剂的是（　　）

A. 乙醇　　B. 山梨酸　　C. 表面活性剂

D. 二甲基亚砜　　E. 月桂氮䓬酮

8. 下列属于贴剂的缺点的是（　　）

A. 可以避免肝脏的首过效应

B. 存在皮肤代谢与储库作用

C. 可以延长药物的作用时间，减少给药次数

D. 透过皮肤吸收可起全身治疗作用

E. 适用于婴儿、老人和不宜口服的病人

9. 贴剂中加入月桂氮䓬酮的目的是（　　）

A. 增加贴剂的柔韧性　　B. 使皮肤保持润湿　　C. 促进药物经皮吸收

D. 增加药物的稳定性　　E. 使药物分散均匀

二、多项选择题

1. 下列物质中属于天然膜材的有（　　）

A. 明胶　　B. PVA　　C. 琼脂

D. 虫胶　　E. 阿拉伯胶

2. 下列物质中，属于人工合成高分子成膜材料的有（　　）

A. PVP　　B. 琼脂　　C. PVA

D. 玉米朊　　E. EVA

3. 在膜剂的质量检查中（　　）

A. 若为外用制剂，不必做微生物的限度检查

B. 应符合微生物限度检查

C. 应符合重量差异检查

D. 若为外用，不必做重量差异检查

E. 应检查硬度

4. 涂膜法制备膜剂的工艺流程包括的工序是（　　）

A. 成膜材料浆液的配制　　B. 脱膜　　C. 脱泡

D. 涂膜　　E. 橡皮滚筒混炼

5. 贴剂的基本组成分为（　　）

A. 背衬层　　B. 药物贮库层　　C. 控释膜层

D. 粘贴层　　E. 防黏层

三、综合问答题

1. 膜剂的成膜材料有哪些？制备方法有哪些？

2. 贴剂有哪些特点？常见的制备方法有哪些？

书网融合……

重点回顾　　微课　　习题

（计竹娃　陈秉梅）

模块七
药物制剂新技术

项目十九　生物药物递送载体

PPT

学习引导

胰岛素是由人体胰岛 B 细胞分泌的一种肽类激素，主要调节葡萄糖代谢，维持正常的血糖水平。外源性的胰岛素主要适用于 1 型糖尿病、糖尿病合并严重急性并发症。目前胰岛素制剂主要为注射给药，非注射型胰岛素的开发是制药企业追逐的主要领域之一，2014 年美国 MannKind 公司的肺吸入型人胰岛素制剂 Afrezza 上市，在研的胰岛素制剂包括口服给药的片剂（IN－105）和胶囊（Emisphere）、经鼻黏膜给药的喷雾剂等。胰岛素为何主要采用注射给药？长期注射胰岛素存在哪些不足？若将胰岛素制备成肺吸入、口服、经鼻黏膜给药制剂，可借助哪些载药微粒？

本项目主要脂质体、微囊、微球、纳米粒、微乳、包合物等常见给药载体微粒的基本知识、制备技术、质量评价和应用。

学习目标

1. **掌握**　脂质体、微球、微囊、纳米粒、微乳、包合物的概念、类型与特点。
2. **熟悉**　脂质体、微球、微囊、纳米粒、微乳、包合物的常用辅料、制备及评价方法。
3. **了解**　脂质体、微球、微囊、纳米粒、微乳、包合物在生物药物制剂上的应用。

目前，多肽蛋白质类药物不断涌现，但由于生物药物分子量大、稳定性差、生物利用度低、体内生物半衰期短、极易被生物体内的酶分解等缺点，使其在临床治疗领域受到极大限制。随着现代制剂技术的发展，微粒载体制剂已逐渐用于临床，生物药物制备成载体微粒，既可使生物药物注射给药具有缓释、控释或靶向的作用，又使得生物药通过外用、口服给药成为可能，拓展了生物药物的给药途径，提升了给药的生物利用度，患者用药的顺应性。

根据药剂学分散系统分类原则，将直径在 10^{-9} ~ 10^{-4}m 范围的分散相构成的分散体系统称为微粒分散体系。其中，分散相粒径在 1 ~ 500μm 范围内统称为粗（微米）分散体系，主要包括微囊、微球等；分散相粒径小于 1000nm 属于纳米分散体系，主要包括脂质体、纳米乳、纳米粒、聚合物胶束、亚微乳等。目前常用于生物药物递送的微粒载体有脂质体、微球与微囊、纳米粒、微乳以及环糊精包合物等。

任务一　脂质体

一、脂质体概述 微课

脂质体系指药物被类脂双分子层包封成的微小囊泡，亦称类脂小球或液晶微囊。脂质体是理想的药物载体，粒径大小不同和具有不同表面性质，适用于多种给药途径，如静脉、肌内和皮下注射，口服或经眼部、肺部、鼻腔和皮肤给药等。

（一）脂质体的组成和结构

脂质体的膜材主要由磷脂与胆固醇构成。磷脂为两性物质，其结构的磷酸基和季铵盐基均为亲水基团，两个较长的烃链为疏水链（图 19－1）。胆固醇亦属于两性物质，但疏水性较亲水性强。用磷脂与胆固醇作脂质体的膜材时，两者混合分子相互间隔定向排列的类脂双分子层结构（图 19－2），双分子层的厚度约 4nm。脂质体内部形成一个被类脂双分子层包围而独立的封闭小室，包含有水溶液；磷脂双层分子间形成的泡囊又被水相介质分开。在电镜下，脂质体的外形常见球形、椭圆形等，直径从数十纳米到数微米之间。

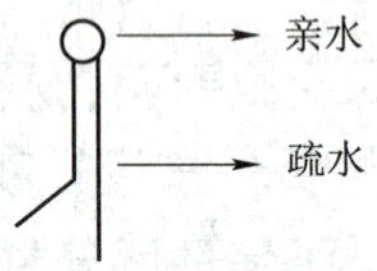

图 19－1　磷脂分子结构示意图

（二）脂质体的分类

脂质体根据结构和所包含的双层磷脂膜层数，可分为单室脂质体和多室脂质体。由一层类脂双分子层构成者，称为单室脂质体，又细分为大单室脂质体（粒径 100～1000nm）和小单室脂质体（粒径 20～80nm，又称为纳米脂质体）。由多层类脂质双分子层构成的称为多室脂质体，粒径为 1～5μm。

脂质体是一种优良的药物载体，可包封脂溶性药物，也可包封水溶性药物。单室脂质体中水溶性药物的溶液只被一层类脂质双分子层所包封，脂溶性药物则分散于双分子层中；多室脂质体中有几层类脂质双分子层将被包含的水溶性药物的水膜隔开，形成不均匀的聚合体，脂溶性药物则分散于几层双分子层中。脂质体结构示意图见图 19－3。

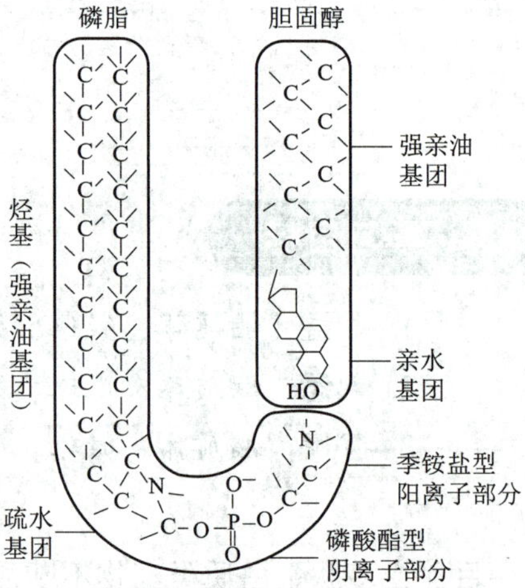

图 19－2　磷脂与胆固醇在脂质体中排列示意图

（三）脂质体的特点

脂质体用作药物载体，有以下主要的优点。

1. 靶向性　载药脂质体进入体内可被巨噬细胞吞噬而摄取，形成肝、脾、淋巴等单核吞噬细胞系统的被动靶向性，从而提高药物的治疗指数。如抗肝利什曼原虫药锑酸葡铵被脂质体包封后，药物在肝中的浓度提高 200～700 倍。

2. 缓释性　将药物包封成脂质体后，可减少代谢和排泄，延长药物在血液中的滞留时间，使药物在体内缓慢释放，从而延长了药物作用时间。如按 6mg/kg（剂量）静注多柔比星（阿霉素）和多柔比星脂质体（阿霉素脂质体），其消除半衰期分别为 17.3 小时和 69.3 小时。

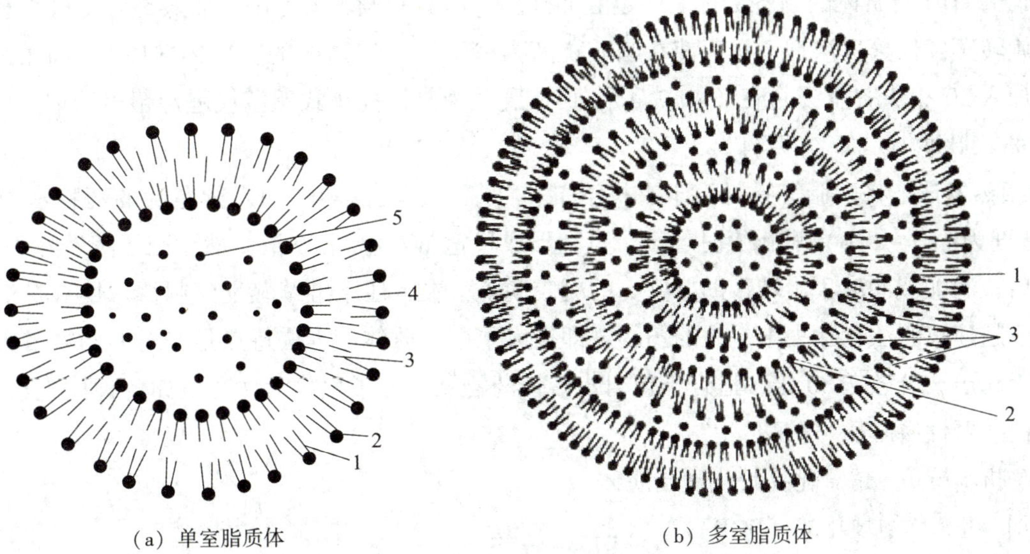

图 19－3　单室和多室脂质体结构示意图

1. 亲油基团；2. 亲水基团；3. 类脂质双分子层；4. 脂溶性药物；5. 水溶性药物

3. 细胞亲和性与组织相容性　脂质体具有类似生物膜的结构，对正常细胞和组织无损害和抑制作用，有细胞亲和性与组织相容性，可长时间吸附于靶细胞周围，使药物能充分向靶细胞、靶组织渗透；并可通过融合进入细胞内，经溶酶体消化释放药物。如抗结核药物包封于脂质体中，可将药物载入细胞内杀死结核菌，提高疗效。

4. 降低药物毒性　脂质体注射给药后，改变了药物的体内分布，主要在肝、脾、骨髓等器官中浓集，而减少了心、肾和正常细胞中的药物量。如第一个上市的抗癌药物多柔比星脂质体，可明显降低心脏毒性和皮肤毒性，实验动物存活率比游离药物对照组高。

5. 提高药物稳定性　一些不稳定的药物被脂质体包封后，受到脂质体双层膜的保护。如青霉素 G 盐对酸不稳定，口服液被胃酸破坏，制成脂质体则可提高其稳定性和口服吸收的效果。

二、脂质体的制备及质量评价

（一）脂质体的制备材料

脂质体的膜材主要由磷脂与胆固醇构成，两者形成的双分子层结构，类似“人工生物膜”，易被机体消化分解。

常用的磷脂材料包括两类：① 天然磷脂，如卵磷脂、大豆磷脂和脑磷脂等；② 合成磷脂，如二棕榈酰磷脂酰胆碱（DPPC）、二棕榈酰磷脂酰乙醇胺（DPPE）和二硬脂酰磷脂酰胆碱（DSPC）等，国产脂质体以大豆磷脂为常见。

胆固醇具有调节膜流动性的作用，故可称为脂质体“流动性缓冲剂”。当低于相变温度时，胆固醇可使膜减少有序排列，而增加流动性；高于相变温度时，可增加膜的有序排列而减少膜的流动性。

（二）脂质体的制备方法

1. 薄膜分散法　将磷脂、胆固醇等类脂质及脂溶性药物溶于氯仿（或其他有机溶剂）中，然后将氯仿溶液在烧瓶中旋转蒸发，使其在内壁上形成一薄膜；将水溶性药物溶于磷酸盐缓冲液中，加入烧瓶中不断搅拌，即得脂质体。本法制备的脂质体粒径较大，因此，常结合超声、挤出或高压均质等后处理。如，辅酶Q10脂质体的制备：称取一定量卵磷脂、胆固醇及辅酶Q10，加入5ml无水乙醚使其完全溶解，用旋转蒸发仪蒸发溶剂乙醚，使在圆底烧瓶内壁形成一层透明的脂质体薄膜，残余的乙醚挥尽。在烧瓶中加入20ml磷酸盐缓冲液（pH 7.4），形成乳状液。用探头式超声仪进行超声处理（5分钟，超声强度50%，脉冲1s/1s），即得。

2. 逆相蒸发法 将磷脂等膜材溶于有机溶剂，如氯仿、乙醚等，加入待包封的药物水溶液（水溶液:有机溶剂为1:3～1:6）进行短时超声，直到形成稳定W/O型乳状液。然后减压蒸发除去有机溶剂，达到胶态后，滴加缓冲液，旋转帮助器壁上的凝胶脱落，在减压下继续蒸发，制得水性混悬液，通过凝胶色谱法或超速离心法，除去未包入的药物，即得大单层脂质体。本法特点是包封的药物量大，体积包封率可大于超声波分散法30倍，适合于包封水溶性药物及大分子生物活性物质如各种抗生素、胰岛素、免疫球蛋白、碱性磷脂酶、核酸等。

处方解析19－1：超氧化物歧化酶脂质体

【处方】超氧化物歧化酶（SOD）	6mg	主药
卵磷脂	100mg	脂质体材料
胆固醇	50mg	脂质体材料
乙醚	15ml	溶剂
磷酸缓冲盐溶液（PBS）	适量	溶剂

【制法】将卵磷脂和胆固醇溶于乙醚，加入4mmol/L PBS配成的SOD溶液，超声处理2分钟（每处理0.5分钟，间歇0.5分钟），在水浴中减压旋转蒸发至凝胶状，旋涡振荡使凝胶转相，继续蒸发除尽乙醚，超速离心除去游离SOD，沉淀用水洗涤，离心沉淀，用10mmol/L PBS稀释，即得。

【解析】SOD能够催化超氧阴离子自由基歧化生成氧和过氧化氢，具有抗衰老、抗辐射和抗癌等作用。将SOD制成脂质体，可以增加其稳定性、细胞通透性，增强对器官的特异性，发挥缓释作用。

3. 冷冻干燥法 将磷脂分散于缓冲盐溶液中，经超声波处理与冷冻干燥，再将干燥物分散到含药物的水性介质中，即得，如维生素B_{12}脂质体的制备。

4. 注入法 将磷脂与胆固醇等类脂质及脂溶性药物共溶于有机溶剂中（一般多采用乙醚），然后将此药液经注射器缓缓注入搅拌下的50℃磷酸盐缓冲液（可含有水溶性药物）中，加完后，不断搅拌至乙醚除尽为止，即得脂质体。这种脂质体粒径较大，不宜静脉注射，再经超声或通过高压乳匀机两次，所得产品大多为单室脂质体，少数为多室脂质体。

5. 超声波分散法 将水溶性药物溶于磷酸盐缓冲液，加至磷脂、胆固醇与脂溶性药物共溶于有机溶剂中制成的溶液中，搅拌蒸发除去有机溶剂，残液经超声波处理，然后分离出脂质体，再混悬于磷酸盐缓冲液中，即得。凡经超声波分散的脂质体，绝大多数为单室脂质体。多室脂质体经超声波进一步处理，亦能得到相当均匀的单室脂质体。

处方解析19－2：肝素脂质体

【处方】肝素	30mg	主药
磷脂	26mg	脂质体材料
胆固醇	4.4mg	脂质体材料
磷酸二鲸蜡酯	3.11mg	乳化剂
氯仿	5ml	溶剂
磷酸缓冲盐溶液（PBS）	适量	溶剂

【制法】称取肝素溶于 pH 7.2 的 PBS 中，在氮气流下加入到由磷脂、胆固醇、磷酸二鲸蜡溶于氯仿制成的溶液中，蒸发除去氯仿、残液经超声波分散，分离出脂质体，重新混悬于 PBS 中。

【解析】肝素具有抗凝血、抑制血小板聚集、增加血管通透性等作用，制备脂质体，可以增加其稳定性，发挥缓释作用。可供透皮或注射给药。

此外，脂质体制备方法还有复乳法、熔融法、pH 梯度法、硫酸铵梯度法等。

实例分析

实例　重组 gp85 蛋白疫苗脂质体

【处方】						
gp85 蛋白	30mg	卵磷脂	1.13g	胆固醇	0.57g
吐温－80	3ml	氯仿	3ml	乙醚	45ml
磷酸缓冲盐溶液 适量					

问题　1. 处方中各种成分的作用是什么？

2. 如采用逆相蒸发法制备，请设计制备工艺。

3. 重组 gp85 蛋白制备成脂质体目的是什么？

答案解析

（三）脂质体的质量评价

1. 形态、粒径及其分布

（1）形态检查　脂质体的形态应为封闭的多层囊状或多层圆球。外观形态的观察可使用显微镜法，用于初步观察；扫描电镜（SEM），主要用于表面及切面形态的观察；透射电镜（TEM），分辨率高，适用于粒径 $<2\mu m$ 时测定。

（2）粒径及粒径分布测定　粒径及粒径分布能影响微粒制剂释放行为，可用电感应法、光感应法、激光衍射法等测定粒径。粒径分布数据常用各粒径范围内的粒子数或百分率表示；有时也可用跨距表示，跨距愈小，即粒子大小愈均匀。

2. 载药量和包封率测定　脂质体应提供载药量、包封率数据。

$$载药量=\frac{脂质体中所含的药量}{脂质体的总量}\times 100\% \qquad 式(19-1)$$

对处于液态介质中的脂质体，可用适当方法如凝胶柱色谱法、离心法或透析法将游离药物与脂质体分离，分别测定介质和脂质体中的药量，按下式计算包封率：

$$包封率=\frac{脂质体中包封的药量}{制备脂质体投入的总药量}\times 100\% \qquad 式(19-2)$$

3. 渗漏率测定　脂质体不稳定的主要表现为渗漏。渗漏率表示脂质体在液态介质中贮存期间包封率的变化，可由下式计算：

$$渗漏率=\frac{产品贮存一定时间后渗漏到介质中的药量}{产品在贮存前包封的药量} \qquad 式(19-3)$$

4. 药物体内分布的测定　常用药物体内分布试验来评价脂质体的靶向性。通常以小鼠为受试对象，静脉注射脂质体后，测定不同时间血药浓度，并定时处死动物剖取脏器组织，匀浆分离取样，以同剂量药物的注射液作对照，比较各组织的滞留量，进行药动学处理，评价脂质体在动物体内的分布。

知识链接

影响脂质体中药物包封率的因素

不同制备方法制得的脂质体，药物的包封率各不相同，主要影响因素有如下。①类脂质膜材料的投料比：增加胆固醇含量，可提高水溶性药物的包封率。②脂质体电荷：当药物包封于相同电荷的脂质体双层膜中，由于同电相斥致使双层膜之间的距离增大，可包封更多亲水性药物。③脂质体粒径大小：当类脂质的量不变，脂质双分子层的空间体积愈大所载药物量就愈多，多室脂质体的包封率远比单室的大。④药物溶解度：极性药物在水中溶解度愈大，在脂质体水层中的浓度愈高；非极性药的脂溶性愈大，包封率愈多，水溶性与脂溶性均小的药物包封率也小。⑤制备容器：管状制备的多室脂质体比圆底制备的包封率高，梨形与圆底相同。

三、脂质体的应用

1. 抗肿瘤药物的载体 脂质体作为抗癌药物载体，具有能增加与癌细胞的亲和力，增加癌细胞对药物的摄取量，降低药物对正常细胞和组织的不良反应，提高化疗的靶向性，克服耐药性，如卵巢癌的一线化疗药物注射用紫杉醇酯质体。

2. 激素类药物的载体 甾醇类激素包入脂质体后，浓集于炎症部位便于被吞噬细胞吞噬，避免游离药物与血浆蛋白作用，一旦到达炎症部位就可以内吞、融合后释药，在较低剂量下便能发挥疗效，从而减少甾醇类激素因剂量过高引起的并发症和不良反应。将胰岛素以脂质体为载体，可抵抗胰蛋白酶对胰岛素的降解，可提高生物利用度和患者的顺应性。

3. 酶和多肽类药物的载体 酶和多肽类药物在体内易降解、半衰期短、生物利用度低，将其包裹在脂质体小球中，可减少主药的水解和酶解，提高药物的治疗指数。用于皮下或肌内注射用的多囊脂质体，已经用于白细胞介素 -2、类胰岛素生长因子 -1、集落刺激因子、α - 干扰素及其他肽类药物产品。

4. 透皮给药的载体 脂质体中脂质的组成与皮肤角质层有高度相似性，经皮给药后能增强药物的透皮吸收。脂质体中磷脂含量越高，药物透皮率越高。

5. 抗菌、抗病毒药物的载体 脂质体与生物细胞膜亲和力强，能够停留在肝和脾等网状内皮系统丰富的组织细胞内，而许多致病菌存在单核吞噬细胞系统中，将抗生素包裹于脂质体内可提高抗菌效果。如两性霉素 B 脂质体，能保持其抗真菌和霉菌感染的治疗优势，同时明显降低毒性。

此外，脂质体还可以作为抗寄生虫药物、解毒药、基因治疗的载体，发挥增效减毒的作用。

任务二 微囊与微球

一、微囊与微球概述

微囊系指固态或液态药物被载体辅料包封成的微小胶囊。通常将粒径为 1 ~ 250μm 的称微囊，粒径为 0.1 ~ 1μm 的称亚微囊，粒径为 10 ~ 100nm 的称纳米囊。利用天然的或合成的高分子材料（囊材）将固体或液体药物（囊心物）包裹制成微型胶囊的技术，称为微型包囊技术，简称微囊化。

微球系指药物溶解或分散在载体辅料中形成的微小球状实体。通常将粒径为 1 ~ 250μm 的称微球，粒径为 0.1 ~ 1μm 的称亚微球，粒径为 10 ~ 100nm 的称纳米球。

微囊和微球的外观通常呈粒状或圆球形，两者大小接近但结构不同（图 19 - 4）。微囊是包囊结构，而微球是骨架结构高分子材料与药物混合而成。微囊和微球常作为制剂的中间剂型，可进一步制成注射剂、胶囊剂、混悬剂、散剂、软膏剂、栓剂等。

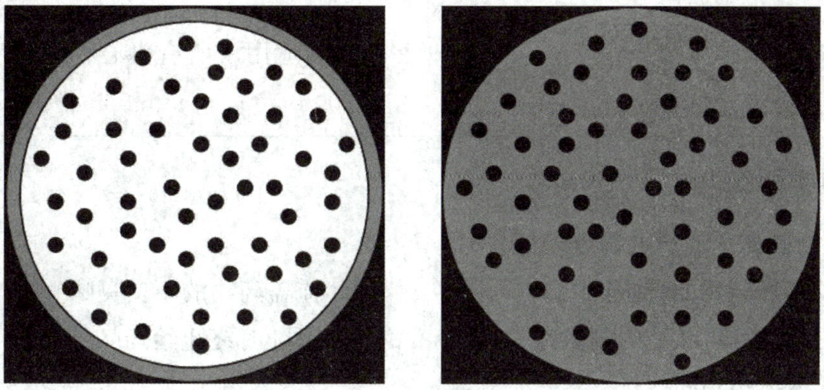

（a）微囊　　（b）微球

图 19 - 4　微囊与微球结构示意图

● 表示药物　● 表示载药材料

（一）微囊与微球的分类

根据临床用途不同，微球与微球可以分为以下几种类型。

1. 普通型　粒径 1 ~ 15μm 的微囊和微球，经静脉或腹腔注射后，可被单核吞噬细胞系统巨噬细胞所吞噬。

2. 缓释型　主要目的是长效释药，如左炔诺孕酮 - 聚 3 - 羟基丁酸酯微球等。口服、皮下植入或关节腔内注射的微球一般都属于缓释微球。

3. 栓塞型　粒径 30 ~ 800μm 的微囊和微球，注射于癌变部位的动脉血管内，随血流阻滞在靶区周围的毛细血管中，可阻断肿瘤的营养供应，又可发挥靶向化疗作用。

4. 磁性型　制备微球与微球时，将磁性铁粉包入其中，利用体外磁场效应，引导药物在体内移动和定位浓集，使其具有靶向性。

（二）药物微囊/微球化后的特点

1. 增加药物的稳定性　易损失活性或变性的生物活性物质如活细胞、疫苗等，一些不稳定的药物微囊化后，能够一定程度避免 pH、光线、湿度和氧气的影响，能防止药物分解；易挥发的挥发油微囊化后，能防止其挥发。

2. 掩盖药物的不良臭味　一些不良气味及口味的药物如鱼肝油、氯贝丁酯、生物碱类及磺胺类等微囊/微球化后，可有效掩盖药物的不良臭味。

3. 防止药物在胃肠道内失活或降低对胃肠道的刺激性　易在胃内失活的药物如尿激酶、红霉素、胰岛素等，对胃部有刺激性的药物如氯化钾、吲哚美辛、双氯芬酸钠等，以肠溶材料制成微囊，可避免上述问题的出现。

4. 可使液体药物固体化　脂溶性维生素、油类、香料类成分制成微囊后，可以使油状药物变成粉末状，有利于制剂的生产与贮存。

5. 避免复方制剂中的配伍禁忌 有配伍禁忌的药物如阿司匹林与氯苯那敏配伍后，易加速阿司匹林的水解，若两者分别包囊后，可避免这种配伍变化。

6. 缓释、控释和靶向给药 应用成膜材料、可生物降解材料、亲水凝胶材料为囊材，使药物具有缓释、控释性；抗肿瘤药物微囊化，通过被动分布、主动靶向结合或磁性吸引，可将药物浓集于肝、肺等靶区，增强疗效，减少副作用。

7. 存在一些缺点 微囊和微球载药量有限，缺乏简单的适用于所有囊心物的包裹方法，连续生产存在技术困难，生产成本相对较高。

即学即练

药物微囊化的特点有（　　）

A. 增加药物的稳定性　　B. 掩盖药物的不良臭味

C. 降低对胃肠道的刺激性　　D. 可随时终止给药

E. 液体药物固体化

答案解析

二、微球与微囊的制备及质量评价

（一）载体材料

制备微囊或微球所需要的材料，称为载体材料。通常将制备微囊的载体材料称为囊材。微囊与微球的基本组成有主药、载体材料、附加剂，其中附加剂有稀释剂、稳定剂、增塑剂、控制释放速率的阻滞剂及吸收促进剂等。

1. 天然高分子囊材 最常用的囊材，因其稳定、无毒、成膜性好。

（1）明胶　明胶是氨基酸与肽交联形成的直链聚合物，其平均分子量在 15 000 ~ 25 000。因制备时水解方法的不同，明胶分酸法明胶（A 型）和碱法明胶（B 型）。A 型明胶的等电点为 7 ~ 9，B 型明胶稳定而不易长菌，等电点为 4.7 ~ 5.0，两者的成囊性无明显差别，可生物降解，几乎无抗原性。通常可根据药物对酸碱性的要求选用 A 型或 B 型，用作囊材的用量为 20 ~ 100g/L。

（2）阿拉伯胶　一般常与明胶等量配合使用，作囊材的用量为 20 ~ 100g/L，亦可与白蛋白配合作复合材料。

（3）海藻酸盐　系多糖类化合物，从褐藻中提取而得，最常用的为海藻酸钠，其可溶于不同温度的水中，不溶于有机溶剂。海藻酸钙不溶于水，故海藻酸钠可用 $CaCl_2$ 固化成囊。

（4）壳聚糖　系由甲壳素脱乙酰化后制得的一种天然聚阳离子多糖，可溶于酸或酸性水溶液，无毒、无抗原性，在体内能被溶菌酶等酶解，具有优良的生物降解性和成膜性，在体内可溶胀成水凝胶。

2. 半合成高分子囊材 多系纤维素衍生物，其特点是毒性小、黏度大、成盐后溶解度增大，由于其易于水解，不宜高温处理。

（1）羧甲基纤维素盐　属阴离子型的高分子电解质，如羧甲基纤维素钠（CMC - Na）常与明胶配合作复合囊材。CMC - Na 遇水溶胀，体积可增大 10 倍，在酸性溶液中不溶，水溶液黏度大，有抗盐能力和一定的热稳定性，不会发酵。

（2）醋酸纤维素酞酸酯（CAP）　在强酸中不溶解，可溶于 pH >6 的水溶液。用于制备微囊或微球时，可单独使用，用量一般为 30g/L，也可与明胶配合使用。

（3）乙基纤维素（EC）　化学稳定性高，不同程度地溶于有机溶剂，不溶于水或胃肠液中，不可生物降解，常与 MC 和羧甲基纤维素盐合用。适用于多种药物的微囊或微球化，遇强酸易水解，故对强酸性药物不适宜。

（4）甲基纤维素（MC）　在水中溶胀成澄清或微浑浊的胶体溶液，可与明胶、CMC - Na、聚维酮（PVP）等配合作复合囊材，用作囊材的用量为 10 ~ 30g/L。

（5）羟丙甲纤维素（HPMC）　能溶于冷水成为黏性溶液，长期贮存稳定，pH 4.0 ~ 8.0，有表面活性，不溶于热水，几乎溶于无水乙醇、乙醚或丙酮。

3. 合成高分子囊材　可分为生物不降解、生物可降解两类。生物不降解、且不受 pH 影响的囊材有聚酰胺、硅橡胶等；生物不降解、但在一定 pH 条件下可溶解的囊材有聚丙烯酸树脂、聚乙烯醇等。生物可降解的材料有聚碳酯、聚氨基酸、聚乳酸（PLA）、丙交酯乙交酯共聚物（PLGA）、聚乳酸 - 聚乙二醇嵌断共聚物（PLA - PEG）等，其特点是无毒、成膜性好、化学稳定性高，可用于注射。PLA 和 PLGA 是美国 FDA 批准的体内可降解材料，已有产品上市。

（二）微囊的制备方法

1. 物理化学法　该法又称相分离 - 凝聚法，囊心物（药物和附加剂）与囊材（包裹材料）的混合物（乳状或混悬状）中，加入另一种物质（无机盐）或采用其他手段，用以降低囊材的溶解度，使囊材从溶液中凝聚出来而沉积在囊心物的表面，形成囊膜，经过硬化，完成微囊化的过程。微囊化步骤大体可分为囊心物的分散、囊材的加入、囊材的沉积和囊材的固化 4 步（图 19 - 5），分为单凝聚法和复凝聚法。

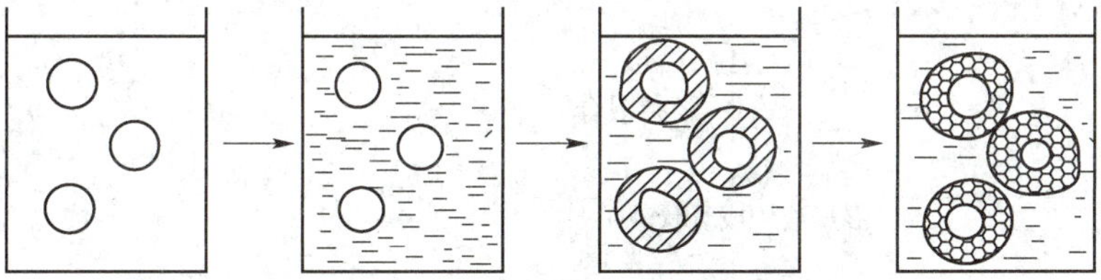

图 19 - 5　相分离微囊化步骤示意图

（1）单凝聚法　以一种高分子材料（如明胶）为囊材，将囊心物分散到囊材的水溶液中，然后加入凝聚剂（强亲水性电解质如硫酸钠、硫酸铵，强亲水性非电解质溶液如乙醇、丙醇），使得系统中的囊材的溶解度下降而凝聚在药物表面，再经固化处理形成微囊的方法。制备工艺流程图见图 19 - 6。

在制备过程中可以利用这种可逆性，经过几次凝聚与解凝聚过程，直到析出满意的凝聚囊。最后再采取措施使囊壁交联固化，使之成为不凝结、不粘连、不可逆的球形微囊。

（2）复凝聚法　利用两种在溶液中带相反电荷的高分子材料作为复合囊材，通过改变体系的 pH、温度或水溶液浓度，使两种囊材相互交联导致溶解度下降，产生相分离，凝聚析出形成微囊（球）。

以明胶和阿拉伯胶为囊材复凝聚法制备微囊的工艺流程见图 19 - 7。明胶为两性蛋白质，当 pH 在等电点以上带负电荷，在等电点以下带正电荷。阿拉伯胶水溶液带负电荷。当 pH 在等电点以上时将明胶与阿拉伯胶的水溶液混合，此时由于明胶与阿拉伯胶均带负电荷，体系不发生凝聚作用。当用醋酸把溶液 pH 调到明胶的等电点以下时，带正电荷的明胶与仍然带负电荷的阿拉伯胶相互吸引发生交联，溶解度降低而凝聚成囊。

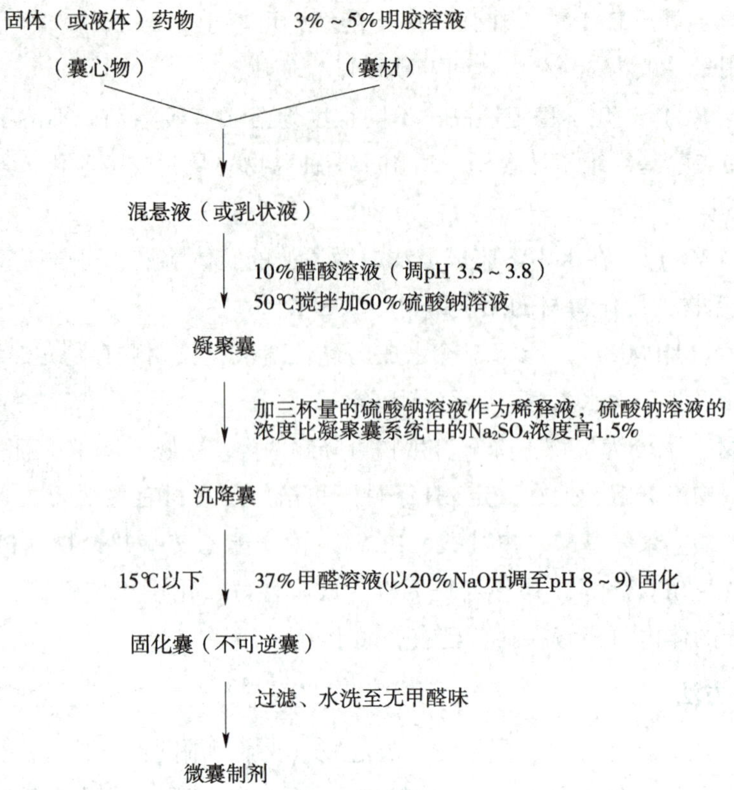

图 19－6 明胶为囊材单凝聚法的工艺流程

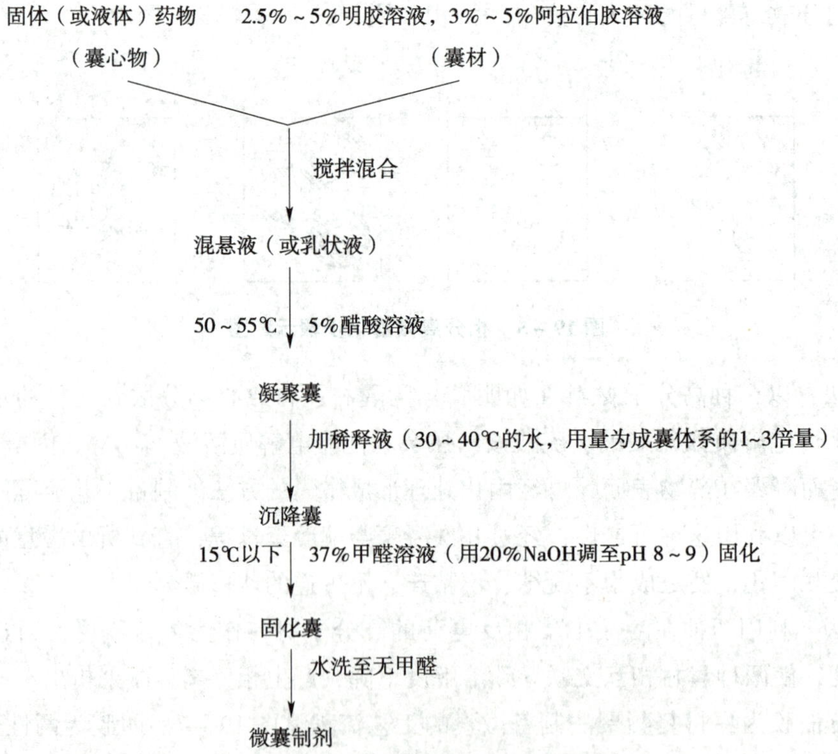

图 19－7 明胶－阿拉伯胶为囊材复凝聚法的工艺流程

复凝聚法是经典的微囊化方法，操作简便，适合于难溶性药物的微囊化。常用作带相反电荷的高分子材料组合有明胶－阿拉伯胶（或 CMC、CAP、海藻酸盐）、海藻酸盐－聚赖氨酸、海藻酸盐－壳聚糖、海藻酸－白蛋白、白蛋白－阿拉伯胶。

（3）溶剂－非溶剂法　在囊材溶液中加入一种对囊材不溶的溶剂（非溶剂），引起相分离，而将药物包裹成囊的方法。本法所用的囊心物可以是水溶性、亲水性的固体或液体药物，但在包囊溶剂和非溶剂中均不溶解，也不发生化学反应。

2. 物理机械法　本法是将固态或液态药物在气相中进行微囊化的方法，需要一定设备条件。

（1）喷雾干燥法　可用于固态或液态药物的微囊化，粒径通常为 5～600μm 之间。先将囊心物分散在囊材的溶液中，再用喷雾法将此混合物喷入惰性热气流使液滴收缩成球形，进而干燥即得微囊。

（2）喷雾凝结法　将囊心物分散于熔融的囊材中，喷于冷气流中凝聚而成囊的方法。常用的囊材有蜡类、脂肪酸和脂肪醇等，在室温均为固体，而在较高温下能熔融。

（3）空气悬浮法　亦称流化床包衣法，系利用垂直强气流使囊心物悬浮在气流中，将囊材溶液通过喷嘴喷射于囊心物表面，热气流将溶剂挥干，囊心物表面便形成囊材薄膜而成微囊。本法所得的微囊粒径一般在 35～5000μm。

3. 化学法　系指利用溶液中的单体或高分子通过聚合反应或缩合反应生成囊膜而制成微囊的方法，主要分为界面缩聚法、辐射交联法等。本法的特点是不加凝聚剂，先制成 W/O 型乳状液，再利用化学反应交联固化。

（三）微球的制备方法

目前制备微球的常用方法有乳化分散法、凝聚法及聚合法三种。通常情况下，可根据所需微球的粒度与释药性能，结合临床给药途径选择不同的制备方法。

1. 乳化分散法　系指药物与载体材料溶液混合后，将其分散在不相溶的介质中形成类似油包水（W/O）或水包油（O/W）型乳剂，然后使乳剂内相固化、分离制备微球的方法。方法细分主要有三种：① 加热固化法；② 交联剂固化法；③ 溶剂蒸发法。

处方解析 19－3：重组乙肝表面抗原微球

【处方】	重组乙肝表面抗原（HBsAg）	3.26mg	主药
	丙交酯乙交酯共聚物（PLGA）	100mg	囊材
	聚乙烯醇（PVA）	5%（W/V）	稳定剂
	二氯甲烷	适量	溶剂
	注射用水	适量	溶剂

【制法】将 PLGA 溶于 1ml 的二氯甲烷中，加入 200μl 3.26 mg/ml HBsAg，冰浴下探头超声处理 1 分钟，得 W/O 型初乳。将初乳滴入到 5%（W/V）的 PVA 溶液中，室温下高速（1000r/min）搅拌 3 小时，得 W/O/W 型复乳。蒸发除去二氯甲烷，离心，洗涤，冻干 48 小时，得干燥粉末微球。

【解析】选用三种规格的 PLGA（50/50、75/25、25/75－COOH），在模拟体内环境的条件下，这些微球均能不断释放出抗原。分别进行单次皮下注射包载 HBsAg 的 PLGA50/50 的微球、PLGA75/25 的微球、PLGA25/75 的微球以及三者的混合物，均能产生与加入免疫佐剂相当的免疫应答。因此，包载有 HBsAg 的 PLGA 微球可以增强的免疫应答，是一种有开发前景的长效疫苗制剂。

2. 凝聚法　该法原理和微囊制备中的复凝聚法基本相似，利用外界物理化学因素，改变载体材料的溶解度，使载体材料凝聚包裹药物而从溶液中析出。

3. 聚合法　系载体材料单体通过聚合反应，在聚合的过程中将药物包裹形成微球的方法。该法制得的微球粒径小，易于控制。常用方法有乳化/增溶聚合法、盐析固化法（交联聚合法）等。

（四）微囊与微球的质量评价

1. 形态、粒径及其分布 微囊与微球的形态应分别为圆整球型或椭圆形的封闭囊状物、实体。应采用适当的仪器测定微粒的粒径平均值及其分布的数据或图形。

2. 载药量和包封率 载药量和包封率是反映微囊或微球制剂中药物含量的重要指标，载药量的批间稳定性也是工艺成熟的重要标志。

$$载药量=\frac{微囊或微球中所含的药量}{微囊或微球的总重量}\times 100\% \qquad 式(19-4)$$

$$包封率=\frac{微囊或微球中包封的药量}{制备微囊或投入的总药量}\times 100\% \qquad 式(19-5)$$

3. 体外释放度及突释效应 微囊与微球中药物的释放速率可采用《中国药典》（2020 年版）通则 0931 的释放度方法进行测定。

在药物载体释放的最初阶段，吸附在表面的药物会通过扩散作用而快速释放，称为突释效应。突释效应可能导致人体内药物浓度在短时间内迅速升高，并使得药物效期缩短，是限制载体广泛应用的关键问题，载体在开始 0.5 小时内的释放量不得超过 40%。

此外，微囊与微球还应进行有机溶剂残留量和渗漏率检查。

三、微球与微囊的应用

1. 注射给药系统 主要采用可生物降解材料，包埋生物技术药物制成注射型微球，使其在体内达到缓控释的目的，如多肽蛋白类药物、疫苗微球制剂等。

2. 鼻腔给药系统 淀粉、壳聚糖等载体材料科生物降解，吸收后形成的凝胶能黏附在黏膜表面，延长滞留时间，可用于鼻腔给药微球的制备。

3. 口服给药系统 采用合适的高分子材料，既可以制成口服定位释放制剂，又可以避免胃肠道中胃酸和各种酶对药物的降解，起到一定的保护作用。

4. 肺部给药系统 肺部给药是生物技术药物非注射给药途径的重要研究热点，其中，微囊、微球给药多以干粉吸入剂的形式给药。

5. 眼部给药系统 微球载药应用于眼部给药系统，提高药物的靶向作用，减少药物不适感。应用于眼部微球制剂的聚合材料如脱乙酰壳聚糖、聚乳糖、聚羟基乙酸、乳酸和羟乙酸共聚物等，具有生物可降解、生物相容性和生物粘附性等特点。

任务三　纳米粒

一、纳米粒概述

纳米粒系指药物或与载体辅料经纳米化技术分散形成的粒径 <500nm 的固体粒子。纳米粒可分为骨架实体型的纳米球和膜壳药库型的纳米囊。

药物可以溶解或包裹于纳米粒中，可分散在水中形成近似胶体的溶液。药物制成纳米粒后，可隐藏药物的理化特性，因此，其分布过程转而依赖于载体的理化特性。

载药纳米粒具有如下特点。

1. 增加药物的稳定，实现靶向用药　将药物包裹在纳米粒内，减少了药物活性损失或失活，载药纳米粒还可透过内皮细胞间隙，被细胞以胞饮的方式吸收，实现靶向用药，提高了药物的生物利用率，如紫杉醇白蛋白纳米粒。

2. 可作为生物大分子的特殊载体　作为生物大分子的载体，载药纳米粒可用于口服、注射、肺吸入等多种途径给药，适用于多肽蛋白质、DNA、核苷酸、基因等各类治疗药物。

3. 载体可靶向修饰，实现多重靶向作用　纳米粒经靶向基团修饰后，实现靶向药物给药，可减少用药剂量，降低其副作用，如叶酸修饰载药纳米粒、磁性载药纳米粒等。

4. 可延长药物效，降低用药频率　载药纳米粒可延长药物的消除半衰期，提高有效血药浓度时间，提高药效，降低用药频率，提高患者的顺应性。

5. 可透过机体屏障，药物直达病灶　载药纳米粒可透过机体屏障对药物作用的限制，如血脑屏障、血眼屏障及细胞生物膜屏障等，使药物到达病灶，提高药效。

二、纳米粒的制备及质量评价

（一）纳米粒的载药材料

纳米粒的载药材料与微囊材料类似，应具有良好的生物降解性、生理相容性、定向性、细胞渗透性及良好的载药能力。

1. 天然高分子材料　主要有蛋白质（白蛋白、明胶），多糖（壳聚糖、海藻酸），卵磷脂、胆固醇等，很多药物与蛋白质具有一定的亲和力，所以载药比较容易。

2. 合成高分子材料

（1）生物可降解聚合物　主要有聚丙交酯（PLA）、聚乙交酯（PLG）、聚丙交酯乙交酯（PLGA）、聚己内酯（PCL）、聚酸酐、聚原酸酯（POE）、聚氰基丙烯酸烷基酯（PACA）、聚乙烯吡咯烷酮（PVP）等。

（2）两性嵌段共聚物　系指分子中同时具有亲水基团和亲油基团的两亲性聚合物。一般亲油基团形成核芯，包封疏水性药物；亲水基团形成外周紧密的保护层，提高纳米粒的稳定性。纳米粒的形成与胶束的形成类似，可在溶液中可自发形成由亲水性外壳和亲脂性内核组成的高分子胶束，已成为该领域的研究热点。常用的材料有聚氧乙烯单甲醚乳酸缩聚而成的 PEO－β－PLA 嵌段共聚物、聚乙二醇与α－氰基丙烯酸共聚而成的 PEG－α－嵌段共聚物和聚乙二醇与β－聚乳酸共聚而成的 PEG－β－PLA 嵌段共聚物。

（二）纳米粒的制备方法

1. 乳化聚合法　合成高分子材料多采用聚合法制备，包括胶束聚合法、乳化聚合法和界面聚合法，其中，以水作连续相的乳化聚合法最为常用。乳化聚合法将单体分散于含乳化剂的水相的乳滴中，单体遇到引发剂分子或高能辐射就发生聚合，单体的快速扩散使聚合物的链进一步增长，乳滴作为提供单体的仓库，而乳化剂对相分离以后的聚合物粒子也起防止聚集的稳定作用。虽然这种方法已经得到比较广泛的应用，但仍有局限性，如可能产生低聚物或残存的单体而带来毒性，可能同药物（如多肽或蛋白质）发生交联使药物失活。

2. 天然高分子凝聚法　天然高分子材料可由化学交联、加热变性或盐析脱水法凝聚成纳米粒，主要包括白蛋白纳米球、明胶纳米球、壳聚糖纳米球等。如白蛋白纳米球，白蛋白同药物溶于或者分散在水中作水相，在油相中搅拌或超声乳化得到 W/O 型的乳状液。将此乳状液快速滴到热油中保持一段时间。白蛋白变性固化形成含有水溶性药物的球，再搅拌并冷却至室温，用醚分离，离心和洗涤，即得。制得的球的粒径及其分布，主要受乳状液加入热油时的操作的影响，要快速滴油，否则粒径大且分布很宽，但基本不受白蛋白浓度、乳化时间、超声强度、油水体积比等因素的影响。

3. 溶剂蒸发法 该法是借助于乳化剂的作用，制备水溶或非水溶性药物的纳米球或纳米囊，又称复乳法、液中干燥法。将聚合物溶解在有机溶剂（如二氯甲烷、氯仿、醋酸乙酯等）中，加入药物使其溶解或分散在聚合物溶液中，再将混合液分散于含有表面活性剂/乳化剂（如明胶、聚乙交酯、吐温-80、泊洛沙姆-188 等）的水相中，通过高压乳匀机或超声处理机乳化成乳剂。然后蒸出溶剂，过滤、干燥，即可得到（W/O、O/W 型及复合型 W/O/W、W/O/O/O 等）载药聚合物纳米粒。该法可用于制备多种类型的疏水性、亲水性药物纳米粒，适合于实验室制备纳米粒。

处方解析 19-4：牛血清白蛋白纳米粒

【处方】	牛血清白蛋白（BSA）	10mg	主药
	聚乙二醇（PEG）	200μl（5%的水溶液）	乳化剂
	丙交酯乙交酯共聚物（PLGA）	适量	载体材料
	聚乙烯醇（PVA）溶液	适量	稳定剂
	二氯甲烷	适量	溶剂
	丙酮	适量	溶剂
	注射用水	适量	溶剂

【制法】将 BSA 溶于 PEG 水溶液中，加入到溶有 PLGA 的二氯甲烷/丙酮混合溶液中，冰浴下超声，形成 W/O 型乳液。将上述乳液加入到 PVA 水溶液中，冰浴下再次超声形成 W/O/W 型复乳液。磁力搅拌，挥发有机溶剂。固化纳米粒，低温高速离心，收集纳米粒，蒸馏水洗涤，冻干，即得纳米粒。

【解析】正交试验优化制备工艺，制得纳米球平均粒径为 219nm，包封率为 44.7%，药物的体外释放分为初期突释和后期缓释两个阶段，28 天的累计释放度为 87.37%，具有明显的缓释性能。牛血清白蛋白是牛血清中的一种球蛋白，又称第五组分。血液中的白蛋白主要起维持渗透压作用、PH 缓冲作用、载体作用和营养作用。

4. 自动乳化法 制备原理：在特定条件下，乳状液中的乳滴由于界面能降低和界面骚动，而形成更小的纳米级乳滴，接着再固化、分离，即得纳米球。

处方解析 19-5：那法瑞林纳米球

【处方】	那法瑞林	3mg	主药
	丙交酯乙交酯共聚物（PLGA）	120mg	载体材料
	聚乙烯醇（PVA）溶液	20g/L	稳定剂
	二氯甲烷	适量	溶剂
	丙酮	适量	溶剂
	注射用水	适量	溶剂

【制法】称取那法瑞林、PLGA 混悬于经 0.22μm 滤膜过滤的水 1.5ml 中，加混合溶剂（15ml 丙酮、0.5ml 二氯甲烷），倒入抽气减压、中等速度搅拌的 50ml PVA 水溶液（20g/L）中，形成 O/W 型乳状液。经过 3~4 小时，二氯甲烷从混合溶剂中挥发，纳米球固化而析出。用滤膜过滤后，滤液超速离心 1

小时，水洗去 PVA，所得纳米球再分散在水中、再超速离心，即得纳米球。

【解析】制得纳米球平均粒径为 200～300nm，PLGA 与那法瑞林之间的离子作用的协同效应，可提高药物的包封率。如聚合物中加少量带负电的磷脂（如二棕榈酰磷脂酰甘油或磷酸双十六酯），可使水溶性药物漏泄减少。那法瑞林是促性腺激素释放激素（GnRH）类似物，制成纳米球，可增加药物稳定性，发挥缓释长效作用。

知识链接

首个纳米抗体药物获批上市

2018 年，欧盟批准纳米抗体药物 Cablivi（Caplacizumab）用于治疗成人获得性血栓性血小板紫癜（aTTP）。Cablivi 成为首个特异性的 aTTP 治疗药物，也是首个上市的纳米抗体药物。

纳米抗体发展历史：1993 年，科学家首次发现单链抗体；2001 年，纳米抗体药物研发公司 Ablynx 在比利时成立；2007 年，首个纳米抗体进入临床研究；2018 年，首个纳米抗体 Cablivi 获批在欧盟上市。

纳米抗体有分子量小的优势，但也有半衰期短的问题。Ablynx 采用的策略，将纳米抗体药物融合到另一个抗白蛋白的纳米抗体，药物在血液中与白蛋白结合以延长半衰期。Cablivi 首次给药采用静脉注射，后续给药采用皮下注射，注射频率和剂量为每日一次，每次 10mg。

（三）纳米粒的质量评价

1. 形态和粒度分布　采用扫描电镜和透射观察形态，纳米粒应为球形或类球形，无粘连。粒度分布绘制直方图或粒度分布图，亦可用跨距表示。

2. 再分散性　纳米粒制剂一般为冻干品，其外观应为细腻疏松块状物，色泽均匀，加一定量液体介质振摇，应立即分散成几乎澄清或半透明的胶体或混悬液。

3. 包封率与渗漏率　测定液体介质中总药量和纳米粒中所含的药量，计算纳米粒中包载的药量占系统总药量的百分率，即包封率。纳米粒贮存一定时间后再测定包封率，即可计算贮存后的渗漏率。

4. 突释效应　在最初 0.5 小时内的释放量应低于 40%。

5. 有机溶剂残留量　在制备纳米囊和纳米球时采用了有机溶剂的，须检查其残留量，残留量应符合《中国药典》（2020 年版）相关要求。

三、纳米粒的应用

1. 大剂量难溶性药物口服和注射给药载体　在表面活性剂和水等存在下将药物制成纳米混悬剂，适合于包括口服、注射等途径给药，以提高吸收或靶向性，特别适合于大剂量的难溶性药物的给药。纳米粒还可提高药物溶出度，还可以增加黏附性，形成亚稳晶型或无定形，消除粒子大小差异产生的过饱和现象等。

2. 抗肿瘤药物、抗寄生虫药物的载体　纳米粒在体内有长循环、隐形和立体稳定等特点，增加药物的靶向性，是抗肿瘤药物、抗寄生虫药物的良好载体。用聚山梨酯 80 对纳米粒进行表面修饰，显著提高药物的脑内浓度，改善脑内实质性组织疾病和脑神经系统疾病的治疗有效性。口服纳米脂质体、聚合物纳米粒，能增加在肠道上皮细胞的吸附，延长吸收时间，增加药物进入体内循环等。

3. 生物大分子的特殊载体　作为生物大分子的载体，纳米粒可以用于口服、注射、肺吸入等多种途径，适合多肽、DNA、齐聚寡核苷酸、基因治疗等治疗药物。对于口服或肺吸入的多肽药物而言，改善纳米粒的黏膜黏附性质有助于改进有效性和延长作用时间。对于基因治疗，纳米粒可包含稳定的基因片段，防止基因的不稳定性，还能包含某些导靶片断及其他辅助成分，提高靶向性，提高基因进入细胞内的穿透性或者提高细胞内吞作用等。

任务四　微乳

一、微乳概述

微乳又称纳米乳，系指粒径为 50～100nm 的乳滴分散在另一种液体中形成的胶体分散系统，其乳滴多为球形，大小比较均匀，透明或半透明，经热压灭菌或离心也不分层。微乳不易受血清蛋白的影响，在循环系统中的寿命长，在注射 24 小时后油相 25% 以上仍然在血中。微乳分为三种类型：水包油型微乳（O/W）、油包水型微乳（W/O）以及双连续型微乳。

二、微乳的制备及质量评价

（一）常用乳化剂与助乳化剂

1. 天然乳化剂　如多糖类（如阿拉伯胶、西黄蓍胶）、蛋白质类（如明胶、白蛋白、酪蛋白）、磷脂类（如大豆磷脂、卵磷脂）及胆固醇等。天然乳化剂降低界面张力的能力不强，但它们易形成高分子膜而使乳滴稳定。

2. 合成乳化剂　微乳常用非离子型乳化剂，如脂肪酸山梨坦、聚山梨酯、聚氧乙烯脂肪酸酯类（Myrj）、聚氧乙烯脂肪醇醚类（Brij）、聚氧乙烯聚氧丙烯共聚物类（poloxamer 或 pluronic）等。非离子型的乳化剂口服一般认为没有毒性，静脉给药有一定的毒性，其中 pluronic F68 的毒性很低。

3. 助乳化剂　主要用来调节乳化剂的 HLB，并有助于将亲水性乳化剂或药物溶解于脂溶性介质中。助乳化剂可插入到乳化剂界面膜中，形成复合凝聚膜，提高膜的牢固性和柔顺性，又可增大乳化剂的溶解度，进一步降低界面张力，形成更稳定、细小的微乳，有利于微乳的稳定。助乳化剂应为药用短链醇或适宜 HLB 的非离子型表面活性剂，常用的有正丁醇、乙二醇、乙醇、丙二醇、甘油、聚甘油酯等。

（二）微乳的制备方法

一般不同的油对乳化剂的 HLB 有不同的要求。制备 W/O 型纳米乳时，大体要求乳化剂的 HLB 为 3～6，制备 O/W 型纳米乳则需用 HLB 值为 8～18 的乳化剂。微乳中乳化剂的用量一般为油量的 20%～30%。助乳化剂可调节乳化剂的 HLB 值，使之符合油相的要求。

1. 筛选处方　处方的必需成分通常是油、水、乳化剂和助乳化剂。当油、乳化剂和助乳化剂确定后，可通过三元相图找出微乳区域，从而确定它们的用量，并获得尽可能低乳化剂含量的微乳。可通过提高助乳化剂或油的用量，明显降低乳化剂的用量，以降低其毒性。

2. 配置乳化　从相图确定了处方后，将各成分按比例混合即可制得纳米乳，且与各成分加入的次序无关。通常制备 W/O 型微乳比 O/W 型微乳容易。配制 O/W 型微乳的基本步骤：①选择油相及亲油性乳化剂，将该乳化剂溶于油相中。②在搅拌下将溶有乳化剂的油相加入水相中，如已知助乳化剂的用量，则可将其加入水相中。③如不知助乳化剂的用量，可用助乳化剂滴定油水混合液，至形成透明的

O/W 型纳米乳为止。

处方解析 19 - 6：环孢素微乳软胶囊

【处方】环孢素（CsA）	100mg	主药
精制植物油	320mg	油相
聚氧乙烯（40）氢化蓖麻油	380mg	乳化剂
1，2 - 丙二醇	320mg	助乳化剂
无水乙醇	100mg	溶剂

【制法】将 CsA 粉末溶于无水乙醇中，加入聚氧乙烯（40）氢化蓖麻油与 1，2 - 丙二醇，混匀得澄明液体，测定乙醇含量合格后，加精制植物油混合均匀得澄明油状液体。由胶皮轧丸机制得环孢素微乳浓液软胶囊。

【解析】环孢素是一种免疫抑制剂，是由 11 种氨基酸组成的环状多肽化合物，不溶于水，也几乎不溶于油，但可溶于无水乙醇。用于器官移植后的免疫抑制治疗，可大幅度提高患者的存活率。环孢素微乳浓液经口服后遇体液可自动乳化，形成 O/W 型微乳，依次为原理已有上市产品环孢素软胶囊（图 13 - 8）。在口服环孢素口服液吸收极差的患者（尤其是口服大剂量者）中，以等量转换环孢素软胶囊，所获得的环孢素生物利用度增加幅度可能超过 100%。

（三）微乳的质量评价

1. 乳滴粒径及其分布　常用测定方法有电镜法、光子相关光谱法和计算机调控的激光测定法。

2. 理化性质　黏度、折光率、电导率依照《中国药典》（2020 年版）各相关项目测定法检查，应符合规定。

3. 药物的含量　微乳中药物含量的测定一般采用溶剂提取法。溶剂的选择原则：应最大限度地溶解药物，而最小限度地溶解其他材料，溶剂本身也不应干扰测定。

4. 稳定性　微乳通常是热力学稳定系统，亚微乳在热力学上不稳定。乳剂稳定性的重点考察项目为有无分层、药物及有关物质含量等，还包括乳滴粒径分布、电导、黏度、ζ 电位、pH 及化学组成等。

三、微乳的应用

1. 经皮给药　微乳不但可以提高制剂的载药量和稳定性，延长药物的作用时间，提高生物利用度，而且由于微乳表面张力较低，使角质层的结构发生变化，增加角质层脂质双层流动性，降低角质层的屏障作用，使药物易于穿透角质层被人体吸收，还可以减少药物的全身不良反应，使用药更加安全。

2. 鼻黏膜给药　鼻黏膜的药物吸收有效面积大，药物吸收后直接进入体循环，无肝脏首过效应，还可通过鼻腔上皮细胞下的许多毛细血管和丰富的淋巴网，起到全身治疗的效果。鼻腔给药微乳，可以增加药物的溶解度，促进药物吸收，提高药物的生物利用度；可为脑部疾病的治疗提供一条新途径；以滴入或喷入方式给药，给药方便。

3. 注射给药　微乳黏度较低，将水难溶性药物制成微乳注射给药，可以减少注射时的疼痛；药物被包封于乳滴中，给药后药物缓慢的释放，注射用微乳具有一定的缓释和靶向作；微乳注射剂还有注射体积小、容易制备、稳定性好、避免药物降解等优点。

4. 口服给药　口服给药微乳，可以提药物的溶解度和生物利用度，口服给药后可经淋巴吸收，从而克服了首过效应以及大分子药物通过胃肠道上皮细胞膜的障碍，使药物可以直接被机体利用。主要应用于脂溶性药物、肽类和蛋白类口服药物制剂。环孢素水溶性差，普通口服制剂的生物利用度很低，目前已开发出用于器官移植术后治疗的环孢素微乳前体制剂，包括口服溶液和软胶囊。

任务五　环糊精包合物

一、环糊精包合物概述

包合物系指一种（药物）分子被包嵌于另一物质分子（构成）的空穴结构中形成的包合体，或称为分子胶囊。其中，具有空穴结构的包合分子称为主分子，被包嵌的分子称为客分子。

常用的包合材料有环糊精、胆酸、淀粉、纤维素、蛋白质、核酸等，其中，环糊精及其衍生物应用最为广泛。以环糊精为包合材料的包合物，即为环糊精包合物。

将药物制备成包合物，具有很多优点：提高药物的稳定性，增加药物的溶解度和溶出度，液体药物的粉末化和防止挥发，掩盖药物的不良气味，降低药物的刺激性与不良反应，调节释药速度以及制备缓控释制剂，作为蛋白类药物及靶向制剂的载体等。

二、环糊精包合物的制备及质量评价

（一）环糊精的结构与性质

1. 环糊精　环糊精（cyclodextrin，CYD）系指是淀粉经酶解环合后得到的由6～12个葡萄糖分子连接而成的环状低聚糖化合物，为水溶性的非还原性白色结晶性粉末。环糊精为中空圆筒形结构，其立体结构孔穴的开口处呈亲水性，空穴的内部呈疏水性。对酸不太稳定，易发生酸解而破坏圆筒形结构。常用于包合物的CYD为α－、β－和γ－环糊精，对应为6、7和8个葡萄糖分子，它们空穴内径与物理性质都有较大的差别（表19－1）。

表19－1　三种环糊精的基本性质

项目	α－CYD	β－CYD	γ－CYD
葡萄糖单体数	6	7	8
分子量	973	1135	1297
分子空穴（nm）（内径）	0.45～0.6	0.7～0.8	0.85～1.0
分子空穴（nm）（外径）	14.6±0.4	15.4±0.4	17.5±0.4
空穴深度（nm）	0.7～0.8	0.7～0.8	0.7～0.8
比旋度（H_2O）	+150.5°±0.5°	+162.5°±0.5°	+177.4°±0.5°
溶解度（20℃）（g/L）	145	18.5	232
结晶形状（水中得到）	针状	棱柱状	棱柱状

β－环糊精为白色结晶性粉末，其孔洞大小适中，水中的溶解度最小，制备包合物后易从水中析出结晶、易于分离，作为药用辅料收载入《中国药典》（2020年版）。β－环糊精的空间结构模型及包合物示意图见图19－8。

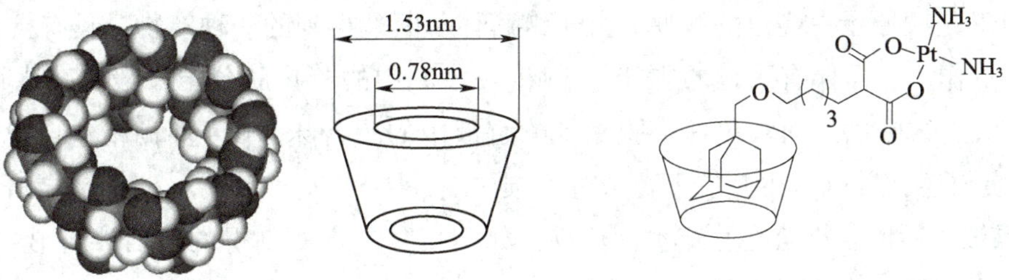

图 19－8　β－环糊精的空间结构模型及包合物示意图

2. 环糊精衍生物　对 β－环糊精的分子结构进行修饰，如将甲基、羟丙基、葡糖基等基团引入 β－环糊精分子中，制成甲基－β－CYD、羟丙基－β－CYD 及葡萄糖－β－CYD 等水溶性环糊精衍生物，对其理化性质进行改善，如提高环糊精的水溶性饱和能力等。

（二）包合物的制备方法

1. 饱和水溶液法　亦称为重结晶法、共沉淀法。将环糊精制成饱和水溶液，加入药物（水中不溶的药物，可先加入少量适当的溶剂溶解），不断搅拌直到析出沉淀为止。将析出的固体包合物进行过滤，根据药物的性质，用适当的溶剂洗去固体表面的残留药物，干燥，即得包合物。本法常用于实验小试。

2. 研磨法　取 β－环糊精加入 2～5 倍量的水混合，研匀，加入药物，充分研磨成糊状物，低温干燥后，再用适宜的有机溶剂洗净，干燥即得。

3. 冷冻干燥法　适用于制成包合物后易溶于水且在干燥过程中易分解、变色的药物。所得成品疏松，溶解度好，可制成注射用粉末。

处方解析 19－7：卵清蛋白环糊精包合物

【处方】	卵清蛋白	5mg/ml	主药
	β－环糊精	20mg/ml	包合材料
	磷酸缓冲盐溶液（PBS）	适量	溶剂

【制法】精密称取卵清蛋白，用 PBS（pH＝7）缓冲液配制成浓度为 5mg/ml 的标准储备液，用 PBS（pH＝7）缓冲液配制成浓度为 20mg/ml β－环糊精溶液。将卵清蛋白与 β－环糊精按质量比为 1∶10 混合，磁力搅拌 4 小时，搅拌速度 400r/min，制得混悬液。包合物混悬液经冷冻干燥，即得卵清蛋白 β－环糊精包合物。

【解析】卵清蛋白是动物卵中的储存蛋白，占蛋清蛋白总量的 54%～69%，可以为发育中的胚胎提供营养物质氨基酸。环糊精是一种能够抑制蛋白质沉淀聚集的赋形剂，能增强液体蛋白制剂的热稳定性、抑制由表面引起的蛋白质聚集、可作为蛋白质喷雾干燥及冷冻干燥过程中的稳定剂。

处方解析 19－8：酶溶性胶原蛋白肽包合物

【处方】	酶溶性胶原蛋白肽（PSCP）	5% 溶液	主药
	β－环糊精	4.0% 溶液	包合材料
	水	适量	溶剂

【制法】精密称取 PSCP，配制成 5% 的 PSCP 溶液，添加 4.0% 的 β－环糊精，不断搅拌，70℃包合 40 分钟，滤纸过滤，滤液稀释至 2.0% 进行膜分离操作，截留分子质量大于 400～600u 的滤液。滤液经冷冻干燥，粉碎，获得 PSCP－β－CD 包合物粉末。

【解析】PSCP 是胶原蛋白经过酶解使其分子链解体、断裂得到的一种产物，具有抗氧化性、美白护肤、胃肠道保护等作用，但伴有明显的腥味、苦味。PSCP 中的苦味肽分子一般由疏水性基团组成，环糊精的立体空腔大，苦味肽从而被包埋，脱除了酶解液中的腥苦味。β–环糊精包合 PSCP 分子，有效改善 PSCP 的不良口感，并且减少其抗氧化成分的损失。

4. 喷雾干燥法 适用于难溶性、疏水性药物，如用喷雾干燥法制得的地西泮与β–环糊精包合物，增加了地西泮的溶解度，提高了其生物利用度。

此外，还有超声法、溶剂挥发法、酸碱中和法等，不同的制备方法适用的条件不一样，包合率与溶解度等也不相同。

（三）包合物的质量评价

药物与环糊精是否形成包合物，可根据包合物的性质和结构状态，采用 X 射线衍射法、红外光谱法、核磁共振法、荧光光度法、圆二色谱法、热分析法、薄层色谱法、紫外分光光度法、相溶解度法等方法进行验证，必要时可同时用几种方法。

三、环糊精包合物的应用

1. 胃肠道药物制剂 环糊精在口服给药剂型中的应用根据用药的要求和药物的性质，主要用于速释制剂、缓释制剂、迟释制剂和靶向制剂。

2. 口腔、鼻腔、肺部与直肠给药制剂 环糊精包合物可以提高难溶药物的溶解度、降低药物的刺激性，使得这些药物实现经口腔、鼻腔、肺部与直肠给药途径发挥作用，能避免药物的首过效应。

3. 眼部给药制剂 适量的环糊精可促进药物在眼角膜的渗透，并且减少药物刺激性和提高药物稳定性，较长时间地维持药物浓度，减少系统性吸收，减少并发症，增强疗效。

4. 经皮给药制剂 皮肤是限制药物吸收程度和速度的屏障，为了克服这种屏障作用，环糊精是经皮给药制剂研究应用较广的辅料之一。

实训十五　微囊的制备

一、实训目的

1. 掌握复凝聚法制备微囊的基本原理和方法。
2. 熟悉微囊形成的条件及影响微囊形成的因素。
3. 了解微囊的质量评价初步方法。

二、实训条件

1. 实训场地 制剂实训室和 GMP 车间。

2. 实训仪器与设备 烧杯、水浴锅、抽滤装置、电子显微镜、电动搅拌器、真空冷冻干燥机、光学显微镜等。

3. 药品与包材 明胶（B 型）、阿拉伯胶、双歧杆菌冻干粉、甲醛溶液、醋酸、氢氧化钠、硫酸钠、精密 pH 试纸、蒸馏水等。

三、实训操作

项目	内容	
原辅料	双歧杆菌粉	2.0g
	阿拉伯胶	3.0g
	明胶（B型）	3.0g
	37%甲醛溶液	4.0ml
	10%醋酸溶液	适量
	10%氢氧化钠溶液	适量
	蒸馏水	适量
功能主治	消化类药。本品为双歧杆菌活菌冻干粉，可进一步加工生产含双歧杆菌的散剂、片剂、胶囊。用于肠道菌群失调引起的肠功能紊乱，如急、慢性腹泻，便秘等	
用法用量	以双歧杆菌活菌散为例，每包含青春型双歧杆菌活菌1.0亿。餐后口服。早晚各服一次，每次1包。儿童酌减。用凉开水调服	

（一）岗位操作

1. 操作准备

（1）检查台秤和天平，进行水平调节调零。

（2）检查冷冻干燥系统是否清洁和干燥，真空泵与冷冻机是否连接，接通电源，检查排气口、冷冻管的密封性。

2. 配料

（1）称量　按照指令上处方量准确称量所用原、辅料，称量时须有QA复核。

（2）明胶液配制　称取明胶用蒸馏水40ml浸泡，膨胀后，于50℃恒温水浴中不断搅拌使之完全溶解，加水至100ml，搅匀，备用。

（3）阿拉伯胶液配制　称取阿拉伯胶用蒸馏水40ml浸泡，膨胀后，于50℃恒温水浴中不断搅拌使之完全溶解，加水至100ml，搅匀，备用。

（4）双歧杆菌液配制　称取双歧杆菌加20ml蒸馏水溶解，备用。

3. 微囊制备

（1）包囊　将明胶液加入阿拉伯胶液中，搅匀，再加入双歧杆菌液，不断搅拌，测定混合液的pH值。根据测得的混合液pH，用10%醋酸溶液调节pH为3.8～4.1，不断搅拌，在显微镜下观察是否成囊，记录结果。

（2）固化囊膜　在上述微囊液转入40℃水浴，不断搅拌，自然冷却，当温度降至32～36℃时，向烧杯中加入冰块，使温度急速降至5～10℃，加37%甲醛1.0ml搅拌15分钟，用10%氢氧化钠溶液调节pH至8.0～9.0，继续搅拌30分钟，得微囊分散液，在显微镜下观察是否成囊，记录结果。

（3）过滤　从水浴中取出微囊液，静置待微囊沉降，抽滤，用纯化水洗涤至无甲醛味。

4. 冷冻干燥

（1）加样　将抽滤得到微囊预冷至－40℃，将微囊置于冻干机冷阱的隔板上，关闭密封门开关。

（2）冷冻　打开冷冻开关，等待30分钟，指导冷阱的温度低于－40℃。

（3）抽真空　打开真空泵开关，等待15分钟，直到系统压力低于200μmHg。

（4）监控过程　确保系统参数（冷冻温度、真空压力）在正常范围内，定期观察样品是否干燥完全，一般干燥过程需要24～30小时。

（5）关闭系统　关闭总开关，解除真空状态。关闭真空、冷冻、密封门开关，取出样品。

5. 设备清洁与清场

（1）按本岗位清场标准操作规程对设备、场地、用具、容器等清洁消毒。

（2）清场后，经QA人员检查合格后发《清场合格证》，正本归入本批生产记录，副本留在操作间。

（3）及时填写批生产记录、设备运行记录、交接班记录等，关好水、电及门。

（二）质量控制要点

工序	监控点	监控项目
包囊	形态、粒径	外形为球形或卵圆形，不粘连，分散性好，大小均匀
固化囊膜	显微形态、粒径	外形为球形或卵圆形，边缘界限明显，不粘连，分散性好，大小均匀
冷冻干燥	外观	白色或类白色的冻干粉末

四、质量检查

各工序观察的结果填写下表。

检查项目	检查结果
包囊时显微观察	
固化囊膜时显微观察	
冻干品外观	
结论	

五、实训报告及思考

小组完成实训后，对实训过程、结果及收获进行讨论并总结，撰写实训报告。

1. 本实训微囊制备方法为那种？简述该法的制备原理？
2. 本实训多次测定pH，每次调节pH的目的是什么？
3. 如何评价微囊的质量？

目标检测

答案解析

一、单项选择题

1. 脂质体所用的囊膜材料是（　　）

A. 磷脂－明胶　B. 明胶－胆固醇　C. 明胶－海藻酸钠

D. 胆固醇－磷脂　E. 白蛋白－聚丙交酯

2. 关于微囊特点叙述错误的是（　　）

A. 微囊能掩盖药物的不良嗅味

B. 制成微囊能提高药物的稳定性

C. 微囊能防止药物在胃内失活或减少对胃的刺激性

D. 微囊提高药物溶出速率

E. 避免复方制剂中的配伍禁忌

3. 关于纳米粒的叙述错误的是（　　）

A. 是高分子物质组成的固态胶体粒子

B. 粒径多在 10 ~ 1000μm

C. 具有缓释性

D. 具有靶向性

E. 提高药效、降低不良反应

4. 微乳的粒径范围是（　　）

A. <1nm　　B. 10 ~ 100nm　　C. 100 ~ 500nm

D. 1 ~ 5000μm　　E. 10 ~ 250nm

5. 下列关于β－环糊精包合物优点的表述错误的是（　　）

A. 提高药物的生物利用度　　B. 增大药物的溶解度　　C. 提高药物的稳定性

D. 使药物具有靶向性　　E. 使液态药物粉末化

二、多项选择题

1. 脂质体的制备方法有（　　）

A. 注入法　　B. 薄膜分散法　　C. 复凝聚法

D. 逆相蒸发法　　E. 冷冻干燥法

2. 关于复凝聚法叙述正确的是（　　）

A. 调节 pH 使明胶带负电荷与带正电荷的阿拉伯胶结合成为不溶性复合物

B. 调节 pH 使明胶带正电荷与带负电荷的阿拉伯胶结合成为不溶性复合物

C. 明胶是一种蛋白质，其带电性受 pH 影响

D. 阿拉伯胶是一种多糖，不带电荷

E. 形成不溶性复合物的量与明胶、阿拉伯胶的比例无关

3. 关于纳米粒具有的作用包括（　　）

A. 缓释性　　B. 保护药物　　C. 增加药物溶解度

D. 具有靶向性　　E. 提高药效、降低毒副

4. 关于微乳叙述正确的是（　　）

A. 亚微乳的稳定性界于微乳与普通乳之间

B. 微乳可自动形成，或轻度振荡即可形成

C. 亚微乳的制备须提供较强的机械分散力，如高压乳匀机

D. 制备微乳需要的乳化剂的量比较小

E. 在浓的胶束溶液中加入一定量的油及助乳化剂也可以得到纳米乳

5. 包合物的制备方法有（　　）

A. 饱和水溶液法　　B. 研磨法　　C. 冷冻干燥法

D. 喷雾干燥法　　E. 凝聚法

三、综合问答题

1. 脂质体的常用材料及制备方法有哪些？

2. 包合物的常用材料及制备方法有哪些？

书网融合……

重点回顾　　微课　　习题

（聂阳）

项目二十　药物新制剂

PPT

学习引导

卢阿姨，56 岁，经医院诊断为慢性粒细胞白血病伴高血压，确定的治疗方案是每日口服硝苯地平控释片和伊马替尼片。临床药师告知卢阿姨：硝苯地平控释片一次 1 片（30mg），一日 1 次，服药时切勿咬、嚼、掰断药片，服药后空药片会完整经肠道排出。伊马替尼片是靶向药，一次 1 片（400mg），一日 1 次，需在进餐时服用，并饮一大杯水，也可将药片分散于不含气体的水或苹果汁中，搅拌混悬液，一旦药片崩解完全应马上服用。什么是控释制剂、靶向制剂？与普通制剂相比，两者有哪些优点？两者如何正确使用？

本项目任务一主要介绍缓释、控释和迟释制剂的基本知识、主要类型和质量评价方法；任务二主要介绍靶向制剂的基本知识和主要类型。

学习目标

1. 掌握　缓释、控释和迟释制剂及靶向制剂的基本概念、特点。
2. 熟悉　缓释、控释和迟释制剂的主要类型、常用辅料及作用，靶向制剂常用载体。
3. 了解　缓释、控释和迟释制剂的体内外评价方法，制剂靶向性评价参数。

随着制药技术和药用辅料的发展，常将药物剂型划分为五个时代：第一代系经简单加工供口服与外用的膏、丹、丸、散等剂型；第二代是扩大了给药途径并可工业化生产的片剂、胶囊、气雾剂和注射剂等剂型；第三代是药物疗效与体内药物浓度有关而与给药时间无关的缓释、控释和迟释制剂；第四代是以将药物浓集于靶器官、靶组织、靶细胞或细胞器为目的的靶向制剂；第五代是可根据生物体信息反馈自动调节药物释放时间和释放量的自调式智能给药系统。本项目主要介绍目前药物新剂型已有广泛应用的第三代缓释、控释和迟释制剂以及第四代靶向制剂。

任务一　缓释、控释和迟释制剂

普通片剂和注射剂通常需一日多次给药，不仅使用不便，且血药浓度波动很大、有“峰－谷”现象，血药浓度处于高峰时可能产生不良反应，处于低谷时可能在治疗浓度以下不产生药效。缓释、控释制剂可以持久释放药物，减少用药频率，降低血药浓度“峰－谷”的波动；迟释制剂可以控制药物在特定部位（肠道、结肠等）或特定时间释放药物，提高药物的疗效、安全性和患者的顺应性。

一、缓释、控释和迟释制剂概述

《中国药典》（2020 年版）四部通则“缓释、控释和迟释制剂指导原则”将缓释、控释和迟释制剂统归为调释制剂。调释制剂系指与普通制剂相比，通过技术手段调节药物的释放速率、释放部位或释放时间的一大类制剂。

（一）缓释、控释和迟释制剂的概念

1. 缓释制剂 系指在规定的释放介质中，按要求缓慢地非恒速释放药物，与相应的普通制剂比较，给药频率减少一半或有所减少，且能显著增加患者用药依从性的制剂。

缓释制剂中药物的释放速率主要是一级速度过程，药物释放受环境因素影响，如胃肠道 pH 和胃肠蠕动的影响。口服缓释制剂的药物释放持续时间一般以小时计算，不超过 24 小时，如罗红霉素缓释胶囊、双氯芬酸钠缓释片等；注射型缓释制剂的药物释放可达数天至数月，如注射用长效胰岛素、左炔诺孕酮植入剂等。

2. 控释制剂 系指在规定的释放介质中，按要求缓慢地恒速释放药物，与相应的普通制剂比较，给药频率减少一半或有所减少，血药浓度比缓释制剂更加平稳，且能显著增加患者用药依从性的制剂。

控释制剂中药物的释放主要是零级速度过程，药物释放速率不受环境因素影响。如维拉帕米渗透泵片、氯化钾渗透泵片等，通过延缓药物释放，降低药物吸收速率，从而起到更好治疗效果。

3. 迟释制剂 系指在给药后不立即释放药物的制剂，包括肠溶制剂、结肠定位制剂和脉冲制剂等，通过延迟释放药物，发挥小肠、结肠定位或脉冲释放等功能。

（1）肠溶制剂　系指在规定的酸性介质（pH 1.0 ~ 3.0）中不释放或几乎不释放药物，而在要求的时间内，于 pH 6.8 磷酸盐缓冲液中大部分或全部释放药物的制剂，如奥美拉唑肠溶片、地红霉素肠溶胶囊等。

（2）结肠定位制剂　系指在胃肠道上部基本不释放、在结肠内大部分或全部释放的制剂，即一定时间内在规定的酸性介质与 pH6.8 磷酸盐缓冲液中不释放或几乎不释放，而在要求的时间内，于 pH 7.5 ~ 8.0 磷酸盐缓冲液中大部分或全部释放的制剂，如美沙拉嗪肠溶片、复方苦参结肠定位胶囊等。

（3）脉冲制剂　系指不立即释放药物，而在某种条件下（如在体液中经过一定时间或一定 pH 或某些酶作用下）一次或多次突然释放药物的制剂，如三脉冲阿莫西林缓释片、泼尼松脉冲释放片等。

按给药途径与给药方式不同，缓释、控释制剂可分为口服、透皮、植入、注射缓释、控释制剂，还包括眼用、口腔或牙用、耳道、阴道、直肠等缓控释制剂。本书主要介绍最常用的口服缓释、控释制剂。

（二）缓释、控释与迟释制剂的特点

1. 优点

（1）药物治疗作用更持久　对半衰期短的或需要频繁给药的药物，可减少服药次数，提高患者服药的依从性。特别适用于需长期服药的慢性疾病（如心血管疾病、哮喘和精神失常）患者，由普通制剂每日用药 3 ~ 4 次，减少至 1 ~ 2 次，使用方便。

（2）不良反应可能降低　使血药浓度平稳，避免峰谷现象，有利于降低药物的不良反应。特别是治疗指数较窄的药物，可避免血药浓度过高或过低，保证药物的安全性和有效性。

（3）可减少用药的总剂量　因此可用最小剂量达到最大药效。

缓释、控释制剂单次给药，药物缓慢地释放进入体内，血药浓度“峰谷”波动小，可避免超过治疗血药浓度范围的不良反应，又能保持在有效浓度范围（治疗窗）之内以维持疗效（图20－1）。普通制剂一日多次给药，血药浓度波动很大，有明显的“峰谷”现象，可因血药浓度太高产生不良反应，也可因血药浓度太低不能呈现疗效（图20－2）。

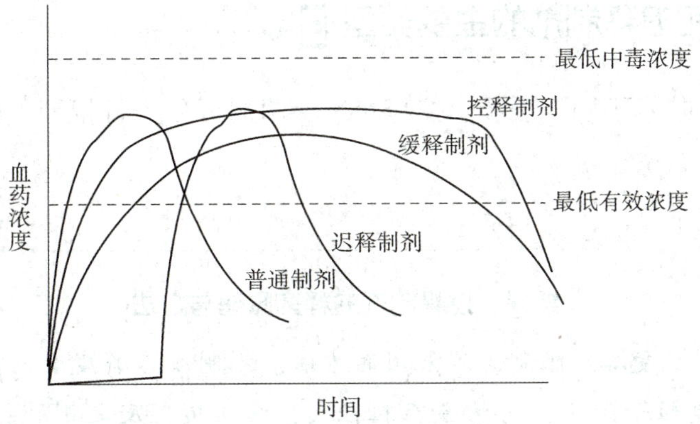

图20－1　普通制剂与缓释、控释制剂单次给药的血药浓度－时间曲线

2. 缺点

（1）在临床应用中对剂量调节的灵活性降低　如果遇到某种特殊情况（如出现较大不良反应），往往不能立刻停止治疗。为缓解这种缺点，国家增加了缓释制剂品种的规格，如硝苯地平缓释片有20、30、40、60mg等规格。

（2）不能根据患者病理状态调整给药方案　缓释、控释制剂往往是基于健康人群的平均动力学参数而设计，当药物因患者疾病所致体内动力学特性有所改变时，不能灵活调节给药方案。

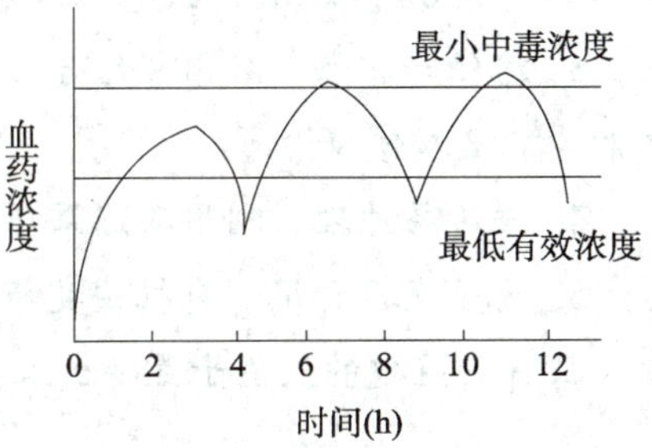

图20－2　普通制剂多次给药的血药浓度－时间曲线

（3）制备缓释、控释制剂所涉及的设备和工艺的生产成本较高，价格较贵。

由于迟释制剂在释药原理、制备工艺、辅料选择、评价方法等方面与缓释、控释制剂有诸多相似性，因此，本书以缓释、控释制剂为代表进行介绍。

普通制剂与缓释、控释制剂的比较见表20－1。

表20－1　普通制剂与缓释、控释制剂的比较

项目	普通制剂	缓释、控释制剂
疗效	较低	较高
不良反应	较大	较小
药效维持时间	短	长
药峰浓度（C_{max}）	高	低
达峰时间（t_{max}）	低	高
药时曲线下面积（AUC）	较大	大
安全性	服药量大，多次给药，患者顺应性差	服药量小，给药次数少，患者顺应性好

即学即练 20－1

缓释制剂与控释制剂最大的区别是（　　）

A. 给药次数　B. 给药剂量　C. 释药速率　D. 药时曲线　E. 安全性

答案解析

二、缓释、控释和迟释制剂的主要类型

微课

根据释药原理和制备技术不同，缓释、控释和迟释制剂可分为骨架型、膜控型、渗透泵型、植入型、迟释型五类。

知识链接

缓释、控释制剂的释药原理与方法

1. 溶出原理　药物释放受溶出限制，可采用的方法：①制成溶解度小的盐或酯；②与高分子化合物生成难溶性盐；③控制粒子大小，药物微粒粒径大，溶出慢，反之则快；④药物包藏于溶蚀性骨架中。

2. 扩散原理　药物释放以扩散作用为主，可采用的方法：①以水不溶性膜材包衣；②包衣膜中含有水溶性成分（致孔剂）；③制成水不溶性骨架制剂。

3. 溶蚀与扩散、溶出相结合　药物从骨架中释放（溶出）出来，由于骨架的溶解，药物还需经过扩散才能进入体液。

4. 渗透泵原理　利用渗透泵原理制成的控释制剂能均匀恒速释放药物，如口服渗透泵型片剂。

5. 离子交换作用　有机胺类药物的盐与阳离子交换树脂的氢离子交换后，形成药树脂，口服后药物可被胃肠道中的氢离子置换出来，因此具有缓释作用。

（一）骨架型缓释、控释制剂

骨架型缓释、控释制剂是药物与一种或多种骨架材料以及其他辅料，采用压制或融合技术制成片状、小粒或其他形式的制剂。这类制剂在水或体液中以骨架形式存在，药物以分子或结晶状态均匀分散在骨架结构中，作为贮库控制药物的释放，是目前缓释、控释制剂中应用最广的类型。

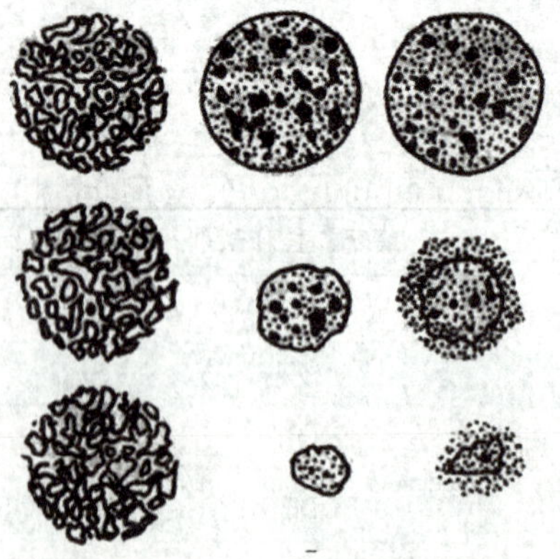

图 20－3　三种不同骨架片的释药过程示意图

左→右：不溶性骨架片、溶蚀性骨架片、亲水凝胶骨架片

1. 骨架片　按骨架材料性质，骨架片可分为亲水凝胶骨架片、溶蚀性骨架片、不溶性骨架片，三者释药过程见图 20－3。

（1）亲水凝胶骨架片　将药物包埋于亲水性高分子材料骨架中制成，遇水或消化液骨架膨胀，在片的表面产生坚固的亲水凝胶层，由凝胶屏障而具控制药物释放，且保护片芯内部不受溶出溶剂的影响而发生崩解。水溶性不同的药物释放机制不同，水溶性药物以药物通过凝胶层的扩散为主，难溶性药物则以凝胶层的逐步溶蚀为主。常用亲水凝胶骨架材料有羟丙甲纤维素（HPMC）、甲基纤维素（MC）、羟乙基纤维素（HEC）、羧甲基纤维素钠（CMC－Na）、聚维酮（PVP）、海藻酸钠和壳聚糖等。

处方解析 20－1：盐酸二甲双胍缓释片

【处方】盐酸二甲双胍	500g	主药
CMC－Na	51g	缓释材料
HPMC－K100M	344g	缓释材料
HPMC－E5M	9.5g	缓释材料
微晶纤维素	100g	填充剂
95%乙醇	适量	润湿剂
硬脂酸镁	10g	润滑剂
共制	1000 片	

【制法】先将盐酸二甲双胍与 CMC－Na 混合均匀，再加 95%乙醇适量制成软材，制粒，干燥；再加入 HPMC－K100M、HPMC－E5M 和微晶纤维素混合均匀、整粒，加硬脂酸镁混匀，压片即得。

【解析】本品采用湿法制粒压片工艺，制成亲水性凝胶骨架片，适用于单纯饮食控制不满意的 2 型糖尿病患者，也用于肥胖症控制体重。

（2）溶蚀性骨架片　亦称生物溶蚀骨架片，是指药物与可溶蚀水解的蜡质、脂肪酸及酯类等物质混合制成，由于骨架材料的逐渐溶蚀，药物通过孔道扩散与溶蚀控制释放，可加入亲水性表面活性剂或水溶性材料调节释药速度。常用溶蚀性骨架材料有巴西棕榈蜡、硬脂醇、硬脂酸、氢化蓖麻油、聚乙二醇单硬脂酸酯、甘油三酯等。

处方解析 20－2：硝酸甘油缓释片

【处方】硝酸甘油	2.5g	主药
硬脂酸	60g	缓释材料
鲸蜡醇	66g	缓释材料
乳糖	49.8g	填充剂
微晶纤维素	58.8g	填充剂
聚维酮（PVP）	3.1g	黏合剂
微粉硅胶	5.4g	助流剂
滑石粉	24.9g	抗黏剂
硬脂酸镁	1.5g	润滑剂
共制	1000 片	

【制法】将 PVP 溶于硝酸甘油乙醇溶液中，加微粉硅胶混匀，加硬脂酸与鲸蜡醇，水浴加热到 60℃，使熔融。将微晶纤维素、乳糖、滑石粉的均匀混合物加入上述熔化的系统中，搅拌 1 小时。将上述黏稠的混合物摊于盘中，室温放置 20 分钟，待成团块时，用 16 目筛制粒。30℃干燥，整粒，加入硬脂酸镁，压片。

【解析】本品为溶蚀性骨架片，用于防治冠心病、心绞痛，也可用于高血压、充血性心力衰竭的治疗。

（3）不溶性骨架片　以不溶于水或水溶性极小的高分子聚合物或无毒塑料为材料制成的片剂。药物溶解并经骨架中的极细通道缓慢向外扩散，释放后完整骨架随粪便排出体外。此类片剂有时释放不完全，药物宜水溶性，大剂量药物也不宜制成此类骨架片。常用不溶性骨架材料：乙基纤维素、聚甲基丙烯酸酯、聚乙烯、聚氯乙烯和硅橡胶等。

2. 颗粒状骨架型压制片或胶囊 先将药物与适宜的骨架材料加工制成缓控释颗粒、微囊、小丸等，再进行压片或装胶囊。在胃中崩解后释放出多量缓控释小单元（颗粒、微囊、小丸等）。制备方法有如下三种。

（1）将不同释放速度的颗粒混合压片或装胶囊 例如药物分别以明胶、乙酸乙烯和虫胶为黏合剂制成三种颗粒，压片后这三种颗粒依次崩解。三种颗粒装胶囊后，同样以不同速度释药，实现缓释、控释目的。

（2）微囊或微球压片或装胶囊 以缓控释材料为囊材或微球载体制成药物的微囊或微球，再压片或装胶囊。

（3）小丸压片或装胶囊 将药物和骨架材料制成小丸，然后压制成片，压片后可包薄膜衣或小丸包衣后再压片或装胶囊。

（二）膜控型缓释、控释制剂

膜控型缓、控释制剂采用一种或多种包衣材料对药物颗粒、小丸和片剂的表面进行包衣，达到缓释、控制的目的，主要适用于水溶性药物。包衣液由包衣材料、增塑剂和溶剂（或分散介质）组成，根据需要可加入致孔剂、着色剂、抗粘剂和遮光剂等。依据衣料的性质和用途，可分为以下几类。

1. 微孔膜包衣片 利用水不溶性聚合物作为包衣材料，并加入少量致孔剂调节药物的释放速度，口服后致孔剂遇水部分溶解或脱落，在普通片剂的包衣膜上形成无数微孔，即为微孔膜包衣片。微孔膜包衣片的药物分子通过微孔向膜外扩散释放，释药速度主要由膜孔内外药物浓度差确定。常用的包衣材料有醋酸纤维素（CA）、EC、EVA、HPMCP、聚丙烯酸树脂等，致孔剂有 PEG、PVP、PVA、十二烷基硫酸钠、糖和盐等水溶性物质。例如磷酸丙吡胺缓释片，按常规制成每片含丙吡胺 100mg 的片芯（直径 11mm，硬度 4 ~ 6kg，20 分钟内药物溶出 80%）。然后以低黏度 EC、CA 及聚丙烯酸酯为包衣材料，PEG 类为致孔剂，蓖麻油、邻苯二甲酸二乙酯为增塑剂，以丙酮为溶剂配制包衣液进行包衣，控制形成的微孔膜厚度调节释药速率。

2. 肠溶膜控释片 将药物压制成片芯，外包肠溶衣，再包上含药的糖衣层而得。含药糖衣层在胃液中释药，起速效作用；当片剂进入肠道后，肠溶衣膜溶解，片芯中的药物释出，因而延长了释药时间。例如普萘洛尔长效控释片，将 60% 药物以 HPMCP 为骨架制成核心片，其余 40% 药物掺在外层糖衣中，在片芯与糖衣之间隔以肠溶衣。片芯基本以零级速度缓慢释药，可维持药效 12 小时以上。肠溶衣材料由 HPMCP 和 EC 混合制成，在肠道中肠溶衣溶解，在包衣膜上形成微孔，纤维素微孔膜控制片芯内药物的释放。

3. 膜控释小片、小丸 将药物与辅料按常规方法制粒、制丸，压制成直径 2 ~ 3mm 小片，用缓释膜包衣后装入硬胶囊使用。同一胶囊内的小片、小丸可包上不同缓释作用的包衣或不同厚度的包衣，在体内外皆可获得恒定的释药速率，是一种较理想的口服控释剂型。例如茶碱膜控释小片，每 20 片装入 1 粒硬胶囊内，口服后血药浓度平稳，显示出膜控释小片在体内既具缓释作用又具生物利用度高的特点。

处方解析 20 - 3：盐酸曲马多控释片

【处方】	盐酸曲马多	100.0g	主药
	乳糖	25.0g	填充剂
	硬脂酸镁	0.6g	润滑剂
	5% EC 乙醇液	适量	黏合剂
	4% CA 乙醇液	适量	包衣液

3%氯化钾溶液　　　　适量　　　　致孔剂

共制1000片

【制法】盐酸曲马多、乳糖混合均匀，用5%EC的乙醇溶液制成颗粒，干燥，加入0.5%的硬脂酸镁混匀，压成直径为3mm的小片。以4%CA、3%氯化钾为包衣液，进行包衣，最后包衣小片装入同一硬胶囊内即得。

【解析】本品为微孔膜包衣小片，吞服，勿嚼碎。用于中度至重度疼痛治疗。

（三）渗透泵型控释制剂

渗透泵片由药物、半透膜材料、渗透压活性物质和推动剂等组成。半透膜材料是在胃肠道中不溶解的成膜聚合物，仅能透过水分子，不能透过其他物质，常用的有CA、EC、EVA等。渗透压活性物质发挥调节药室内渗透压的作用，常用氯化钠、乳糖、果糖、葡萄糖、甘露糖的不同混合物。推动剂又称促渗透聚合物、助渗剂，能吸水膨胀，产生推动力，常用的有聚羟甲基丙烯酸烷基酯、PVP等。释药孔通常用激光制成，一般为圆形，其直径由几十到几百微米。渗透泵片中还可加入助悬剂、黏合剂、润滑剂、润湿剂等。

渗透泵片以其独特的释药方式、稳定的释药速率成为目前口服控释制剂中理想的一类制剂，按结构可分为单室、双室（图20-4）和多室渗透泵片。

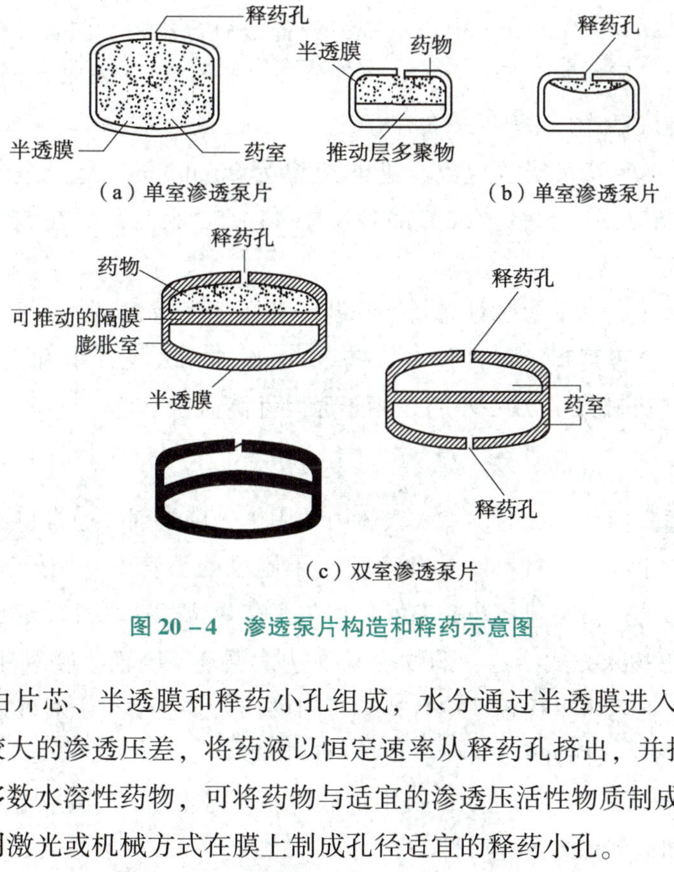

图20-4　渗透泵片构造和释药示意图

1. 单室渗透泵片　由片芯、半透膜和释药小孔组成，水分通过半透膜进入片芯，形成药物溶液或混悬液，使膜内外产生较大的渗透压差，将药液以恒定速率从释药孔挤出，并持续恒速或近恒速释放。单室渗透泵片适合于大多数水溶性药物，可将药物与适宜的渗透压活性物质制成片芯后，包衣，形成半透性的刚性外膜，然后用激光或机械方式在膜上制成孔径适宜的释药小孔。

2. 双室渗透泵片　片芯为双层，一层为药室，含有药物和可溶性辅料；另一层为渗透室，遇水可膨胀的促渗透聚合物；两室以一柔性聚合物膜隔开，片外再包半透膜。在胃肠道内，渗透室膨胀剂吸水膨胀产生压力，推动隔膜将药室中的药液顶出释药孔。此技术适合于水溶性大的药物、有配伍禁忌的难溶性药物，市售的硝苯地平控释片、格列吡嗪控释片、多沙唑嗪控释片和奥昔布宁控释片均属双层渗透泵控释片。

处方解析 20-4：维拉帕米渗透泵片

【处方】(1) 片芯处方

盐酸维拉帕米（40 目）	2850g	主药
甘露醇（40 目）	2850g	渗透压活性物质
聚环氧乙烷（40 目，分子量 500 万）	60g	推动剂
聚维酮	120g	黏合剂、推动剂
硬脂酸	115g	润滑剂
乙醇	1930ml	溶剂

(2) 包衣液处方（每片含 120mg 的片芯）

醋酸纤维素（乙酰基值 39.8%）	47.25g	半透膜材料
醋酸纤维素（乙酰基值 39.8%）	15.75g	半透膜材料
羟丙基纤维素	22.5g	包衣材料
聚乙二醇 3350	4.5g	致孔剂
二氯甲烷	1755ml	溶剂
甲醇	735ml	溶剂

【制法】(1) 片芯制备　将片芯处方中前三种组分置于混合器中，混合 5 分钟；将 PVP 溶于乙醇，缓缓加至上述混合组分中，搅拌 20 分钟，过 10 目筛制粒，于 50℃干燥 18 小时，经 10 目筛整粒后，加入硬脂酸混匀，压片。制成每片含主药 120mg、硬度为 9.7kg 的片芯。

(2) 包衣　用空气悬浮包衣技术包衣，进液速率为 20ml/min，包至每个片芯上的衣层增重为 15.6mg。将包衣片置于相对湿度 50%、50℃的环境中 45~50 小时，再在 50℃干燥箱中干燥 20~25 小时。

(3) 打孔　在包衣片上下两面对称处各打一释药小孔，孔径为 254μm。

【解析】本品为单室渗透泵片，每日仅需服药 1~2 次。在人工胃液和人工肠液中的释药速率为 7.1~7.7mg/h，可持续释药 17.8~20.2 小时。用于原发性高血压治疗。

（四）植入剂

植入剂系将药物与适宜辅料制成的供植入人体内的固体无菌制剂。通常将不溶性药物熔融后倒入模型中成型，或将药物密封于高分子材料（如硅橡胶）中制成的小管中采用外科手术埋植于皮下或经特殊的注射器导入皮下，给药剂量小、释药速率慢且均匀，药效可长达数月甚至数十年。

1. 优点　①采用皮下植入方式给药，药物容易到达体循环，因而生物利用度高。②给药剂量比较小、释药速率慢而均匀，血药水平比较平稳且持续时间可长。③皮下组织对外来异物的反应性较低，植入药物后的刺激、疼痛较小。④取出植入物，机体可以恢复。

2. 缺点　植入时需在局部开一小的切口，用特殊的注射器将植入剂推入，若为非生物降解型材料，还需手术取出植入物，降低了患者的顺应性。

3. 分类　植入剂按其释药机制可分为膜控型、骨架型、渗透压驱动释放型，主要用于避孕、抗风湿关节炎、抗肿瘤、降血糖、麻醉药拮抗剂等。如商品名为 Norplant-Ⅱ的左炔诺酮植入剂为药物微晶与硅橡胶骨架的混合物小棒，外面包上硅橡胶薄膜，经环氧乙烷灭菌制得。每根长 4.4cm，外径 2.4mm，两根为一组，总药量 216mg。通常植入妇女的左上臂或前臂内侧，6 根呈扇形排列，有效期为 5 年。

（五）迟释制剂

1. 肠溶制剂　根据《中国药典》（2020年版）的规定，肠溶制剂于pH 6.8磷酸盐缓冲液中大部分或全部释放药物；结合人体消化道生理结构特点，十二指肠的pH为4～6，空肠的pH约7.0，回肠的pH约7.5，小肠平均转运时间约7.5小时，可以认为肠溶制剂的释药部位是在小肠段，包括十二指肠、空肠和回肠。

肠溶制剂的药物在胃部酸性环境不释放或几乎不释放，而在小肠定位释放，因此，凡在胃液易破坏的药物（如奥美拉唑），对胃部刺激性太强的药物（如非甾体抗炎药阿司匹林、双氯芬酸钠等），作用于肠道的药物（如阿苯达唑）或治疗小肠局部病变的药物，适宜制备成肠溶制剂。制备肠溶制剂可以将颗粒、片剂、胶囊、小丸等包肠溶衣，常用的肠溶衣材料详见项目十二。

2. 结肠定位制剂　结肠定位制剂可避免药物在胃、十二指肠、空肠和回肠等前段释放，待药物运送至回盲部释放而发挥局部或全身治疗作用。结肠与胃和小肠的生理环境相比较，其转运时间较长，酶的活性较低，对易在胃肠道上皮降解的肽类和蛋白质类药物吸收很有利；且定位到结肠才释药，可延迟药物吸收时间，对受时间节律影响的疾病，如哮喘、高血压等有一定意义。

结肠定位制剂的优点：①提高结肠局部药物浓度，有利于治疗结肠局部病变，如克罗恩病、溃疡性结肠炎、结肠癌和便秘等。②结肠可避免药物的首过效应，提高药物的生物利用度。③结肠部位的酶活性低，有利于多肽、蛋白质类大分子药物的吸收，如激素类药物、疫苗、生物技术类药物等。④口服制剂在结肠中的转运时间很长，可达20～30小时，对研究对缓释、控释和迟释制剂，特别是日服一次制剂的开发具有指导意义。

3. 脉冲制剂　脉冲制剂通常是将药物包裹或分散于聚合物中，当收到外界信号（如热、电、磁场）的刺激或体内信号（如pH、酶底物、浓度的变化）的反馈时，聚合物的结构和性质发生改变，快速释放药物。脉冲制剂适应机体的多种生理功能的节律性变化，如凌晨是哮喘、心脏病的高发期，胃溃疡、牙痛患者在夜间到凌晨时疼痛更为明显。脉冲制剂通过仅在疾病发作前和发作时定时控制释药，有效地防治哮喘、心脏病的发作。适合脉冲制剂给药的情况，一般是疾病发作有规律性又不需要长时间维持恒定药物浓度，如抗心绞痛、心律失常的药物或治疗哮喘、震颤的药物；在肠道较下部位处吸收的药物（如治疗结肠癌的药物或口服肽类药物）。

三、缓释、控释和迟释制剂的质量评价

缓释、控释和迟释制剂的质量评价主要包括体外释放试验、体内试验和体内－体外相关性三个项目，《中国药典》（2020年版）四部通则9013有具体规定。

（一）体外释放度试验

体外释放度试验是在模拟体内消化道条件下，测定制剂的药物释放速率，制订合理的体外药物释放度标准，以监测产品的生产过程及对产品进行质量控制。一般采用溶出度测定仪进行。

（二）体内试验

对缓释、控释和迟释制剂的安全性和有效性进行评价，应通过体内的药效学和药物动力学试验。药物的药物动力学性质应进行单剂量和多剂量人体药代动力学试验，以证实制剂的缓控释特征符合设计要求。缓释、控释和迟释制剂的生物利用度与生物等效性试验，详见指导原则9011。非口服的缓释、控释和迟释制剂还需对其作用部位的刺激性和/或过敏性等进行试验。

（三）体内外相关性

体内外相关性的试验应反映整个体外释放曲线与血药浓度－时间曲线之间的关系，只有当体内外具有相关性时，才能通过体外释放曲线预测体内情况。体内外相关性可归纳为三种：①点对点相关；②区域相关；③单点相关。

缓释、控释和迟释制剂体内吸收相的吸收曲线与体外释放曲线之间对应的各个时间点回归，得到直线回归方程的相关系数符合要求，即可认为具有相关性。

任务二　靶向制剂

大多数药物以常规的剂型给药，药物并不是只传送到发挥药理作用的受体部位，而是分布到全身各组织、器官，只有少量药物到达靶器官、靶组织、靶细胞。要提高靶区的药物浓度必须提高全身循环系统的药物浓度，就必须增加剂量，同时药物的不良反应也增大，特别是对于细胞毒的抗癌药物，在杀灭癌细胞的同时也杀灭正常细胞。将药物制成能到达靶区的靶向制剂，这些问题将可同时兼顾，达到增效降毒的治疗作用。

知识链接

靶向制剂的起源和发展

1906 年，Ehrlich 提出靶向制剂的概念，受困于对疾病和药物作用机制的认识，以及载体材料和制备方面的困难，发展受到制约。

20 世纪 80 年代，靶向制剂的制法、性质、体内分布、靶向性评价以及药效和毒性得到了比较全面的研究。

1988 年第一个脂质体包裹的药物在美国进入临床试验，如脂质体公司（TLC）的多柔比星脂质体、顺铂脂质体。

20 世纪 90 年代起，第二代脂质体长循环脂质体的研发，缓释作用显著增强，拓展了药物靶向制剂的生产和临床应用。

此后，脂质体用作皮肤局部给药的载体，具有定位、控释作用的口服靶向制剂的出现，微球、纳米粒等用作靶向制剂的载体。

一、靶向制剂概述

（一）靶向制剂的概念与特点

靶向制剂又称靶向给药系统（targeting drug system，TDS），系指采用载体将药物通过循环系统浓集于或接近靶器官、靶组织、靶细胞和细胞内特定结构的一类新制剂，可提高疗效和/或降低对其他器官、组织及全身的不良反应。

靶向制剂不仅要求药物选择性地到达特定部位，而且要求药物有一定浓度和滞留一段时间，以便发挥药效，且载体应无不良反应。成功的靶向制剂应具备定位浓集、控制释药以及无毒可生物降解三个要素。

与普通制剂相比，靶向制剂具有提高药品的安全性、有效性、可靠性和患者的顺应性的优点，在临床疾病的治疗特别是肿瘤的治疗中具有重要的意义。

（二）靶向制剂的分类

1. 按给药途径分类　可分为注射用靶向制剂、非注射用靶向制剂两类。

2. 按载体分类　分为乳剂、脂质体、微球、纳米粒（纳米囊、纳米球）等。

3. 按靶向部位分类　分为肝靶向制剂、肺靶向制剂、淋巴靶向制剂、骨髓靶向制剂、结肠靶向制剂（酶控制型、pH 敏感型、时滞型和压力依赖型）等。

4. 按靶向机制分类　分为生物物理靶向制剂、生物化学靶向制剂、生物免疫靶向制剂及双重、多重靶向制剂等。

5. 按作用靶标分类　可分为三类：一级靶向制剂，系指进入特定组织或器官（如肺靶向、肝靶向、肾靶向等）；二级靶向制剂，系指药物进入靶部位的特殊细胞（如肿瘤细胞等），而不作用于正常细胞；三级靶向制剂，系指药物作用于细胞内的特定部位（如线粒体）。

6. 按作用机制分类　可分为被动靶向制剂、主动靶向制剂、物理化学靶向制剂。

（三）靶向性评价

药物制剂的靶向性可通过体内分布直观评价，可由以下 3 个参数来衡量。

1. 相对摄取率（r_e）　亦称相对靶向效率，系指将实验动物分别给予靶向制剂和游离药物后，靶部位的药 - 时曲线下面积之比。相对摄取率代表了不同制剂对同一组织或器官的选择性。$r_e>1$ 表示药物制剂在该部位具有靶向性，r_e越大，靶向效果越好；$r_e\leq 1$ 时认为无靶向性。

2. 靶向效率（t_e）　系指给予实验动物靶向制剂后，靶器官与非靶器官的药 - 时曲线下面积之比，t_e表示靶向制剂对靶器官或靶组织有无选择性。$t_e>1$ 表示药物制剂对靶部位比某非靶部位有选择性，t_e值愈大，选择性越强。

3. 峰浓度比（C_e）　系指分别给予实验动物靶向制剂和游离药物后，靶部位的药物最大浓度之比。每个组织或器官中 C_e值的大小表示所试验的药物制剂改变药物在组织或器官中的分布效果，C_e值愈大，表明改变药物分布的效果愈明显。

二、靶向制剂的主要类型

（一）被动靶向制剂

被动靶向制剂，又称自然靶向制剂，载药微粒被单核 - 巨噬细胞系统的巨噬细胞摄取，通过正常生理过程运送至肝、脾、肺及淋巴等巨噬细胞丰富的器官，这种自然吞噬的倾向使药物选择性地浓集于病变部位而产生的体内分布特征，具有淋巴系统的选择性和靶向性。

被动靶向制剂的载药微粒经静脉注射后，在体内的分布主要取决于微粒的粒径大小。通常粒径在 2.5 ~ 10μm 时，大部分积聚于巨噬细胞。小于 7μm 时一般被肝、脾中的巨噬细胞摄取，200 ~ 400nm 的纳米粒集中于肝后迅速被肝清除，小于 10nm 的纳米粒则缓慢积聚于骨髓。大于 7μm 是微粒通常被肺的最小毛细血管床以机械滤过方式截留，被单核细胞摄取进入肺组织或肺气泡。

被动靶向制剂利用脂质体、微球、乳剂、纳米粒等为载体，将药物包裹或嵌入其中制成各种类型的微粒给药系统，目前上市制剂主要载体是脂质体和微球。

1. 脂质体　脂质体为类细胞膜结构，具有细胞亲和性和组织相容性，可延长药物吸附于靶细胞的时间，提高药物的细胞、组织渗透能力。脂质体作为多功能药物载体，可以包裹抗肿瘤、抗寄生虫药物、抗生素类药物、抗结核病药物、激素类药物、酶类药物等，也可以作为基因治疗载体。载药脂质体具有被动靶向性和淋巴定向性，经静脉注射后在体内可被单核吞噬细胞系统视为外界异物而识别、吞噬并摄取，主要分布于肝、脾、肺、骨髓、淋巴结等组织器官中，从而显著提高药物的治疗指数及稳定性、降低毒性、提高疗效并实现药物长效化，如注射用紫杉醇酯质体、注射用两性霉素B酯质体等。

2. 微球 微球经静脉注射给药可以发挥被动靶向作用，小于7μm时一般被肝、脾中的巨噬细胞摄取，大于7~10μm的微球通常被肺的最小毛细血管床以机械滤过方式截留，被巨噬细胞摄取进入肺组织或肺气泡。

根据临床用途不同，微球可以分为缓释微球、栓塞性微球、磁性微球。

（1）缓释微球　主要目的是缓释长效，如左炔诺孕酮－聚3－羟基丁酸酯微球等。口服、皮下植入或关节腔内注射的微球一般都属于缓释微球。

（2）栓塞性微球　主要是指注射大于12μm的微球于癌变部位的动脉血管内，微球随血流阻滞在靶区周围的毛细血管中，既可阻断肿瘤的营养供应，又可发挥靶向性化疗作用，如全氟丙烷人血白蛋白微球注射液、注射用利培酮微球。

（3）磁性微球　是将磁性铁粉包入微球中，利用体外磁场效应，引导药物在体内移动和定位浓集。缓释长效属于非靶向微球，栓塞性微球和磁性微球属于靶向微球。

3. 乳剂 乳剂的靶向性特点在于其对淋巴的亲和性。W/O型乳剂经肌内、皮下或腹腔注射后，易聚集于附近的淋巴器官，是目前将抗癌药转运至淋巴器官最有效的剂型。乳剂的粒径大小对靶向性有影响。静注的乳剂乳滴在0.1~0.5μm时，为肝、脾、肺和骨髓的单核吞噬细胞系统所清除，2~12μm时，可被毛细血管摄取，其中7~12μm粒径的乳剂可被肺机械性滤取。

4. 纳米粒 又称毫微粒，系指药物或与载体辅料经纳米化技术分散形成的粒径<500nm的固体粒子。纳米粒可分为纳米囊和纳米球，分散在水中形成近似胶体的溶液，有良好的组织透过性和被动靶向性，是理想的静脉注射给药载体。

纳米粒小于普通细胞，可以进入细胞内，不易阻塞血管，静脉注射后被巨噬细胞摄取，主要分布于肝（60%~90%）、脾（2%~10%）、肺（3%~10%），少量进入骨髓（图20－5）。纳米粒亦可由细胞内或细胞间穿过内皮壁到达靶部位，有些纳米粒具有在某些肿瘤中聚集的倾向，有利于抗肿瘤药物的应用。

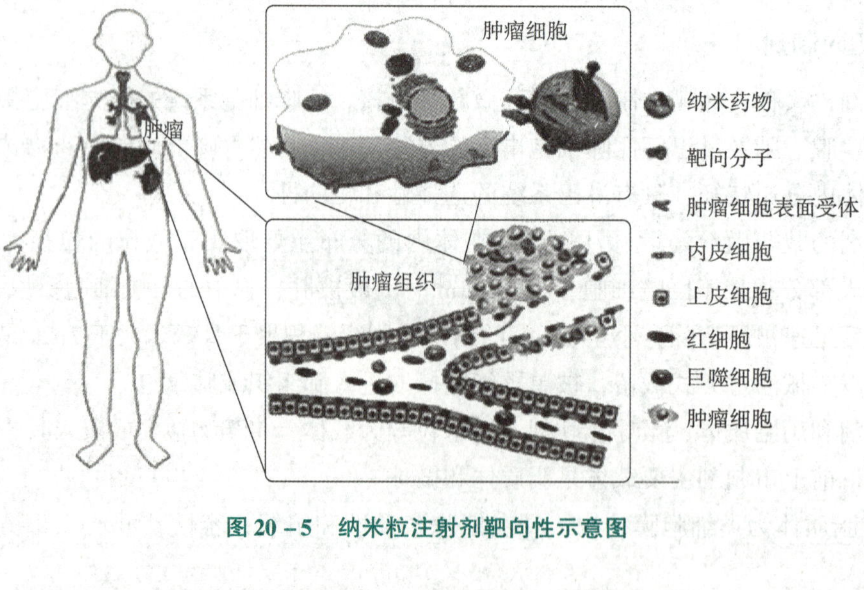

图20－5　纳米粒注射剂靶向性示意图

即学即练 20-2

靶向制剂的被动靶向给药载体包括（　　）

A. 脂质体　B. 微球　C. 微乳　D. 微丸　E. 免疫纳米球

答案解析

（二）主动靶向制剂

主动靶向制剂可用修饰的药物载体作为“导弹”，将药物定向地运送到靶区浓集发挥药效。也可将药物修饰成前体药物，是能在活性部位被激活的药理惰性物，即在特定靶区被激活发挥作用。微粒要通过主动靶向到达靶部位而不被毛细血管（直径4~7μm）截留，通常粒径不应大于4μm。

1. 修饰的载体微粒　药物载体经亲水性材料修饰后，载体表面结合上细胞特异性配体，如糖、半抗原和抗体，可使微粒导向具有特异受体的细胞。利用抗体修饰的药物载体，又称为免疫载体，可制成定向于细胞表面抗原的免疫靶向制剂。

（1）修饰的药物载体　①长循环脂质体：脂质体的表面经适当修饰后，可避免巨噬细胞的吞噬，延长药物在体内的循环时间。如脂质体用PEG修饰后降低了被巨噬细胞识别和吞噬的可能性，延长其在循环系统中滞留时间，有利于肝、脾以外组织和器官的靶向作用。②糖基修饰的脂质体：不同的糖基结合在脂质体表面，到体内可产生不同的分布。带有半乳糖残基时可被肝实质细胞所摄取，带有甘露糖残基时可被K细胞摄取，氨基甘露糖的衍生物能集中分布于肺内。③修饰的其他载体：表面用PEG修饰制成长循环纳米球、以不同乳化剂制成修饰的微乳等。

实例分析

实例　某医院药库的药师李某在整理新进药品入库单时，发现了一种既熟悉又陌生的药品“盐酸多柔比星脂质体注射液”，与医院已有的药品“盐酸多柔比星注射液”非常相近。经仔细对照，明确了：“盐酸多柔比星脂质体注射液”为盐酸多柔比星的脂质体制剂，是半透明红色混悬液，每2~3周注射给药20mg/m^2，给药间隔不宜少于10天。“盐酸多柔比星注射液”为红色澄明溶液，每日注射给药20mg/m^2，连用3天，停用2~3周后重复。

问题　1. 对照盐酸多柔比星普通注射液，从性状、用量和用法、不良反应上，说说盐酸多柔比星制备成脂质体的特点？

2. 盐酸多柔比星脂质体实为聚乙二醇脂质体，与普通脂质体相比有何突出优点？其为何种类型靶向制剂？

答案解析

（2）抗体修饰的药物载体　①免疫脂质体：在脂质体表面接上某种抗体，具有对靶细胞分子水平上的识别能力，可提高脂质体的专一靶向性。②免疫微球：用聚合物将抗原或抗体吸附或交连形成的微球，称为免疫微球。除可用于抗癌药的靶向治疗外，还可用于标记和分离细胞作诊断和治疗。③免疫纳米球：单克隆抗体与药物纳米球结合通过静脉注射，可实现主动靶向。如将人肝癌单克隆抗体HAb18与载有米托蒽醌的白蛋白纳米粒化学偶联，制成人肝癌特异的免疫纳米粒，能与靶细胞特异性结合，并具有选择性杀伤作用。

2. 前体药物　前体药物是由活性药物衍生而成的体外药理惰性物质，在体内经化学反应或酶反应，释放出活性的母体药物而发挥其治疗作用。

（1）抗癌药前体药物　一般情况下，癌细胞组织的特点是 pH 低，碱性磷酸酯酶和酰胺酶浓度高。某些抗癌药物制成磷酸酯或酸胺类前体药物可在癌细胞处释放活性母体药物发挥作用；通常肿瘤能产生大量纤维蛋白酶原活化剂，可活化血清纤维蛋白溶酶原成为活性的纤维蛋白溶酶，故将抗癌药物与合成肽连接，成为纤维蛋白酶的底物，可在肿瘤部位释放活性的母体药物。

（2）脑部靶向前体药物　许多药物由于脂溶性小而难以透过血脑屏障，一些药物虽然有足够亲脂性，能够进入脑部，但这些药物也易于进入其他组织器官，产生不必要的毒副作用。目前比较成功的靶向前体药物是氧化－还原脑内释药系统，它已成功地用于多巴胺、雌二醇、青霉素等药物的脑内特异释药。

（3）结肠靶向前体药物　主要是利用结肠特殊菌落产生的酶的作用，在结肠释放出活性药物从而达到结肠靶向作用。

（三）物理化学靶向制剂

物理化学靶向制剂系采用某些物理化学方法可使靶向制剂在特定部位发挥药效。

1. 磁性靶向制剂　磁性靶向制剂是将药物和铁磁性物质共同包裹于高分子聚合物载体中制成的磁靶向给药制剂，利用外加磁场的效应引导药物在体内定向移动和定位集中，在磁场区释放药物，从而发挥靶向作用。

常用的铁磁性物质是超细磁流体如 $FeO \cdot Fe_2O_3$ 或 Fe_2O_3，由粒径在 10～15nm 的超细球形粒子组成。磁性靶向制剂主要有磁性微球、磁性微囊、磁性脂质体和磁性纳米囊等，多应用于医学领域里的辅助栓塞治疗、体外净化骨髓移植物、分离细胞和细胞器等。

2. 栓塞靶向制剂　动脉栓塞通过插入动脉的导管将栓塞物质输送到靶组织或靶器官，阻断对靶区的血供和营养，使靶区的肿瘤细胞缺血坏死。若栓塞制剂含有抗肿瘤药物，则具有栓塞和靶向化疗的双重作用，还具有延长药物在作用部位作用时间的效果。

动脉栓塞靶向制剂主要有栓塞微球、栓塞复乳。栓塞微球临床用于治疗肝、脾、肾、乳腺等部位的肿瘤，尤其对于不能手术治疗的肝肿瘤，采用微球进行栓塞化疗已成为首选方法。栓塞可以结合磁性靶向以增加栓塞的治疗效果。

3. 热敏感靶向制剂

（1）热敏感脂质体　利用相变温度不同的磷脂可制成热敏感脂质体。将不同比例类脂质的二棕榈酸磷脂（DPPC）和二硬脂酸磷脂（DSPC）混合，可制得不同相变温度的脂质体，在相变温度时，可使脂质体的类脂质双分子层从胶态过渡到液晶态，增加脂质体膜的通透性。此时包封的药物释放速率亦增大，而偏离相变温度时则释放减慢，如顺铂的热敏脂质体。

（2）热敏免疫脂质体　在热敏脂质体膜上将抗体交联，可得热敏免疫脂质体，在交联抗体的同时，可将水溶性药物包封到脂质体内。这种脂质体同时具有物理化学靶向与主动靶向的双重作用，如阿糖胞苷热敏免疫脂质体。

4. pH 敏感靶向制剂　主要有 pH 敏感脂质体和 pH 敏感的口服结肠定位给药系统。pH 敏感脂质体是基于肿瘤处的 pH 比正常组织低的特点而设计的一种具有细胞内靶向和控制药物释放作用的脂质体。这种脂质体可用对 pH 敏感的类脂（如 N－十六酰－L－高半胱氨酸，简称 PHC）与其他脂质混合制成，在低 pH 范围内可释放药物，如 pH 敏感顺铂脂质体、pH 敏感叶酸受体脂质体等。

答案解析

目标检测

一、单项选择题

1. 关于缓释、控释制剂，叙述错误的是（　　）
   A. 缓释制剂能在用药后较长时间内缓慢释放药物的制剂
   B. 控释制剂能在用药后设定的时间内设定释放药物的制剂
   C. 缓释、控释制剂，药物在规定介质中，按要求缓慢地非恒速释放药物
   D. 对半衰期短或需频繁给药的药物，可以减少服药次数
   E. 使血药浓度平稳，避免峰谷现象，有利于降低药物的不良反应
2. 下列哪种药物不适合制成缓控释制剂（　　）
   A. 抗生素　　B. 抗心律失常药　　C. 降压药
   D. 抗哮喘药　　E. 解热镇痛药
3. 可用于亲水性凝胶骨架片的材料为（　　）
   A. 单棕榈酸甘油酯　　B. 蜡类　　C. 无毒聚氯乙烯
   D. 海藻酸钠　　E. 硅橡胶
4. 控释小丸或膜控释型片剂的包衣中加入 PEG 的目的是（　　）
   A. 助悬剂　　B. 增塑剂　　C. 成膜剂
   D. 乳化剂　　E. 致孔剂
5. 关于渗透泵型控释制剂，叙述错误的为（　　）
   A. 渗透泵片与包衣片相似，只是在包衣片表面激光开一细孔，药物由细孔流出
   B. 渗透泵型片剂的释药速度与 pH 无关，在胃内与肠内的释药速度相等
   C. 半渗透膜的厚度、渗透性、片芯的处方、释药小孔的直径是制备渗透泵的关键
   D. 渗透泵型片剂以零级释药，为控释制剂
   E. 渗透泵型片剂工艺较难，价格较贵
6. 下列不具有靶向性的制剂是（　　）
   A. 静脉乳剂　　B. 纳米粒注射液　　C. 混悬型注射液
   D. 脂质体注射液　　E. 微球注射剂
7. 脂质体属于的靶向制剂种类是（　　）
   A. 主动靶向制剂　　B. 被动靶向制剂　　C. 物理化学靶向制剂
   D. 热敏感靶向制剂　　E. 栓塞靶向制剂
8. 下列属于主动靶向制剂载体的是（　　）
   A. 脂质体　　B. 微乳　　C. 微球
   D. 纳米粒　　E. 前体药物
9. 下列属于物理化学靶向制剂载体的是（　　）
   A. 微球　　B. 修饰微球　　C. 免疫微球
   D. 栓塞微球　　E. 长循环脂质体

二、多项选择题

1. 关于缓释、控释制剂叙述错误的是（　　）
   A. 缓释、控释制剂是指药物能在设定的时间内自动地以设定的速率释放的制剂
   B. 可以减少服药次数，提高患者顺应性，使用方便
   C. 口服缓释、控释制剂，药物在规定溶剂中，按要求缓慢的非恒速释放药物
   D. 因减少服药次数，因而减少用药的总剂量
   E. 使血药浓度平稳，避免峰谷现象，有利于降低药物的毒副作用
2. 可用于溶蚀性骨架片的材料有（　　）
   A. 单棕榈酸甘油酯　B. 卡波姆　C. 聚氯乙烯
   D. 硬脂酸　E. 三酰甘油
3. 可用于不溶蚀性骨架片的材料包括（　　）
   A. 聚甲基丙烯酸酯　B. 聚乳酸　C. 硬脂醇
   D. 甲基纤维素　E. EC
4. 下列属于骨架型缓释、控释制剂包括（　　）
   A. 渗透泵型片　B. 溶蚀性骨架片　C. 亲水凝胶骨架片
   D. 植入片　E. 不溶性骨架片
5. 下列属于膜控型缓释、控释制剂包括（　　）
   A. 渗透泵型片　B. 膜控释小丸　C. 胃内滞留片
   D. 溶蚀性骨架片　E. 微孔膜包衣片
6. 缓释、控释和迟释制剂的质量评价包括（　　）
   A. 崩解时限　B. 体外释放试验　C. 体内试验
   D. 含量　E. 体内－体外相关性
7. 下列属于药物制剂靶向性衡量参数的是（　　）
   A. 包封率和载药量　B. 相对摄取率　C. 形态、粒径及其分布
   D. 靶向效率　E. 峰浓度比
8. 下列属于被动靶向制剂载体的是（　　）
   A. 脂质体　B. 微球　C. 微乳
   D. 微丸　E. 包合物
9. 下列属于主动靶向制剂载体的是（　　）
   A. 长循环脂质体　B. 热敏脂质体　C. 免疫脂质体
   D. 磁性脂质体　E. 前体药物
10. 下列属于物理化学靶向制剂载体的是（　　）
    A. 纳米球　B. 磁性纳米球　C. 修饰纳米球
    D. 栓塞微球　E. pH 敏感脂质体

三、综合问答题

1. 简述缓释、控释制剂的概念与特点。
2. 简述骨架片的分类及主要辅料。
3. 简述靶向制剂按作用机制进行分类及靶向原理。

四、实例分析题

硝苯地平渗透泵片

【处方】（1）片芯含药层处方

硝苯地平（40 目）	20g
聚环氧乙烷（40 目，分子量 20 万）	335g
氯化钾	10g
HPMC（40 目）	25g
硬脂酸镁	10g
乙醇	250ml
异丙醇	250ml

（2）片芯助推层处方

聚环氧乙烷（40 目，分子量 500 万）	170g
氯化钠	72.5g
硬脂酸镁	适量
甲醇	250ml
异丙醇	150ml

（3）包衣液（每片含 120mg 的片芯）

醋酸纤维素（乙酰基值 39.8%）	95g
聚乙二醇 4000	5g
三氯甲烷	1960ml
甲醇	820ml

问题　1. 请问本品为哪种类型渗透泵片？

2. 处方中各种成分的作用是什么？

3. 请设计制备工艺是什么？

书网融合……

重点回顾　　微课　　习题

（聂阳）

参考文献

[1] 国家药典委员会. 中华人民共和国药典 [M]. 北京：中国医药科技出版社，2020.

[2] 李忠文. 药剂学 [M]. 北京：人民卫生出版社，2018.

[3] 汤玥，尹莉芳. 生物技术药物药剂学 [M]. 北京：人民卫生出版社，2018.

[4] 国家药品监督管理局执业药师资格认证中心. 药学专业知识（一）[M]. 北京：中国医药科技出版社，2020.

[5] 赵应征. 生物药物制剂学 [M]. 浙江：浙江大学出版社，2011

[6] 夏焕章. 生物制药工艺学 [M]. 北京：人民卫生出版社，2016（2）.

[7] 余蓉，郭刚. 生物制药学 [M]. 北京：科学出版社，2017.

[8] 吴梧桐. 实用生物制药学 [M]. 北京：人民卫生出版社，2007.

[9] 孔庆新，李思阳. 生物药物制剂技术 [M]. 北京：化学工业出版社，2017.

[10] 唐星. 药剂学 [M]. 北京：中国医药科技出版社，2019.

[11] 胡英，王晓娟. 药物制剂技术 [M]. 北京：中国医药科技出版社，2017.

[12] 朱照静，张荷兰. 药剂学 [M]. 北京：中国医药科技出版社，2017.

[13] 易东阳，刘葵. 中药药剂学 [M]. 北京：中国医药科技出版社，2017.

[14] 孟胜男，胡荣峰. 药剂学 [M]. 北京：中国医药科技出版社，2016.

[15] 陈新谦，金有豫，汤光. 新编药物学 [M]. 北京：人民卫生出版社，2018.

[16] 姚静. 药用辅料应用指南 [M]. 北京：中国医药科技出版社，2011.

[17] 关志宇. 药物制剂辅料与包装材料 [M]. 北京：中国医药科技出版社，2017.

[18] 国家药品监督管理局执业药师资格认证中心. 药学专业知识（一）[M]. 北京：中国医药科技出版社，2021.

[19] 刘建平. 生物药剂学与药物动力学 [M]. 北京：人民卫生出版社，2016.

[20] 张淑秋，王建新. 生物药剂学与药物动力学 [M]. 北京：中国医药科技出版社，2016.